W0260504

Arbeiten zur Angewandten Statistik

Band 28

Herausgeber:

K.-A. Schäffer, Köln
P. Schönfeld, Bonn
W. Wetzel, Kiel

Bernhard F. Arnold

Minimax-Prüfpläne für die Prozeßkontrolle

Physica-Verlag Heidelberg

Dr. Bernhard F. Arnold, Institut für Angewandte Mathematik und Statistik, Universität Würzburg, Sanderring 2, D-8700 Würzburg, FRG

Die „Arbeiten zur Angewandten Statistik" sind die Fortsetzung der Reihe „Berichte aus dem Institut für Statistik und Versicherungsmathematik und aus dem Institut für Angewandte Statistik der Freien Universität Berlin".

ISBN-13: 978-3-7908-0363-1
ISSN 0066-5673

CIP-Kurztitelaufnahme der Deutschen Bibliothek

Arnold, Bernhard F.:
Minimax-Prüfpläne für die Prozeßkontrolle / Bernhard F. Arnold. - Heidelberg: Physica-Verlag, 1987.
(Arbeiten zur angewandten Statistik; Bd. 28)
ISBN-13: 978-3-7908-0363-1 e-ISBN-13: 978-3-642-46892-6
DOI: 10.1007/978-3-642-46892-6
NE: GT

7120/7130-543210

Inhalt

1. Einleitung

Die Statistische Qualitätskontrolle läßt sich im wesentlichen in zwei Themenbereiche einteilen; einerseits die Wareneingangs- und Warenendkontrolle und andererseits die laufende oder Prozeßkontrolle. Der Hauptunterschied besteht darin, daß bei der Wareneingangs- und Warenendkontrolle über die Annahme beziehungsweise Ablehnung einer gegebenen, klar abgegrenzten Warenpartie entschieden wird, während bei der laufenden Kontrolle darüber entschieden wird, ob ein Produktionsapparat zufriedenstellend arbeitet oder ob korrigierend eingegriffen werden muß. Beide Themenbereiche beinhalten ökonomische Fragestellungen; es erscheint daher sinnvoll, bei der Bestimmung von Prüfverfahren Kostenüberlegungen mit einzubeziehen.

Für die Wareneingangs- und Warenendkontrolle wurden mit Hilfe des Bayesschen Prinzips (vgl. z. B. Hald (1981)) und mit Hilfe des Minimax-Prinzips (vgl. Moriguti (1955), Ura (1955), v. d. Waerden (1960), Uhlmann (1970, 1982) und v. Collani (1984)) kostenoptimale Prüfpläne entwickelt. Auch bei den theoretisch weniger fundierten, aber nichtsdestoweniger gebräuchlichen MIL-STD-105D Prüfplänen wurden Kostenüberlegungen angestellt (vgl. Liebesmann (1981)).

So wichtig und notwendig die Durchführung insbesondere einer Warenendkontrolle auch ist, so hat sie doch, verwendet man nicht zusätzlich ein Verfahren der laufenden Kontrolle, einen entscheidenden Nachteil. Bei einer Warenendkontrolle kann nur im nachhinein festgestellt werden, ob die Qualität der produzierten Ware zufriedenstellend ist oder nicht; eine derartige Kontrolle kann also lediglich zur Feststellung, nicht aber zur Verbesserung der Qualität der produzierten Ware dienen. Aus diesem Grund - und nicht zuletzt wegen der "japanischen Herausforderung" - wurden in letzter Zeit verstärkt Verfahren der Prozeßkontrolle entwickelt, die es ermöglichen, eine Verschlechterung der Qualität der produzierten Ware schon während des Produktionsprozesses zu erkennen und geeignete Maßnahmen zu ergreifen.

Ein erstes Modell für die laufende Kontrolle eines quantitativen Merkmals wurde von Duncan (1956) entwickelt. Die laufende Kontrolle eines qualitativen Merkmals wurde zuerst von Ladany (1973) untersucht. Sowohl Duncan als auch Ladany verwenden als Optimalitätskriterium den durchschnittlichen Verlust pro Zeiteinheit auf lange Sicht. In der Folgezeit wurden unter Verwendung dieses Optimalitätskriteriums viele numerische Resultate erzielt (vgl. z. B. Chiu (1974, 1975), Chiu & Wetherill (1974), Chiu & Cheung (1977), Duncan (1978), Gibra (1978), Montgomery (1982), Montgomery et al. (1975)). Einen Überblick findet man in Montgomery (1980).

v. Collani (1978, 1981) führte als Optimalitätskriterium den durchschnittlichen Verlust pro produziertem Stück auf lange Sicht ein. Dieses Optimalitätskriterium führt - im Vergleich mit dem weiter oben genannten - zu einer einfacheren Verlustfunktion und ermöglicht es, Existenz- und Eindeutigkeitsaussagen für den wichtigen Spezialfall der $\bar{X}$-Karten zu machen. Eine umfangreiche Tabelle der kostenoptimalen $\bar{X}$-Karten findet man in v. Collani (1978). Behl (1981, 1985) verwandte dasselbe Optimalitätskriterium bei der laufenden Kontrolle eines qualitativen Merkmals. Dieses Kriterium ermöglicht es ferner, Näherungslösungen anzugeben (vgl. v. Collani (1985a), A. (1985a, b)).

Alle bisher diskutierten Modelle gehen davon aus, daß die Zeit, während der der Produktionsprozeß zufriedenstellend arbeitet, exponentialverteilt ist mit bekanntem Parameter $\lambda > 0$. In der vorliegenden Arbeit soll von der (optimistischen) Annahme der Exponentialverteilung abgegangen werden; es sei lediglich der Erwartungswert $1/\lambda$ der Lebensdauer des Sollzustandes bekannt. Stattdessen werden wie in den verwandten Gebieten der Wareneingangs- und Warenendkontrolle und der Zuverlässigkeitstheorie (vgl. Beichelt (1974)) optimale Prüfverfahren mit Hilfe des Minimax-Prinzips definiert; dabei wird als Optimalitätskriterium wie bei v. Collani (1978, 1981) und Behl (1981, 1985) der durchschnittliche Verlust pro produziertem Stück auf lange Sicht verwendet.

In der vorliegenden Arbeit wird die laufende Kontrolle sowohl eines quantitativen als auch eines qualitativen Merkmals untersucht; beide Fälle werden soweit wie möglich gemeinsam behandelt. Dabei beschränken wir uns zunächst auf solche Verfahren, welche lediglich die aktuell gezogene Stichprobe zur Entscheidungsfindung heranziehen. Unter gewissen Bedingungen werden Existenz- und Eindeutigkeitsaussagen bewiesen. Für die wichtigen Spezialfälle der $\bar{X}$- und der np-Karten werden Näherungslösungen angegeben, die die Struktur von kostenoptimalen Prüfplänen erhellen. Tabellen für die entsprechenden exakten Lösungen findet man im Anhang.

Im letzten Kapitel wird das Modell auf Prüfverfahren verallgemeinert, welche auch die Vergangenheit, d.h. die früher gezogenen Stichproben, zur Entscheidungsfindung heranziehen. Es wird die Frage untersucht, welche Verbesserungen sich bei Verwendung solcher komplizierterer Prüfverfahren bestenfalls ergeben können.

An dieser Stelle möchte ich meinem Lehrer, Herrn Prof. Dr. W. Uhlmann, recht herzlich danken. Er hat mich in das Gebiet der Statistischen Qualitätskontrolle eingeführt und meine Arbeiten auf diesem Gebiet mit wertvollen Anregungen und Ratschlägen begleitet.

Auch Herrn PD Dr. E. v. Collani möchte ich herzlich danken; ohne seine Untersuchungen zur Prozeßkontrolle wäre diese Arbeit nicht möglich gewesen. Mein Dank gilt ferner Herrn H. Stolz für die fachmännische Hilfe bei der Erstellung der sich im Anhang befindlichen Tabellen.

2. Das Modell

Bei der Beschreibung des Modells gehen wir im wesentlichen nach A. (1985e) vor. Es handelt sich dabei um eine Modifikation eines Modells, welches in v. Collani (1978, 1981) und in Uhlmann (1982) dargestellt ist.

2.1 Das Kosten- und Kontrollmodell

Wir nehmen an, daß die Anzahl der produzierten Stücke pro Zeiteinheit konstant gleich $\nu > 0$ ist.

Zu Beginn sei der Produktionsprozeß im Zustand I, dem Sollzustand, in dem Stücke mit der gewünschten Qualität produziert werden beziehungsweise in dem mit geringem Ausschußanteil produziert wird. Von der Zeit τ_I, während der der Prozeß im Zustand I produziert, sei lediglich der Erwartungswert bekannt; es gelte $E[\tau_I] = 1/\lambda$ mit $\lambda > 0$. Danach ist der Prozeß im Zustand II, dem Zustand, in dem Stücke mit geringer Qualität produziert werden beziehungsweise in dem mit großem Ausschußanteil produziert wird. Die Zeit τ_{II}, während der der Prozeß im Zustand II produziert, dauert bis zu einer eventuellen Reparatur des Produktionsapparates an, nach der der Prozeß wieder im Zustand I beginnt.

Die Zustände I und II sollen zunächst nicht näher spezifiziert werden; es kann sich also sowohl um die laufende Kontrolle eines qualitativen Merkmals (vgl. z. B. Behl (1985)) als auch um die laufende Kontrolle eines quantitativen Merkmals (vgl. z. B. v. Collani (1981)) handeln. Wir setzen lediglich voraus, daß die unter Strategie 1 eingeführten Wahrscheinlichkeiten für den Fehler erster beziehungsweise zweiter Art eindeutig definiert sind.

Die möglichen Kontrollverfahren werden beschrieben durch Prüfpläne der Gestalt (T,n,E), wobei T mit $0 < T \leq \infty$ der zeitliche Kontrollabstand, $n \geq 0$ der Stichprobenumfang und $E \in \mathcal{E}$ die Entscheidungsregel ist. Dabei sei $\mathcal{E} \neq \emptyset$ die Menge der zur Konkurrenz zugelassenen Entscheidungsregeln, also z.B. die Menge der Shewhart-Karten oder die Menge der np-Karten, die sich durch die Angabe einer Testschranke beschreiben lassen.

Strategie 1: $0 < T < \infty$ und $n \geq 1$.

Bei dieser Strategie beschreibt (T,n,E) folgendes Kontrollverfahren: Nach je T Produktions-Zeiteinheiten werden n Stücke nacheinander der laufenden Produktion entnommen. Mit Hilfe der Entscheidungsregel E wird entschieden, ob der Produktionsapparat durchgesehen oder ob ohne Durchsicht weiterproduziert wird. Bei einer Durchsicht sei feststellbar, ob sich der Prozeß in Zustand I oder in Zustand II befindet. Befindet er sich in Zustand I, so wird der Produktionsprozeß fortgesetzt, andernfalls wird der Produktionsapparat repariert.

Wir setzen voraus, daß bei der Entscheidung über eine Durchsicht lediglich die aktuell gezogene unabhängige Zufallsstichprobe verwendet wird, nicht aber die früheren Stichprobenergebnisse. Daraus folgt insbesondere, daß die Entscheidungsregel E so beschaffen sein muß, daß sowohl die Wahrscheinlichkeit α für den Fehler erster Art, also die Wahrscheinlichkeit für eine Durchsicht des Produktionsapparates, obwohl Zustand I vorliegt, als auch die Wahrscheinlichkeit β für den Fehler zweiter Art, also die Wahrscheinlichkeit, daß der Produktionsapparat nicht durchgesehen wird, obwohl Zustand II vorliegt, zeitunabhängig ist.

Wir betrachten noch die folgenden beiden Strategien, bei denen auf Stichprobenerhebungen verzichtet wird, was bei extremen Kostensituationen vorteilhaft sein kann.

Strategie 2: $0 < T < \infty$ und $n = 0$.

Bei dieser Strategie beschreibt $(T,0,E) = (T,0,\alpha)$ mit $0 < \alpha \leq 1$ folgendes (randomisierte) Kontrollverfahren: Nach je T Produktions-Zeiteinheiten wird der Produktionsapparat mit Wahrscheinlichkeit α durchgesehen und gegebenenfalls repariert. Hier gilt $\beta = 1-\alpha$.

Strategie 3: $T = \infty$.

Bei dieser Strategie verzichtet man sowohl auf Stichprobenerhebungen als auch auf Durchsichten. Diesen Prüfplan bezeichnen wir mit $(\infty, 0, -)$.

Definition 2.1.1

Die unter den obigen drei Strategien beschriebenen Prüfpläne bezeichnen wir als die bezüglich $\mathcal{C}$ zulässigen oder kurz als die zulässigen Prüfpläne.

Um zwei zulässige Prüfpläne miteinander vergleichen zu können, führen wir folgende ökonomische Größen ein:

$g_I > 0$: durchschnittlicher Gewinn pro Stück bei Produktion in Zustand I

$g_{II} < g_I$: durchschnittlicher Gewinn pro Stück bei Produktion in Zustand II

$t_s \geqq 0$: Ausfallzeit bei einer Durchsicht in Zustand I

$t_s' \geqq 0$: Ausfallzeit bei einer Durchsicht in Zustand II

$t_r \geqq 0$: Ausfallzeit bei einer Reparatur

$c_s > 0$: Kosten für eine Durchsicht in Zustand I

$c_s' \geqq 0$: Kosten für eine Durchsicht in Zustand II

$c_r \geqq 0$: Kosten für eine Reparatur

$c_1 \geqq 0$: fixe Kosten pro Zeiteinheit für Durchsichten und Reparaturen

$c_2 \geqq 0$: fixe Kosten pro Zeiteinheit für die Erhebung und Auswertung von Stichproben

$c_i > 0$: Kosten für die Erhebung und Prüfung eines Stückes

Wir nehmen ferner an, daß die Zeit, die für die Erhebung und Auswertung einer Stichprobe benötigt wird, vernachlässigbar klein ist.

Wie in der Einleitung bemerkt, verwenden wir als Optimalitätskriterium den durchschnittlichen Verlust pro produziertem Stück auf lange Sicht.

Betrachten wir zunächst Strategie 3: $T=\infty$. Nach einer Anfangsphase produziert der Prozeß nur noch im Zustand II. Der durchschnittliche Verlust pro produziertem Stück auf lange Sicht ergibt sich bei Verwendung des Prüfplanes $(\infty,0,-)$ also zu

$$V(\infty,0,-) = -g_{II}. \tag{2.1.1}$$

Um eine gemeinsame Behandlung der Strategien 1 und 2 zu ermöglichen, führen wir die Größe

$$d_n = \begin{cases} c_1 & \text{für } 0<T<\infty,\ n=0 \\ c_1 + c_2 & \text{für } 0<T<\infty,\ n\geq 1 \end{cases}$$

ein.

A_I und A_{II} sei die Anzahl der Stichprobenerhebungen vom Umfang n in Zustand I beziehungsweise in Zustand II, A_s sei die Anzahl der Durchsichten in Zustand I, V_g sei der Gesamtverlust und N die Anzahl der produzierten Stücke während eines Produktionszyklus', wobei ein Produktionszyklus die Zeit zwischen zwei Reparaturen umfaßt. (Bei der Strategie 2 sei A_I und A_{II} die Anzahl der Zeitpunkte in Zustand I beziehungsweise in Zustand II, in denen der Produktionsapparat mit Wahrscheinlichkeit α durchgesehen wird.)

Damit erhalten wir bei Verwendung des zulässigen Prüfplanes (T,n,E) den Gesamtverlust

$$\left.\begin{aligned} V_g = {} & -g_I\tau_I\nu - g_{II}\tau_{II}\nu + A_s(c_s+g_It_s\nu) + c_s' + c_r + \\ & + g_{II}(t_s'+t_r)\nu + d_n(\tau_I+\tau_{II}+A_st_s+t_s'+t_r) + (A_I+A_{II})c_in \end{aligned}\right\} \tag{2.1.2}$$

und

$$N = (\tau_I+\tau_{II})\nu. \tag{2.1.3}$$

In der Formel für den Gesamtverlust wird auch der Produktionsausfall bei einer Durchsicht beziehungsweise bei einer Reparatur berücksichtigt.

2.2 Kostenoptimale Prüfpläne

Der durchschnittliche Verlust $V_F(T,n,E)$ pro produziertem Stück auf lange Sicht bei Verwendung des Prüfplanes (T,n,E) hängt bei den Strategien 1 und 2 von der speziellen Gestalt der Verteilungsfunktion F von τ_I ab; dabei ist F ein Element der Menge $\mathcal{F}(\lambda)$ aller Verteilungsfunktionen mit dem als bekannt vorausgesetzten Erwartungswert $1/\lambda$ $(\lambda > 0)$, welche für negative reelle Zahlen den Wert 0 ergeben. Insbesondere enthält $\mathcal{F}(\lambda)$ also die Verteilungsfunktionen der Exponentialverteilung mit dem Parameter λ und der Weibullverteilungen mit dem Erwartungswert $1/\lambda$.

Für die Strategien 1 und 2 definieren wir den durchschnittlichen Verlust pro produziertem Stück auf lange Sicht zu

$$V_F(T,n,E) = E_F[V_g]/E_F[N]. \tag{2.2.1}$$

Um einen Prüfplan (T,n,E) ohne Kenntnis der zugrundeliegenden Verteilungsfunktion $F \in \mathcal{F}(\lambda)$ in wirtschaftlicher Hinsicht bewerten zu können, definieren wir (vgl. (2.1.1) und (2.2.1)) die Größe $V(T,n,E)$ zu

$$V(T,n,E) = \left\{ \begin{array}{ll} \sup\limits_{F \in \mathcal{F}(\lambda)} V_F(T,n,E) & \text{für } 0 < T < \infty \\ -g_{II} & \text{für } T = \infty \end{array} \right\}. \tag{2.2.2}$$

Das Minimax-Prinzip führt zu folgenden Definitionen der Begriffe "kostengünstiger" und "kostenoptimal".

Definition 2.2.1

Der zulässige Prüfplan (T_1,n_1,E_1) heißt kostengünstiger als der zulässige Prüfplan (T_2,n_2,E_2), falls
$V(T_1,n_1,E_1) < V(T_2,n_2,E_2)$
gilt.

Definition 2.2.2

Der zulässige Prüfplan (T^*,n^*,E^*) heißt kostenoptimal bezüglich $\mathcal{C}$ oder kurz kostenoptimal, falls für jeden zulässigen

Prüfplan (T,n,E) gilt:
$V(T^*,n^*,E^*) \leq V(T,n,E)$.

Im folgenden werden nur noch solche zulässige Prüfpläne (T,n,E) betrachtet, welche kostengünstiger sind als der Prüfplan $(\infty,0,-)$, für die also wegen (2.1.1) gilt:

$$V(T,n,E) < -g_{II}. \tag{2.2.3}$$

Bei diesen Prüfplänen läßt sich das Supremum $\sup_{F\in\mathfrak{F}(\lambda)} V_F(T,n,E)$ einfach darstellen (siehe Satz 2.2.1); insbesondere wird gezeigt, daß zu vorgegebenem Prüfplan obiges Supremum für spezielle Verteilungsfunktionen angenommen wird, nämlich für solche Verteilungsfunktionen, die die (pessimistische) Annahme beschreiben, daß ein eventueller Übergang von Zustand I nach Zustand II unmittelbar nach einer Stichprobenkontrolle erfolgt.

Zunächst berechnen wir zu gegebenem Prüfplan (T,n,E) und gegebener Verteilungsfunktion $F\in\mathfrak{F}(\lambda)$ die Größe $V_F(T,n,E)$. Wegen (2.1.2), (2.1.3) und den Beziehungen $E_F[\tau_I] = 1/\lambda$ und $\tau_I + \tau_{II} = (A_I + A_{II})T$ gilt für alle zulässigen Prüfpläne der Strategien 1 und 2

$$V_F(T,n,E) = -\frac{\mathfrak{b}_n - E_F[A_s]\cdot e_n}{(\frac{1}{\lambda} + E_F[\tau_{II}])\nu} - g_{II} + d_n/\nu + c_i n/(T\nu) \tag{2.2.4}$$

mit

$$\mathfrak{b}_n = (g_I - g_{II})\nu/\lambda - (c_s' + c_r) - g_{II}(t_s' + t_r)\nu - d_n(t_s' + t_r)$$

und

$$e_n = c_s + t_s(g_I\nu + d_n) > 0.$$

<u>Bemerkung 2.2.1</u>

Die Größe d_n und daher auch die Größen $\mathfrak{b}_n$ und e_n hängen nicht von der speziellen Wahl des Stichprobenumfanges n ab, sondern lediglich von der gewählten Strategie. $\mathfrak{b}_n$ kann mehr oder weniger als der durch eine Reparatur erzielbare durchschnittliche Gewinn gedeutet werden, während e_n die Kosten für einen Alarm im Zustand I, also die Kosten für einen Fehlalarm, wiedergibt.

Es sei darauf hingewiesen, daß die in dieser Arbeit dargelegten Untersuchungen für alle Kostenmodelle gelten, welche auf die Darstellung (2.2.4) des durchschnittlichen Verlustes pro produziertem Stück auf lange Sicht führen (vgl. v. Collani (1985b)).

Nun formulieren und beweisen wir den folgenden Satz.

Satz 2.2.1

$\lambda>0$ sei eine gegebene reelle Zahl, (T,n,E) sei ein gegebener zulässiger Prüfplan der Strategie 1 oder 2 und $F'\in\mathfrak{F}(\lambda)$ sei die Verteilungsfunktion einer diskreten Verteilung mit Sprungstellen höchstens bei kT, wobei $k\geq 0$ ganzzahlig ist. Ferner gelte $V_{F'}(T,n,E) < -g_{II}$.
Daraus folgt

$$\left.\begin{aligned} V(T,n,E) &= \sup_{F\in\mathfrak{F}(\lambda)} V_F(T,n,E) = V_{F'}(T,n,E) = \\ &= -\frac{\bar{b}_n - \frac{\alpha e_n}{\lambda T}}{\left(\frac{1}{\lambda}+\frac{T}{1-\beta}\right)\nu} - g_{II} + d_n/\nu + c_i n/(T\nu). \end{aligned}\right\} \quad (2.2.5)$$

Beweis:

F sei eine beliebige Verteilungsfunktion aus $\mathfrak{F}(\lambda)$.

(i) Es gilt $\tau_{II}\leq TA_{II}$, also $E_F[\tau_{II}]\leq TE[A_{II}] = T/(1-\beta)$. Falls F' die Verteilungsfunktion von τ_I ist, so gilt $\tau_{II} = TA_{II}$, also $E_{F'}[\tau_{II}] = TE[A_{II}] = T/(1-\beta)$. Daher ist $E_F[\tau_{II}]\leq T/(1-\beta) = E_{F'}[\tau_{II}]$.

(ii) Es gilt

$$E_F[A_S] = \sum_{k=0}^{\infty} E_F[A_S|A_I=k]\cdot W_F(A_I=k) = \sum_{k=0}^{\infty} k\alpha W_F(A_I=k) = \alpha E_F[A_I].$$

Aus $\tau_I\geq TA_I$ folgt $E_F[A_I]\leq 1/(\lambda T)$. Daher gilt $E_F[A_S]\leq\alpha/(\lambda T)$. Falls F' die Verteilungsfunktion von τ_I ist, so folgt $\tau_I = TA_I$, also $E_{F'}[A_I] = 1/(\lambda T)$ und $E_{F'}[A_S] = \alpha/(\lambda T)$. Zusammenfassend gilt also

$$E_F[A_s] \leq \alpha/(\lambda T) = E_{F'}[A_s].$$

(iii) Wegen (i), (ii) und (2.2.4) ist

$$V_{F'}(T,n,E) = -\frac{\bar{b}_n - \frac{\alpha e_n}{\lambda T}}{(\frac{1}{\lambda} + \frac{T}{1-\beta})\nu} - g_{II} + d_n/\nu + c_i n/(T\nu).$$

Nach Voraussetzung ist $V_{F'}(T,n,E) < -g_{II}$; daraus folgt

$$\bar{b}_n - \frac{\alpha e_n}{\lambda T} = \bar{b}_n - E_{F'}[A_s]\cdot e_n > 0.$$

Ferner gilt wegen (i) und (ii)

$$\frac{\bar{b}_n - E_F[A_s]e_n}{(\frac{1}{\lambda} + E_F[\tau_{II}])\nu} \geq \frac{\bar{b}_n - E_{F'}[A_s]e_n}{(\frac{1}{\lambda} + E_F[\tau_{II}])\nu} \geq \frac{\bar{b}_n - E_{F'}[A_s]e_n}{(\frac{1}{\lambda} + E_{F'}[\tau_{II}])\nu}.$$

Daraus folgt $V_F(T,n,E) \leq V_{F'}(T,n,E)$ und somit die Behauptung.

Bemerkung 2.2.2

Falls für einen Prüfplan (T,n,E) der Strategie 1 oder 2 die Bedingung $V_{F'}(T,n,E) < -g_{II}$ des obigen Satzes nicht erfüllt ist, folgt unmittelbar $V(T,n,E) \geq -g_{II}$, d.h. der Prüfplan (T,n,E) ist nicht kostengünstiger als der Prüfplan $(\infty,0,-)$; er ist daher uninteressant.

Da die Bedingung $V_{F'}(T,n,E) < -g_{II}$ des obigen Satzes gleichbedeutend ist mit der Bedingung $V(T,n,E) < -g_{II}$, und wir nur solche Prüfpläne der Strategien 1 und 2 betrachten, die dieser Bedingung genügen (vgl. (2.2.3)), gehen wir im folgenden davon aus, daß die Beziehung (2.2.5) allgemeingültig ist.

Setzen wir $y = \lambda T$ (y gibt den Anteil des Kontrollabstandes T an der durchschnittlichen Lebensdauer $1/\lambda$ des Sollzustandes an), $b_n = \bar{b}_n/e_n$ und $a = c_i/e_n > 0$, so erhält man wegen (2.2.5)

$$V(T,n,E) = -g_{II} + d_n/\nu + S(y,n,E)e_n\lambda/\nu, \tag{2.2.6}$$

wobei wir

$$S(y,n,E) = -\frac{(b_n y-\alpha)(1-\beta)}{y(y+1-\beta)} + \frac{an}{y} \tag{2.2.7}$$

als den standardisierten Verlust bezeichnen.
Da der standardisierte Verlust neben den vom Prüfplan (y,n,E) abhängenden Größen lediglich die beiden Kostenparameter b_n und a explizit enthält, verwenden wir statt der Funktion V die Funktion S zum Vergleich zweier Prüfpläne derselben Strategie. Zum Vergleich von Prüfplänen unterschiedlicher Strategien verwenden wir nach wie vor die Funktion V.

Bemerkung 2.2.3

Wie bereits mehrfach erwähnt, setzen wir von der Verteilung der Lebensdauer des Zustandes I lediglich den Erwartungswert $1/\lambda$ als bekannt voraus. Verwendet man statt des Minimax-Prinzips das Prinzip der maximalen Entropie (vgl. v. Collani (1985b)), so erhält man die Exponentialverteilung mit dem Parameter λ als Lebensdauerverteilung $\bar{F}$ des Sollzustandes. Dieser Fall wurde von v. Collani (1978, 1981) und von Behl (1981, 1985) untersucht. Dabei wurde als Optimalitätskriterium ebenfalls der durchschnittliche Verlust pro produziertem Stück auf lange Sicht verwendet: Setzt man

$$V(T,n,E) = E_{\bar{F}}[V_g]/E_{\bar{F}}[N],$$

so bleibt (2.2.6) gültig, wobei

$$S(y,n,E) = -\frac{[b_n(e^y-1)-\alpha](1-\beta)}{y(e^y-\beta)} + \frac{an}{y} \qquad (2.2.8)$$

ist.

Formal erhält man (2.2.7) aus (2.2.8) dadurch, daß man e^y durch $1+y$ ersetzt.

3. Eigenschaften kostenoptimaler Prüfpläne

3.1 Einfache Eigenschaften

Aus der ökonomischen Interpretation der Größe $\bar{b}_n$ bzw. b_n ergibt sich, daß der Fall $b_n \leq 0$ lediglich ein Ausnahmefall sein kann. Dies wird durch den folgenden Satz untermauert. Dabei sei darauf hingewiesen, daß nach Definition der Größe b_n aus der Ungleichung $b_0 \leq 0$ die Beziehung $b_1 \leq 0$ folgt; außerdem ist $a > 0$.

Satz 3.1.1

a) Falls $b_1 \leq 0$ gilt, so ist der Prüfplan $(\infty,0,-)$ kostengünstiger als jeder zulässige Prüfplan (T,n,E) mit $n \geq 1$.
b) Falls $b_0 \leq 0$ gilt, so ist der Prüfplan $(\infty,0,-)$ kostenoptimal.
c) Falls $b_0 > 0$ und $b_1 \leq a$ gilt, so gibt es ein T^* mit $0 < T^* < \infty$, so daß der zulässige Prüfplan $(T^*,0,1)$ kostengünstiger ist als jeder zulässige Prüfplan (T,n,E) mit $n \geq 1$.

Beweis:

zu a): Sei $b_1 \leq 0$. Dann gilt für jeden zulässigen Prüfplan (T,n,E) mit $n \geq 1$ die Ungleichung $S(y,n,E) > 0$. Daraus folgt wegen (2.2.6) die Beziehung $V(T,n,E) > -g_{II} = V(\infty,0,-)$, womit a) bewiesen ist.

zu b): Sei $b_0 \leq 0$. Daraus folgt $b_1 \leq 0$. Daher gilt für jeden zulässigen Prüfplan (T,n,E) mit $0 < T < \infty$ die Beziehung $S(y,n,E) > 0$. Daraus folgt wegen (2.2.6) die Ungleichung $V(T,n,E) > -g_{II} = V(\infty,0,-)$. Damit ist b) gezeigt.

zu c): Wegen (2.2.7) gilt $S(y,0,1) = \frac{1-b_0 y}{y(y+1)}$. Aus $b_0 > 0$ folgt, daß ein y^* mit $0 < y^* < \infty$ und $S(y^*,0,1) < 0$ existiert. Wegen $b_1 \leq a$ gilt für alle zulässigen Prüfpläne (T,n,E) mit $n \geq 1$:

$$S(y,n,E) = \frac{(\alpha-b_1 y)(1-\beta)}{y(y+1-\beta)} + \frac{an}{y} \geq -\frac{b_1(1-\beta)}{y+1-\beta} + \frac{an}{y} \geq$$

$$\geq -\frac{a(1-\beta)}{y+1-\beta} + \frac{an}{y} \geq -\frac{a}{y+1} + \frac{an}{y} > 0.$$

Wegen $d_1 \geq d_0$ folgt für alle zulässigen Prüfpläne (T,n,E) mit $n \geq 1$:

$$V(T,n,E) = -g_{II} + d_1/\nu + S(y,n,E)e_1\lambda/\nu >$$

$$> -g_{II} + d_0/\nu + S(y^*,0,1)e_0\lambda/\nu = V(T^*,0,1),$$

wobei $T^* = y^*/\lambda$ ist. Damit ist c) bewiesen.

Wegen Satz 3.1.1 gilt:
Aus $b_0 \leq 0$ folgt, daß der Prüfplan $(\infty,0,-)$ kostenoptimal ist. Aus $b_0 > 0$ und $b_1 \leq a$ folgt, daß ein kostenoptimaler Prüfplan die Form $(\infty,0,-)$ oder $(T^*,0,1)$ hat.

Für den Fall $b_0 > 0$ und $b_1 > 0$ geben wir in nachstehendem Satz eine einfache Abschätzung für den standardisierten Verlust an.

Satz 3.1.2

Sei $b_n > 0$ und (T,n,E) ein zulässiger Prüfplan mit $0 < T < \infty$.
Dann gilt $S(y,n,E) > -b_n$.

Beweis:

(i) Sei $n = 0$. Es ist $\alpha > 0$, $\beta = 1-\alpha$ und

$$S(y,n,E) = -\frac{(b_n y-\alpha)\alpha}{y(y+\alpha)} > -\frac{b_n\alpha}{y+\alpha} > -b_n.$$

(ii) Sei $n \geq 1$. Dann gilt

$$S(y,n,E) > -\frac{(b_n y-\alpha)(1-\beta)}{y(y+1-\beta)} \geq -\frac{b_n(1-\beta)}{y+1-\beta} > -b_n.$$

3.2 Ausscheidung großer Stichprobenumfänge

In diesem Abschnitt werden drei Sätze zur Ausscheidung solcher Stichprobenumfänge angegeben, welche von vornherein nicht zu kostenoptimalen Prüfplänen gehören können. Satz 3.2.1 ist lediglich von theoretischem Interesse: bei der Suche nach einem kostenoptimalen Prüfplan sind nur endlich viele Stichprobenumfänge zu berücksichtigen. Dagegen ist der Satz 3.2.2 und in noch größerem

Maße der Satz 3.2.3 für die explizite Bestimmung eines kostenoptimalen Prüfplanes von Bedeutung.

Satz 3.2.1

Sei (T^*,n^*,E^*) ein kostenoptimaler Prüfplan mit $n^* \geq 1$. Dann gilt $n^* < b_1/a$.

Beweis:

Nach Teil a) von Satz 3.1.1 folgt aus $n^* \geq 1$ die Ungleichung $b_1 > 0$. Sei nun $n^* \geq b_1/a$. Dann gilt mit $y^* = \lambda T^*$

$$S(y^*,n^*,E^*) \geq -\frac{b_1(1-\beta^*)}{y^*+1-\beta^*} + \frac{b_1}{y^*} \geq -\frac{b_1}{y^*+1} + \frac{b_1}{y^*} > 0.$$

Wegen (2.2.6) folgt daraus

$V(T^*,n^*,E^*) > -g_{II} = V(\infty,0,-)$.

Dies steht im Widerspruch zur Kostenoptimalität von (T^*,n^*,E^*).

Um die Sätze 3.2.2 und 3.2.3 beweisen zu können, geben wir im folgenden Lemma eine Abschätzung für den standardisierten Verlust an, welche für den Fall $1 \leq n < b_1/a$ eine Verfeinerung der in Satz 3.1.2 formulierten Abschätzung darstellt.

Lemma 3.2.1

Sei (T,n,E) ein zulässiger Prüfplan mit $1 \leq n < b_1/a$. Dann gilt $S(y,n,E) \geq -(\sqrt{b_1} - \sqrt{an})^2$.

Beweis:

Es ist

$$S(y,n,E) = -\frac{(b_1 y-\alpha)(1-\beta)}{y(y+1-\beta)} + \frac{an}{y} \geq -\frac{b_1(1-\beta)}{y+1-\beta} + \frac{an}{y} \geq -\frac{b_1}{y+1} + \frac{an}{y} =: f(y) \text{ für } y > 0.$$

Daher gilt $\frac{df(y)}{dy} = \frac{b_1}{(y+1)^2} - \frac{an}{y^2}$. Aus $\frac{df(y)}{dy} = 0$ folgt

$(b_1 - an)y^2 - 2any - an = 0$ und wegen $b_1 > an$ die Beziehung

$y = \frac{an + \sqrt{b_1 an}}{b_1 - an}$. Aus dem Vorzeichenverhalten von $\frac{df(y)}{dy}$ an der

Stelle $\frac{an + \sqrt{b_1 an}}{b_1 - an}$ folgt, daß f(y) an dieser Stelle ein relatives Minimum besitzt, welches zugleich das absolute Minimum der Funktion f(y) darstellt. Daher gilt für alle $y > 0$:

$$S(y,n,E) \geq f\left(\frac{an + \sqrt{b_1 an}}{b_1 - an}\right) = -(\sqrt{b_1} - \sqrt{an})^2.$$

Satz 3.2.2

Sei (T^*, n^*, E^*) ein kostenoptimaler Prüfplan mit $n^* \geq 1$. Dann gilt

$$n^* \leq \frac{(1 + \sqrt{b_1} - \sqrt{1+b_1})^2}{a}.$$

Bevor wir diesen Satz beweisen, sei darauf hingewiesen, daß $(1+\sqrt{b_1} - \sqrt{1+b_1})^2$ stets kleiner ist als 1. Als Folgerung aus diesem Satz ergibt sich also folgendes

Korollar 3.2.1

Sei (T^*, n^*, E^*) ein kostenoptimaler Prüfplan mit $n^* \geq 1$. Dann gilt $n^* < 1/a$.

Bemerkung 3.2.1

Für den Fall $b_1 > 1$ stellt dieses Korollar eine Verschärfung des Satzes 3.2.1 dar.

Nun beweisen wir Satz 3.2.2.

Beweis:

(i) Wir zeigen zunächst, daß mit $y^* = \lambda T^*$ für alle $y > 0$ die Ungleichung

$$S(y^*, n^*, E^*) \leq -\frac{b_1 y - 1}{y(y+1)} \text{ gilt.}$$

Nehmen wir an, es existiere ein $y' > 0$ mit

$S(y^*, n^*, E^*) > -\frac{b_1 y' - 1}{y'(y'+1)}$. Daraus folgen wegen $d_1 \geq d_0$, $e_1 \geq e_0 > 0$, $\bar{b}_1 \leq \bar{b}_0$ und (2.2.6) die Beziehungen

$$e_1 S(y^*,n^*,E^*) > -\frac{\bar{b}_1 y'-e_1}{y'(y'+1)} \geqq -\frac{\bar{b}_0 y'-e_0}{y'(y'+1)} = e_0\, S(y',0,1)$$

und

$$V(T^*,n^*,E^*) = -g_{II} + d_1/\nu + S(y^*,n^*,E^*)e_1\lambda/\nu >$$

$$> -g_{II} + d_0/\nu + S(y',0,1)e_0\lambda/\nu = V(T',0,1),$$

wobei $T' = y'/\lambda$ gilt. Dies steht im Widerspruch zur Kostenoptimalität von (T^*,n^*,E^*). Damit gilt die unter (i) behauptete Ungleichung.

(ii) Aus (i) folgt für alle $y > 0$ die Beziehung

$$S(y^*,n^*,E^*) \leqq g(y) \text{ mit } g(y) = \frac{1-b_1 y}{y(y+1)}.$$

Wählen wir $y = \frac{1+\sqrt{1+b_1}}{b_1}$ (an dieser Stelle nimmt $g(y)$ ihr absolutes Minimum an), so erhalten wir einerseits

$$S(y^*,n^*,E^*) \leqq g\left(\frac{1+\sqrt{1+b_1}}{b_1}\right) = -(\sqrt{1+b_1}-1)^2.$$

Aus Satz 3.2.1 folgt, daß der Prüfplan (T^*,n^*,E^*) die Voraussetzungen von Lemma 3.2.1 erfüllt. Daher gilt andererseits

$$S(y^*,n^*,E^*) \geqq -(\sqrt{b_1}-\sqrt{an^*})^2.$$

Insgesamt gilt also

$$-(\sqrt{b_1}-\sqrt{an^*})^2 \leqq -(\sqrt{1+b_1}-1)^2$$

und

$$(\sqrt{b_1}-\sqrt{an^*})^2 \geqq (\sqrt{1+b_1}-1)^2.$$

Wegen $b_1 > an^*$ ist daher

$$\sqrt{b_1}-\sqrt{an^*} \geqq \sqrt{1+b_1}-1,$$

$$\sqrt{an^*} \leqq 1+\sqrt{b_1}-\sqrt{1+b_1}$$

und

$$n^* \leqq \frac{(1+\sqrt{b_1}-\sqrt{1+b_1})^2}{a}.$$

Satz 3.2.2 erlaubt es, eine obere Schranke für den Stichprobenumfang eines kostenoptimalen Prüfplanes anzugeben, bevor der standardisierte Verlust irgendeines Prüfplanes berechnet wurde. Es erweist sich jedoch als zweckmäßig, bei der Suche nach einem kostenoptimalen Prüfplan diese Schranke mit Hilfe bereits berechneter standardisierter Verluste von zulässigen Prüfplänen zu verbessern. Dies wird durch folgenden Satz ermöglicht; dabei verwendet man unter den berechneten zulässigen Prüfplänen (T,n,E) mit $n \geq 1$ denjenigen, der den kleinsten standardisierten Verlust aufweist.

Satz 3.2.3

Sei (T^*,n^*,E^*) ein kostenoptimaler Prüfplan mit $n^* \geq 1$. Ferner sei (T,n,E) irgendein zulässiger Prüfplan mit $n \geq 1$ und $S(y,n,E) \leq 0$, wobei $y = \lambda T$ ist. Dann gilt

$$n^* \leq \frac{(\sqrt{b_1} - \sqrt{-S(y,n,E)})^2}{a} .$$

Beweis:

Wegen Satz 3.2.1 erfüllt (T^*,n^*,E^*) die Voraussetzungen von Lemma 3.2.1. Aus $S(y,n,E) \geq S(y^*,n^*,E^*)$ folgt daher

$$S(y,n,E) \geq -(\sqrt{b_1} - \sqrt{an^*})^2$$

und

$$(\sqrt{b_1} - \sqrt{an^*})^2 \geq -S(y,n,E).$$

Wegen $b_1 > an^*$ gilt also

$$\sqrt{b_1} - \sqrt{an^*} \geq \sqrt{-S(y,n,E)},$$

$$\sqrt{an^*} \leq \sqrt{b_1} - \sqrt{-S(y,n,E)}$$

und

$$n^* \leq \frac{(\sqrt{b_1} - \sqrt{-S(y,n,E)})^2}{a} .$$

3.3 Berechnung des Kontrollabstandes in Abhängigkeit vom Stichprobenumfang und der Entscheidungsregel

Satz 3.3.1

Der Stichprobenumfang $n \geq 0$ und die Entscheidungsregel $E \in \mathcal{E}$

seien gegeben. Dann gilt:

a) Die Funktion $S(y,n,E)$ hat in Abhängigkeit von $y > 0$ genau dann ein relatives Minimum, falls $(1-\beta)b_n - an > 0$ ist.

b) Hat die Funktion $S(y,n,E)$ in Abhängigkeit von $y > 0$ ein relatives Minimum, so ist

$$y' = (1-\beta)\frac{\alpha + an + \sqrt{(\alpha+an)(\alpha+(1-\beta)b_n)}}{(1-\beta)b_n - an}$$

die zugehörige, eindeutig bestimmte Minimalstelle; dabei nimmt die Funktion $S(y,n,E)$ an der Stelle y' zugleich ihr absolutes Minimum an.

Beweis:

Für alle $E \in \mathcal{E}$, $n \geq 0$ und $y > 0$ gilt

$$\frac{\partial S(y,n,E)}{\partial y} = -(1-\beta)\frac{b_n y(y+1-\beta) - (b_n y - \alpha)(2y+1-\beta)}{y^2(y+1-\beta)^2} - \frac{an}{y^2},$$

und daher ist

$$\frac{\partial S(y,n,E)}{\partial y} = \frac{[(1-\beta)b_n - an]y^2 - 2(1-\beta)(\alpha+an)y - (1-\beta)^2(\alpha+an)}{y^2(y+1-\beta)^2}. \quad (3.3.1)$$

Aus $n = 0$ folgt nach Definition der Strategie 2 die Beziehung $1-\beta = \alpha > 0$. Daher ist $\alpha + an > 0$ für alle $n \geq 0$ und alle $E \in \mathcal{E}$. Falls $1-\beta = 0$ gilt, so folgt aus (3.3.1) wegen $n \geq 1$, daß die Funktion $S(y,n,E)$ in Abhängigkeit von $y > 0$ streng monoton fällt; es existiert in diesem Falle also kein relatives Minimum.

(i) Wir setzen nun voraus, daß die Funktion $S(y,n,E)$ in Abhängigkeit von $y > 0$ ein relatives Minimum besitzt. Daraus folgen mit $1-\beta > 0$ die Beziehungen $(1-\beta)(\alpha+an) > 0$ und $(1-\beta)^2(\alpha+an) > 0$. Wegen (3.3.1) folgt aus $(1-\beta)b_n - an \leq 0$, daß die Funktion $S(y,n,E)$ in Abhängigkeit von y streng monoton fällt und daher kein relatives Minimum haben kann. Also ist $(1-\beta)b_n - an > 0$.

(ii) Sei nun $(1-\beta)b_n - an > 0$.

Aus $\frac{\partial S(y,n,E)}{\partial y} = 0$ folgt

$$[(1-\beta)b_n - an]y^2 - 2(1-\beta)(\alpha+an)y - (1-\beta)^2(\alpha+an) = 0.$$

Wegen $y > 0$ folgt daraus

$$y = (1-\beta)\frac{\alpha+an+\sqrt{(\alpha+an)(\alpha+(1-\beta)b_n)}}{(1-\beta)b_n-an} .$$

Insbesondere existiert also für $y > 0$ genau eine Nullstelle von $\frac{\partial S(y,n,E)}{\partial y}$. Aus dem Vorzeichenverhalten von $\frac{\partial S(y,n,E)}{\partial y}$ an ihrer Nullstelle folgt, daß an dieser Stelle ein relatives Minimum der Funktion $S(y,n,E)$ vorliegt, welches zugleich auch das absolute Minimum dieser Funktion ist. Damit ist der Satz bewiesen.

Aufgrund von Satz 3.3.1 läßt sich der Kontrollabstand T^* eines kostenoptimalen Prüfplanes (T^*,n^*,E^*) mit Hilfe von n^* und E^* berechnen:

Satz 3.3.2

Sei (T^*,n^*,E^*) ein kostenoptimaler Prüfplan mit $0 < T^* < \infty$. Ferner sei $y^* = \lambda T^*$. Dann gilt $(1-\beta^*)b_{n^*}-an^* > 0$ und

$$y^* = (1-\beta^*)\frac{\alpha^*+an^*+\sqrt{(\alpha^*+an^*)(\alpha^*+(1-\beta^*)b_{n^*})}}{(1-\beta^*)b_{n^*}-an^*} .$$

Beweis:

Aus der Kostenoptimalität von (T^*,n^*,E^*) folgt, daß die Funktion $S(y,n^*,E^*)$ in Abhängigkeit von $y > 0$ an der Stelle y^* ein relatives Minimum hat. Aus Satz 3.3.1 folgt nun die Behauptung.

3.4 Der Spezialfall $0 < T < \infty$ und $n = 0$ (Strategie 2)

Vergleicht man die bisherigen Ergebnisse dieses Kapitels mit den entsprechenden Eigenschaften kostenoptimaler Prüfpläne bei den von v. Collani (1978, 1981) und Behl (1981, 1985) untersuchten Modellen, so stellt man fest, daß die Anwendung des Minimax-Prinzips vereinfachend wirkt; implizite Bedingungen zur Ausscheidung großer Stichprobenumfänge oder zur Bestimmung des optimalen Kontrollabstandes werden in dem hier behandelten Modell zu expliziten Bedingungen. Auch in dem in diesem Abschnitt untersuchten Fall der Strategie 2 ergeben sich Vereinfachungen.

Der folgende Satz stellt im wesentlichen eine Folgerung aus Satz 3.3.2 dar.

Satz 3.4.1

Sei $(T^*,0,\alpha^*)$ ein kostenoptimaler Prüfplan mit $0 < T^* < \infty$. Sei $y^* = \lambda T^*$. Dann gilt

$$y^* = \alpha^* \frac{1+\sqrt{1+b_0}}{b_0}$$

und

$$S(y^*,0,\alpha^*) = -(\sqrt{1+b_0} - 1)^2.$$

Beweis:

Nach Definition der Strategie 2 gilt $1-\beta^* = \alpha^*$. Aus Satz 3.3.2 folgt unmittelbar

$$y^* = \alpha^* \frac{1+\sqrt{1+b_0}}{b_0}.$$

Damit gilt

$$S(y^*,0,\alpha^*) = -\frac{(b_0 y^* - \alpha^*)\alpha^*}{y^*(y^* + \alpha^*)} = -(\sqrt{1+b_0} - 1)^2.$$

Bemerkung 3.4.1

Aus obigem Satz ist ersichtlich, daß - im Gegensatz zu den Modellen mit exponentialverteilter Lebensdauer des Sollzustandes - der standardisierte Verlust $S(y^*,0,\alpha^*)$ nicht mehr von α^* abhängt. Bei jenen Modellen liefert $\alpha^* < 1$ kostenungünstigere Prüfpläne der Strategie 2 als $\alpha^* = 1$ (vgl. Uhlmann (1982)). Da nach obigem Satz y^* streng monoton wachsend von α^* abhängt, wählen wir zweckmäßigerweise auch in dem in dieser Arbeit untersuchten Modell $\alpha^* = 1$.

Damit gilt $y^* = \frac{1+\sqrt{1+b_0}}{b_0}$.

4. Zur Existenz und Eindeutigkeit kostenoptimaler Prüfpläne

4.1 Zur Existenz von kostenoptimalen Prüfplänen

Die Frage nach der Existenz eines kostenoptimalen Prüfplanes ist eng mit der Struktur der Menge $\mathcal{E}$ der Entscheidungsregeln verknüpft.
Wir nehmen an, daß sich für jeden Stichprobenumfang $n \geq 1$ die Menge der zugehörigen Entscheidungsregeln mittels der Funktion $f_n(E) = \alpha$, wobei α die Irrtumswahrscheinlichkeit, also die Wahrscheinlichkeit für einen Fehlalarm, bei Verwendung von E ist, in das abgeschlossene Intervall $[0;1]$ abbilden läßt. Dabei sollen die Intervallgrenzen als Funktionswerte angenommen werden. Ferner setzen wir voraus, daß die Wahrscheinlichkeit β für den Fehler zweiter Art, also die Wahrscheinlichkeit, daß der Produktionsapparat irrtümlicherweise nicht durchgesehen wird, bei beliebigem, aber festem $n \geq 1$ durch α eindeutig bestimmt ist: $\beta = \beta_n(\alpha)$. Für alle $n \geq 1$ gelte $\beta_n(0) = 1$ und $\beta_n(1) = 0$.
Erfüllt nun die Menge $\mathcal{E}$ zusätzlich eine der nachstehenden Bedingungen, so ist mit Satz 4.1.1 die Existenz eines kostenoptimalen Prüfplanes gesichert.

Bedingung A (stetiger Fall)

Für jeden Stichprobenumfang $n \geq 1$ ist die Funktion f_n surjektiv und die Funktion β_n stetig.

Bedingung B (diskreter Fall)

Für jeden Stichprobenumfang $n \geq 1$ nimmt die Funktion f_n nur endlich viele Werte an.

Satz 4.1.1

Erfüllt die Menge $\mathcal{E}$ der Entscheidungsregeln zusätzlich zu den zu Beginn dieses Abschnitts gemachten Annahmen die Bedingung A oder die Bedingung B, so existiert mindestens ein kostenoptimaler Prüfplan.
Gehört ein kostenoptimaler Prüfplan der Strategie 1 oder 2

an, so gilt $\alpha > 0$ und $\beta < 1$, wobei α, β die zugehörige Wahrscheinlichkeit für den Fehler erster bzw. zweiter Art ist.

Beweis:

Falls $b_0 \leq 0$ ist, so ist nach Teil b) des Satzes 3.1.1 der Prüfplan $(\infty, 0, -)$ der Strategie 3 kostenoptimal.
Sei also $b_0 > 0$.
Dann ist nach Satz 3.4.1 und der Bemerkung 3.4.1 der Prüfplan $(\bar{T}, 0, 1)$ mit $\bar{T} = \frac{1+\sqrt{1+b_0}}{\lambda b_0}$ ein kostengünstigster Prüfplan der Strategie 2.
Falls nun $b_1 \leq 0$ gilt, so ist nach Teil a) des Satzes 3.1.1 einer der Prüfpläne $(\infty, 0, -)$ oder $(\bar{T}, 0, 1)$ kostenoptimal.
Sei also $b_1 > 0$.
Nach Satz 3.2.1 kommen für Kostenoptimalitätsbetrachtungen nur noch die Prüfpläne $(\infty, 0, -)$ und $(\bar{T}, 0, 1)$ sowie die zulässigen Prüfpläne (T, n, E) der Strategie 1 zu den endlich vielen Stichprobenumfängen n mit $1 \leq n < b_1/a$ in Frage.

Im folgenden zeigen wir, daß es zu jedem Stichprobenumfang n mit $1 \leq n < b_1/a$ einen kostengünstigsten Prüfplan gibt, womit die Existenzfrage beantwortet ist.

Für jedes n mit $1 \leq n < b_1/a$ und jede zugehörige Entscheidungsregel E gilt

$$\lim_{y \to 0} S(y, n, E) = +\infty \tag{4.1.1}$$

und

$$\lim_{y \to \infty} S(y, n, E) = 0. \tag{4.1.2}$$

Für jedes n mit $1 \leq n < b_1/a$ und jedes y mit $0 < y < \infty$ gilt wegen $\beta_n(0) = 1$ und $\beta_n(1) = 0$

$$S(y, n, E) = \frac{an}{y} > 0 \quad \text{für alle E mit } f_n(E) = 0 \tag{4.1.3}$$

und

$$S(y, n, E) = -\frac{(b_1 - an)y - (an+1)}{y(y+1)} \quad \text{für alle E mit } f_n(E) = 1. \tag{4.1.4}$$

Aus (4.1.4) folgt wegen $n < b_1/a$:

Für alle E mit $f_n(E) = 1$ existiert ein $y' \in \mathbb{R}^+$ mit $S(y',n,E) < 0$. (4.1.5)

Sei nun Bedingung A erfüllt.
Aus der Stetigkeit der Funktion β_n folgt die Stetigkeit des standardisierten Verlustes S(y,n,E) in Abhängigkeit von y und α. Zu vorgegebenem n mit $1 \leq n < b_1/a$ kann man sich bei der Suche nach einem Minimum des standardisierten Verlustes wegen (4.1.1), (4.1.2), (4.1.3) und (4.1.5) auf ein abgeschlossenes Gebiet der y-α-Ebene beschränken. (Die Funktion S(y,n,E) nimmt wegen (4.1.5) negative Werte an, wegen (4.1.3) jedoch nicht für Entscheidungsregeln E mit $f_n(E) = 0$.) Es existiert daher ein y' mit $0 < y' < \infty$ und ein α' mit $\alpha' > 0$, so daß y' und α' die Funktion S minimieren. Jede zugehörige Entscheidungsregel E' führt für diesen Stichprobenumfang n zu einem kostengünstigsten Prüfplan.

Sei nun Bedingung B erfüllt.
Dann folgt aus (4.1.1), (4.1.2) und (4.1.5), daß es zu festem n mit $1 \leq n < b_1/a$ mindestens einen kostengünstigsten Prüfplan gibt. Wegen (4.1.3) gilt für die zugehörige Entscheidungsregel die Beziehung $\alpha > 0$.

Damit ist die Existenz eines kostenoptimalen Prüfplanes gesichert. Falls ein solcher Prüfplan der Strategie 1 oder 2 angehört, so folgt aus den obigen Ausführungen, daß die zugehörige Irrtumswahrscheinlichkeit positiv ist; wegen der ersten Aussage des Satzes 3.3.2 folgt, daß die zugehörige Wahrscheinlichkeit für den Fehler zweiter Art kleiner als 1 ist.

Bevor wir uns mit der Frage nach der Eindeutigkeit von kostenoptimalen Prüfplänen befassen, werden im nächsten Abschnitt für die praktische Anwendung bedeutsame Beispiele für die Menge $\mathcal{E}$ der Entscheidungsregeln vorgestellt.

4.2 Beispiele für die Menge der zulässigen Prüfpläne

Bei den ersten drei Beispielen handelt es sich um die laufende Kontrolle eines quantitativen Merkmals, beim letzten Beispiel um die laufende Kontrolle eines qualitativen Merkmals. Beispiel 1 und Beispiel 4 genügen der Bedingung B, Beispiel 2 und Beispiel 3 der Bedingung A des vorigen Abschnittes.

Beispiel 1: Zeichentest.

Die Qualität eines produzierten Stückes ist gegeben durch eine stetig verteilte zufällige Variable X.

Zustand I: Der gegebene Wert $z \in \mathbb{R}$ ist der Zentralwert (= 50-Prozentpunkt) der Verteilung von X.

Zustand II: Der gegebene Wert $z \in \mathbb{R}$ ist der $50(1+\varepsilon)$- oder der $50(1-\varepsilon)$-Prozentpunkt der Verteilung von X. Dabei sei ε eine bekannte reelle Zahl mit $0 < \varepsilon < 1$.

Ein zulässiger Prüfplan (T,n,c) der Strategie 1, wobei T eine reelle Zahl sei mit $0 < T < \infty$ und n und c ganze Zahlen seien mit $n \geq 1$ und $-1 \leq c \leq n/2$, beschreibt folgendes Kontrollverfahren (Zeichentest): Nach je T Produktions-Zeiteinheiten werden n Stücke nacheinander der laufenden Produktion entnommen; x_i sei der Meßwert des i-ten Stückes in der Stichprobe. Wegen der vorausgesetzten Stetigkeit der Verteilung von X können wir annehmen, daß $x_i \neq z$ gilt für alle i mit $1 \leq i \leq n$. Ist die Anzahl der Meßwerte x_i, welche kleiner als z ausfallen, höchstens c oder mindestens n-c, so wird der Produktionsapparat durchgesehen; andernfalls wird ohne Durchsicht weiterproduziert. Verwendet man einen solchen Prüfplan, so ergeben sich folgende Wahrscheinlichkeiten für die Fehler erster bzw. zweiter Art:

$$\alpha = \min\left\{2\sum_{j=0}^{c}\binom{n}{j}\frac{1}{2^n};\ 1\right\}. \tag{4.2.1}$$

$$\beta = \sum_{j=c+1}^{n-c-1}\binom{n}{j}\left(\frac{1+\varepsilon}{2}\right)^j\left(\frac{1-\varepsilon}{2}\right)^{n-j}. \tag{4.2.2}$$

Beispiel 2: Einseitiger Test auf den Mittelwert bei Normalverteilungsannahme und bekannter Varianz (Einseitige $\bar{X}$- oder Shewhart-Karte).

Die Qualität eines produzierten Stückes ist gegeben durch eine normalverteilte zufällige Variable X mit bekannter Varianz σ^2.

Zustand I: Der gegebene Wert $\mu \in \mathbb{R}$ ist der Mittelwert der Verteilung von X: $X \sim N(\mu,\sigma^2)$.

Zustand II: $\mu+\delta\sigma$ ist der Mittelwert der Verteilung von X: $X \sim N(\mu+\delta\sigma,\sigma^2)$.
Dabei sei δ eine bekannte reelle Zahl mit $\delta > 0$.

Ein zulässiger Prüfplan (T,n,c) der Strategie 1, wobei T und c reelle Zahlen seien mit $0 < T < \infty$ und $-\infty \leq c \leq +\infty$ und n eine ganze Zahl sei mit $1 \leq n < \infty$, beschreibt folgendes Kontrollverfahren: Nach je T Produktions-Zeiteinheiten werden n Stücke nacheinander der laufenden Produktion entnommen. Wenn für das Stichprobenmittel $\bar{x}$ die Beziehung $\bar{x}-\mu > c\sigma/\sqrt{n}$ gilt, so wird der Produktionsapparat durchgesehen; andernfalls wird ohne Durchsicht weiterproduziert.

Bei der Verwendung einer solchen einseitigen $\bar{X}$-Karte ergeben sich folgende Wahrscheinlichkeiten für die Fehler erster bzw. zweiter Art:

$$\alpha = \Phi(-c), \tag{4.2.3}$$

$$\beta = \Phi(c-\delta\sqrt{n}). \tag{4.2.4}$$

Dabei sei Φ die Verteilungsfunktion der Normalverteilung N(0,1). In diesem Beispiel wurde der rechtsseitige Fall vorgestellt; der linksseitige Fall läßt sich analog behandeln.

Beispiel 3: Zweiseitiger Test auf den Mittelwert bei Normalverteilungsannahme und bekannter Varianz ($\bar{X}$- oder Shewhart-Karte).

Die Qualität eines produzierten Stückes ist wiederum gegeben durch eine normalverteilte zufällige Variable X mit bekannter Varianz σ^2.

Zustand I: Der gegebene Wert $\mu \in \mathbb{R}$ ist der Mittelwert der Verteilung von X: $X \sim N(\mu,\sigma^2)$.

Zustand II: $\mu+\delta\sigma$ oder $\mu-\delta\sigma$ ist der Mittelwert der Verteilung von X:

$X \sim N(\mu+\delta\sigma,\sigma^2)$ oder $X \sim N(\mu-\delta\sigma,\sigma^2)$.

Dabei sei δ eine bekannte reelle Zahl mit $\delta > 0$. Ein zulässiger Prüfplan (T,n,c) der Strategie 1, wobei T und c reelle Zahlen seien mit $0 < T < \infty$ und $0 \leq c \leq \infty$ und n eine ganze Zahl sei mit $1 \leq n < \infty$, beschreibt folgendes Kontrollverfahren: Nach je T Produktionszeiteinheiten werden n Stücke nacheinander der laufenden Produktion entnommen. Wenn für das Stichprobenmittel $\bar{x}$ die Beziehung $|\bar{x}-\mu| > c\sigma/\sqrt{n}$ gilt, so wird der Produktionsapparat durchgesehen; andernfalls wird ohne Durchsicht weiterproduziert.

Bei der Verwendung einer solchen $\bar{X}$-Karte ergeben sich folgende Wahrscheinlichkeiten für die Fehler erster bzw. zweiter Art:

$$\alpha = 2\Phi(-c), \tag{4.2.5}$$

$$\beta = \Phi(c-\delta\sqrt{n})-\Phi(-c-\delta\sqrt{n}). \tag{4.2.6}$$

Dabei sei wiederum Φ die Verteilungsfunktion der Normalverteilung N(0,1).

Beispiel 4: Gut-Schlecht Prüfung (np-Karte).

Die Qualität eines produzierten Stückes ist gegeben durch die zufällige Variable X mit

$$X = \begin{cases} 0, & \text{falls das Stück gut ist,} \\ 1, & \text{falls das Stück schlecht ist.} \end{cases}$$

Zustand I: X ist verteilt nach der Binomialverteilung $Bi(1,p_I)$ mit $0 < p_I < 1$.

Zustand II: X ist verteilt nach der Binomialverteilung $Bi(1,p_{II})$ mit $p_I < p_{II} < 1$.

Ein zulässiger Prüfplan (T,n,c) der Strategie 1, wobei T eine reelle Zahl sei mit $0 < T < \infty$ und n und c ganze Zahlen seien mit $n \geq 1$ und $-1 \leq c \leq n$, beschreibt folgendes Kontrollverfahren: Nach je T Produktionszeiteinheiten werden n Stücke nacheinander der laufenden Produktion entnommen. Befinden sich darunter mehr als c schlechte Stücke, so wird der Produktionsapparat durchgesehen; andernfalls wird ohne Durchsicht weiterproduziert.

Verwendet man ein solches Kontrollverfahren, so ergeben sich folgende Wahrscheinlichkeiten für die Fehler erster bzw. zweiter Art:

$$\alpha = 1 - L_{n,c}(p_I), \qquad (4.2.7)$$

$$\beta = L_{n,c}(p_{II}), \qquad (4.2.8)$$

wobei $L_{n,c}(p) = \sum_{m=0}^{c} \binom{n}{m} p^m (1-p)^{n-m}$ ist.

Aus Satz 4.1.1 folgt, daß bei allen in diesem Abschnitt vorgestellten Modellen die Existenz eines kostenoptimalen Prüfplanes gesichert ist; dieser kann natürlich auch der Strategie 2 oder 3 angehören.

Unter der Annahme, daß die Lebensdauer des Zustandes I exponentialverteilt ist, wurde für das erste Beispiel in A. (1985c) eine Näherungslösung angegeben. Unter derselben Voraussetzung wurden kostenoptimale Prüfpläne für das dritte und vierte Beispiel von v. Collani (1978, 1981) bzw. Behl (1981, 1985) bestimmt; Näherungslösungen wurden von v. Collani (1985a) und A. (1985a) bzw. A. (1985b) angegeben.

4.3 Zur Eindeutigkeit von kostenoptimalen $\bar{X}$-Karten im einseitigen und zweiseitigen Fall

In diesem Abschnitt wird für die Beispiele 2 und 3 des vorigen Abschnittes die Frage nach der Eindeutigkeit eines kostenoptimalen Prüfplanes behandelt.
Für die Beispiele 1 und 4 und allgemeiner für solche Modelle, welche der Bedingung B von Abschnitt 4.1 genügen, sind Eindeutigkeitsbetrachtungen lediglich von theoretischem Interesse und werden hier nicht angestellt: Da nur endlich viele verschiedene Werte $n \geq 1$ für den Stichprobenumfang in Frage kommen (vgl. z.B. Satz 3.2.2), und der Kontrollabstand T nach Satz 3.3.2 durch das Kontrollverfahren eindeutig festgelegt ist, müssen bei der Bestimmung eines kostenoptimalen Prüfplanes zu gegebenem $n \geq 1$ nur endlich viele Entscheidungsregeln durchgemustert werden, nämlich diejenigen, welche zu verschiedenen Irrtumswahrscheinlichkeiten α

gehören. Wie im nächsten Kapitel ausgeführt, kann man darüber hinaus bei der Bestimmung einer kostenoptimalen np-Karte auf die Prüfung einiger Entscheidungsregeln von vorneherein verzichten.

Für die Beispiele 2 und 3 wird in diesem Abschnitt gezeigt, daß zu gegebenem $n \geq 1$ das absolute Minimum des standardisierten Verlustes im Inneren, also nicht auf dem Rand eines für Kostenoptimalitätsbetrachtungen relevanten Bereiches angenommen wird, daß das absolute Minimum also zugleich ein relatives Minimum ist; ferner wird gezeigt, daß nur ein solches relatives Minimum existiert. Dies ist bedeutsam für die konkrete Bestimmung einer kostenoptimalen $\bar{X}$-Karte.

Ebenfalls bedeutsam für die explizite Bestimmung einer kostenoptimalen $\bar{X}$-Karte ist der folgende Satz 4.3.1. Es sei ausdrücklich vermerkt, daß dieser Satz sogar für das allgemeine, in Kapitel 2 beschriebene Modell gültig ist.

Wegen Teil b) des Satzes 3.1.1 können wir uns auf den Fall $b_0 > 0$ beschränken. Aus Teil a) desselben Satzes folgt in Verbindung mit Satz 3.4.1 und der Bemerkung 3.4.1, daß für $b_1 \leq 0$ lediglich die beiden Prüfpläne $(\infty, 0, -)$ und $\left(\frac{1+\sqrt{1+b_0}}{\lambda\, b_0}, 0, 1\right)$ für Kostenoptimalitätsbetrachtungen in Frage kommen. In diesem Abschnitt beschränken wir uns daher auf den Fall $b_0 > 0$ und $b_1 > 0$. Der Einfachheit halber setzen wir $b := b_1$. Ferner sei

$$m_0 := \min_{0<y<\infty} \left\{ - \frac{by-1}{y(y+1)} \right\}. \qquad (4.3.1)$$

Wie man leicht nachrechnet (vgl. Satz 3.4.1), gilt

$$m_0 = -(\sqrt{1+b} - 1)^2. \qquad (4.3.2)$$

Nun beweisen wir folgenden Satz, der zeigt, daß für $b = b_1 > 0$ (und damit $b_0 > 0$) die Strategie 1 nur dann kostengünstiger ist als Strategie 2, falls der zugehörige standardisierte Verlust nicht zu groß ist.

Satz 4.3.1

Sei (T,n,E) ein zulässiger Prüfplan mit $n \geq 1$ und $V(T,n,E) < -g_{II}$. Sei $b = b_1 > 0$ und $y = \lambda T$. Dann folgt aus $S(y,n,E) \geq m_0$ die Beziehung $V(T,n,E) \geq V\left(\frac{1+\sqrt{1+b_0}}{\lambda \bar{b}_0}, 0, 1\right)$.

Beweis:

Wegen $V(T,n,E) < -g_{II}$ folgt aus (2.2.6) die Ungleichung $S(y,n,E) < 0$. Sei nun $S(y,n,E) \geq m_0$. Wegen Satz 3.4.1, (2.2.6), $\bar{b}_1 \leq \bar{b}_0$, $d_1 \geq d_0$ und $e_1 \geq e_0 > 0$ gilt dann

$$V(T,n,E) = -g_{II} + \frac{d_1}{\nu} + S(y,n,E)\frac{e_1\lambda}{\nu} \geq$$

$$\geq -g_{II} + \frac{d_0}{\nu} + m_0\frac{e_1\lambda}{\nu} =$$

$$= -g_{II} + \frac{d_0}{\nu} + \frac{e_1\lambda}{\nu} \cdot \min_{0<y<\infty}\left\{-\frac{by-1}{y(y+1)}\right\} =$$

$$= -g_{II} + \frac{d_0}{\nu} + \frac{\lambda}{\nu} \cdot \min_{0<y<\infty}\left\{-\frac{\bar{b}_1 y - e_1}{y(y+1)}\right\} \geq$$

$$\geq -g_{II} + \frac{d_0}{\nu} + \frac{\lambda}{\nu} \cdot \min_{0<y<\infty}\left\{-\frac{\bar{b}_0 y - e_0}{y(y+1)}\right\} =$$

$$= -g_{II} + \frac{d_0}{\nu} + \frac{e_0\lambda}{\nu} \cdot \min_{0<y<\infty}\left\{-\frac{b_0 y - 1}{y(y+1)}\right\} =$$

$$= -g_{II} + \frac{d_0}{\nu} + \frac{e_0\lambda}{\nu} \cdot [-(\sqrt{1+b_0}-1)^2] =$$

$$= V\left(\frac{1+\sqrt{1+b_0}}{\lambda \bar{b}_0}, 0, 1\right).$$

Da wir nur solche zulässigen Prüfpläne (T,n,E) der Strategie 1 betrachten wollen, welche kostengünstiger sind als die zulässigen Prüfpläne der Strategien 2 und 3, können wir uns auf

Prüfpläne mit $S(y,n,E) < m_0$ beschränken. Wir untersuchen also nur solche zulässigen Prüfpläne (T,n,E) der Strategie 1, für die (vgl. Satz 3.1.2)

$$-b < S(y,n,E) < m_0 \tag{4.3.3}$$

gilt.

Nach Satz 4.1.1 ist für die Beispiele 2 und 3 des Abschnittes 4.2 die Existenz eines kostenoptimalen Prüfplanes gesichert; im folgenden wesentlichen Satz dieses Abschnittes wird eine Aussage zur Eindeutigkeit eines solchen Prüfplanes gemacht.

Satz 4.3.2

Die Parameter $\delta > 0$, $a > 0$ und $b = b_1 > 0$ seien fest vorgegeben. Dann hat zu gegebenem Stichprobenumfang n mit $1 \leq n < \infty$ der standardisierte Verlust

$$S(y,n,c) = -\frac{(by-\alpha)(1-\beta)}{y(y+1-\beta)} + \frac{an}{y}$$

mit

$$\alpha = \Phi(-c) \text{ und } \beta = \Phi(c-\delta\sqrt{n}) \qquad \text{(Beispiel 2)}$$

oder

$$\alpha = 2\Phi(-c) \text{ und } \beta = \Phi(c-\delta\sqrt{n})-\Phi(-c-\delta\sqrt{n}) \quad \text{(Beispiel 3)}$$

für $0 < y < \infty$ und $-\infty \leq c \leq +\infty$ (Beispiel 2) beziehungsweise
für $0 < y < \infty$ und $0 \leq c \leq +\infty$ (Beispiel 3)

höchstens ein relatives Minimum $m_n < m_0$; jedes absolute Minimum $m_n < m_0$ des standardisierten Verlustes ist zugleich ein relatives Minimum.

Dieser Satz ist ein Analogon zu Satz 2 in v. Collani (1981). Wir beweisen ihn in Anlehnung an v. Collani (1978) mit Hilfe der folgenden Lemmata; dabei gehen wir zu einem dualen Problem der Bestimmung eines absoluten Maximums über. Wenn nicht anders vermerkt, gelten die nachstehenden Überlegungen sowohl für den einseitigen (Beispiel 2) als auch für den zweiseitigen Fall (Beispiel 3).

Seien im folgenden $n \geq 1$ sowie $b, \gamma, m \in \mathbb{R}$ mit $b > 0$, $\gamma > 0$ und

$-b < m < m_0 = -(\sqrt{1+b}-1)^2$ fest vorgegeben.
Für alle y mit $0 < y < \infty$ und alle c mit $-\infty \leq c \leq +\infty$ bzw. $0 \leq c \leq +\infty$ definieren wir die beiden Funktionen

$$S_\gamma(y,c) = \frac{1}{y}\left\{\gamma - \frac{by-\alpha}{y+\bar{\beta}}\bar{\beta}\right\} \qquad (4.3.4)$$

und

$$h_m(y,c) = my + \frac{by-\alpha}{y+\bar{\beta}}\bar{\beta}, \qquad (4.3.5)$$

wobei $\bar{\beta} = 1-\beta$ ist. (Setzt man $\gamma = a\cdot n$, so ist $S_\gamma(y,c) = S(y,n,c)$.)

Nun beweisen wir folgendes Lemma.

Lemma 4.3.1

Sei $\gamma^* > 0$. Falls $S_{\gamma^*}(y,c)$ an der Stelle (y^*,c^*) ein relatives Minimum hat mit dem Minimalwert m^*, wobei $-b < m^* < m_0$ ist, dann hat $h_{m^*}(y,c)$ an der Stelle (y^*,c^*) ein relatives Maximum mit dem Maximalwert γ^*.

Beweis:

Für alle m mit $-b < m < m_0$ und alle $\gamma > 0$ gilt:

$$S_\gamma(y,c) = m \iff \frac{1}{y}\left\{\gamma - \frac{by-\alpha}{y+\bar{\beta}}\bar{\beta}\right\} = m$$

$$\iff my + \frac{by-\alpha}{y+\bar{\beta}}\bar{\beta} = \gamma$$

$$\iff h_m(y,c) = \gamma .$$

Sei nun (y^*,c^*) die Stelle eines relativen Minimums von $S_{\gamma^*}(y,c)$ mit $-b < m^* = S_{\gamma^*}(y^*,c^*) < m_0$. Dann gilt $h_{m^*}(y^*,c^*) = \gamma^*$.
Weiter ist für alle $(y,c) \neq (y^*,c^*)$ in einer hinreichend kleinen Umgebung der Minimalstelle:

$S_{\gamma^*}(y^*,c^*) = m^* \leq m = S_{\gamma^*}(y,c) < m_0$.

Dabei kann die rechte Gleichung auch folgendermaßen geschrieben werden:

$$m^* - (m^*-m) = \frac{1}{y}\left\{\gamma^* - \frac{by-\alpha}{y+\bar{\beta}}\bar{\beta}\right\}.$$

Daraus folgt

$$h_{m^*}(y,c) = m^* y + \frac{by-\alpha}{y+\bar{\beta}}\bar{\beta} = \gamma^* + (m^*-m)y \leq \gamma^* = h_{m^*}(y^*,c^*).$$

Damit ist das Lemma bewiesen.

Gemäß obigem Lemma untersuchen wir zu gegebenem $n \geq 1$ und zu gegebenem m mit $-b < m < m_0$ die Funktion $h_m(y,c)$ auf relative Maxima.

Hat $h_m(y,c)$ an einer Stelle ein relatives Maximum, so ist die partielle Ableitung von h_m nach y an dieser Stelle gleich 0. Setzt man die daraus resultierende Bedingung in (4.3.5) ein, so erhält man - wie in folgendem Lemma gezeigt wird - die Funktion

$$H_m(c) = (b-m)\bar{\beta} - 2\sqrt{-m\bar{\beta}(b\bar{\beta}+\alpha)}\,, \tag{4.3.6}$$

welche nur noch von c abhängt, und welche im Falle der Existenz zu gegebenem c den Wert des relativen Maximums der Funktion $h_m(y,c)$ angibt. $H_m(c)$ gibt also den Pfad der bezüglich der Variablen y relativen Maxima der Funktion $h_m(y,c)$ wieder, auf dem ein eventuelles relatives Maximum von $h_m(y,c)$ liegen muß. Es gilt nämlich:

Lemma 4.3.2

Seien $n \geq 1$ und m mit $-b < m < m_0 < 0$ fest vorgegeben. Wenn die Funktion $h_m(y,c)$ an der Stelle (y^*,c^*) ein relatives Maximum hat, dann hat die Funktion $H_m(c)$ an der Stelle c^* ein relatives Maximum, und es gilt $H_m(c^*) = h_m(y^*,c^*)$.

Beweis:

Wegen (4.3.5) ist $\dfrac{\partial h_m(y,c)}{\partial y} = m + \bar{\beta}\,\dfrac{b\bar{\beta}+\alpha}{(y+\bar{\beta})^2}$ für alle $y > 0$.

Aus $\dfrac{\partial h_m(y,c)}{\partial y} = 0$ folgt $\bar{\beta} > 0$ und $(y+\bar{\beta})^2 = -\dfrac{\bar{\beta}}{m}(b\bar{\beta}+\alpha)$.

Da h_m nur für positive y erklärt ist, folgt weiter

$$y = -\bar{\beta} + \sqrt{-\frac{\bar{\beta}}{m}(b\bar{\beta}+\alpha)}. \qquad (*)$$

Wegen $\sqrt{-\frac{\bar{\beta}}{m}(b\bar{\beta}+\alpha)} \geqq \bar{\beta}\sqrt{-\frac{b}{m}} > \bar{\beta}$ ist die rechte Seite von (*) in der Tat größer als 0.

Aus dem Vorzeichenverhalten von $\frac{\partial h_m(y,c)}{\partial y}$ an ihrer Nullstelle folgt, daß an dieser Stelle bei gegebenem c ein relatives Maximum von $h_m(y,c)$ vorliegt, welches darüber hinaus auch das absolute Maximum von $h_m(y,c)$ bei vorgegebenem c ist. (*) in (4.3.5) eingesetzt, ergibt mit (4.3.6)

$$h_m(-\bar{\beta}+\sqrt{-\frac{\bar{\beta}}{m}(b\bar{\beta}+\alpha)},c) = (b-m)\bar{\beta} - 2\sqrt{-m\bar{\beta}(b\bar{\beta}+\alpha)} = H_m(c).$$

Da nach Voraussetzung die Funktion $h_m(y,c)$ an der Stelle (y^*,c^*) ein relatives Maximum hat, folgt nach dem oben Dargelegten, daß c^* die Stelle eines relativen Maximums der Funktion $H_m(c)$ ist; ferner gilt $H_m(c^*) = h_m(y^*,c^*)$.

Im folgenden untersuchen wir zu gegebenem $n \geqq 1$ und zu gegebenem m mit $-b < m < m_0$ die Funktion H_m. Dabei betrachten wir H_m zunächst nicht als Funktion von c, sondern - ohne die Koppelung über c - als Funktion der beiden, voneinander unabhängigen Variablen $\bar{\beta}$ und α für $0 \leqq \bar{\beta} \leqq 1$ und $0 \leqq \alpha \leqq 1$, also als Funktion, definiert auf dem Einheitsquadrat der $\bar{\beta}$-α-Ebene:

$$H_m(\bar{\beta},\alpha) = (b-m)\bar{\beta} - 2\sqrt{-m\bar{\beta}(b\bar{\beta}+\alpha)}. \qquad (4.3.7)$$

In nachstehendem Lemma fassen wir einige Eigenschaften der Funktion $H_m(\bar{\beta},\alpha)$ zusammen.

Lemma 4.3.3

Sei m mit $-b < m < m_0 < 0$ fest vorgegeben. Dann hat $H_m(\bar{\beta},\alpha)$ folgende Eigenschaften:

a) $H_m(0,\alpha) = 0$ für alle α.

b) $H_m(\bar{\beta},\alpha)$ ist für alle $\bar{\beta}$ mit $0 < \bar{\beta} \leqq 1$ in Abhängigkeit von α streng monoton fallend.

c) $H_m(\bar\beta,\bar\beta) = \bar\beta(b-m-2\sqrt{-m(b+1)}) < 0$ für alle $\bar\beta$ mit $0 < \bar\beta \leq 1$.

d) $H_m(\bar\beta,\alpha) < 0$ für alle $(\bar\beta,\alpha)$ mit $\alpha \geq \bar\beta > 0$.

e) $H_m(\bar\beta,0) = \bar\beta(\sqrt{b} - \sqrt{-m})^2$ für alle $\bar\beta$

und

$$\max_{\substack{0\leq\bar\beta\leq 1\\ 0\leq\alpha\leq 1}} H_m(\bar\beta,\alpha) = H_m(1,0) = (\sqrt{b} - \sqrt{-m})^2 > 0.$$

f) $H_m(\bar\beta,\alpha)$ ist für alle $(\bar\beta,\alpha)$ mit $H_m(\bar\beta,\alpha) > 0$ in Abhängigkeit von $\bar\beta$ streng monoton wachsend.

Beweis:

Die Teile a) und b) folgen unmittelbar aus (4.3.7).

zu c): Wegen (4.3.7) gilt

$$H_m(\bar\beta,\bar\beta) = \bar\beta(b-m-2\sqrt{-m(b+1)}).$$

Aus $-b < m < m_0$ folgt nach (4.3.2)

$$-b-2-2\sqrt{b+1} < m < -(\sqrt{b+1} -1)^2 = -b-2+2\sqrt{b+1}.$$

Also gilt

$$m^2 + 2(b+2)m + b^2 < 0,$$

$$(b-m)^2 < -4m(b+1)$$

und

$$b-m < 2\sqrt{-m(b+1)}.$$

Daraus folgt Teil c) des Lemmas.

zu d): Dieser Teil des Lemmas folgt unmittelbar aus den Teilen b) und c).

zu e): Für alle $\bar\beta$ mit $0 \leq \bar\beta < 1$ gilt

$$H_m(\bar\beta,0) = (b-m)\bar\beta - 2\bar\beta\sqrt{-mb} = \bar\beta(\sqrt{b}-\sqrt{-m})^2 < (\sqrt{b}-\sqrt{-m})^2 = H_m(1,0).$$

Mit den Teilen a) und b) folgt nun Teil e) des Lemmas.

zu f: Für alle $\bar\beta > 0$ gilt

$$\frac{\partial H_m(\bar\beta,\alpha)}{\partial\bar\beta} = b - m - \sqrt{-m}\,\frac{2b\bar\beta+\alpha}{\sqrt{\bar\beta(b\bar\beta+\alpha)}}$$

und

$$\frac{\partial^2 H_m(\bar\beta,\alpha)}{\partial\bar\beta^2} = \sqrt{-m}\,\frac{\alpha^2}{2\bar\beta(b\bar\beta+\alpha)\sqrt{\bar\beta(b\bar\beta+\alpha)}}\,.$$

Sei nun $\alpha = 0$. Dann ist $\dfrac{\partial H_m(\bar\beta,\alpha)}{\partial\bar\beta} = (\sqrt{b}-\sqrt{-m})^2 > 0$ für alle $\bar\beta > 0$, und Teil f) des Lemmas ist gezeigt.

Sei also $\alpha > 0$. Daraus folgt $\dfrac{\partial^2 H_m(\bar\beta,\alpha)}{\partial\bar\beta^2} > 0$ für alle $\bar\beta > 0$. Aus den Teilen a) und d) des Lemmas zusammen mit der Konvexität der Funktion $H_m(\bar\beta,\alpha)$ in Abhängigkeit von $\bar\beta$ folgt nun die Behauptung.

Nun führen wir zu vorgegebenem m mit $-b < m < m_0 < 0$ Höhenlinien der Funktion $H_m(\bar\beta,\alpha)$ ein: zu gegebenem $\gamma \in \mathbb{R}^+$ heißt die Kurve mit der Gleichung $H_m(\bar\beta,\alpha) = \gamma$ Höhenlinie zur Höhe γ. Damit gilt folgendes Lemma.

Lemma 4.3.4

Sei m mit $-b < m < m_0 < 0$ fest vorgegeben.

a) Zu $\gamma > (\sqrt{b}-\sqrt{-m})^2$ existiert keine Höhenlinie der Funktion $H_m(\bar\beta,\alpha)$.

b) Zu $\gamma = (\sqrt{b}-\sqrt{-m})^2$ besteht die Höhenlinie der Funktion $H_m(\bar\beta,\alpha)$ genau aus dem Punkt (1,0).

c) Zu jedem γ mit $0 < \gamma < (\sqrt{b}-\sqrt{-m})^2$ existiert eine Höhenlinie der Funktion $H_m(\bar\beta,\alpha)$. Alle diese Höhenlinien verlaufen im Einheitsquadrat der $\bar\beta$-α-Ebene stets unterhalb der Diagonalen $\alpha = \bar\beta$ und sind in Abhängigkeit von $\bar\beta$ streng monoton wachsend.

Beweis:

a) folgt unmittelbar aus Teil e) von Lemma 4.3.3.
b) folgt aus Teil e) von Lemma 4.3.3 in Verbindung mit den Teilen a) und b) desselben Lemmas. Aus den Teilen a) und e) von Lemma 4.3.3 folgt, daß es zu jedem γ mit $0 < \gamma < (\sqrt{b}-\sqrt{-m})^2$ eine Höhenlinie der Funktion $H_m(\bar\beta,\alpha)$ gibt. Aus Teil d) von Lemma 4.3.3 folgt, daß jede dieser Höhenlinien im Einheitsquadrat der

$\bar{\beta}$-α-Ebene unterhalb der Diagonalen $\alpha = \bar{\beta}$ verläuft. Die behauptete strenge Monotonie folgt aus den Teilen b) und f) von Lemma 4.3.3.

In nachstehendem Lemma sind weitere Eigenschaften der Höhenlinien der Funktion $H_m(\bar{\beta},\alpha)$ angegeben.

Lemma 4.3.5

Sei m mit $-b < m < m_0 < 0$ fest vorgegeben. Ferner sei $0 < \gamma < (\sqrt{b}-\sqrt{-m})^2$.

a) Alle Punkte $(\bar{\beta},\alpha)$ der Höhenlinie $H_m(\bar{\beta},\alpha) = \gamma$ genügen der Gleichung
$-4m\alpha\bar{\beta} = (b+m)^2\,\bar{\beta}^2 - 2\gamma(b-m)\bar{\beta} + \gamma^2$.

b) Für den $\bar{\beta}$-Achsenabschnitt $\bar{\beta}_\gamma$ der Höhenlinie $H_m(\bar{\beta},\alpha) = \gamma$ gilt

$$0 < \bar{\beta}_\gamma = \gamma\,\frac{(\sqrt{b}+\sqrt{-m})^2}{(b+m)^2} < 1.$$

c) Für den α-Achsenabschnitt α_γ der Höhenlinie $H_m(\bar{\beta},\alpha) = \gamma$ gilt

$$0 < \alpha_\gamma = \frac{(b+m)^2 - 2\gamma(b-m) + \gamma^2}{-4m} < 1.$$

Beweis:

zu a): Aus $H_m(\bar{\beta},\alpha) = \gamma$ folgt

$$(b-m)\bar{\beta} - 2\sqrt{-m\bar{\beta}(b\bar{\beta}+\alpha)} = \gamma.$$

Daher gilt

$$-4m\bar{\beta}(b\bar{\beta}+\alpha) = (b-m)^2\,\bar{\beta}^2 - 2\gamma(b-m)\bar{\beta} + \gamma^2$$

und

$$-4m\alpha\bar{\beta} = (b+m)^2\,\bar{\beta}^2 - 2\gamma(b-m)\bar{\beta} + \gamma^2.$$

zu b): Wegen Teil e) von Lemma 4.3.3 folgt aus $H_m(\bar{\beta},0) = \gamma$ die Beziehung

$$\bar{\beta} = \frac{\gamma}{(\sqrt{b}-\sqrt{-m})^2} = \gamma\,\frac{(\sqrt{b}+\sqrt{-m})^2}{(b+m)^2}$$

und damit die Behauptung.

zu c): Es ist $H_m(1,\alpha) = b-m-2\sqrt{-m(b+\alpha)}$. Da $H_m(1,\alpha)$ in Abhängigkeit von α streng monoton fällt und die Beziehung

$H_m(1,0) = (\sqrt{b}-\sqrt{-m})^2 > \gamma > 0 > H_m(1,1)$ gilt, ist α_γ durch die Gleichung $H_m(1,\alpha_\gamma) = \gamma$ eindeutig bestimmt. Es ist

$2\sqrt{-m(b+\alpha_\gamma)} = (b-m) - \gamma$

und daher

$$\alpha_\gamma = \frac{(b+m)^2 - 2\gamma(b-m) + \gamma^2}{-4m}.$$

Folgendes Lemma ist von entscheidender Bedeutung für den Beweis des Satzes 4.3.2 über die Eindeutigkeit von kostenoptimalen Prüfplänen. Dabei seien zu fest vorgegebenem $n \geq 1$ die Größen α und $\bar{\beta}$ über die Variable c miteinander verbunden.

Lemma 4.3.6

Seien $n \geq 1$, $\gamma > 0$ und m mit $-b < m < m_0 < 0$ fest vorgegeben. Dann gibt es höchstens zwei verschiedene Werte von c mit $H_m(\bar{\beta}(c), \alpha(c)) = \gamma$.

Da sich der Beweis dieses Lemmas für den einseitigen und zweiseitigen Fall (Beispiel 2 bzw. Beispiel 3) in den wesentlichen Teilen nicht gemeinsam führen läßt, und der Beweis insbesondere im zweiseitigen Fall recht umfangreich ist, stellen wir ihn zurück und beweisen zunächst den Satz 4.3.2 mit Hilfe dieses Lemmas.

Beweis des Satzes 4.3.2:

Es gilt $S(y,n,c) = S_{an}(y,c)$.

Die Funktion $S_{an}(y,c)$ habe an den Stellen (y_1,c_1) und (y_2,c_2) mit $(y_1,c_1) \neq (y_2,c_2)$ je ein relatives Minimum mit den Minimalwerten $m^{(1)}$ bzw. $m^{(2)}$.

Wegen Teil b) von Satz 3.3.1 folgt aus $(y_1,c_1) \neq (y_2,c_2)$ die Beziehung $c_1 \neq c_2$. Wegen Satz 3.1.2 und der Voraussetzung des Satzes 4.3.2 gilt

$-b < m^{(1)} < m_0$ und $-b < m^{(2)} < m_0$.

Aus Lemma 4.3.1 folgt mit $\gamma^* = an$:

$h_{m^{(1)}}(y,c)$ hat für (y_1,c_1) und

$h_{m^{(2)}}(y,c)$ hat für (y_2,c_2) ein relatives Maximum mit

$h_{m^{(1)}}(y_1,c_1) = h_{m^{(2)}}(y_2,c_2) = an$.

Aus Lemma 4.3.2 folgt nun:

$H_{m^{(1)}}(c)$ hat für c_1 ein relatives Maximum,

$H_{m^{(2)}}(c)$ hat für c_2 ein relatives Maximum

und

$H_{m^{(1)}}(c_1) = H_{m^{(2)}}(c_2) = an$.

Ohne Beschränkung der Allgemeinheit sei $m^{(1)} \geq m^{(2)}$.

Für alle c in einer hinreichend kleinen Umgebung von c_1 gilt $H_{m^{(1)}}(\bar{\beta}(c),\alpha(c)) \leq an$. Mit Lemma 4.3.6 folgt, daß für alle $c \neq c_1$ in einer hinreichend kleinen Umgebung von c_1 sogar die echte Ungleichung $H_{m^{(1)}}(\bar{\beta}(c),\alpha(c)) < an$ gültig ist.

Wegen (4.2.3), (4.2.4), (4.2.5), (4.2.6) und den Teilen a) und c) von Lemma 4.3.3 gilt

$$0 = H_{m^{(1)}}(0,0) = \lim_{c\to\infty} H_{m^{(1)}}(\bar{\beta}(c),\alpha(c))$$

und

$$0 > H_{m^{(1)}}(1,1) = \left\{ \begin{array}{ll} \lim\limits_{c\to-\infty} H_{m^{(1)}}(\bar{\beta}(c),\alpha(c)) & \text{für Beispiel 2} \\ H_{m^{(1)}}(\bar{\beta}(0),\alpha(0)) & \text{für Beispiel 3} \end{array} \right\}.$$

Daher folgt mit Lemma 4.3.6, daß für alle $c \neq c_1$ die Ungleichung $H_{m^{(1)}}(\bar{\beta}(c),\alpha(c)) < an$ gilt.

Sei nun $m^{(1)} = m^{(2)}$. Dann folgt

$H_{m^{(1)}}(\bar{\beta}(c_2),\alpha(c_2)) < an = H_{m^{(2)}}(\bar{\beta}(c_2),\alpha(c_2))$. Widerspruch.

Sei also $m^{(1)} > m^{(2)}$.

Wegen $-b < m < 0$ gilt für $\bar{\beta} > 0$:

$$\frac{\partial}{\partial m} H_m(\bar{\beta},\alpha) = -\bar{\beta} + \sqrt{\frac{\bar{\beta}(b\bar{\beta}+\alpha)}{-m}} \geq -\bar{\beta} + \bar{\beta}\sqrt{\frac{b}{-m}} > 0.$$

Da $\bar{\beta}(c_2) > 0$ ist, folgt daraus

$an > H_{m^{(1)}}(\bar{\beta}(c_2),\alpha(c_2)) > H_{m^{(2)}}(\bar{\beta}(c_2),\alpha(c_2)) = an$. Widerspruch.

Also hat die Funktion $S(y,n,c)$ zu vorgegebenem $n \geq 1$ höchstens ein relatives Minimum $m_n < m_0$.

Mit den Bezeichnungen des Satzes 4.3.2 folgt aus den Beziehungen

$\lim\limits_{y\to 0} S(y,n,c) = +\infty$, $\lim\limits_{y\to\infty} S(y,n,c) = 0$, $\lim\limits_{c\to\infty} S(y,n,c) = \frac{an}{y} > 0$ und

$$m_0 = -(\sqrt{b+1}-1)^2 \leq -\frac{by-1}{y(y+1)} < \left\{ \begin{array}{ll} \lim\limits_{c\to-\infty} S(y,n,c) & \text{für Beispiel 2} \\ S(y,n,0) & \text{für Beispiel 3} \end{array} \right\},$$

daß bei vorgegebenem $n \geq 1$ ein absolutes Minimum $m_n < m_0$ der Funktion $S(y,n,c)$ zugleich ein relatives Minimum dieser Funktion ist.

Damit ist Satz 4.3.2 unter der Voraussetzung bewiesen, daß Lemma 4.3.6 gilt.

Im verbleibenden Teil dieses Abschnittes soll Lemma 4.3.6 bewiesen werden.

Nach den Teilen a) und b) von Lemma 4.3.4 gilt Lemma 4.3.6, falls $\gamma \geq (\sqrt{b}-\sqrt{-m})^2$ ist. Wir können also $0 < \gamma < (\sqrt{b}-\sqrt{-m})^2$ voraussetzen.

Mit Teil a) von Lemma 4.3.5 folgt aus $H_m(\bar{\beta},\alpha) = \gamma$ die Beziehung

$$-4m\alpha\bar{\beta} = (b+m)^2\bar{\beta}^2 - 2\gamma(b-m)\bar{\beta} + \gamma^2. \tag{4.3.8}$$

Lemma 4.3.6 wäre bewiesen, wenn wir zeigen könnten, daß es zu vorgegebenem $n \geq 1$, zu vorgegebenem γ mit $0 < \gamma < (\sqrt{b}-\sqrt{-m})^2$ und zu vorgegebenem m mit $-b < m < m_0$ höchstens zwei verschiedene

Werte von c gibt, welche der Gleichung (4.3.8) genügen. Da sowohl bei Beispiel 2 als auch bei Beispiel 3 die Größe $\bar{\beta}$ streng monoton von c abhängt und α durch $\bar{\beta}$ eindeutig bestimmt ist - wir schreiben $\alpha(\bar{\beta})$ - , ist dies gleichbedeutend damit, daß es höchstens zwei verschiedene Werte von $\bar{\beta}$ gibt, welche der Beziehung

$$L(\bar{\beta}) = R(\bar{\beta}) \tag{4.3.9}$$

mit

$$L(\bar{\beta}) = -4m\alpha(\bar{\beta})\bar{\beta} \tag{4.3.10}$$

und

$$R(\bar{\beta}) = (b+m)^2\,\bar{\beta}^2 - 2\gamma(b-m)\bar{\beta} + \gamma^2 \tag{4.3.11}$$

genügen.

Aufgrund von Teil c) von Lemma 4.3.4 und Teil b) von Lemma 4.3.5 können wir uns auf solche Werte von $\bar{\beta}$ beschränken, für die

$$\bar{\beta}_\gamma \leqq \bar{\beta} \leqq 1 \tag{4.3.12}$$

gilt.

Wegen $0 < \bar{\beta}_\gamma < 1$ folgt $0 < \alpha(\bar{\beta}_\gamma) < 1$ und

$$L(\bar{\beta}_\gamma) > 0 = R(\bar{\beta}_\gamma). \tag{4.3.13}$$

Wegen $\alpha(1) = 1$ und Teil c) von Lemma 4.3.5 ist ferner

$$L(1) = -4m > R(1) = -4m\,\alpha_\gamma > 0. \tag{4.3.14}$$

Wenn wir zeigen könnten, daß $\frac{dL(\bar{\beta})}{d\bar{\beta}}$ und $\frac{dR(\bar{\beta})}{d\bar{\beta}}$ im Intervall $[\bar{\beta}_\gamma;1]$ höchstens zwei verschiedene Punkte gemeinsam haben, so würde folgen, daß $L(\bar{\beta})$ und $R(\bar{\beta})$ im Intervall $[\bar{\beta}_\gamma;1]$ höchstens drei verschiedene Punkte gemeinsam haben. Wegen (4.3.13) und (4.3.14) würde dann folgen, daß $L(\bar{\beta})$ und $R(\bar{\beta})$ im Intervall $[\bar{\beta}_\gamma;1]$ höchstens zwei verschiedene Punkte gemeinsam haben. Damit wäre Lemma 4.3.6 bewiesen.

Es bleibt also zu zeigen:

$$\left| \begin{array}{l} \frac{dL(\bar\beta)}{d\bar\beta} \text{ und } \frac{dR(\bar\beta)}{d\bar\beta} \text{ haben im Intervall } [\bar\beta_\gamma;1] \\ \\ \text{höchstens zwei verschiedene Punkte gemeinsam.} \end{array} \right| \qquad \text{(C)}$$

In Abhängigkeit von $\bar\beta$ ist die Funktion $\frac{dR(\bar\beta)}{d\bar\beta}$ linear.

Wie wir zeigen werden, ist die Funktion $\frac{dL(\bar\beta)}{d\bar\beta}$ in Abhängigkeit von $\bar\beta$ im einseitigen Fall (Beispiel 2) konvex, womit (C) gezeigt wäre. Leider trifft dies im zweiseitigen Fall (Beispiel 3) nicht zu; wir können jedoch zeigen, daß die beiden Funktionen $\frac{dL(\bar\beta)}{d\bar\beta}$ und $\frac{dR(\bar\beta)}{d\bar\beta}$ in dem Bereich, in dem die Funktion $\frac{dL(\bar\beta)}{d\bar\beta}$ nicht konvex ist, keine gemeinsamen Punkte haben; damit wäre (C) auch für den zweiseitigen Fall bewiesen.

Wir bilden nun die Ableitungen von $L(\bar\beta)$ nach $\bar\beta$:

$$\frac{dL(\bar\beta)}{d\bar\beta} = -4m\left(\frac{d\alpha}{d\bar\beta}\,\bar\beta+\alpha\right), \tag{4.3.15}$$

$$\frac{d^2L(\bar\beta)}{d\bar\beta^2} = -4m\left(\frac{d^2\alpha}{d\bar\beta^2}\,\bar\beta + 2\,\frac{d\alpha}{d\bar\beta}\right), \tag{4.3.16}$$

$$\frac{d^3L(\bar\beta)}{d\bar\beta^3} = -4m\left(\frac{d^3\alpha}{d\bar\beta^3}\,\bar\beta + 3\,\frac{d^2\alpha}{d\bar\beta^2}\right). \tag{4.3.17}$$

Nun untersuchen wir den einseitigen Fall (Beispiel 2). Nach (4.2.3) und (4.2.4) ist $\alpha = \Phi(-c)$ und $\bar\beta = \Phi(-c+\Delta)$ mit

$\Delta = \delta\sqrt{n} > 0$, $\varphi(x) = \frac{1}{\sqrt{2\pi}}\,e^{-x^2/2}$ und $\Phi(x) = \int_{-\infty}^{x} \varphi(t)dt$.

Damit gilt

$$\frac{d\alpha}{dc} = -\varphi(c),$$

$$\frac{d\bar\beta}{dc} = -\varphi(c-\Delta),$$

$$\frac{d\alpha}{d\bar\beta} = \frac{\varphi(c)}{\varphi(c-\Delta)} = e^{\Delta^2/2-c\Delta},$$

$$\frac{d^2\alpha}{d\bar{\beta}^2} = \frac{d}{dc}\left(\frac{d\alpha}{d\bar{\beta}}\right) \cdot \frac{dc}{d\bar{\beta}} = \sqrt{2\pi}\;\Delta e^{\Delta^2+c^2/2-2c\Delta},$$

$$\frac{d^3\alpha}{d\bar{\beta}^3} = \frac{d}{dc}\left(\frac{d^2\alpha}{d\bar{\beta}^2}\right) \cdot \frac{dc}{d\bar{\beta}} = -\,2\pi\,\Delta e^{3\Delta^2/2+c^2-3c\Delta}\;(c-2\Delta).$$

Für alle c gilt $\frac{d^2\alpha}{d\bar{\beta}^2} > 0$. Für $c \leq 2\Delta$ gilt $\frac{d^3\alpha}{d\bar{\beta}^3} \geq 0$. Daher gilt wegen (4.3.17) und $m < 0$ für alle $c \leq 2\Delta$ die Beziehung

$$\frac{d^3L(\bar{\beta})}{d\bar{\beta}^3} > 0.$$

Sei nun $c > 2\Delta$. Dann gilt $\frac{d^3\alpha}{d\bar{\beta}^3} < 0$ und

$$\frac{\left|\frac{d^3\alpha}{d\bar{\beta}^3}\right| \cdot \bar{\beta}}{\frac{d^2\alpha}{d\bar{\beta}^2}} = \sqrt{2\pi}\; e^{\frac{(c-\Delta)^2}{2}} \cdot (c-2\Delta) \cdot \bar{\beta}.$$

Dabei ist $\bar{\beta} = \Phi(-c+\Delta) = 1 - \Phi(c-\Delta)$.

Mit Hilfe des Millschen Quotienten (vgl. Kendall-Stuart (1977), S. 144 oder Johnson-Kotz (1970), Bd. 2, S. 278) können wir $\bar{\beta}$ abschätzen; es gilt nämlich für alle $x > 0$ die Ungleichung

$$1 - \Phi(x) < \frac{1}{\sqrt{2\pi}}\, e^{-x^2/2} \cdot \frac{1}{x}. \tag{4.3.18}$$

Daher gilt für alle $c > 2\Delta$:

$$\frac{\left|\frac{d^3\alpha}{d\bar{\beta}^3}\right| \cdot \bar{\beta}}{\frac{d^2\alpha}{d\bar{\beta}^2}} < \sqrt{2\pi}\; e^{\frac{(c-\Delta)^2}{2}} \cdot (c-2\Delta) \cdot \frac{1}{\sqrt{2\pi}}\, e^{-\frac{(c-\Delta)^2}{2}} \cdot \frac{1}{c-\Delta} = \frac{c-2\Delta}{c-\Delta} < 1.$$

Daher gilt $\frac{d^3L(\bar{\beta})}{d\bar{\beta}^3} > 0$ auch für alle $c > 2\Delta$.

Somit ist $\frac{dL(\bar{\beta})}{d\bar{\beta}}$ konvex und (C) für den einseitigen Fall bewiesen.

Im folgenden beweisen wir (C) für den zweiseitigen Fall (Beispiel 3). Für alle $c \geqq 0$ ist nach (4.2.5) und (4.2.6) $\alpha = 2\Phi(-c)$ und $\bar{\beta} = \Phi(-c+\Delta)+\Phi(-c-\Delta)$ mit

$$\Delta = \delta\sqrt{n} > 0, \quad \varphi(x) = \frac{1}{\sqrt{2\pi}} e^{-x^2/2} \text{ und } \Phi(x) = \int_{-\infty}^{x} \varphi(t)dt.$$

Damit gilt

$$\frac{d\alpha}{dc} = -2\varphi(c) = -\frac{2}{\sqrt{2\pi}} e^{-c^2/2},$$

$$\frac{d\bar{\beta}}{dc} = -\varphi(c-\Delta)-\varphi(c+\Delta) = -\frac{1}{\sqrt{2\pi}} e^{-\frac{c^2+\Delta^2}{2}} (e^{c\Delta}+e^{-c\Delta}),$$

$$\frac{d\alpha}{d\bar{\beta}} = \frac{2e^{\Delta^2/2}}{e^{c\Delta}+e^{-c\Delta}}, \tag{4.3.19}$$

$$\frac{d^2\alpha}{d\bar{\beta}^2} = 2\sqrt{2\pi}\,\Delta e^{\Delta^2+c^2/2} \cdot \frac{e^{c\Delta}-e^{-c\Delta}}{(e^{c\Delta}+e^{-c\Delta})^3}, \tag{4.3.20}$$

$$\frac{d^3\alpha}{d\bar{\beta}^3} = 4\pi\Delta\, e^{3\Delta^2/2+c^2} \cdot \frac{\Delta(e^{2c\Delta}+3e^{-2c\Delta}-8)-(c-\Delta)(e^{2c\Delta}-e^{-2c\Delta})}{(e^{c\Delta}+e^{-c\Delta})^5}. \tag{4.3.21}$$

Mit (4.3.17) folgt nun

$$\left.\begin{aligned} \frac{d^3L(\bar{\beta})}{d\bar{\beta}^3} = -4m\Bigg(& 4\pi\Delta e^{3\Delta^2/2+c^2} \cdot \frac{\Delta(e^{2c\Delta}+3e^{-2c\Delta}-8)-(c-\Delta)(e^{2c\Delta}-e^{-2c\Delta})}{(e^{c\Delta}+e^{-c\Delta})^5} \cdot \\ & \cdot \bar{\beta} + 6\sqrt{2\pi}\Delta e^{\Delta^2+c^2/2} \cdot \frac{e^{c\Delta}-e^{-c\Delta}}{(e^{c\Delta}+e^{-c\Delta})^3}\Bigg). \end{aligned}\right\} \tag{4.3.22}$$

Nachstehendes Lemma besagt, daß die Funktion $\frac{dL(\bar{\beta})}{d\bar{\beta}}$ für kleine Werte von c (also große Werte von $\bar{\beta}$) konkav und für genügend große Werte von c (also genügend kleine Werte von $\bar{\beta}$) konvex ist.

<u>Lemma 4.3.7</u>

a) Für $c = 0$ gilt $\frac{d^3L(\bar{\beta})}{d\bar{\beta}^3} < 0$.

b) Für alle c mit $c \geqq \frac{\ln(4+\sqrt{13})}{2\Delta}$ gilt $\frac{d^3 L(\bar{\beta})}{d\bar{\beta}^3} > 0$.

Beweis:

zu a): Wegen $m < 0$ gilt für $c = 0$ die Beziehung

$$\frac{d^3 L(\bar{\beta})}{d\bar{\beta}^3} = 2\, m\pi\Delta^2\, e^{3\Delta^2/2} < 0.$$

zu b): Es ist

$$e^{2c\Delta} + 3\, e^{-2c\Delta} - 8 = 0 \iff e^{4c\Delta} - 8\, e^{2c\Delta} + 3 = 0$$

$$\iff e^{2c\Delta} = 4 \pm \sqrt{13}\ .$$

Also gilt für alle c mit $c \geqq \frac{\ln(4+\sqrt{13})}{2\Delta}$ die Ungleichung $e^{2c\Delta} + 3\, e^{-2c\Delta} - 8 \geqq 0$.

Sei nun $c \geqq \frac{\ln(4+\sqrt{13})}{2\Delta}$ und $c \leqq \Delta$. Dann folgt die Behauptung unmittelbar aus (4.3.22).

Sei also $c \geqq \frac{\ln(4+\sqrt{13})}{2\Delta}$ und $c > \Delta$. Da $\bar{\beta} = \Phi(-c+\Delta) + \Phi(-c-\Delta) < 2\Phi(-c+\Delta) = 2(1-\Phi(c-\Delta))$ gilt, folgt mit der Abschätzung (4.3.18) für den Millschen Quotienten die Ungleichung

$$\bar{\beta} < \frac{2}{\sqrt{2\pi}}\, e^{-\frac{(c-\Delta)^2}{2}} \cdot \frac{1}{c-\Delta}\ .$$

Damit ist wegen (4.3.22)

$$\frac{d^3 L(\bar{\beta})}{d\bar{\beta}^3} \geqq -4m\left(6\sqrt{2\pi}\,\Delta e^{\Delta^2+c^2/2} \cdot \frac{e^{c\Delta}-e^{-c\Delta}}{(e^{c\Delta}+e^{-c\Delta})^3} - 4\pi\Delta e^{3\Delta^2/2+c^2} \cdot \frac{e^{c\Delta}-e^{-c\Delta}}{(e^{c\Delta}+e^{-c\Delta})^4}(c-\Delta)\bar{\beta}\right) =$$

$$= -8\sqrt{2\pi}\; m\Delta e^{\Delta^2+c^2/2} \cdot \frac{e^{c\Delta}-e^{-c\Delta}}{(e^{c\Delta}+e^{-c\Delta})^3}\left(3 - \sqrt{2\pi}\; e^{\frac{\Delta^2+c^2}{2}} \cdot \frac{c-\Delta}{e^{c\Delta}+e^{-c\Delta}}\,\bar{\beta}\right) >$$

$$> -8\sqrt{2\pi}\; m\Delta e^{\Delta^2+c^2/2} \cdot \frac{e^{c\Delta}-e^{-c\Delta}}{(e^{c\Delta}+e^{-c\Delta})^3}\left(3 - 2\frac{e^{c\Delta}}{e^{c\Delta}+e^{-c\Delta}}\right) > 0,$$

womit Lemma 4.3.7 bewiesen ist.

Mit Hilfe des folgenden Lemmas ist (C) für alle Δ mit $\Delta \geqq 1.51$ bewiesen.

Lemma 4.3.8

Sei $\Delta \geqq \sqrt{\ln\left(\frac{22}{3}+\frac{2}{3}\sqrt{13}\right)}$ (≈ 1.509).

Dann haben die beiden Funktionen $\frac{dL(\bar{\beta})}{d\bar{\beta}}$ und $\frac{dR(\bar{\beta})}{d\bar{\beta}}$ höchstens zwei Punkte gemeinsam.

Beweis:

Wie beim Beweis zu Teil c) von Lemma 4.3.3 folgt aus $-b < m < m_0$ die Beziehung $(b-m)^2 < -4m(b+1)$ und daher $(b+m)^2 < -4m$.

Sei zunächst $c < \frac{\ln(4+\sqrt{13})}{2\Delta}$. Daraus folgt $c\Delta < \ln\sqrt{4+\sqrt{13}}$. Wegen

$\Delta \geqq \sqrt{\ln\left(\frac{22}{3}+\frac{2}{3}\sqrt{13}\right)} = \sqrt{2\ln\left(\sqrt{4+\sqrt{13}}+\frac{1}{\sqrt{4+\sqrt{13}}}\right)}$ und der Tatsache,

daß die Funktion $f(x) = e^x + e^{-x}$ für $x \geqq 0$ streng monoton wächst, gilt

$$e^{\Delta^2/2} \geqq \sqrt{4+\sqrt{13}} + \frac{1}{\sqrt{4+\sqrt{13}}} = f(\ln\sqrt{4+\sqrt{13}}) > e^{c\Delta} + e^{-c\Delta}.$$

Daraus folgt mit (4.3.11), (4.3.15), (4.3.19), $\gamma > 0$ und der Ungleichung $(b+m)^2 < -4m$:

$$\frac{dL(\bar{\beta})}{d\bar{\beta}} = -4m\left(\frac{2e^{\Delta^2/2}}{e^{c\Delta}+e^{-c\Delta}}\bar{\beta} + \alpha\right) > -8m\bar{\beta} >$$

$$> 2(b+m)^2\bar{\beta} > 2(b+m)^2\bar{\beta} - 2\gamma(b-m) = \frac{dR(\bar{\beta})}{d\bar{\beta}}.$$

Also können die beiden Funktionen $\frac{dL(\bar{\beta})}{d\bar{\beta}}$ und $\frac{dR(\bar{\beta})}{d\bar{\beta}}$ für $c < \frac{\ln(4+\sqrt{13})}{2\Delta}$ keine gemeinsamen Punkte haben.

Sei also $c \geqq \frac{\ln(4+\sqrt{13})}{2\Delta}$. Dann folgt aus Teil b) von Lemma 4.3.7, daß die Funktion $\frac{dL(\bar{\beta})}{d\bar{\beta}}$ für diese Werte von c konvex ist.

Da $\frac{dR(\bar{\beta})}{d\bar{\beta}}$ eine lineare Funktion ist, folgt damit die Behauptung des Lemmas.

Um die Aussage (C) auch für alle Δ mit $0 < \Delta \leq 1.51$ beweisen zu können, benötigen wir noch einige Lemmata.

Lemma 4.3.9

a) Sei $0 < \Delta \leq 0.45$. Dann gilt für alle c mit $0 \leq c \leq 0.45$ die Ungleichung $\frac{dL(\bar{\beta})}{d\bar{\beta}} > \frac{dR(\bar{\beta})}{d\bar{\beta}}$.

b) Sei $0.45 \leq \Delta \leq 1.51$. Dann gilt für alle c mit $0 \leq c \leq \max(0.6;\frac{\Delta}{2})$ die Ungleichung $\frac{dL(\bar{\beta})}{d\bar{\beta}} > \frac{dR(\bar{\beta})}{d\bar{\beta}}$.

Beweis:

Es ist (vgl. (4.3.11), (4.3.15) und (4.3.19))

$$\frac{dL(\bar{\beta})}{d\bar{\beta}} = -4m\left(\frac{2e^{\Delta^2/2}}{e^{c\Delta}+e^{-c\Delta}}\bar{\beta} + \alpha\right)$$

und

$$\frac{dR(\bar{\beta})}{d\bar{\beta}} = 2(b+m)^2\bar{\beta} - 2\gamma(b-m).$$

Wir werden zeigen, daß für die angegebenen Werte von Δ und c die Ungleichung

$$f(\Delta,c) := \frac{e^{\Delta^2/2}}{e^{c\Delta}+e^{-c\Delta}} + \frac{\Phi(-c)}{\Phi(-c+\Delta)+\Phi(-c-\Delta)} \geq 1 \tag{D}$$

gilt. Denn unter der Voraussetzung (D) folgt wegen $-4m > (b+m)^2$ (vgl. den Beweis zu Teil c) von Lemma 4.3.3) die Beziehung

$$\frac{dL(\bar{\beta})}{d\bar{\beta}} = -8m\bar{\beta}f(\Delta,c) \geq -8m\bar{\beta} > 2(b+m)^2\bar{\beta} > \frac{dR(\bar{\beta})}{d\bar{\beta}}$$

und damit die Behauptung des Lemmas.

Es bleibt also zu zeigen, daß (D) für die in obigem Lemma angegebenen Werte von Δ und c gilt.

Zunächst beweisen wir

(i): Seien $\Delta > 0$ und $\bar{c} > 0$ fest vorgegeben. Falls $f(\Delta,\bar{c}) \geq 1$ gilt, so ist $f(\Delta,c) \geq 1$ für alle c mit $0 \leq c \leq \bar{c}$.

$\alpha(\bar{\beta})$ ist in Abhängigkeit von $\bar{\beta}$ für $0 \leq \bar{\beta} \leq 1$ streng monoton wachsend und konvex (vgl. die Ableitungen (4.3.19) und (4.3.20) von $\alpha(\bar{\beta})$ nach $\bar{\beta}$). Mit $\alpha(0) = 0$ und $\alpha(1) = 1$ folgt daraus die Ungleichung $\alpha(\bar{\beta}) \leq \bar{\beta}$ für alle $\bar{\beta}$ mit $0 \leq \bar{\beta} \leq 1$ und damit $\frac{\alpha(\bar{\beta})}{\bar{\beta}} \leq 1$ für alle $\bar{\beta}$ mit $0 < \bar{\beta} \leq 1$. Aus $f(\Delta,\bar{c}) \geq 1$ folgt also

$\frac{e^{\Delta^2/2}}{e^{\bar{c}\Delta}+e^{-\bar{c}\Delta}} \geq \frac{1}{2}$, und damit gilt für alle c mit $0 \leq c \leq \bar{c}$ die Beziehung $\frac{e^{\Delta^2/2}}{e^{c\Delta}+e^{-c\Delta}} \geq \frac{1}{2}$. (*)

Ferner gilt

$$\frac{\partial f(\Delta,c)}{\partial c} = -\frac{\Delta e^{\Delta^2/2}(e^{c\Delta}-e^{-c\Delta})}{(e^{c\Delta}+e^{-c\Delta})^2} - \frac{\varphi(c)\bar{\beta} - \frac{\alpha}{2}(\varphi(c-\Delta)+\varphi(c+\Delta))}{\bar{\beta}^2} \leq$$

$$\leq -\frac{\Delta e^{\Delta^2/2}(e^{c\Delta}-e^{-c\Delta})}{(e^{c\Delta}+e^{-c\Delta})^2} - \frac{2\varphi(c)-\varphi(c-\Delta)-\varphi(c+\Delta)}{2\bar{\beta}} =$$

$$= -\frac{\Delta e^{\Delta^2/2}(e^{c\Delta}-e^{-c\Delta})}{(e^{c\Delta}+e^{-c\Delta})^2} - \frac{e^{-c^2/2}(2 - e^{-\Delta^2/2}(e^{c\Delta}+e^{-c\Delta}))}{2\sqrt{2\pi}\,\bar{\beta}}.$$

Wegen (*) ist $\frac{\partial f(\Delta,c)}{\partial c} \leq 0$ für alle c mit $0 \leq c \leq \bar{c}$.

Also ist $f(\Delta,c)$ in Abhängigkeit von c für alle c mit $0 \leq c \leq \bar{c}$ monoton fallend; daraus folgt (i).

zu a): Es ist zu zeigen, daß (D) gilt für alle Δ und c mit $0 < \Delta \leq 0.45$ und $0 \leq c \leq 0.45$. Setzen wir $\bar{c} = 0.45$, so ist wegen (i) nur noch zu zeigen, daß $f(\Delta,\bar{c}) \geq 1$ ist für alle Δ mit $0 < \Delta \leq 0.45$.

Obwohl die folgenden Überlegungen nur für $\bar{c} = 0.45$ benötigt werden, werden sie zunächst für allgemeines $c \geq \Delta$ durchgeführt.

Es ist

$$\frac{\partial f(\Delta,c)}{\partial \Delta} = \frac{\Delta e^{\Delta^2/2}(e^{c\Delta}+e^{-c\Delta}) - e^{\Delta^2/2}\cdot c\cdot(e^{c\Delta}-e^{-c\Delta})}{(e^{c\Delta}+e^{-c\Delta})^2} - \frac{\Phi(-c)\cdot(\varphi(c-\Delta)-\varphi(c+\Delta))}{(\Phi(-c+\Delta)+\Phi(-c-\Delta))^2}.$$

Nun verwenden wir folgende Abschätzung von Pólya für das Normalverteilungsintegral (vgl. Pólya (1945)); es gilt für alle $x \geqq 0$ die Ungleichung

$$\Phi(x) \leqq \frac{1+\sqrt{1-e^{-2x^2/\pi}}}{2} .$$

Für $c \geqq \Delta$ gilt also

$$\Phi(-c+\Delta)+\Phi(-c-\Delta) = 2-\Phi(c-\Delta) - \Phi(c+\Delta) \geqq$$

$$\geqq 2- \frac{1+\sqrt{1-e^{-2(c-\Delta)^2/\pi}}}{2} - \frac{1+\sqrt{1-e^{-2(c+\Delta)^2/\pi}}}{2} =$$

$$= \frac{1-\sqrt{1-e^{-2(c-\Delta)^2/\pi}}}{2} + \frac{1-\sqrt{1-e^{-2(c+\Delta)^2/\pi}}}{2} =$$

$$= \frac{e^{-2(c-\Delta)^2/\pi}}{2(1+\sqrt{1-e^{-2(c-\Delta)^2/\pi}})} + \frac{e^{-2(c+\Delta)^2/\pi}}{2(1+\sqrt{1-e^{-2(c+\Delta)^2/\pi}})} \geqq$$

$$\geqq \frac{e^{-2(c^2+\Delta^2)/\pi}\cdot(e^{4c\Delta/\pi}+e^{-4c\Delta/\pi})}{2(1+\sqrt{1-e^{-2(c+\Delta)^2/\pi}})} .$$

Damit gilt für $c \geqq \Delta$:

$$\frac{\partial f(\Delta,c)}{\partial\Delta} \geqq \frac{e^{\Delta^2/2}}{(e^{c\Delta}+e^{-c\Delta})^2}(\Delta(e^{c\Delta}+e^{-c\Delta})-c(e^{c\Delta}-e^{-c\Delta})) - \frac{\Phi(-c)}{\sqrt{2\pi}}\, e^{-\frac{c^2+\Delta^2}{2}}\,(e^{c\Delta}-e^{-c\Delta})\cdot$$

$$\cdot\, 4(1+\sqrt{1-e^{-2(c+\Delta)^2/\pi}})^2 \cdot e^{4(c^2+\Delta^2)/\pi}\cdot \frac{1}{(e^{4c\Delta/\pi}+e^{-4c\Delta/\pi})^2} =$$

$$= \frac{e^{\Delta^2/2}}{(e^{c\Delta}+e^{-c\Delta})^2}\Bigg(\Delta(e^{c\Delta}+e^{-c\Delta}) - (e^{c\Delta}-e^{-c\Delta})\Big[c +$$

$$+\frac{\Phi(-c)}{\sqrt{2\pi}}\, e^{(4/\pi-1/2)c^2}\cdot e^{(4/\pi-1)\Delta^2}\cdot 4\cdot(1+\sqrt{1-e^{-2(c+\Delta)^2/\pi}})^2 .$$

$$\cdot\left(\frac{e^{c\Delta}+e^{-c\Delta}}{e^{4c\Delta/\pi}+e^{-4c\Delta/\pi}}\right)^2\Bigg]\Bigg).$$

Wegen $\frac{e^{c\Delta}+e^{-c\Delta}}{e^{4c\Delta/\pi}+e^{-4c\Delta/\pi}} \leqq 1$ erhalten wir

$$\frac{\partial f(\Delta,c)}{\partial\Delta} \geqq \frac{e^{\Delta^2/2}}{(e^{c\Delta}+e^{-c\Delta})^2}\Bigg(\Delta(e^{c\Delta}+e^{-c\Delta}) - (e^{c\Delta}-e^{-c\Delta})\Bigg[c +$$

$$+\frac{\Phi(-c)}{\sqrt{2\pi}}\, e^{(4/\pi-1/2)c^2}\cdot e^{(4/\pi-1)\Delta^2}\cdot 4\cdot(1+\sqrt{1-e^{-2(c+\Delta)^2/\pi}})^2\Bigg]\Bigg).$$

Wegen $c \geqq \Delta$ gilt nun

$$\frac{\partial f(\Delta,c)}{\partial\Delta} \geqq \frac{e^{\Delta^2/2}}{(e^{c\Delta}+e^{-c\Delta})^2}\cdot g(\Delta,c)$$

mit

$$g(\Delta,c) = \Delta(e^{c\Delta}+e^{-c\Delta}) - (e^{c\Delta}-e^{-c\Delta})\left[c+\frac{\Phi(-c)}{\sqrt{2\pi}}\, e^{(8/\pi-3/2)c^2}\cdot 4\cdot(1+\sqrt{1-e^{-8c^2/\pi}})^2\right].$$

Im folgenden betrachten wir lediglich den Wert $c = \bar{c} = 0.45$.

Es ist

$$g(\Delta,\bar{c}) = \Delta(e^{\bar{c}\Delta}+e^{-\bar{c}\Delta}) - \left[\bar{c}+\frac{\Phi(-\bar{c})}{\sqrt{2\pi}}\, e^{(8/\pi-3/2)\bar{c}^2}\cdot 4\cdot(1+\sqrt{1-e^{-8\bar{c}^2/\pi}})^2\right](e^{\bar{c}\Delta}-e^{-\bar{c}\Delta})$$

und

$$\frac{\partial g(\Delta,\bar{c})}{\partial\Delta} = (e^{\bar{c}\Delta}+e^{-\bar{c}\Delta})\left(1-\bar{c}\left[\bar{c}+\frac{\Phi(-\bar{c})}{\sqrt{2\pi}}\, e^{(8/\pi-3/2)\bar{c}^2}\cdot 4\cdot(1+\sqrt{1-e^{-8\bar{c}^2/\pi}})^2\right]\right)+$$

$$+\bar{c}\Delta(e^{\bar{c}\Delta}-e^{-\bar{c}\Delta}) =$$

$$= 0.0234\cdot(e^{\bar{c}\Delta}+e^{-\bar{c}\Delta}) + \bar{c}\Delta(e^{\bar{c}\Delta}-e^{-\bar{c}\Delta}) > 0$$

sogar für alle $\Delta > 0$.

Also ist $g(\Delta,\bar{c})$ in Abhängigkeit von Δ streng monoton wachsend. Wegen $g(0,\bar{c}) = 0$ ist $g(\Delta,\bar{c}) > 0$ für alle $\Delta > 0$.

Daraus folgt $\frac{\partial f(\Delta,\bar{c})}{\partial\Delta} > 0$ für alle Δ mit $0 < \Delta \leqq \bar{c} = 0.45$.

Da $f(0,\bar{c}) = 1$ gilt, ist $f(\Delta,\bar{c}) > 1$ für alle Δ mit $0 < \Delta \leqq 0.45$.

Damit ist Teil a) des Lemmas bewiesen.

zu b): Sei zunächst $\Delta_1 := 1.2 \leq \Delta \leq 1.51 =: \Delta_2$.

In diesem Intervall ist $\max(0.6;\frac{\Delta}{2}) = \frac{\Delta}{2}$.

Ferner gilt

$$f(\Delta,\frac{\Delta}{2}) = \frac{e^{\Delta^2/2}}{e^{\Delta^2/2}+e^{-\Delta^2/2}} + \frac{\Phi(-\Delta/2)}{\Phi(\Delta/2)+\Phi(-3\Delta/2)} =$$

$$= \frac{1}{1+e^{-\Delta^2}} + \frac{\Phi(-\Delta/2)}{\Phi(\Delta/2)+\Phi(-3\Delta/2)} \geq$$

$$\geq \frac{1}{1+e^{-\Delta_1^2}} + \frac{\Phi(-\Delta_2/2)}{\Phi(\Delta_2/2)+\Phi(-3\Delta_1/2)} = 1.086 > 1.$$

Setzen wir $\bar{c} = \frac{\Delta}{2}$, so folgt aus (i), daß $f(\Delta,c) \geq 1$ ist für alle c mit $0 \leq c \leq \frac{\Delta}{2}$.

Damit ist Teil b) des Lemmas für alle Δ mit $1.2 \leq \Delta \leq 1.51$ bewiesen.

Sei nun $0.45 \leq \Delta \leq 1.2$.

In diesem Intervall ist $\max(0.6;\frac{\Delta}{2}) = 0.6$.

Ferner gilt

$$f(\Delta,0.6) = h(\Delta) + k(\Delta)$$

mit

$$h(\Delta) = \frac{e^{\Delta^2/2}}{e^{0.6\Delta}+e^{-0.6\Delta}} \text{ und } k(\Delta) = \frac{\Phi(-0.6)}{\Phi(-0.6+\Delta)+\Phi(-0.6-\Delta)} .$$

Wir werden zeigen, daß $f(\Delta,0.6) > 1$ gilt für alle Δ mit $0.45 \leq \Delta \leq 1.2$. Damit wäre mit der Setzung $\bar{c} = 0.6$ in (i) der Teil b) des Lemmas vollständig bewiesen.

Es ist

$$\frac{dh(\Delta)}{d\Delta} = \frac{e^{\Delta^2/2}}{(e^{0.6\Delta}+e^{-0.6\Delta})^2} \cdot \bar{g}(\Delta)$$

mit

$\bar{g}(\Delta) = \Delta(e^{0.6\Delta}+e^{-0.6\Delta})-0.6(e^{0.6\Delta}-e^{-0.6\Delta})$.

Damit gilt

$$\frac{d\bar{g}(\Delta)}{d\Delta} = 0.64(e^{0.6\Delta}+e^{-0.6\Delta}) + 0.6\Delta(e^{0.6\Delta}-e^{-0.6\Delta}) > 0$$

sogar für alle $\Delta \geqq 0$. Da $\bar{g}(0) = 0$ ist, folgt $\bar{g}(\Delta) > 0$ für alle $\Delta > 0$. Daher ist $h(\Delta)$ streng monoton wachsend für alle $\Delta \geqq 0$. Ferner ist

$$\frac{dk(\Delta)}{d\Delta} = -\frac{\Phi(-0.6)(\varphi(0.6-\Delta)-\varphi(0.6+\Delta))}{(\Phi(-0.6+\Delta)+\Phi(-0.6-\Delta))^2} < 0 \text{ für alle } \Delta > 0.$$

Daher ist $k(\Delta)$ streng monoton fallend für alle $\Delta \geqq 0$.

Seien nun $\bar{\Delta}_1$ und $\bar{\Delta}_2$ zwei reelle Zahlen mit $0.45 \leqq \bar{\Delta}_1 \leqq \bar{\Delta}_2 \leqq 1.2$. Dann gilt für alle Δ mit $\bar{\Delta}_1 \leqq \Delta \leqq \bar{\Delta}_2$ die Beziehung $f(\Delta,0.6) \geqq h(\bar{\Delta}_1) + k(\bar{\Delta}_2)$.

In Tabelle 1 wird das Intervall [0.45;1.2] in Teilintervalle $[\bar{\Delta}_1;\bar{\Delta}_2]$ zerlegt; für jedes dieser Teilintervalle wird $h(\bar{\Delta}_1) + k(\bar{\Delta}_2) > 1$ gezeigt. Damit gilt auch $f(\Delta,0.6) > 1$ für alle Δ mit $0.45 \leqq \Delta \leqq 1.2$, womit Teil b) des Lemmas bewiesen wäre.

$\bar{\Delta}_1$	$\bar{\Delta}_2$	$h(\bar{\Delta}_1)+k(\bar{\Delta}_2)$
0.450	0.455	1.0001
0.455	0.460	1.0002
0.460	0.465	1.0003
0.465	0.470	1.0005
0.470	0.475	1.0006
0.475	0.480	1.0007
0.480	0.490	1.0002
0.490	0.500	1.0005
0.50	0.51	1.0009
0.51	0.52	1.0013
0.52	0.54	1.0003
0.54	0.56	1.0012
0.56	0.58	1.0022
0.58	0.60	1.0034
0.60	0.65	1.0002
0.65	0.70	1.0042
0.70	0.80	1.0019
0.80	1.00	1.0024
1.00	1.20	1.0555

Tabelle 1: Zum Beweis von Lemma 4.3.9.

Mit Hilfe von Teil b) des obigen Lemmas sind wir in der Lage, die Aussage (C) für alle Δ mit $1.43 \leq \Delta \leq 1.51$ zu beweisen.

Lemma 4.3.10

Sei $\sqrt{\ln(4+\sqrt{13})} \leq \Delta \leq 1.51$ $(1.424 \leq \Delta \leq 1.51)$. Dann haben die Funktionen $\frac{dL(\bar{\beta})}{d\bar{\beta}}$ und $\frac{dR(\bar{\beta})}{d\bar{\beta}}$ höchstens zwei Schnittpunkte.

Beweis:

Sei Δ mit $\sqrt{\ln(4+\sqrt{13})} \leq \Delta \leq 1.51$ fest vorgegeben. Dann folgt aus Teil b) von Lemma 4.3.9, daß $\frac{dL(\bar{\beta})}{d\bar{\beta}}$ und $\frac{dR(\bar{\beta})}{d\bar{\beta}}$ für $0 \leq c \leq \frac{\Delta}{2}$ keinen Schnittpunkt haben. Sei also $c > \frac{\Delta}{2}$. Dann gilt $2c\Delta > \Delta^2 \geq \ln(4+\sqrt{13})$ und $c > \frac{\ln(4+\sqrt{13})}{2\Delta}$. Mit Teil b) von Lemma

4.3.7 folgt die Ungleichung $\frac{d^3L(\bar\beta)}{d\bar\beta^3} > 0$ für alle $c > \frac{\Delta}{2}$. Also ist $\frac{dL(\bar\beta)}{d\bar\beta}$ für $c > \frac{\Delta}{2}$ konvex. Da $\frac{dR(\bar\beta)}{d\bar\beta}$ eine lineare Funktion ist, folgt die Behauptung des Lemmas.

In den folgenden drei Lemmata geben wir hinreichende Bedingungen dafür an, daß die Funktion $\frac{dL(\bar\beta)}{d\bar\beta}$ in gewissen Bereichen konvex ist.

Lemma 4.3.11

Sei r eine reelle Zahl mit $r \geqq 2$.

Falls $\Delta \geqq \sqrt{\frac{\ln\frac{4+\sqrt{16+(r-1)(r-5)}}{r-1}}{r}}$ gilt, so ist $\frac{d^3L(\bar\beta)}{d\bar\beta^3} > 0$ für alle $c \geqq \frac{r}{2}\Delta$.

Beweis:

Zunächst zeigen wir, daß der in dem Lemma auftretende Radikand stets positiv ist. Aus $r > 1$ folgt nämlich $4r > 4$, $16 + r^2 - 6r + 5 > r^2 - 10r + 25$ und $16+(r-1)(r-5) > (r-5)^2$. Da die linke Seite der letzten Ungleichung stets positiv ist, folgt $\sqrt{16+(r-1)(r-5)} > r-5$ und damit $4+\sqrt{16+(r-1)(r-5)} > r-1$, womit gezeigt ist, daß der Radikand nur positive Werte annehmen kann.

Wegen (4.3.22) gilt

$$\frac{d^3L(\bar\beta)}{d\bar\beta^3} = -16m\pi\Delta e^{3\Delta^2/2+c^2}\left(\frac{A-3(c-\Delta)(e^{2c\Delta}-e^{-2c\Delta})}{(e^{c\Delta}+e^{-c\Delta})^5}\,\bar\beta + \right.$$

$$\left. + \frac{3}{\sqrt{2\pi}}\,e^{-\frac{\Delta^2+c^2}{2}} \cdot \frac{e^{c\Delta}-e^{-c\Delta}}{(e^{c\Delta}+e^{-c\Delta})^3}\right),$$

wobei

$$A = \Delta(e^{2c\Delta}+3e^{-2c\Delta}-8) + 2(c-\Delta)(e^{2c\Delta}-e^{-2c\Delta})$$

ist.

Sei nun $c \geqq \frac{r}{2}\Delta$. Dann ist

$$A \geqq \Delta(e^{2c\Delta}+3e^{-2c\Delta}-8) + (r-2)\Delta(e^{2c\Delta}-e^{-2c\Delta}) =$$

$$= \Delta\,((r-1)e^{2c\Delta}-(r-5)e^{-2c\Delta}-8).$$

Aus $(r-1)e^{2c\Delta}-(r-5)e^{-2c\Delta}-8 = 0$ folgt

$(r-1)e^{4c\Delta}-8e^{2c\Delta}-(r-5) = 0$ und damit

$$e^{2c\Delta} = \frac{4\pm\sqrt{16+(r-1)(r-5)}}{r-1}.$$

Falls $e^{2c\Delta} \geqq \frac{4+\sqrt{16+(r-1)(r-5)}}{r-1}$ oder - damit gleichbedeutend - die Ungleichung $2c\Delta \geqq \ln\frac{4+\sqrt{16+(r-1)(r-5)}}{r-1}$ gilt, so ist $A \geqq 0$.

Sei nun $\Delta \geqq \sqrt{\dfrac{\ln\frac{4+\sqrt{16+(r-1)(r-5)}}{r-1}}{r}}$ und $c \geqq \frac{r}{2}\Delta$.

Dann gilt

$$2c\Delta \geqq r\,\Delta^2 \geqq \ln\frac{4+\sqrt{16+(r-1)(r-5)}}{r-1}$$ und damit $A \geqq 0$.

Daher ist (nach Voraussetzung von Lemma 4.3.6 ist $m < 0$)

$$\frac{d^3L(\bar{\beta})}{d\bar{\beta}^3} \geqq -16m\pi\Delta e^{3\Delta^2/2+c^2}\left(\frac{3}{\sqrt{2\pi}}\, e^{-\frac{\Delta^2+c^2}{2}} \cdot \frac{e^{c\Delta}-e^{-c\Delta}}{(e^{c\Delta}+e^{-c\Delta})^3} - \right.$$

$$\left. - 3(c-\Delta)\frac{e^{c\Delta}-e^{-c\Delta}}{(e^{c\Delta}+e^{-c\Delta})^4}\,\bar{\beta}\right).$$

Für $c = \Delta$ gilt also $\frac{d^3L(\bar{\beta})}{d\bar{\beta}^3} > 0$. ($c = \Delta$ ist nur für $r = 2$ möglich.)

Sei also $c > \Delta$. Wegen der Abschätzung (4.3.18) für den Millschen Quotienten gilt

$$\bar{\beta} = \Phi(-c+\Delta) + \Phi(-c-\Delta) = 1-\Phi(c-\Delta) + 1-\Phi(c+\Delta) <$$

$$< \frac{1}{\sqrt{2\pi}}\left(e^{-\frac{(c-\Delta)^2}{2}} \cdot \frac{1}{c-\Delta} + e^{-\frac{(c+\Delta)^2}{2}} \cdot \frac{1}{c+\Delta}\right) <$$

$$< \frac{1}{\sqrt{2\pi}}\cdot\frac{1}{c-\Delta}\left(e^{-\frac{(c-\Delta)^2}{2}} + e^{-\frac{(c+\Delta)^2}{2}}\right) = \frac{1}{\sqrt{2\pi}}\cdot\frac{1}{c-\Delta}\cdot e^{-\frac{\Delta^2+c^2}{2}}(e^{c\Delta}+e^{-c\Delta}).$$

Damit ergibt sich

$$\frac{d^3L(\bar\beta)}{d\bar\beta^3} > -16m\pi\Delta e^{3\Delta^2/2+c^2}\left(\frac{3}{\sqrt{2\pi}}\, e^{-\frac{\Delta^2+c^2}{2}}\cdot\frac{e^{c\Delta}-e^{-c\Delta}}{(e^{c\Delta}+e^{-c\Delta})^3} - \right.$$

$$\left. -\frac{3}{\sqrt{2\pi}}\, e^{-\frac{\Delta^2+c^2}{2}}\cdot\frac{e^{c\Delta}-e^{-c\Delta}}{(e^{c\Delta}+e^{-c\Delta})^3}\right) = 0,$$

womit das Lemma bewiesen ist.

Bemerkung 4.3.1

Für $r = 2$ folgt Lemma 4.3.11 aus Lemma 4.3.7:

Sei also $\Delta \geq \sqrt{\frac{\ln(4+\sqrt{13})}{2}}$ und $c \geq \Delta$. Dann gilt $c\Delta \geq \Delta^2 \geq \frac{\ln(4+\sqrt{13})}{2}$,

also $c \geq \frac{\ln(4+\sqrt{13})}{2\Delta}$ und damit wegen Teil b) von Lemma 4.3.7 die Behauptung von Lemma 4.3.11.

Lemma 4.3.12

Sei s eine positive reelle Zahl mit $\Delta \leq \frac{s^2-2}{5s}$. Dann ist

$$\frac{d^3L(\bar\beta)}{d\bar\beta^3} > 0 \text{ für alle } c \geq \frac{s}{2}\,.$$

Beweis:

Aus $\Delta \leq \frac{s^2-2}{5s}$ folgt $s^2-5\Delta s-2 \geq 0$. Daher ist

$s \leq \frac{5\Delta-\sqrt{25\Delta^2+8}}{2}$ oder $s \geq \frac{5\Delta+\sqrt{25\Delta^2+8}}{2}$. Wegen $s > 0$ gilt also

$s \geq \frac{5\Delta+\sqrt{25\Delta^2+8}}{2}$ und damit $s > 5\Delta$.

Multipliziert man beide Seiten der Ungleichung $s^2-5\Delta s-2 \geq 0$ mit $2\Delta(s-\Delta)$, so erhält man

$$4\Delta^2 + 2s^2\Delta(s-\Delta) - 10s\Delta^2(s-\Delta) - 4s\Delta \geqq 0.$$

Addiert man auf beiden Seiten dieser Ungleichung s^2, so ergibt sich

$$s^2 + 25\Delta^2 - 10s\Delta + 2s^2\Delta(s-\Delta) - 10s\Delta^2(s-\Delta) \geqq 16\Delta^2 + s^2 - 6s\Delta + 5\Delta^2.$$

Daher gilt

$$s^2 + s^2\Delta^2(s-\Delta)^2 + 25\Delta^2 - 10s\Delta + 2s^2\Delta(s-\Delta) - 10s\Delta^2(s-\Delta) \geqq 16\Delta^2 + s^2 - 6s\Delta + 5\Delta^2,$$

$$(s + s\Delta(s-\Delta) - 5\Delta)^2 \geqq 16\Delta^2 + (s-\Delta)(s-5\Delta)$$

und

$$((s-\Delta)(1+s\Delta) - 4\Delta)^2 \geqq 16\Delta^2 + (s-\Delta)(s-5\Delta).$$

Wegen $s > 5\Delta$ folgt nun $(s-\Delta)(1+s\Delta) > 4\Delta$ und daher

$$((s-\Delta)e^{s\Delta} - 4\Delta)^2 \geqq 16\Delta^2 + (s-\Delta)(s-5\Delta).$$

Dividiert man beide Seiten dieser Ungleichung durch Δ^2, so erhält man

$$\left(\left(\frac{s}{\Delta}-1\right)e^{s\Delta} - 4\right)^2 \geqq 16 + \left(\frac{s}{\Delta}-1\right)\left(\frac{s}{\Delta}-5\right) > 0.$$

Daher ist

$$\left(\frac{s}{\Delta}-1\right)e^{s\Delta} - 4 \geqq \sqrt{16 + \left(\frac{s}{\Delta}-1\right)\left(\frac{s}{\Delta}-5\right)}$$

und

$$e^{s\Delta} \geqq \frac{4 + \sqrt{16+\left(\frac{s}{\Delta}-1\right)\left(\frac{s}{\Delta}-5\right)}}{\frac{s}{\Delta}-1}.$$

Daraus folgt

$$\frac{s}{\Delta}\cdot\Delta^2 \geqq \ln \frac{4 + \sqrt{16+\left(\frac{s}{\Delta}-1\right)\left(\frac{s}{\Delta}-5\right)}}{\frac{s}{\Delta}-1}$$

und

$$\Delta^2 \geqq \frac{\ln \dfrac{4 + \sqrt{16+\left(\frac{s}{\Delta}-1\right)\left(\frac{s}{\Delta}-5\right)}}{\frac{s}{\Delta}-1}}{\frac{s}{\Delta}}.$$

Da $\frac{s}{\Delta} \geqq 2$ gilt, folgt wie zu Beginn des Beweises von Lemma 4.3.11, daß die rechte Seite der obigen Ungleichung positiv ist. Daher ist

$$\Delta \geqq \sqrt{\frac{\ln \dfrac{4+\sqrt{16+(\frac{s}{\Delta}-1)(\frac{s}{\Delta}-5)}}{\frac{s}{\Delta}-1}}{\frac{s}{\Delta}}} .$$

Mit der Setzung $r = \frac{s}{\Delta}$ folgt aus Lemma 4.3.11, daß $\frac{d^3L(\bar{\beta})}{d\bar{\beta}^3} > 0$ ist für alle $c \geqq \frac{r}{2}\Delta = \frac{s}{2}$.

Damit ist das Lemma bewiesen.

Lemma 4.3.13

Sei $0 < \Delta \leqq 0.45$. Dann ist $\frac{d^3L(\bar{\beta})}{d\bar{\beta}^3} > 0$ für alle c mit $0.45 \leqq c \leqq 0.87$.

Beweis:

Wegen (4.3.22) gilt

$$\frac{d^3L(\bar{\beta})}{d\bar{\beta}^3} = -\frac{16m\pi\Delta e^{3\Delta^2/2+c^2}}{(e^{c\Delta}+e^{-c\Delta})^5} \cdot Z(\Delta,c),$$

wobei

$$Z(\Delta,c) = (2\Delta(e^{2c\Delta}+e^{-2c\Delta}-4) - c(e^{2c\Delta}-e^{-2c\Delta}))(\Phi(-c+\Delta) + \Phi(-c-\Delta)) +$$

$$+ \frac{3}{\sqrt{2\pi}} e^{-\frac{\Delta^2+c^2}{2}} (e^{2c\Delta}-e^{-2c\Delta})(e^{c\Delta}+e^{-c\Delta}).$$

Es ist zu zeigen, daß $Z(\Delta,c) > 0$ ist für alle Δ und c mit $0 < \Delta \leqq 0.45$ und $0.45 \leqq c \leqq 0.87$.

Es gilt

$$\frac{\partial Z(\Delta,c)}{\partial c} = (4\Delta^2(e^{2c\Delta}-e^{-2c\Delta}) - (e^{2c\Delta}-e^{-2c\Delta}) - 2c\Delta(e^{2c\Delta}+e^{-2c\Delta}))(\Phi(-c+\Delta) + \Phi(-c-\Delta)) -$$

$$- (2\Delta(e^{2c\Delta}+e^{-2c\Delta}-4) - c(e^{2c\Delta}-e^{-2c\Delta}))\frac{1}{\sqrt{2\pi}} e^{-\frac{\Delta^2+c^2}{2}} (e^{c\Delta}+e^{-c\Delta}) +$$

$$+ \frac{3}{\sqrt{2\pi}} e^{-\Delta^2/2}(-ce^{-c^2/2}(e^{2c\Delta}-e^{-2c\Delta})(e^{c\Delta}+e^{-c\Delta}) +$$

$$+ e^{-c^2/2} \cdot 2\Delta(e^{2c\Delta}+e^{-2c\Delta})(e^{c\Delta}+e^{-c\Delta}) +$$

$$+ \underbrace{e^{-c^2/2}(e^{2c\Delta}-e^{-2c\Delta})\,\Delta\,(e^{c\Delta}-e^{-c\Delta})}_{\geq 0}) \geq$$

$$\geq ((4\Delta^2-1)(e^{2c\Delta}-e^{-2c\Delta}) - 2c\Delta(e^{2c\Delta}+e^{-2c\Delta}))(\Phi(-c+\Delta) + \Phi(-c-\Delta)) +$$

$$+ \frac{1}{\sqrt{2\pi}} e^{-\frac{\Delta^2+c^2}{2}} (e^{c\Delta}+e^{-c\Delta})(8\Delta-2\Delta(e^{2c\Delta}+e^{-2c\Delta}) + c(e^{2c\Delta}-e^{-2c\Delta}) -$$

$$- 3c(e^{2c\Delta}-e^{-2c\Delta}) + 6\Delta(e^{2c\Delta}+e^{-2c\Delta})) =$$

$$= ((4\Delta^2-1)(e^{2c\Delta}-e^{-2c\Delta}) - 2c\Delta(e^{2c\Delta}+e^{-2c\Delta}))(\Phi(-c+\Delta) + \Phi(-c-\Delta)) +$$

$$+ \frac{1}{\sqrt{2\pi}} e^{-\frac{\Delta^2+c^2}{2}} (e^{c\Delta}+e^{-c\Delta})(\Delta(8+4(e^{2c\Delta}+e^{-2c\Delta})) - 2c(e^{2c\Delta}-e^{-2c\Delta})).$$

Wir verwenden nun folgende Abschätzung für das Normalverteilungsintegral (vgl. Johnson-Kotz (1970), Bd. 1, S. 57):

$$\Phi(x) \geq \frac{1+\sqrt{1-e^{-x^2/2}}}{2} \quad \text{für alle } x \geq 0.$$

Nach Voraussetzung des Lemmas gilt $c \geq \Delta$.

Daher gilt

$$\Phi(-c+\Delta) + \Phi(-c-\Delta) = 2 - \Phi(c-\Delta) - \Phi(c+\Delta) \leq$$

$$\leq 2 - \frac{1+\sqrt{1-e^{-\frac{(c-\Delta)^2}{2}}}}{2} - \frac{1+\sqrt{1-e^{-\frac{(c+\Delta)^2}{2}}}}{2} =$$

$$= \frac{1-\sqrt{1-e^{-\frac{(c-\Delta)^2}{2}}}}{2} + \frac{1-\sqrt{1-e^{-\frac{(c+\Delta)^2}{2}}}}{2} =$$

$$= \frac{e^{-\frac{(c-\Delta)^2}{2}}}{2\left(1+\sqrt{1-e^{-\frac{(c-\Delta)^2}{2}}}\right)} + \frac{e^{-\frac{(c+\Delta)^2}{2}}}{2\left(1+\sqrt{1-e^{-\frac{(c+\Delta)^2}{2}}}\right)} \leq$$

$$\leq \frac{1}{2}\left(e^{-\frac{(c-\Delta)^2}{2}} + e^{-\frac{(c+\Delta)^2}{2}}\right) = \frac{1}{2}\, e^{-\frac{\Delta^2+c^2}{2}} (e^{c\Delta}+e^{-c\Delta}).$$

Damit ist wegen $4\Delta^2-1 \leq 0$:

$$\frac{\partial Z(\Delta,c)}{\partial c} \geq ((4\Delta^2-1)(e^{2c\Delta}-e^{-2c\Delta}) - 2c\Delta(e^{2c\Delta}+e^{-2c\Delta}))\cdot \frac{1}{2}\, e^{-\frac{\Delta^2+c^2}{2}} (e^{c\Delta}+e^{-c\Delta}) +$$

$$+ \frac{1}{\sqrt{2\pi}}\, e^{-\frac{\Delta^2+c^2}{2}} (e^{c\Delta}+e^{-c\Delta})(\Delta(8+4(e^{2c\Delta}+e^{-2c\Delta})) - 2c(e^{2c\Delta}-e^{-2c\Delta})) =$$

$$= \frac{1}{\sqrt{2\pi}}\, e^{-\frac{\Delta^2+c^2}{2}} (e^{c\Delta}+e^{-c\Delta})(\Delta(8+(4-c\sqrt{2\pi})(e^{2c\Delta}+e^{-2c\Delta})) +$$

$$+ (\frac{\sqrt{2\pi}}{2}(4\Delta^2-1)-2c)(e^{2c\Delta}-e^{-2c\Delta})).$$

Wegen $\Delta > 0$ und $c \leq 0.87$ gilt:

$$\frac{\partial Z(\Delta,c)}{\partial c} \geq \frac{1}{\sqrt{2\pi}}\, e^{-\frac{\Delta^2+c^2}{2}} (e^{c\Delta}+e^{-c\Delta})(2\Delta(8-c\sqrt{2\pi}) - (2c+\frac{\sqrt{2\pi}}{2})(e^{2c\Delta}-e^{-2c\Delta})) \geq$$

$$\geq \frac{1}{\sqrt{2\pi}}\, e^{-\frac{\Delta^2+c^2}{2}} (e^{c\Delta}+e^{-c\Delta}) \cdot \bar{h}(\Delta)$$

mit

$$\bar{h}(\Delta) = 2(8-0.87\sqrt{2\pi})\Delta - (1.74 + \frac{\sqrt{2\pi}}{2})(e^{1.74\Delta}-e^{-1.74\Delta}).$$

Es ist $\bar{h}(0) = 0$ sowie

$$\frac{d\bar{h}(\Delta)}{d\Delta} = 2(8-0.87\sqrt{2\pi}) - 1.74(1.74 + \frac{\sqrt{2\pi}}{2})(e^{1.74\Delta}+e^{-1.74\Delta})$$

und

$$\frac{d^2\bar{h}(\Delta)}{d\Delta^2} = -1.74^2(1.74+\frac{\sqrt{2\pi}}{2})(e^{1.74\Delta}-e^{-1.74\Delta}) < 0 \text{ für alle } \Delta > 0.$$

Also ist $\bar{h}(\Delta)$ in Abhängigkeit von Δ konkav. Ferner gilt $\bar{h}(0.45) = 0.0559 > 0$. Daher ist $\bar{h}(\Delta) > 0$ für alle Δ mit $0 < \Delta \leqq 0.45$.

Also ist $Z(\Delta,c)$ für jedes Δ mit $0 < \Delta \leqq 0.45$ im Intervall $0.45 \leqq c \leqq 0.87$ in Abhängigkeit von c streng monoton wachsend.

Es bleibt daher noch zu zeigen, daß $Z(\Delta,0.45) > 0$ ist für alle Δ mit $0 < \Delta \leqq 0.45$.

Es ist

$$Z(\Delta,0.45) = (2\Delta(e^{0.9\Delta}+e^{-0.9\Delta}-4)-0.45(e^{0.9\Delta}-e^{-0.9\Delta}))(\Phi(-0.45+\Delta)+\Phi(-0.45-\Delta)) +$$

$$+\frac{3}{\sqrt{2\pi}} e^{-0.45^2/2} e^{-\Delta^2/2} (e^{0.9\Delta}-e^{-0.9\Delta})(e^{0.45\Delta}+e^{-0.45\Delta}).$$

Für alle Δ mit $0 < \Delta \leqq 0.45$ gilt $e^{0.9\Delta}+e^{-0.9\Delta}-4 < 0$ sowie $e^{-\Delta^2/2} \geqq e^{-0.45^2/2}$. Ferner ist die Funktion $\Phi(-0.45+\Delta) + \Phi(-0.45-\Delta)$ in Abhängigkeit von Δ streng monoton wachsend.

Daher gilt für alle Δ mit $0 < \Delta \leqq 0.45$:

$$Z(\Delta,0.45) \geqq (2\Delta(e^{0.9\Delta}+e^{-0.9\Delta}-4)-0.45(e^{0.9\Delta}-e^{-0.9\Delta}))(0.5+\Phi(-0.9)) +$$

$$+\frac{6}{\sqrt{2\pi}} e^{-0.45^2}(e^{0.9\Delta}-e^{-0.9\Delta}) = \bar{k}(\Delta)$$

mit

$$\bar{k}(\Delta) = (1+2\Phi(-0.9))\Delta(e^{0.9\Delta}+e^{-0.9\Delta}-4) + (\frac{6}{\sqrt{2\pi}} e^{-0.45^2} -0.45(0.5+\Phi(-0.9)))\cdot$$

$$\cdot (e^{0.9\Delta}-e^{-0.9\Delta}).$$

Es ist $\bar{k}(0) = 0$ sowie

$$\frac{d\bar{k}(\Delta)}{d\Delta} = (1+2\Phi(-0.9))(e^{0.9\Delta}+e^{-0.9\Delta}-4 + 0.9\Delta(e^{0.9\Delta}-e^{-0.9\Delta})) +$$

$$+0.9\left(\frac{6}{\sqrt{2\pi}}e^{-0.45^2}-0.45(0.5+\Phi(-0.9))\right)(e^{0.9\Delta}+e^{-0.9\Delta}) \geqq$$

$$\geqq (0.9(\frac{6}{\sqrt{2\pi}}e^{-0.45^2}-0.45(0.5+\Phi(-0.9)))+1+2\Phi(-0.9))(e^{0.9\Delta}+e^{-0.9\Delta})-$$

$$-4(1+2\Phi(-0.9)) \geqq$$

$$\geqq 2(0.9(\frac{6}{\sqrt{2\pi}}e^{-0.45^2}-0.45(0.5+\Phi(-0.9)))+1+2\Phi(-0.9))-$$

$$-4(1+2\Phi(-0.9)) = 0.2284 > 0 \quad \text{für alle } \Delta > 0.$$

Daher gilt $\bar{k}(\Delta) > 0$ für alle $\Delta > 0$. Damit ist auch $Z(\Delta, 0.45) > 0$ für alle Δ mit $0 < \Delta \leqq 0.45$, womit das Lemma bewiesen ist.

Nun sind wir in der Lage, die Aussage (C) für alle Δ mit $0 < \Delta \leqq 1.43$ zu beweisen.

Lemma 4.3.14

Sei $0 < \Delta \leqq 1.43$. Dann haben die Funktionen $\frac{dL(\bar{\beta})}{d\bar{\beta}}$ und $\frac{dR(\bar{\beta})}{d\bar{\beta}}$ höchstens zwei Schnittpunkte.

Beweis:

Wir zeigen, daß die Funktion $\frac{dL(\bar{\beta})}{d\bar{\beta}}$ in dem Bereich, in dem sie aufgrund von Lemma 4.3.9 überhaupt Schnittpunkte mit der linearen Funktion $\frac{dR(\bar{\beta})}{d\bar{\beta}}$ haben kann, konvex ist.
Damit ist dann dieses Lemma bewiesen.

Wir zerlegen das Intervall $]0;1.43]$ in Teilintervalle.

a) Sei $0 < \Delta \leqq 0.1$.

Wegen Teil a) von Lemma 4.3.9 gilt $\frac{dL(\bar{\beta})}{d\bar{\beta}} > \frac{dR(\bar{\beta})}{d\bar{\beta}}$ für alle c mit $0 \leqq c \leqq 0.45$. Wegen Lemma 4.3.13 ist $\frac{dL(\bar{\beta})}{d\bar{\beta}}$ konvex für alle c mit $0.45 \leqq c \leqq 0.87$.

Setzen wir $s = 1.74$, so gilt $\Delta \leqq \frac{s^2-2}{5s}$. Daher folgt mit Lemma

4.3.12 die Konvexität von $\frac{dL(\bar{\beta})}{d\bar{\beta}}$ auch für alle c mit $c \geq 0.87$, womit das Lemma für dieses Teilintervall gezeigt ist.

Für den Beweis des Restes reicht es nicht aus, die bereits bewiesenen Lemmata anzuwenden; wir betrachten daher die dritte Ableitung von $L(\bar{\beta})$ nach $\bar{\beta}$. Wie zu Beginn des Beweises von Lemma 4.3.13 gezeigt, gilt (es ist $m < 0$)

$$\frac{d^3L(\bar{\beta})}{d\bar{\beta}^3} = -\frac{16m\pi\Delta e^{3\Delta^2/2+c^2}}{(e^{c\Delta}+e^{-c\Delta})^5} \cdot Z(\Delta,c)$$

mit

$$Z(\Delta,c)=(2\Delta(e^{2c\Delta}+e^{-2c\Delta}-4)-c(e^{2c\Delta}-e^{-2c\Delta}))(\Phi(-c+\Delta)+\Phi(-c-\Delta))+$$

$$+\frac{3}{\sqrt{2\pi}}\, e^{-\frac{\Delta^2+c^2}{2}}(e^{2c\Delta}-e^{-2c\Delta})(e^{c\Delta}+e^{-c\Delta}).$$

Um für spezielle Werte von Δ und c die Beziehung $\frac{d^3L(\bar{\beta})}{d\bar{\beta}^3} > 0$ zu zeigen, genügt also der Nachweis von $Z(\Delta,c) > 0$. Dazu schätzen wir in gewissen Intervallen $[\Delta_1;\Delta_2]$ und $[c_1;c_2]$ die Größe $Z(\Delta,c)$ für alle $\Delta \in [\Delta_1;\Delta_2]$ und alle $c \in [c_1;c_2]$ mit Hilfe der Intervallgrenzen nach unten ab.

Sei also $0 < \Delta_1 \leq \Delta \leq \Delta_2$ und $0 < c_1 \leq c \leq c_2$.

Da $\frac{\partial\bar{\beta}}{\partial\Delta} = \varphi(c-\Delta) - \varphi(c+\Delta) > 0$ und

$\frac{\partial\bar{\beta}}{\partial c} = -\varphi(c-\Delta) - \varphi(c+\Delta) < 0$ gilt, ist $\bar{\beta}$ maximal für $\Delta = \Delta_2$ und $c = c_1$.

Wir führen nun die folgenden Größen ein:

$$A_1 = e^{2c_1\Delta_1} + e^{-2c_1\Delta_1} - 4,$$

$$A_2 = \begin{cases} 2\Delta_2 A_1 - c_2(e^{2c_2\Delta_2} - e^{-2c_2\Delta_2}) & \text{falls } A_1 \leq 0 \\ 2\Delta_1 A_1 - c_2(e^{2c_2\Delta_2} - e^{-2c_2\Delta_2}) & \text{falls } A_1 > 0 \end{cases},$$

$A_3 = \Phi(-c_1+\Delta_2) + \Phi(-c_1-\Delta_2)$

und

$$A_4 = \frac{3}{\sqrt{2\pi}} e^{-\frac{\Delta_2^2+c_2^2}{2}} (e^{2c_1\Delta_1} - e^{-2c_1\Delta_1})(e^{c_1\Delta_1} + e^{-c_1\Delta_1}).$$

Es ist dann $Z(\Delta,c) \geqq A_2\bar{\beta} + A_4$, $A_4 > 0$ und $0 < \bar{\beta} \leqq A_3$.

Für alle Δ mit $\Delta_1 \leqq \Delta \leqq \Delta_2$ und alle c mit $c_1 \leqq c \leqq c_2$ gilt:

Falls $A_2 \geqq 0$ ist (dies tritt bei den angegebenen Intervallaufteilungen nicht auf), so folgt $Z(\Delta,c) > 0$.

Falls $A_2 < 0$ ist, so folgt $Z(\Delta,c) \geqq A_2A_3 + A_4$.

Für die weiter unten genannten Intervalle wird in Tabelle 2 die Größe $A_2A_3+A_4$ angegeben; sie ist stets positiv, und daher gilt $Z(\Delta,c) > 0$ in den untersuchten Intervallen für Δ und c.

Bei den Intervallaufteilungen für die Variable c werden die laufenden Nummern der Tabelle 2 angegeben.

b) Sei $0.1 \leqq \Delta \leqq 0.45$.

Wegen Teil a) von Lemma 4.3.9 gilt $\frac{dL(\bar{\beta})}{d\bar{\beta}} > \frac{dR(\bar{\beta})}{d\bar{\beta}}$ für alle c mit $0 \leqq c \leqq 0.45$. Wegen Lemma 4.3.13 ist $\frac{dL(\bar{\beta})}{d\bar{\beta}}$ konvex für alle c mit $0.45 \leqq c \leqq 0.87$.

Es bleibt also nur noch der Fall $c \geqq 0.87$ zu untersuchen.

b1) Sei $\Delta_1 = 0.1 \leqq \Delta \leqq 0.15 = \Delta_2$.

Setzen wir in Lemma 4.3.12 $s = 2$, so folgt wegen $\Delta \leqq \frac{s^2-2}{5s}$ die Konvexität von $\frac{dL(\bar{\beta})}{d\bar{\beta}}$ für alle c mit $c \geqq 1$.

Intervallaufteilung (für c): [0.87;1.00] (Nr.1).

b2) Sei $\Delta_1 = 0.15 \leqq \Delta \leqq 0.20 = \Delta_2$.

Setzen wir in Lemma 4.3.12 wiederum $s = 2$, so folgt die Konvexität von $\frac{dL(\bar{\beta})}{d\bar{\beta}}$ für alle c mit $c \geqq 1$.

Intervallaufteilung: [0.87;1.00] (Nr.2).

b3) Sei $\Delta_1 = 0.20 \leqq \Delta \leqq 0.30 = \Delta_2$.

Setzen wir in Lemma 4.3.12 $s = 2.4$, so folgt wegen $\Delta \leqq \frac{s^2-2}{5s}$ die Konvexität von $\frac{dL(\bar{\beta})}{d\bar{\beta}}$ für alle c mit $c \geqq 1.2$.

Intervallaufteilung: [0.87;1.00],[1.00;1.10],[1.10;1.20] (Nr.3-5).

b4) Sei $\Delta_1 = 0.30 \leqq \Delta \leqq 0.40 = \Delta_2$.

Setzen wir in Lemma 4.3.11 $r = 6.1$, so ist $t(r) :=$

$$= \sqrt{\frac{\ln \frac{4+\sqrt{16+(r-1)(r-5)}}{r-1}}{r}} = 0.2943 \leqq \Delta.$$

Also ist $\frac{dL(\bar{\beta})}{d\bar{\beta}}$ konvex für alle c mit $c \geqq \frac{r}{2}\Delta_2 = 1.22$.

Intervallaufteilung: [0.87;1.00],[1.00;1.10],[1.10;1.22] (Nr.6-8).

b5) Sei $\Delta_1 = 0.40 \leqq \Delta \leqq 0.45 = \Delta_2$.

Setzen wir in Lemma 4.3.11 $r = 4.8$, so ist $t(r) =$

$$= \sqrt{\frac{\ln \frac{4+\sqrt{16+(r-1)(r-5)}}{r-1}}{r}} = 0.3906 \leqq \Delta.$$

Also ist $\frac{dL(\bar{\beta})}{d\bar{\beta}}$ konvex für alle $c \geqq \frac{r}{2}\Delta_2 = 1.08$.

Intervallaufteilung: [0.87;1.08] (Nr.9).

c) Sei $0.45 \leqq \Delta \leqq 1.43$.

Wegen Teil b) von Lemma 4.3.9 gilt $\frac{dL(\bar{\beta})}{d\bar{\beta}} > \frac{dR(\bar{\beta})}{d\bar{\beta}}$ für alle c mit $0 \leqq c \leqq 0.6$. Es bleibt also nur noch der Fall $c \geqq 0.6$ zu untersuchen.

c1) Sei $\Delta_1 = 0.45 \leqq \Delta \leqq 0.50 = \Delta_2$.

Setzen wir in Lemma 4.3.11 $r = 4.3$, so ist $t(r) = 0.4439 \leqq \Delta$. Also ist $\frac{dL(\bar{\beta})}{d\bar{\beta}}$ konvex für alle $c \geqq \frac{r}{2}\Delta_2 = 1.075$.

Intervallaufteilung: [0.60;0.75],[0.75;0.90],[0.90;1.08] (Nr.10-12).

c2) Sei $\Delta_1 = 0.50 \leqq \Delta \leqq 0.60 = \Delta_2$.

Setzen wir in Lemma 4.3.11 $r = 4$, so ist

$t(r) = 0.4823 \leqq \Delta$. Also ist $\frac{dL(\bar{\beta})}{d\bar{\beta}}$ konvex für alle c mit

$c \geqq \frac{r}{2}\Delta_2 = 1.20$.

Intervallaufteilung: [0.6;0.70],[0.70;0.85],[0.85;1.00],

[1.00;1.20] (Nr.13-16).

c3) Sei $\Delta_1 = 0.60 \leqq \Delta \leqq 0.70 = \Delta_2$.

Setzen wir in Lemma 4.3.11 $r = 3.5$, so ist

$t(r) = 0.5603 \leqq \Delta$. Also ist $\frac{dL(\bar{\beta})}{d\bar{\beta}}$ konvex für alle c mit

$c \geqq \frac{r}{2}\Delta_2 = 1.225$.

Intervallaufteilung: [0.60;0.70],[0.70;0.85],[0.85;1.00],

[1.00;1.23] (Nr.17-20).

c4) Sei $\Delta_1 = 0.70 \leqq \Delta \leqq 0.80 = \Delta_2$.

Setzen wir in Lemma 4.3.11 $r = 3$, so ist

$t(r) = 0.6626 \leqq \Delta$. Also ist $\frac{dL(\bar{\beta})}{d\bar{\beta}}$ konvex für alle c mit

$c \geqq \frac{r}{2}\Delta_2 = 1.20$.

Intervallaufteilung: [0.60;0.70],[0.70;0.85],[0.85;1.00],

[1.00;1.20] (Nr.21-24).

c5) Sei $\Delta_1 = 0.80 \leqq \Delta \leqq 0.90 = \Delta_2$.

Setzen wir in Lemma 4.3.11 $r = 2.6$, so ist

$t(r) = 0.7704 \leqq \Delta$. Also ist $\frac{dL(\bar{\beta})}{d\bar{\beta}}$ konvex für alle c mit

$c \geqq \frac{r}{2}\Delta_2 = 1.17$.

Intervallaufteilung: [0.60;0.70],[0.70;0.85],[0.85;1.00],

[1.00;1.17] (Nr.25-28).

c6) Sei $\Delta_1 = 0.90 \leqq \Delta \leqq 1.00 = \Delta_2$.

Wegen Teil b) von Lemma 4.3.7 folgt, daß $\frac{dL(\bar{\beta})}{d\bar{\beta}}$ konvex

ist für alle c mit $c \geqq \frac{\ln(4+\sqrt{13})}{2\Delta_1} = 1.127$.

Intervallaufteilung: [0.60;0.70],[0.70;0.90],[0.90;1.13]

(Nr.29-31).

c7) Sei $\Delta_1 = 1.00 \leqq \Delta \leqq 1.10 = \Delta_2$.

Wegen Teil b) von Lemma 4.3.7 folgt, daß $\frac{dL(\bar{\beta})}{d\bar{\beta}}$ konvex ist für alle c mit $c \geqq \frac{\ln(4+\sqrt{13})}{2\Delta_1} = 1.014$.

Intervallaufteilung: [0.60;0.70],[0.70;0.85],[0.85;1.02] (Nr.32-34).

c8) Sei $\Delta_1 = 1.10 \leqq \Delta \leqq 1.20 = \Delta_2$.

Wegen Teil b) von Lemma 4.3.7 folgt, daß $\frac{dL(\bar{\beta})}{d\bar{\beta}}$ konvex ist für alle c mit $c \geqq \frac{\ln(4+\sqrt{13})}{2\Delta_1} = 0.922$.

Intervallaufteilung: [0.60;0.75],[0.75;0.93] (Nr.35-36).

c9) Sei $\Delta_1 = 1.20 \leqq \Delta \leqq 1.43 = \Delta_2$.

Wegen Teil b) von Lemma 4.3.7 folgt, daß $\frac{dL(\bar{\beta})}{d\bar{\beta}}$ konvex ist für alle c mit $c \geqq \frac{\ln(4+\sqrt{13})}{2\Delta_1} = 0.845$.

Intervallaufteilung: [0.60;0.70],[0.70;0.80],[0.80;0.85] (Nr.37-39).

Nr.	Δ_1	Δ_2	c_1	c_2	$A_2 A_3 + A_4$
1	0.10	0.15	0.87	1.00	0.0365
2	0.15	0.20	0.87	1.00	0.1301
3	0.20	0.30	0.87	1.00	0.0278
4	0.20	0.30	1.00	1.10	0.1452
5	0.20	0.30	1.10	1.20	0.1697
6	0.30	0.40	0.87	1.00	0.1855
7	0.30	0.40	1.00	1.10	0.3639
8	0.30	0.40	1.10	1.22	0.3302
9	0.40	0.45	0.87	1.08	0.2977
10	0.45	0.50	0.60	0.75	0.1246
11	0.45	0.50	0.75	0.90	0.4570
12	0.45	0.50	0.90	1.08	0.5497
13	0.50	0.60	0.60	0.70	0.0691
14	0.50	0.60	0.70	0.85	0.1066
15	0.50	0.60	0.85	1.00	0.3955
16	0.50	0.60	1.00	1.20	0.2321
17	0.60	0.70	0.60	0.70	0.1291
18	0.60	0.70	0.70	0.85	0.1902
19	0.60	0.70	0.85	1.00	0.5905
20	0.60	0.70	1.00	1.23	0.0779
21	0.70	0.80	0.60	0.70	0.2062
22	0.70	0.80	0.70	0.85	0.3033
23	0.70	0.80	0.85	1.00	0.8558
24	0.70	0.80	1.00	1.20	0.5799
25	0.80	0.90	0.60	0.70	0.3192
26	0.80	0.90	0.70	0.85	0.4697
27	0.80	0.90	0.85	1.00	1.2127
28	0.80	0.90	1.00	1.17	1.3906
29	0.90	1.00	0.60	0.70	0.4924
30	0.90	1.00	0.70	0.90	0.0216
31	0.90	1.00	0.90	1.13	0.2026
32	1.00	1.10	0.60	0.70	0.7554
33	1.00	1.10	0.70	0.85	1.0491
34	1.00	1.10	0.85	1.02	1.8183
35	1.10	1.20	0.60	0.75	0.4039
36	1.10	1.20	0.75	0.93	1.3191
37	1.20	1.43	0.60	0.70	0.1479
38	1.20	1.43	0.70	0.80	1.2524
39	1.20	1.43	0.80	0.85	4.1486

Tabelle 2: Zum Beweis von Lemma 4.3.14.

Damit ist Lemma 4.3.14 bewiesen.

Mit den Lemmata 4.3.8, 4.3.10 und 4.3.14 ist die Aussage (C) auch für den zweiseitigen Fall (Beispiel 3 des Abschnittes 4.2) gezeigt. Also ist Lemma 4.3.6 und damit auch Satz 4.3.2 bewiesen.

Fassen wir den Beweis von Satz 4.3.2 kurz zusammen; dabei sei wie oben $\Delta = \delta\sqrt{n} > 0$.

1) Die Aussage von Lemma 4.3.6 wird zurückgeführt auf die Aussage (C).

2) a) einseitiger Fall:
Die Aussage (C) wird direkt im Anschluß an ihre Formulierung bewiesen.

b) zweiseitiger Fall:
Die Aussage (C) wird
für $0 < \Delta \leq 1.43$ in Lemma 4.3.14,
für $1.43 \leq \Delta \leq 1.51$ in Lemma 4.3.10
und
für $\Delta \geq 1.51$ in Lemma 4.3.8
bewiesen.

3) Mit Hilfe der Lemmata 4.3.1 bis 4.3.6 wird Satz 4.3.2 bewiesen.

5. Bestimmung von kostenoptimalen Prüfplänen

In diesem Kapitel beschränken wir uns auf die Bestimmung von kostenoptimalen zweiseitigen $\bar{X}$-Karten (Beispiel 3 von Abschnitt 4.2), welche in Anhang A tabelliert sind, sowie auf die Bestimmung von kostenoptimalen np-Karten (Beispiel 4 von Abschnitt 4.2), welche in Anhang B tabelliert sind. Die Tabellen wurden mit Hilfe eines Personalcomputers M24 der Firma Olivetti berechnet.

Da Satz 4.3.2 auch für den einseitigen Fall gilt, lassen sich kostenoptimale einseitige $\bar{X}$-Karten (Beispiel 2 von Abschnitt 4.2) in analoger Weise wie kostenoptimale zweiseitige $\bar{X}$-Karten bestimmen. Ebenso lassen sich kostenoptimale Prüfpläne des Beispiels 1 von Abschnitt 4.2 ähnlich wie kostenoptimale np-Karten bestimmen; bei diesen beiden Arten von Prüfplänen ist die Annahmezahl c ganz.

Wir nehmen an, daß die Größen $\lambda > 0$, $\nu > 0$, $g_I > 0$, g_{II} mit $g_{II} < g_I$, $t_s \geqq 0$, $t_s' \geqq 0$, $t_r \geqq 0$, $c_s > 0$, $c_s' \geqq 0$, $c_r \geqq 0$, $c_1 \geqq 0$, $c_2 \geqq 0$ und $c_i > 0$ numerisch bekannt sind. Ferner seien b_0, b_1 und $a > 0$ bereits berechnet.
Falls $b_0 \leqq 0$ gilt, so folgt aus Teil b) von Satz 3.1.1, daß der Prüfplan $(\infty, 0, -)$ kostenoptimal ist. Daher betrachten wir im folgenden nur noch den Fall $b_0 > 0$.
Wegen Teil a) von Satz 3.1.1 scheiden bei der Suche nach einem kostenoptimalen Prüfplan alle zulässigen Prüfpläne (T,n,E) mit $n \geqq 1$ aus, falls $b_1 \leqq 0$ ist. Nach Satz 3.4.1 und der Bemerkung 3.4.1 sind daher in diesem Fall nur noch die beiden Prüfpläne $(\infty, 0, -)$ und $\left(\frac{1+\sqrt{1+b_0}}{\lambda b_0}, 0, 1\right)$ miteinander zu vergleichen.
Wir können uns also im folgenden auf den Fall $b_1 > 0$ beschränken.

5.1 Bestimmung von kostenoptimalen $\bar{X}$-Karten

Zusätzlich zu den oben genannten Parametern und den daraus berechneten Größen $b_0 > 0$, $b := b_1 > 0$ und $a > 0$ sei der Prozeßparameter $\delta > 0$ numerisch bekannt.

Ein kostengünstigster Prüfplan der Strategie 2 ist nach Satz 3.4.1 und der Bemerkung 3.4.1 der Prüfplan

$$\left(\frac{1+\sqrt{1+b_0}}{\lambda b_0}, 0, 1\right) ; \text{ es gilt } S\left(\frac{1+\sqrt{1+b_0}}{b_0}, 0, 1\right) = -(\sqrt{1+b_0}-1)^2.$$

Um einen kostengünstigsten Prüfplan der Strategie 1 zu erhalten, mustern wir die Stichprobenumfänge $n \geq 1$ in aufsteigender Reihenfolge durch; dabei können wir uns wegen Satz 3.2.1 und Satz 3.2.2 von vorneherein auf solche Stichprobenumfänge n beschränken, für die

$$n \leq \min\left(\frac{b}{a}; \frac{(1+\sqrt{b}-\sqrt{1+b})^2}{a}\right)$$

gilt.

Zu vorgegebenem $n \geq 1$ gibt es nach Satz 4.3.2 höchstens ein relatives Minimum $m_n < m_0 := -(\sqrt{1+b}-1)^2$ der Funktion $S(y,n,c)$, das im Falle seiner Existenz auch ihr absolutes Minimum ist. Hat man also mit Hilfe eines Rechenverfahrens - bei der Berechnung der in Anhang A tabellierten kostenoptimalen Prüfpläne wurde die Fibonacci-Suche verwendet - ein solches relatives Minimum (samt zugehörigem Minimalwert) ermittelt, so ist der zu diesem Stichprobenumfang gehörige kostengünstigste Prüfplan $(T(n),n,c(n))$ gefunden. Existiert kein solches relatives Minimum - die Existenz eines solchen relativen Minimums ist gleichbedeutend mit der Existenz eines Prüfplanes (T,n,c) mit $S(\lambda T,n,c) < m_0$ -, so gibt es keinen Prüfplan (T,n,c) mit $S(\lambda T,n,c) < m_0$; wegen Satz 4.3.1 braucht man also diesen Stichprobenumfang bei der Suche nach einem kostenoptimalen Prüfplan nicht zu berücksichtigen. Es sei darauf hingewiesen, daß bei der Bestimmung eines solchen relativen Minimums wegen Satz 3.3.2 ein Verfahren zur Bestimmung eines relativen Minimums in einer Variablen verwendet werden kann.

Bevor man zum nächsten Stichprobenumfang übergeht, prüft man mit Satz 3.2.3, wobei man den kleinsten der bisher berechneten Minimalwerte der Funktion S verwendet, ob man ihn zur Bestimmung eines kostenoptimalen Prüfplanes überhaupt noch benötigt.

Dies wird fortgesetzt, solange man den nächstgrößeren Stichprobenumfang nicht ausscheiden kann.
Kann man den nächstgrößeren Stichprobenumfang ausscheiden, so bestimmt man unter den Prüfplänen $(T(n),n,c(n))$ mit $n \geqq 1$ den Prüfplan $(T(\bar{n}),\bar{n},c(\bar{n}))$ mit dem kleinsten standardisierten Verlust; sollte der Prüfplan $(T(\bar{n}),\bar{n},c(\bar{n}))$ durch diese Bedingung nicht eindeutig festgelegt sein, so wählt man unter den kostengünstigsten Prüfplänen denjenigen mit dem kleinsten Stichprobenumfang.

Nun berechnet man mit Hilfe der Beziehung (2.2.6) die Größen $V(T(\bar{n}),\bar{n},c(\bar{n}))$ und $V\left(\frac{1+\sqrt{1+b_0}}{\lambda b_0},0,1\right)$ und bestimmt unter den drei Prüfplänen $(T(\bar{n}),\bar{n},c(\bar{n}))$, $\left(\frac{1+\sqrt{1+b_0}}{\lambda b_0},0,1\right)$ und $(\infty,0,-)$ den kostengünstigsten; dieser ist der gesuchte kostenoptimale Prüfplan. Sollte er durch diese Bedingung nicht eindeutig festgelegt sein, so wählt man unter den Prüfplänen mit minimalem Wert der Verlustfunktion V denjenigen mit der höchsten Strategienummer.

Nach dem oben beschriebenen Verfahren wurden in Anhang A für verschiedene Werte von σ, a und b die Parameter y, n und c des kostengünstigsten Prüfplanes $(y/\lambda,n,c)$ der Strategie 1 samt zugehörigem Wert m der standardisierten Verlustfunktion S ermittelt. Obwohl sich y wegen Satz 3.3.2 aus den Parametern n und c explizit berechnen läßt, wurde auch dieser Parameter tabelliert, um eine einfache Handhabung der Tabellen sicherzustellen.
Ergibt sich für spezielle Werte von σ, a und b mit Hilfe der Tabellen der Stichprobenumfang $n = 0$, so bedeutet dies, daß für alle aufgrund von den Sätzen 3.2.1 und 3.2.2 in Frage kommende Prüfpläne (T,n,c) mit $n \geqq 1$ die Beziehung $S(\lambda T,n,c) \geqq m_0$ gilt. Nach Satz 4.3.1 kann man sich in diesem Fall bei der Suche nach

einem kostenoptimalen Prüfplan auf die beiden Prüfpläne $\left(\frac{1+\sqrt{1+b_0}}{\lambda b_0},0,1\right)$ und $(\infty,0,-)$ der Strategie 2 bzw. der Strategie 3 beschränken.

Nun soll die Verwendung der Tabellen an einem Beispiel erläutert werden.

Beispiel:

Die folgenden Werte der Prozeß- und Kostenparameter wurden v. Collani (1981) entnommen:

$\delta = 2.0$; $\lambda = 0.05$; $\nu = 100$; $g_I = 1.5$; $g_{II} = 1.0$;

$t_s = t_s' = 0.1$; $t_r = 0.2$; $c_s = c_s' = 10$; $c_r = 20$;

$c_1 = 0.25$; $c_2 = 0.025$; $c_i = 0.1$.

Damit ergeben sich die Größen d_0, d_1, e_0, e_1, b_0, $b := b_1$ und a zu:

$d_0 = 0.25$; $d_1 = 0.275$; $e_0 = 25.025$; $e_1 = 25.0275$;

$b_0 = 37.559$; $b = 37.555$; $a = 0.0040$.

Der Tabelle zu $\delta = 2.0$ und $a = 0.0040$ entnimmt man:

b	y	n	c	m
35	0.01700	3	3.033	-33.285
40	0.01587	3	3.033	-38.165 .

Durch lineare Interpolation erhält man:

b	y	n	c	m
37.555	0.01642	3	3.033	-35.779 .

Wegen $T = y/\lambda$ ergibt sich damit (0.3284,3,3.033) als kostengünstigster Prüfplan der Strategie 1. Mit (2.2.6) gilt $V(0.3284,3,3.033) = -1.44$.

Für die beiden Prüfpläne $\left(\frac{1+\sqrt{1+b_0}}{\lambda b_0},0,1\right)$ und $(\infty,0,-)$ der Strategien 2 bzw. 3 gilt:

$V(3.8391,0,1) = -1.34,$

$V(\infty,0,-) = -1.0.$

Für dieses Beispiel ist also der Prüfplan (0.3284,3,3.033) kostenoptimal.

5.2 Bestimmung von kostenoptimalen np-Karten

Die Bestimmung einer kostenoptimalen np-Karte unterscheidet sich von der Bestimmung einer kostenoptimalen $\bar{X}$-Karte im wesentlichen dadurch, daß zu vorgegebenem Stichprobenumfang $n \geq 1$ nur endlich viele Werte von c durchgemustert werden; zur Bestimmung einer kostenoptimalen np-Karte benötigt man daher kein Iterationsverfahren.

Seien also zusätzlich zu den Parametern λ, ν, g_I, g_{II}, t_s, t_s', t_r, c_s, c_s', c_r, c_1, c_2, c_i und den daraus berechneten Größen $b_0 > 0$, $b := b_1 > 0$ und $a > 0$ die beiden Prozeßparameter p_I und p_{II} mit $0 < p_I < p_{II} < 1$ numerisch bekannt.

Ein kostengünstigster Prüfplan der Strategie 2 ist nach Satz 3.4.1 und der Bemerkung 3.4.1 der Prüfplan $\left(\frac{1+\sqrt{1+b_0}}{\lambda b_0},0,1\right)$; es gilt $S\left(\frac{1+\sqrt{1+b_0}}{b_0},0,1\right) = -(\sqrt{1+b_0}-1)^2.$

Um einen kostengünstigsten Prüfplan der Strategie 1 zu erhalten, mustern wir die Stichprobenumfänge $n \geq 1$ in aufsteigender Reihenfolge durch; dabei können wir uns wegen Satz 3.2.1 und Satz 3.2.2 von vorneherein auf solche Stichprobenumfänge n beschränken, für die

$$n \leq \min\left(\frac{b}{a}, \frac{(1+\sqrt{b}-\sqrt{1+b})^2}{a}\right)$$

gilt.

Bei vorgegebenem $n \geq 1$ und $c = -1$ ist $\alpha = 1$ und $\beta = 0$; unabhängig vom Stichprobenergebnis wird also stets durchgesehen. Da zu jedem $T > 0$ die Kosten der Strategie 1 größer sind als die Kosten der Strategie 2, ist für $c = -1$ die Strategie 2 kostengünstiger als die Strategie 1.

Zu vorgegebenem $n \geq 1$ mustern wir - beginnend mit $c = 0$ - die Annahmezahlen c in aufsteigender Reihenfolge durch. Dabei macht man von der Beziehung

$$L_{n,c+1}(p) = L_{n,c}(p) + \binom{n}{c+1} p^{c+1}(1-p)^{n-c-1}$$

Gebrauch.

Ist $(1-\beta)b - an \leq 0$, so gilt diese Ungleichung nach (4.2.8) auch für alle größeren Annahmezahlen. Diese und alle größeren Annahmezahlen braucht man nach Satz 3.3.2 bei der Suche nach einem kostenoptimalen Prüfplan nicht zu berücksichtigen.
Ist $(1-\beta)b - an > 0$, so berechnet man gemäß Satz 3.3.2 den günstigsten Wert von y sowie den zugehörigen Minimalwert des standardisierten Verlustes S.
Unter allen zu vorgegebenem Stichprobenumfang $n \geq 1$ berechneten Minimalwerten des standardisierten Verlustes bestimmt man den kleinsten und bezeichnet den zugehörigen Prüfplan mit $(T(n),n,c(n))$. Sollte der Prüfplan $(T(n),n,c(n))$ durch diese Bedingung nicht eindeutig bestimmt sein, so wählt man unter den kostengünstigsten Prüfplänen denjenigen mit der kleinsten Annahmezahl.

Bevor man zum nächsten Stichprobenumfang übergeht, prüft man mit Satz 3.2.3, wobei man den kleinsten der bisher berechneten Werte der Funktion S verwendet, ob man ihn zur Bestimmung einer kostenoptimalen np-Karte überhaupt noch benötigt, d.h. ob man die bisher berechnete Schranke für den Stichprobenumfang verbessern kann.

Dies wird fortgesetzt, solange man den nächstgrößeren Stichprobenumfang nicht ausscheiden kann.
Kann man den nächstgrößeren Stichprobenumfang ausscheiden, so bestimmt man unter den Prüfplänen $(T(n),n,c(n))$ mit $n \geq 1$ den Prüfplan $(T(\bar{n}),\bar{n},c(\bar{n}))$ mit dem kleinsten standardisierten Verlust; sollte der Prüfplan $(T(\bar{n}),\bar{n},c(\bar{n}))$ durch diese

Bedingung nicht eindeutig festgelegt sein, so wählt man unter den kostengünstigsten Prüfplänen wiederum denjenigen mit dem kleinsten Stichprobenumfang.

Nun berechnet man mit Hilfe von (2.2.6) die Größen $V(T(\bar{n}),\bar{n},c(\bar{n}))$ und $V\left(\frac{1+\sqrt{1+b_0}}{\lambda b_0},0,1\right)$ und bestimmt unter den drei Prüfplänen $(T(\bar{n}),\bar{n},c(\bar{n}))$, $\left(\frac{1+\sqrt{1+b_0}}{\lambda b_0},0,1\right)$ und $(\infty,0,-)$ den kostengünstigsten; dieser ist der gesuchte kostenoptimale Prüfplan. Sollte er durch diese Bedingung nicht eindeutig festgelegt sein, so wählt man unter den Prüfplänen mit minimalem Wert der Verlustfunktion V denjenigen mit der höchsten Strategienummer.

Nach dem oben beschriebenen Verfahren wurden in Anhang B für verschiedene Werte von p_I, p_{II}, a und b die Parameter y, n und c des kostengünstigsten Prüfplanes $(y/\lambda,n,c)$ der Strategie 1 samt zugehörigem Wert m der standardisierten Verlustfunktion S ermittelt.
Ergibt sich für spezielle Werte von p_I, p_{II}, a und b mit Hilfe der Tabellen der Stichprobenumfang $n = 0$, so kann man sich - wie im vorigen Abschnitt ausgeführt - bei der Suche nach einem kostenoptimalen Prüfplan auf die beiden Prüfpläne $\left(\frac{1+\sqrt{1+b_0}}{\lambda b_0},0,1\right)$ und $(\infty,0,-)$ der Strategie 2 bzw. der Strategie 3 beschränken.

Nun soll die Verwendung der Tabellen des Anhanges B an einem Beispiel erläutert werden.

Beispiel:

Bis auf p_I, p_{II} und c_i wurden die folgenden Werte der Prozeß- und Kostenparameter Behl (1981) entnommen:

$p_I = 0.02$; $p_{II} = 0.1$; $\lambda = 0.04$; $\nu = 100$; $g_I = 1.44$;

$g_{II} = 0.96$; $t_s = t_s' = 0.15$; $t_r = 2.0$; $c_s = c_s' = 3.4$;

$c_r = 21.45$; $c_1 = c_2 = 0$; $c_i = 0.01$.

Damit ergeben sich die Größen d_0, d_1, e_0, e_1, b_0, $b:=b_1$ und a zu:

$$d_0 = d_1 = 0; \quad e_0 = e_1 = 25; \quad b_0 = b = 38.75; \quad a = 0.0004.$$

Der Tabelle zu a = 0.0004 und b = 30 entnimmt man

p_I	p_{II}	y	n	c	m
0.02	0.1	0.01794	35	3	-27.840.

Der Tabelle zu a = 0.0004 und b = 40 entnimmt man

p_I	p_{II}	y	n	c	m
0.02	0.1	0.01546	35	3	-37.498.

Durch lineare Interpolation erhält man zu a = 0.0004 und b = 38.75:

p_I	p_{II}	y	n	c	m
0.02	0.1	0.01577	35	3	-36.291.

Wegen $T = y/\lambda$ ergibt sich damit (0.3943,35,3) als kostengünstigster Prüfplan der Strategie 1. Mit (2.2.6) gilt $V(0.3943,35,3) = -1.32$.

Für die beiden Prüfpläne $\left(\frac{1+\sqrt{1+b_0}}{\lambda b_0},0,1\right)$ und $(\infty,0,-)$ der Strategien 2 bzw. 3 gilt:

$V(4.7127,0,1) = -1.24$,

$V(\infty,0,-) = -0.96$.

Für dieses Beispiel ist also der Prüfplan (0.3943,35,3) kostenoptimal.

6. Näherungsweise kostenoptimale Prüfpläne

In diesem Kapitel werden Näherungsformeln für die Parameter kostenoptimaler zweiseitiger $\bar{X}$- und kostenoptimaler np-Karten hergeleitet und diskutiert. Diese Näherungsformeln können auch für den Fall verwendet werden, daß die Lebensdauer des Zustandes I exponentialverteilt ist (vgl. Bemerkung 2.2.3); sie wurden von A. (1985a, b) zunächst für diesen Fall angegeben. Sie können zur Bestimmung eines näherungsweise kostenoptimalen Prüfplanes verwendet werden; darüber hinaus ermöglichen sie Einsichten in die Struktur kostenoptimaler Prüfpläne.

6.1 Näherungsweise kostenoptimale $\bar{X}$-Karten

Wir betrachten lediglich zulässige Prüfpläne der Strategie 1. Zu gegebenen Größen $\delta > 0$, $a > 0$ und $b := b_1 > 0$ soll eine Minimalstelle der Funktion

$$S(y,n,c) = -\frac{(by-\alpha)(1-\beta)}{y(y+1-\beta)} + \frac{an}{y}$$

näherungsweise bestimmt werden. Dabei ist $\alpha = 2\Phi(-c)$,

$\beta = \Phi(c-\delta\sqrt{n}) - \Phi(-c-\delta\sqrt{n})$, $\Phi(x) = \int_{-\infty}^{x} \varphi(t)dt$,

$\varphi(t) = \frac{1}{\sqrt{2\pi}} e^{-t^2/2}$, $y \in \mathbb{R}^+$, $n \in \mathbb{N}$ und $c \in \mathbb{R}_0^+$.

Bei der Herleitung der Näherungsformeln behandeln wir n wie eine reelle Variable. Als partielle Ableitungen von S nach y, n bzw. c erhalten wir:

$$\frac{\partial S}{\partial y} = (1-\beta)\frac{by^2-\alpha(2y+1-\beta)}{y^2(y+1-\beta)^2} - \frac{an}{y^2}, \tag{6.1.1}$$

$$\frac{\partial S}{\partial n} = -\frac{(by-\alpha)\delta}{2\sqrt{n}(y+1-\beta)^2}(\varphi(-c+\delta\sqrt{n}) - \varphi(c+\delta\sqrt{n})) + \frac{a}{y}, \tag{6.1.2}$$

$$\frac{\partial S}{\partial c} = \frac{(by-\alpha)y(\varphi(-c+\delta\sqrt{n})+\varphi(c+\delta\sqrt{n})) - 2\varphi(c)(1-\beta)(y+1-\beta)}{y(y+1-\beta)^2}. \tag{6.1.3}$$

Vernachlässigt man α,β und $\varphi(c+\delta\sqrt{n})$ und setzt man die drei partiellen Ableitungen gleich null, so ergibt sich:

$$by^2 - an(y+1)^2 \approx 0, \quad (6.1.4)$$

$$b\delta\varphi(-c+\delta\sqrt{n})y^2 - 2a\sqrt{n}(y+1)^2 \approx 0, \quad (6.1.5)$$

$$b\varphi(-c+\delta\sqrt{n})y^2 - 2\varphi(c)(y+1) \approx 0. \quad (6.1.6)$$

Wegen (6.1.4) gilt $y \approx \frac{an+\sqrt{ban}}{b-an}$. Vergrößert man den Zähler und den Nenner dieses Ausdrucks, so erhält man näherungsweise $y \approx \frac{an\sqrt{b}+\sqrt{ban}}{b}$ und daher

$$y \approx \sqrt{\frac{an}{b}}(\sqrt{an}+1). \quad (6.1.7)$$

Im folgenden vernachlässigen wir zunächst den Ausdruck $\sqrt{an}$ in der Klammer von (6.1.7) und erhalten

$$y \approx \sqrt{\frac{an}{b}}. \quad (6.1.8)$$

Nun ersetzen wir in (6.1.5) und (6.1.6) y+1 durch 1 (y wird normalerweise eine kleine positive reelle Zahl sein). (6.1.8) in (6.1.5) und (6.1.6) eingesetzt, ergibt:

$$an\delta\varphi(-c+\delta\sqrt{n}) - 2a\sqrt{n} \approx 0, \quad (6.1.9)$$

$$an\varphi(-c+\delta\sqrt{n}) - 2\varphi(c) \approx 0. \quad (6.1.10)$$

Setzt man (6.1.10) in (6.1.9) ein, so erhält man

$$\sqrt{n} \approx \delta\varphi(c)/a. \quad (6.1.11)$$

(6.1.11) in (6.1.10) eingesetzt, ergibt

$$\varphi(c)\varphi(-c+\delta\sqrt{n})\delta^2/a \approx 2.$$

Unter der Annahme, daß $-c+\delta\sqrt{n}$ nicht zu weit von null entfernt ist, gilt näherungsweise $\varphi(-c+\delta\sqrt{n}) \approx 1/\sqrt{2\pi}$.
Daher ist $\frac{\varphi(c)\delta^2}{a\sqrt{2\pi}} \approx 2$ und

$$\varphi(c) \approx 2\sqrt{2\pi}\,a/\delta^2. \quad (6.1.12)$$

(6.1.12) ist äquivalent zu

$$c \approx \sqrt{2 \ln \frac{\delta^2}{4\pi a}} . \tag{6.1.13}$$

(6.1.12) in (6.1.11) und (6.1.11) in (6.1.8) eingesetzt, ergibt

$$y \approx \frac{2\sqrt{2\pi \frac{a}{b}}}{\delta} . \tag{6.1.14}$$

Nun betrachten wir (6.1.7) als eine quadratische Gleichung in $\sqrt{n}$ und erhalten $an + \sqrt{a}\sqrt{n} - \sqrt{b}\,y \approx 0$. Damit ist

$$\sqrt{n} \approx \frac{\sqrt{1+4\sqrt{b}\,y} - 1}{2\sqrt{a}}$$

und mit (6.1.14)

$$n \approx \frac{\left(\sqrt{1+\frac{8\sqrt{2\pi a}}{\delta}} - 1\right)^2}{4a} . \tag{6.1.15}$$

Fassen wir das erhaltene Resultat zusammen: Sei

$$y = \frac{2\sqrt{2\pi \frac{a}{b}}}{\delta} ,$$

$$n = \frac{\left(\sqrt{1+\frac{8\sqrt{2\pi a}}{\delta}} - 1\right)^2}{4a}$$

und

$$c = \sqrt{2 \ln \frac{\delta^2}{4\pi a}} .$$

Dann ist $(y/\lambda, n', c)$ eine näherungsweise kostenoptimale zweiseitige $\bar{X}$-Karte, wobei n' die zu n nächstgelegene natürliche Zahl ist.

Als eine Folgerung aus den obigen Formeln können wir festhalten, daß lediglich der Kontrollabstand y/λ einer näherungsweise kostenoptimalen $\bar{X}$-Karte von dem Parameter b abhängt; wie man Anhang A oder nachfolgender Tabelle entnehmen kann, hat auch die exakte Lösung im wesentlichen diese Eigenschaft.

In Tabelle 3 wird die Näherungslösung anhand des standardisierten Verlustes S mit der exakten Lösung verglichen.

δ	a	b	exakte Lösung	Näherungslösung
0.5	0.0001	10	S(0.0236,62,3.315)= -9.388	S(0.0317,84,3.254)= -9.363
0.5	0.001	10	S(0.0606,37,2.605)= -8.420	S(0.1003,64,2.446)= - 8.267
0.5	0.01	10	S(0.1398,14,1.715)= -6.512	S(0.3171,38,1.173)= -5.769
0.5	0.0001	500	S(0.0033,63,3.326)= -495.605	S(0.0045,84,3.254)= -495.417
0.5	0.001	500	S(0.0080,38,2.630)= -488.334	S(0.0142,64,2.446)= -487.051
0.5	0.01	500	S(0.0163,15,1.789)= -472.234	S(0.0448,38,1.173)= -464.338
1.0	0.0001	10	S(0.0129,19,3.680)= -9.666	S(0.0159,23,3.655)= -9.661
1.0	0.001	10	S(0.0346,13,3.049)= -9.097	S(0.0501,19,2.959)= -9.045
1.0	0.01	10	S(0.0875,7,2.280)= -7.774	S(0.1585,13,2.037)= -7.514
1.0	0.0001	500	S(0.0018,19,3.683)= -497.620	S(0.0022,23,3.655)= -497.579
1.0	0.001	500	S(0.0047,13,3.058)= -493.466	S(0.0071,19,2.959)= -493.061
1.0	0.01	500	S(0.0109,7,2.313)= -483.209	S(0.0224,13,2.037)= -480.757
1.5	0.0001	10	S(0.0095,10,3.906)= -9.767	S(0.0106,10,3.870)= -9.766
1.5	0.001	10	S(0.0253,7,3.296)= -9.359	S(0.0334,9,3.221)= -9.336
1.5	0.01	10	S(0.0633,4,2.569)= -8.354	S(0.1057,7,2.402)= -8.190
1.5	0.0001	500	S(0.0013,10,3.908)= -498.347	S(0.0015,10,3.870)= -498.336
1.5	0.001	500	S(0.0035,7,3.303)= -495.397	S(0.0047,9,3.221)= -495.213
1.5	0.01	500	S(0.0082,4,2.590)= -487.821	S(0.0149,7,2.402)= -486.428
2.0	0.0001	10	S(0.0073,6,4.042)= -9.821	S(0.0079,6,4.016)= -9.820
2.0	0.001	10	S(0.0186,4,3.429)= -9.500	S(0.0251,5,3.395)= -9.491
2.0	0.01	10	S(0.0550,3,2.797)= -8.682	S(0.0793,4,2.631)= -8.599
2.0	0.0001	500	S(0.0010,6,4.043)= -498.727	S(0.0011,6,4.016)= -498.722
2.0	0.001	500	S(0.0026,4,3.434)= -496.420	S(0.0035,5,3.395)= -496.342
2.0	0.01	500	S(0.0073,3,2.812)= -490.356	S(0.0112,4,2.631)= -489.626

Tabelle 3: Zum Vergleich von Näherungslösung und exakter Lösung bei kostenoptimalen $\bar{X}$-Karten.

Aus obiger Tabelle ergibt sich, daß die Güte der Näherungslösung im wesentlichen nur von den beiden Parametern δ und a abhängt. Je größer der Parameter δ und je kleiner der Parameter a ist, desto besser ist im allgemeinen die Näherungslösung. Sie ließe sich noch geringfügig verbessern, indem man lediglich den Stichprobenumfang n' und die Testschranke c der

Näherungslösung verwendet und mit Hilfe dieser beiden Größen aufgrund von Satz 3.3.2 den günstigsten Kontrollabstand berechnet.

Wegen (6.1.13) läßt sich die Näherungslösung nur dann berechnen, wenn $\delta^2 > 4\pi a$ gilt. Diese Bedingung kann für kleine Werte von δ beziehungsweise große Werte von a verletzt sein; bei solchen Parameterpaaren ist jedoch der Prüfplan $\left(\frac{1+\sqrt{1+b_0}}{\lambda b_0}, 0, 1\right)$ der Strategie 2 in der Regel nicht wesentlich kostenungünstiger als der kostengünstigste Prüfplan der Strategie 1.

6.2 Näherungsweise kostenoptimale np-Karten

Wie im vorigen Abschnitt betrachten wir lediglich Prüfpläne der Strategie 1. Zu gegebenen Größen p_I, p_{II}, $a > 0$ und $b := b_1 > 0$ mit $0 < p_I < p_{II} < 1$ soll also eine Minimalstelle der Funktion

$$S(y,n,c) = -\frac{(by-\alpha)(1-\beta)}{y(y+1-\beta)} + \frac{an}{y}$$

näherungsweise bestimmt werden. Dabei ist $\alpha = 1-L_{n,c}(p_I)$, $\beta = L_{n,c}(p_{II})$, $L_{n,c}(p) = \sum_{m=0}^{c} \binom{n}{m} p^m (1-p)^{n-m}$, $y \in \mathbb{R}^+$ und $n, c \in \mathbb{Z}$ mit $n \geq 1$ und $0 \leq c < n$.

Zunächst approximieren wir α und β mit Hilfe der Normalverteilung:

$$\alpha \approx \Phi(z_1),$$

$$\beta \approx \Phi(-z_2).$$

Dabei ist $\Phi(x) = \int_{-\infty}^{x} \varphi(t)dt$, $\varphi(t) = \frac{1}{\sqrt{2\pi}} e^{-t^2/2}$,

$$z_1 = \frac{-c-0.5+np_I}{\sqrt{np_I(1-p_I)}} \text{ und } z_2 = \frac{-c-0.5+np_{II}}{\sqrt{np_{II}(1-p_{II})}} .$$

Wir minimieren also nicht die Funktion S(y,n,c), sondern die

Funktion

$$S'(y,n,c) = -\frac{(by-\Phi(z_1))\Phi(z_2)}{y(y+\Phi(z_2))} + \frac{an}{y}. \qquad (6.2.1)$$

Bei der Herleitung der Näherungsformeln behandeln wir n und c wie reelle Variable. Als partielle Ableitungen von S' nach y, n bzw. c erhalten wir:

$$\frac{\partial S'}{\partial y} = \Phi(z_2)\frac{by^2-\Phi(z_1)(2y+\Phi(z_2))}{y^2(y+\Phi(z_2))^2} - \frac{an}{y^2}, \qquad (6.2.2)$$

$$\left.\begin{aligned}\frac{\partial S'}{\partial n} = &-\frac{(by-\Phi(z_1))y\varphi(z_2)\dfrac{c+0.5+np_{II}}{2n\sqrt{np_{II}(1-p_{II})}}}{y(y+\Phi(z_2))^2} + \\ &+\frac{\varphi(z_1)\Phi(z_2)(y+\Phi(z_2))\dfrac{c+0.5+np_I}{2n\sqrt{np_I(1-p_I)}}}{y(y+\Phi(z_2))^2} + \frac{a}{y}\end{aligned}\right\}, \qquad (6.2.3)$$

$$\frac{\partial S'}{\partial c} = \frac{\dfrac{(by-\Phi(z_1))y\varphi(z_2)}{\sqrt{np_{II}(1-p_{II})}} - \dfrac{\varphi(z_1)\Phi(z_2)(y+\Phi(z_2))}{\sqrt{np_I(1-p_I)}}}{y(y+\Phi(z_2))^2}. \qquad (6.2.4)$$

Vernachlässigt man α und β, d.h. setzt man $\Phi(z_1)\approx 0$ und $\Phi(z_2)\approx 1$, und setzt man die drei partiellen Ableitungen gleich null, so ergibt sich:

$$by^2 - an(y+1)^2 \approx 0, \qquad (6.2.5)$$

$$by^2\varphi(z_2)\frac{c+0.5+np_{II}}{2n\sqrt{np_{II}(1-p_{II})}} - (y+1)\varphi(z_1)\frac{c+0.5+np_I}{2n\sqrt{np_I(1-p_I)}} - a(y+1)^2 \approx 0, \qquad (6.2.6)$$

$$\frac{by^2\varphi(z_2)}{\sqrt{np_{II}(1-p_{II})}} - \frac{(y+1)\varphi(z_1)}{\sqrt{np_I(1-p_I)}} \approx 0. \qquad (6.2.7)$$

Wie in Abschnitt 6.1 folgt aus (6.2.5) näherungsweise

$$y \approx \sqrt{\frac{an}{b}}\,(\sqrt{an} + 1) \qquad (6.2.8)$$

und

$$y \approx \sqrt{\frac{an}{b}}\,. \qquad (6.2.9)$$

Wiederum wie in Abschnitt 6.1 ersetzen wir in (6.2.6) und (6.2.7) y+1 durch 1. (6.2.9) in (6.2.6) und (6.2.7) eingesetzt, ergibt:

$$an\varphi(z_2)\frac{c+0.5+np_{II}}{\sqrt{p_{II}(1-p_{II})}} - \varphi(z_1)\frac{c+0.5+np_I}{\sqrt{p_I(1-p_I)}} - 2an\sqrt{n} \approx 0, \qquad (6.2.10)$$

$$\frac{an\varphi(z_2)}{\sqrt{p_{II}(1-p_{II})}} - \frac{\varphi(z_1)}{\sqrt{p_I(1-p_I)}} \approx 0. \qquad (6.2.11)$$

Setzt man (6.2.11) in (6.2.10) ein, so erhält man

$$\frac{\varphi(z_1)}{\sqrt{p_I(1-p_I)}}(c+0.5+np_{II}) - \frac{\varphi(z_1)}{\sqrt{p_I(1-p_I)}}(c+0.5+np_I) - 2\,an\sqrt{n} \approx 0,$$

$$\frac{\varphi(z_1)}{\sqrt{p_I(1-p_I)}}\;n(p_{II}-p_I) - 2an\sqrt{n} \approx 0$$

und daher

$$\sqrt{n} \approx \frac{(p_{II}-p_I)\varphi(z_1)}{2a\sqrt{p_I(1-p_I)}}\,. \qquad (6.2.12)$$

Setzt man (6.2.12) in (6.2.11) ein, so ergibt sich

$$\frac{a\varphi(z_2)}{\sqrt{p_{II}(1-p_{II})}} \cdot \frac{(p_{II}-p_I)^2\varphi^2(z_1)}{4a^2\;p_I(1-p_I)} - \frac{\varphi(z_1)}{\sqrt{p_I(1-p_I)}} \approx 0.$$

Damit ist

$$\varphi(z_1)\varphi(z_2)(p_{II}-p_I)^2 - 4a\,\sqrt{p_I(1-p_I)}\,\sqrt{p_{II}(1-p_{II})} \approx 0. \qquad (6.2.13)$$

Obwohl wir in der bisherigen Herleitung den Term $\Phi(-z_2)$, also die Näherung für die Wahrscheinlichkeit des Fehlers zweiter Art, vernachlässigt haben, nehmen wir nun an, daß z_2 nicht allzu weit von null entfernt ist, daß also $\varphi(z_2) \approx 1/\sqrt{2\pi}$ gilt. Damit erhalten wir

$$\varphi(z_1) \approx \frac{4\sqrt{2\pi}\, a\sqrt{p_I(1-p_I)}\,\sqrt{(p_{II}(1-p_{II})}}{(p_{II}-p_I)^2} \,. \tag{6.2.14}$$

Setzt man (6.2.12) und (6.2.14) in (6.2.9) ein, so folgt

$$y \approx \sqrt{a/b}\cdot \frac{2\sqrt{2\pi}\,\sqrt{p_{II}(1-p_{II})}}{p_{II}-p_I} \,. \tag{6.2.15}$$

Wie in Abschnitt 6.1 betrachten wir (6.2.8) als eine quadratische Gleichung in $\sqrt{n}$ und erhalten

$$\sqrt{n} \approx \frac{\sqrt{1+4\sqrt{b}\,y}-1}{2\sqrt{a}}$$

und mit (6.2.15)

$$n \approx \frac{\left(\sqrt{1+\dfrac{8\sqrt{2\pi a}\,\sqrt{p_{II}(1-p_{II})}}{p_{II}-p_I}}-1\right)^2}{4a} \,. \tag{6.2.16}$$

Mit Hilfe von (6.2.14) erhalten wir

$$\frac{c+0.5-np_I}{\sqrt{np_I(1-p_I)}} \approx \sqrt{2\ln \frac{(p_{II}-p_I)^2}{8\pi a\sqrt{p_I(1-p_I)}\,\sqrt{p_{II}(1-p_{II})}}} \tag{6.2.17}$$

und damit

$$c \approx \sqrt{np_I(1-p_I)}\cdot \sqrt{2\ln \frac{(p_{II}-p_I)^2}{8\pi a\sqrt{p_I(1-p_I)}\sqrt{p_{II}(1-p_{II})}}} + np_I - 0.5. \tag{6.2.18}$$

Auf der rechten Seite von (6.2.17) wählen wir die positive Wurzel, da es plausibel erscheint, daß $c+0.5$, also im wesentlichen die Annahmezahl, größer ist als np_I.

Fassen wir das erhaltene Resultat zusammen: Sei

$$y = \sqrt{a/b} \cdot \frac{2\sqrt{2\pi}\sqrt{p_{II}(1-p_{II})}}{p_{II}-p_I},$$

n die zu

$$\bar{n} = \frac{\left(\sqrt{1+\frac{8\sqrt{2\pi a}\sqrt{p_{II}(1-p_{II})}}{p_{II}-p_I}}-1\right)^2}{4a}$$

nächstgelegene natürliche Zahl und c die zu

$$\bar{c} = \sqrt{np_I(1-p_I)}\sqrt{2\ln\frac{(p_{II}-p_I)^2}{8\pi a\sqrt{p_I(1-p_I)}\sqrt{p_{II}(1-p_{II})}}} + np_I - 0.5$$

nächstgelegene ganze Zahl ≥ 0, dann ist $(y/\lambda, n, c)$ eine näherungsweise kostenoptimale np-Karte.

Wie bei den Näherungsformeln des Abschnittes 6.1 folgt auch hier, daß lediglich der Kontrollabstand y/λ einer näherungsweise kostenoptimalen np-Karte von dem Parameter b abhängt. Anhang B oder nachfolgender Tabelle kann man entnehmen, daß auch die exakte Lösung im wesentlichen diese Eigenschaft besitzt.

In Tabelle 4 wird die Näherungslösung mit der exakten Lösung verglichen.

p_I	p_{II}	a	b	exakte Lösung	Näherungslösung
0.1	0.7	0.0001	10	S(0.0085,9,5)= -9.772	S(0.0121,14,5)= -9.644
0.1	0.7	0.001	10	S(0.0240,6,3)= -9.386	S(0.0383,12,4)= -9.206
0.1	0.7	0.01	10	S(0.0415,2,1)= -8.515	S(0.1211,9,2)= -7.782
0.1	0.7	0.0001	500	S(0.0012,9,5)= -498.376	S(0.0017,14,5)= -497.461
0.1	0.7	0.001	500	S(0.0033,6,3)= -495.592	S(0.0054,12,4)= -494.270
0.1	0.7	0.01	500	S(0.0055,2,1)= -489.016	S(0.0171,9,2)= -483.250
0.2	0.8	0.0001	10	S(0.0101,12,8)= -9.750	S(0.0106,10,6)= -9.706
0.2	0.8	0.001	10	S(0.0231,6,4)= -9.333	S(0.0334,9,5)= -9.290
0.2	0.8	0.01	10	S(0.0482,3,2)= -8.366	S(0.1057,7,3)= -8.068
0.2	0.8	0.0001	500	S(0.0014,12,8)= -498.219	S(0.0015,10,6)= -497.905
0.2	0.8	0.001	500	S(0.0039,8,5)= -495.200	S(0.0047,9,5)= -494.879
0.2	0.8	0.01	500	S(0.0063,3,2)= -487.906	S(0.0149,7,3)= -485.506
0.3	0.9	0.0001	10	S(0.0093,10,8)= -9.753	S(0.0079,6,5)= -9.687
0.3	0.9	0.001	10	S(0.0284,8,6)= -9.337	S(0.0251,5,4)= -9.300
0.3	0.9	0.01	10	S(0.0614,4,3)= -8.372	S(0.0793,4,3)= -8.326
0.3	0.9	0.0001	500	S(0.0013,10,8)= -498.239	S(0.0011,6,5)= -497.763
0.3	0.9	0.001	500	S(0.0039,8,6)= -495.233	S(0.0035,5,4)= -494.924
0.3	0.9	0.01	500	S(0.0080,4,3)= -487.977	S(0.0112,4,3)= -487.322

Tabelle 4: Zum Vergleich von Näherungslösung und exakter Lösung bei kostenoptimalen np-Karten

Es ergibt sich aus Tabelle 4, daß die Güte der Näherungslösung im wesentlichen von b unabhängig ist. Auch eine Abhängigkeit von a ist nicht klar ersichtlich.
Bei den Beispielen der obigen Tabelle wurden p_I und p_{II} so gewählt, daß p_I nicht zu klein und die Differenz $p_{II}-p_I$ groß ist. Obwohl auch für kleinere Werte von p_I und kleinere Abstände $p_{II}-p_I$ die strukturelle Aussage gilt, daß der Stichprobenumfang n und die Annahmezahl c einer kostenoptimalen np-Karte im wesentlichen von b unabhängig sind, ist die Näherungslösung für kleine Werte von p_I oder kleine Werte von $p_{II}-p_I$ relativ weit von der exakten Lösung entfernt.
Insgesamt läßt sich sagen, daß die in diesem Abschnitt hergeleitete Näherungslösung schlechtere Ergebnisse liefert als

die Näherungslösung des Abschnittes 6.1. Dies ist nicht verwunderlich, da die in diesem Abschnitt behandelte Problemstellung im Vergleich zu der im vorigen Abschnitt untersuchten von diskreterer Natur ist. Ferner wurde die Binomialverteilung durch die Normalverteilung approximiert.
Auch obige Näherungslösung ließe sich geringfügig verbessern, indem man lediglich den Stichprobenumfang n und die Annahmezahl c mit Hilfe der Näherungsformeln berechnet und dazu aufgrund von Satz 3.3.2 den günstigsten Kontrollabstand bestimmt.
Wegen (6.2.18) läßt sich die Näherungslösung nur dann berechnen, wenn $(p_{II}-p_I)^2 > 8 * a\sqrt{p_I(1-p_I)}\sqrt{p_{II}(1-p_{II})}$ gilt. Falls diese Bedingung verletzt ist, so weist dies darauf hin, daß der Prüfplan $\left(\frac{1+\sqrt{1+b_0}}{\lambda b_0}, 0, 1\right)$ der Strategie 2 nicht wesentlich kostenungünstiger ist als der kostengünstigste Prüfplan der Strategie 1.

7. Verallgemeinerung des Modells

Bisher wurde bei den zulässigen Prüfplänen der Strategie 1 stets vorausgesetzt, daß man bei der Entscheidung über eine Durchsicht lediglich die aktuell gezogene unabhängige Zufallsstichprobe verwendet. Auf diese Einschränkung wird nun verzichtet; es werden also auch kompliziertere Verfahren wie z.B. CUSUM-Prozeduren zur Konkurrenz zugelassen.
Es wird eine Formel hergeleitet, wie zu gegebenem Entscheidungsverfahren der Kontrollabstand möglichst kostengünstig zu wählen ist. Ferner wird die Frage untersucht, welche Verbesserung sich bei der Ersetzung eines einfachen Verfahrens durch ein komplizierteres bestenfalls ergeben kann.
Für den Fall, daß die Lebensdauer des Zustandes I exponentialverteilt ist, sei auf A. & v. Collani (1985) und auf v. Collani (1985b) verwiesen; in A. (1985d) werden Näherungsformeln für die Parameter einer kostenoptimalen Shewhart-Karte mit Warngrenzen angegeben.
Die Darstellung und die Bezeichnungen dieses Kapitels wurden soweit wie möglich in Anlehnung an die Kapitel 2 und 3 gewählt.

7.1 Verlustfunktionen

Wie in Abschnitt 2.1 nehmen wir an, daß die Anzahl der produzierten Stücke pro Zeiteinheit konstant gleich $\nu > 0$ ist.

Zu Beginn sei der Produktionsprozeß im Zustand I, in dem Stücke mit der gewünschten Qualität produziert werden beziehungsweise in dem mit geringem Ausschußanteil produziert wird. Von der Zeit τ_I, während der der Prozeß im Zustand I produziert, sei lediglich der Erwartungswert bekannt; es gelte $E[\tau_I] = 1/\lambda$ mit $\lambda>0$. Danach ist der Prozeß im Zustand II, dem Zustand, in dem Stücke mit geringer Qualität produziert werden beziehungsweise in dem mit großem Ausschußanteil produziert wird.
Die Zeit τ_{II}, während der der Prozeß im Zustand II produziert,

dauert bis zu einer eventuellen Reparatur des Produktionsapparates an, nach der der Prozeß wieder im Zustand I beginnt.

Die Zustände I und II sollen zunächst nicht näher spezifiziert werden; es kann sich also sowohl um die laufende Kontrolle eines qualitativen Merkmals als auch um die laufende Kontrolle eines quantitativen Merkmals handeln.

Die möglichen Kontrollverfahren werden beschrieben durch Prüfpläne der Gestalt (T,n,E), wobei T mit $0 < T \leq \infty$ der zeitliche Kontrollabstand, $n \geq 0$ der Stichprobenumfang und $E \in \mathcal{E}$ die Entscheidungsregel ist. Dabei sei $\mathcal{E} \neq \emptyset$ die Menge der zur Konkurrenz zugelassenen Entscheidungsregeln.

<u>Strategie 1:</u> $0 < T < \infty$ und $n \geq 1$.

Bei dieser Strategie beschreibt (T,n,E) folgendes Kontrollverfahren: Zum Zeitpunkt $i \cdot T$ $(i=1,2,\ldots)$ wird mit Hilfe der Entscheidungsregel E aufgrund der Ergebnisse aller Stichproben bis zu diesem Zeitpunkt darüber entschieden, ob der Produktionsapparat durchgesehen oder ob ohne Durchsicht weiterproduziert wird. Die Entscheidungsregel E läßt sich also als Entscheidungsfunktion auffassen, definiert für alle

$$\xi_i = [(x_{11},\ldots,x_{1n}),\ldots,(x_{k1},\ldots,x_{kn}),\ldots,(x_{i1},\ldots,x_{in})],$$

wobei mit $(x_{k1},\ldots,x_{kn})$ das Stichprobenergebnis zum Zeitpunkt $k \cdot T$ $(1 \leq k \leq i)$ bezeichnet wird. Bei einer Durchsicht sei feststellbar, ob sich der Prozeß in Zustand I oder in Zustand II befindet. Befindet er sich in Zustand I, so wird der Produktionsprozeß fortgesetzt, andernfalls wird der Produktionsapparat repariert.

Die Beschreibungen der Strategien 2 und 3 sowie die Definition 2.1.1 können wortgleich aus Abschnitt 2.1 übernommen werden. Ferner sollen die Größen g_I, g_{II}, t_s, t_s', t_r, c_s, c_s', c_r, c_1, c_2, c_i und d_n dieselbe Bedeutung haben und denselben Bedingungen genügen wie in Abschnitt 2.1. Gleichfalls nehmen wir an, daß die Zeit, die für die Erhebung und Auswertung einer Stichprobe benötigt wird, vernachlässigbar klein ist.

Als Optimalitätskriterium verwenden wir wiederum den durchschnittlichen Verlust V pro produziertem Stück auf lange Sicht.

Bei Verwendung des Prüfplanes $(\infty,0,-)$ der Strategie 3 ergibt sich

$$V(\infty,0,-) = -g_{II}. \tag{7.1.1}$$

Die zufälligen Variablen A_I, A_{II}, A_s, V_g und N sollen ebenfalls dieselbe Bedeutung wie in Abschnitt 2.1 haben.

Damit erhält man bei Verwendung des zulässigen Prüfplanes (T,n,E) den Gesamtverlust

$$\left.\begin{aligned} V_g = {} & -g_I\tau_I\nu - g_{II}\tau_{II}\nu + A_s(c_s+g_It_s\nu) + c_s' + c_r + \\ & +g_{II}(t_s'+t_r)\nu + d_n(\tau_I+\tau_{II}+A_st_s+t_s'+t_r)+(A_I+A_{II})c_in \end{aligned}\right\} \tag{7.1.2}$$

und

$$N = (\tau_I+\tau_{II})\nu. \tag{7.1.3}$$

Wiederum werden in der Formel für den Gesamtverlust auch die Kosten eines Produktionsausfalls bei einer Durchsicht beziehungsweise bei einer Reparatur berücksichtigt.

Der durchschnittliche Verlust $V_F(T,n,E)$ pro produziertem Stück auf lange Sicht bei Verwendung des Prüfplanes (T,n,E) hängt bei den Strategien 1 und 2 von der speziellen Gestalt der Verteilungsfunktion F von τ_I ab; dabei ist F ein Element der Menge $\mathcal{F}(\lambda)$ aller Verteilungsfunktionen mit $F(x) = 0$ für alle $x < 0$ und mit dem als bekannt vorausgesetzten Erwartungswert $1/\lambda$ $(\lambda > 0)$.

Um die Erwartungswerte von V_g und N zu berechnen, führen wir bei festem Stichprobenumfang n die mittlere Laufzeit einer Entscheidungsregel E ein; sie gibt die mittlere Anzahl K der Stichproben an, die bis zu einer Durchsicht des Produktionsapparates erhoben werden. Dabei werden zwei Fälle unterschieden, nämlich die mittlere Laufzeit A(E,I) bei Vorliegen des Zustandes I und die mittlere Laufzeit A(E,II) bei Vorliegen des

Zustandes II:

$$A(E,I) = \sum_{i=1}^{\infty} iW(K=i|\text{Zustand I}), \qquad (7.1.4)$$

$$A(E,II) = \sum_{i=1}^{\infty} iW(K=i|\text{Zustand II}). \qquad (7.1.5)$$

Um den durchschnittlichen Verlust $V_F(T,n,E)$ pro produziertem Stück auf lange Sicht bei vorgegebenem Prüfplan (T,n,E) und bei vorgegebener Verteilungsfunktion $F\in\mathcal{F}(\lambda)$ berechnen zu können, benötigen wir neben dem Erwartungswert von A_I auch die Erwartungswerte von A_{II} und A_s. Wir ersetzen im folgenden

$E_F[A_{II}]$ und $E_F[A_s]$

durch die vermutlich fast gleichen Werte

$A(E,II)$ beziehungsweise $E_F[A_I]/A(E,I)$.

Falls die Entscheidungsregel E lediglich die aktuell gezogene Stichprobe verwendet, $\alpha > 0$ und $\beta < 1$ die Wahrscheinlichkeiten für die Fehler erster beziehungsweise zweiter Art sind, so ist exakt: $E_F[A_{II}] = 1/(1-\beta) = A(E,II)$; ferner gilt mit Teil (ii) des Beweises von Satz 2.2.1 wegen $A(E,I) = 1/\alpha$ die Beziehung $E_F[A_s] = \alpha E_F[A_I] = E_F[A_I]/A(E,I)$.

Obige Setzungen erscheinen auch dann als sinnvoll, wenn die Entscheidungsregel E von allgemeinerer Natur ist; für den Fall der CUSUM-Karten werden sie in Taylor (1968) diskutiert.

Wegen obiger Setzungen, (7.1.2), (7.1.3), $E[\tau_I] = 1/\lambda$ und $\tau_I + \tau_{II} = (A_I+A_{II})T$ gelten die Beziehungen

$$E_F[V_g] = -(\bar{b}_n - \frac{E_F[A_I]}{A(E,I)} e_n) + (-g_{II}+d_n/\nu + c_i n/(T\nu))E_F[N] \qquad (7.1.6)$$

und

$$E_F[N] = (E_F[A_I] + A(E,II))T\nu \qquad (7.1.7)$$

zumindest in guter Näherung.

Dabei ist

$$\bar{b}_n = (g_I - g_{II})\nu/\lambda - (c_s' + c_r) - g_{II}(t_s' + t_r)\nu - d_n(t_s' + t_r)$$

und

$$e_n = c_s + t_s(g_I\nu + d_n) > 0.$$

Die anschauliche Bedeutung der beiden Größen $\bar{b}_n$ und e_n wurde bereits in Bemerkung 2.2.1 erläutert.

Für die Strategien 1 und 2 definieren wir den durchschnittlichen Verlust pro produziertem Stück auf lange Sicht als den Quotienten der rechten Seiten von (7.1.6) und (7.1.7):

$$V_F(T,n,E) = -\frac{\bar{b}_n - \frac{E_F[A_I]}{A(E,I)} e_n}{(E_F[A_I] + A(E,II))T\nu} - g_{II} + d_n/\nu + c_i n/(T\nu). \qquad (7.1.8)$$

Um einen Prüfplan (T,n,E) ohne Kenntnis der zugrundeliegenden Verteilungsfunktion $F \in \mathcal{F}(\lambda)$ in wirtschaftlicher Hinsicht bewerten zu können, definieren wir wie in Abschnitt 2.2 die Größe V(T,n,E) zu

$$V(T,n,E) = \left\{ \begin{array}{ll} \sup\limits_{F \in \mathcal{F}(\lambda)} V_F(T,n,E) & \text{für } 0 < T < \infty \\ -g_{II} & \text{für } T = \infty \end{array} \right\}. \qquad (7.1.9)$$

Das Minimax-Prinzip führt nun zu folgenden Definitionen der Begriffe "kostengünstiger" und "kostenoptimal".

<u>Definition 7.1.1</u>

Der zulässige Prüfplan (T_1,n_1,E_1) heißt kostengünstiger als der zulässige Prüfplan (T_2,n_2,E_2), falls
$V(T_1,n_1,E_1) < V(T_2,n_2,E_2)$
gilt.

<u>Definition 7.1.2</u>

Der zulässige Prüfplan (T^*,n^*,E^*) heißt kostenoptimal bezüglich $\mathcal{C}$ oder kurz kostenoptimal, falls für jeden

zulässigen Prüfplan (T,n,E) gilt:
$V(T^*,n^*,E^*) \leq V(T,n,E)$.

In Analogie zu Satz 2.2.1 gilt folgender Satz.

Satz. 7.1.1

$\lambda > 0$ sei eine gegebene reelle Zahl, (T,n,E) sei ein gegebener zulässiger Prüfplan der Strategie 1 oder 2 und $F' \in \mathfrak{F}(\lambda)$ sei die Verteilungsfunktion einer diskreten Verteilung mit Sprungstellen höchstens bei kT, wobei $k \geq 0$ ganzzahlig ist.

a) Es gilt

$$V_{F'}(T,n,E) = -\frac{\bar{b}_n - \frac{e_n}{\lambda TA(E,I)}}{(\frac{1}{\lambda T} + A(E,II))T\nu} - g_{II} + d_n/\nu + c_i n/(T\nu). \qquad (7.1.10)$$

b) Falls $V_{F'}(T,n,E) < -g_{II}$ ist, so folgt
$V(T,n,E) = V_{F'}(T,n,E)$.

Beweis:

zu a): Sei F' die Verteilungsfunktion von τ_I. Dann gilt $\tau_I = TA_I$ und damit ist $E_{F'}[A_I] = 1/(\lambda T)$. Wegen (7.1.8) folgt nun die Behauptung.

zu b): Aus $V_{F'}(T,n,E) < -g_{II}$ folgt $\bar{b}_n - \frac{e_n}{\lambda TA(E,I)} > 0$. Es ist $\tau_I \geq TA_I$ und damit $E_F[A_I] \leq 1/(\lambda T)$ für jede Verteilungsfunktion $F \in \mathfrak{F}(\lambda)$. Wegen $e_n > 0$ gilt daher

$$0 < \bar{b}_n - \frac{e_n}{\lambda TA(E,I)} \leq \bar{b}_n - \frac{E_F[A_I]e_n}{A(E,I)}$$

und

$$\frac{\bar{b}_n - \frac{e_n}{\lambda TA(E,I)}}{(\frac{1}{\lambda T} + A(E,II))T\nu} \leq \frac{\bar{b}_n - \frac{E_F[A_I]e_n}{A(E,I)}}{(E_F[A_I] + A(E,II))T\nu}.$$

Mit Teil a) des Satzes und (7.1.8) folgt daraus die Ungleichung $V_{F'}(T,n,E) \geq V_F(T,n,E)$ für alle $F \in \mathfrak{F}(\lambda)$, womit auch Teil b) von Satz 7.1.1 bewiesen ist.

Setzen wir wie in Abschnitt 2.2 $y = \lambda T$, $b_n = \bar{b}_n/e_n$ und $a = c_i/e_n > 0$, so erhält man wegen (7.1.10) mit der Bezeichnung des obigen Satzes

$$V_{F'}(T,n,E) = -g_{II} + d_n/\nu + S(y,n,E)e_n\lambda/\nu, \qquad (7.1.11)$$

wobei wir

$$S(y,n,E) = -\frac{b_n y - \frac{1}{A(E,I)}}{y(A(E,II)y+1)} + \frac{an}{y} \qquad (7.1.12)$$

als den standardisierten Verlust bezeichnen.

Falls $V_{F'}(T,n,E) < -g_{II}$ gilt (nur dieser Fall ist interessant, da andernfalls der Prüfplan (∞,0,-) der Strategie 3 nicht kostenungünstiger als der Prüfplan (T,n,E) ist), so folgt wegen Satz 7.1.1 aus (7.1.11) die Beziehung

$$V(T,n,E) = -g_{II} + d_n/\nu + S(y,n,E)e_n\lambda/\nu; \qquad (7.1.13)$$

da die Größen d_n, e_n und b_n nur von der Strategie abhängen, kann man Prüfpläne derselben Strategie mit Hilfe des standardisierten Verlustes miteinander vergleichen.

Bemerkung 7.1.1

Wie sich aus A. & v. Collani (1985) ergibt, erhält man - verwendet man statt des Minimax-Prinzips die Voraussetzung, daß τ_I exponentialverteilt ist - als standardisierte Verlustfunktion:

$$S(y,n,E) = -\frac{b_n(e^y-1) - \frac{1}{A(E,I)}}{y(A(E,II)(e^y-1)+1)} + \frac{an}{y}. \qquad (7.1.14)$$

Wiederum erhält man (7.1.12) aus (7.1.14) formal dadurch, daß man e^y durch 1+y ersetzt.

7.2 Berechnung des günstigsten Kontrollabstandes in Abhängigkeit vom Stichprobenumfang und der Entscheidungsregel

Satz 7.2.1

Sei (T^*,n,E) ein zu vorgegebenem Stichprobenumfang $n \geq 1$ und zu vorgegebener Entscheidungsregel E mit $1 \leq A(E,I) < \infty$ und $1 \leq A(E,II) < \infty$ kostengünstigster zulässiger Prüfplan mit $V(T^*,n,E) < -g_{II}$. Setzt man $b = b_n$, so gilt

$b - an\,A(E,II) > 0$

und

$$y^* = \frac{A(E,II)(\frac{1}{A(E,I)} + an) + \sqrt{A(E,II)(\frac{1}{A(E,I)} + an)(\frac{A(E,II)}{A(E,I)} + b)}}{A(E,II)(b - an\,A(E,II))},$$

wobei $y^* = \lambda T^*$ ist.

Beweis:

Für alle $y > 0$ gilt

$$\frac{\partial S(y,n,E)}{\partial y} = -\frac{by(A(E,II)y+1) - (by - \frac{1}{A(E,I)})(2A(E,II)y+1)}{y^2(A(E,II)y+1)^2} - \frac{an}{y^2} =$$

$$= \frac{A(E,II)(b - anA(E,II))y^2 - 2A(E,II)(\frac{1}{A(E,I)} + an)y - (\frac{1}{A(E,I)} + an)}{y^2(A(E,II)y+1)^2}.$$

Sei nun $b - an\,A(E,II) \leq 0$. Dann ist die Funktion $S(y,n,E)$ in Abhängigkeit von y streng monoton fallend. Wegen $\lim_{y \to \infty} S(y,n,E) = 0$ gilt daher mit $y^* = \lambda T^*$ die Beziehung $S(y^*,n,E) > 0$. Aus (7.1.9) und (7.1.11) folgt nun im Widerspruch zur Voraussetzung des Satzes die Beziehung $V(T^*,n,E) > -g_{II}$. Es gilt also $b - an\,A(E,II) > 0$.

Aus $\frac{\partial S(y,n,E)}{\partial y} = 0$ und $y > 0$ folgt

$$y = \frac{A(E,II)(\frac{1}{A(E,I)} + an) + \sqrt{A(E,II)(\frac{1}{A(E,I)} + an)(\frac{A(E,II)}{A(E,I)} + b)}}{A(E,II)(b - anA(E,II))}.$$

Aus dem Vorzeichenverhalten von $\frac{\partial S(y,n,E)}{\partial y}$ an ihrer Nullstelle folgt, daß an dieser Stelle (in Abhängigkeit von y) ein relatives Minimum der Funktion S(y,n,E) vorliegt, welches zugleich auch das absolute Minimum dieser Funktion ist. Damit ist der Satz bewiesen.

Die Bedeutung des obigen Satzes besteht darin, daß er es ermöglicht, zu allen überhaupt interessierenden Stichprobenumfängen und Entscheidungsregeln den günstigsten Kontrollabstand (sogar explizit) anzugeben.

7.3 Eine untere Schranke für den standardisierten Verlust bei vorgegebenem Stichprobenumfang

Satz 7.3.1

Sei (T,n,E) ein zulässiger Prüfplan mit $n \geq 1$, $1 \leq A(E,I) < \infty$, $1 \leq A(E,II) < \infty$ und $V(T,n,E) < -g_{II}$. Dann gilt mit $y = \lambda T$ und der Setzung $b = b_n$ die Beziehung

$$S(y,n,E) > -(\sqrt{b} - \sqrt{an})^2.$$

Beweis:

Es gilt

$$S(y,n,E) = -\frac{by - \frac{1}{A(E,I)}}{y(A(E,II)y+1)} + \frac{an}{y} > -\frac{b}{A(E,II)y+1} + \frac{an}{y}.$$

Aus $V(T,n,E) < -g_{II}$ folgt wegen (7.1.13) die Ungleichung $S(y,n,E) < 0$ und daher $b > 0$. Also ist

$$S(y,n,E) > -\frac{b}{y+1} + \frac{an}{y} > -\frac{b-an}{y+1}.$$

Wegen $S(y,n,E) < 0$ folgt $b - an > 0$.

Sei $H(y) = -\frac{b}{y+1} + \frac{an}{y}$ für alle $y > 0$. Eine einfache Rechnung ergibt, daß die Funktion H an der Stelle $\bar{y} = \frac{an+\sqrt{ban}}{b-an}$ minimal wird; es gilt $H(\bar{y}) = -(\sqrt{b} - \sqrt{an})^2$.

Damit ist der Satz bewiesen.

In A. & v. Collani (1985) wird eine Möglichkeit angegeben, wie man in dem dort behandelten Modell eine kostenoptimale $\bar{X}$-Karte durch einen komplizierteren Prüfplan zum gleichen Stichprobenumfang verbessern kann; falls man zur Verbesserung CUSUM-Karten heranzieht, so wird dabei von einem Verfahren Gebrauch gemacht, welches in Bauer & Hackl (1984) beschrieben ist.
In A. & v.Collani (1985) wird ferner die Frage diskutiert, welche Verkleinerung des standardisierten Verlustes sich dabei bestenfalls ergeben kann; es ergibt sich, daß diese Verkleinerung im Normalfall, in dem der Verschiebungsparameter δ nicht wesentlich kleiner ist als 0.5, die beiden Zustände I und II also nicht "zu nahe beieinander liegen", und der Stichprobenumfang nicht von vorneherein gewissen einschränkenden Bedingungen unterliegt, so gering ausfällt - sofern sie überhaupt vorhanden ist -, daß die Ersetzung von kostenoptimalen $\bar{X}$-Karten durch kompliziertere Prüfpläne nicht empfehlenswert erscheint.
Mit Hilfe von Satz 7.3.1 ist es möglich, diese Frage für das in der vorliegenden Arbeit untersuchte Modell auf analoge Weise zu beantworten; aus den nachfolgenden Tabellen 5 und 6 ergibt sich nämlich, daß die untere Schranke $-(\sqrt{b}-\sqrt{an})^2$ für den standardisierten Verlust von den kostenoptimalen $\bar{X}$- beziehungsweise np-Karten nahezu schon erreicht wird.

δ	a	b	standardisierter Verlust S der kostenoptimalen zweiseitigen $\bar{X}$-Karte	$-(\sqrt{b}-\sqrt{an})^2$
0.5	0.0001	10	-9.388	-9.508
0.5	0.01	10	-6.512	-7.774
0.5	0.0001	500	-495.605	-496.457
0.5	0.01	500	-472.234	-482.829
1.0	0.0001	10	-9.666	-9.726
1.0	0.01	10	-7.774	-8.397
1.0	0.0001	500	-497.620	-498.053
1.0	0.01	500	-483.209	-488.238
1.5	0.0001	10	-9.767	-9.801
1.5	0.01	10	-8.354	-8.775
1.5	0.0001	500	-498.347	-498.587
1.5	0.01	500	-487.821	-491.096
2.0	0.0001	10	-9.821	-9.846
2.0	0.01	10	-8.682	-8.935
2.0	0.0001	500	-498.727	-498.905
2.0	0.01	500	-490.356	-492.284

Tabelle 5: Zum Vergleich des standardisierten Verlustes $S(\lambda T,n,c)$ von kostenoptimalen zweiseitigen $\bar{X}$-Karten mit $-(\sqrt{b}-\sqrt{an})^2$.

p_I	p_{II}	a	b	standardisierter Verlust S der kostenoptimalen np-Karte	$-(\sqrt{b}-\sqrt{an})^2$
0.01	0.08	0.0001	10	-9.339	-9.576
0.01	0.08	0.001	10	-8.397	-9.266
0.01	0.08	0.0001	500	-495.247	-496.971
0.01	0.08	0.001	500	-488.077	-494.722
0.02	0.10	0.0001	10	-9.296	-9.512
0.02	0.10	0.001	10	-8.293	-9.044
0.02	0.10	0.0001	500	-494.932	-496.513
0.02	0.10	0.001	500	-487.293	-493.241
0.05	0.20	0.0001	10	-9.433	-9.562
0.05	0.20	0.001	10	-8.577	-9.025
0.05	0.20	0.0001	500	-495.934	-496.874
0.05	0.20	0.001	500	-489.531	-493.096

Tabelle 6: Zum Vergleich des standardisierten Verlustes $S(\lambda T,n,c)$ von kostenoptimalen np-Karten mit $-(\sqrt{b}-\sqrt{an})^2$.

Schlußbemerkungen

In der vorliegenden Arbeit wurde ein Modell der statistischen Prozeßkontrolle vorgestellt, welches statt der Annahme einer exponentialverteilten Lebensdauer des Sollzustandes das Minimax-Prinzip verwendet. Für dieses Modell wurde gezeigt, daß solche Verfahren, welche nicht nur die aktuell gezogene Stichprobe zur Entscheidung über eine Durchsicht heranziehen, im Normalfall, in dem die beiden Zustände I und II nicht "zu nahe beieinander liegen" und der Stichprobenumfang nicht von vorneherein gewissen einschränkenden Bedingungen unterliegt, den einfach zu handhabenden kostenoptimalen $\bar{X}$- beziehungsweise np-Karten nicht wesentlich überlegen sein können. Es ist zu vermuten, daß in diesem Normalfall die mögliche Verbesserung - falls sie überhaupt vorhanden ist - noch geringer ausfällt als in dieser Arbeit gezeigt werden konnte. Allenfalls bei "sehr nahe beieinander liegenden" Zuständen I und II oder bei von vornherein eingeschränkter Wahl des Stichprobenumfanges könnten kompliziertere, die "Vergangenheit" berücksichtigende Verfahren den kostenoptimalen $\bar{X}$- beziehungsweise np-Karten überlegen sein; vermutlich ist jedoch in diesen Fällen Strategie 2 (Durchsichten ohne Stichprobenerhebungen) nahezu kostenoptimal. Eine genauere Untersuchung dieses Themenkreises steht bislang noch aus.

Ferner gilt es zu prüfen, ob die Annahmen über die Kosten und den Produktionsprozeß - insbesondere die Annahme eines klar definierten Zustandes II - in dem Sinne zulässige Vereinfachungen sind, daß die aufgrund dieser Voraussetzungen berechneten kostenoptimalen Prüfpläne auch in einem allgemeineren (noch zu konstruierenden) Modell nahezu kostenoptimal sind. Vermutlich gelten obige Bemerkungen bezüglich der einfachen und komplizierteren Verfahren auch in einem allgemeineren Modell; eine Untersuchung dieser Frage steht ebenfalls noch aus.

Literaturverzeichnis

Arnold, B.F. (1985a): Approximately Optimum $\bar{X}$ Control Charts, Mathematische Institute der Universität Würzburg, Preprint No.117.

—— (1985b): Laufende Kontrolle eines qualitativen Merkmales, Mathematische Institute der Universität Würzburg, Preprint No.122.

—— (1985c): The Sign Test in Current Control, Statistische Hefte, 26, 253-262.

—— (1985d): Shewhart-Karten mit Warngrenzen, Mathematische Institute der Universität Würzburg, Preprint No.124, erscheint in: Allgemeines Statistisches Archiv.

—— (1985e): Eine Anwendung des Minimax-Prinzips auf die laufende Kontrolle, Mathematische Institute der Universität Würzburg, Preprint No.129.

Arnold, B.F. & E.v. Collani (1985): Economic Process Control, Mathematische Institute der Universität Würzburg, Preprint No.119.

Bauer, P. & P. Hackl (1984): Optimal Continuous Sampling Procedures, Frontiers in Statistical Quality Control 2, Eds.: Lenz, H.-J., G.B. Wetherill, P.-Th. Wilrich, Physica-Verlag, Würzburg-Wien, 199-207.

Behl, M. (1981): Kostenoptimale Prüfpläne für die laufende Kontrolle eines qualitativen Merkmals, Dissertation, Würzburg.

—— (1985): Kostenoptimale Prüfpläne für die laufende Kontrolle eines qualitativen Merkmals, Metrika, 32, 219-252.

Beichelt, F. (1974): Optimale Instandhaltung, VEB Verlag Technik, Berlin.

Chiu, W.K. (1974): The Economic Design of Cusum Charts for Controlling Normal Means, Applied Statistics, 23, 420-433.

—— (1975): Economic Design of Attributive Control Charts, Technometrics, 17, 81-87.

Chiu, W.K. & K.C. Cheung (1977): An Economic Study of $\bar{X}$-Charts with Warning Limits, Journal of Quality Technology, 9, 166-171.

Chiu, W.K. & G.B. Wetherill (1974): A Simplified Scheme for the Economic Design of $\bar{X}$-Charts, Journal of Quality Technology, 6, 63-69.

v. Collani, E. (1978): Kostenoptimale Prüfpläne für die laufende Kontrolle eines normalverteilten Merkmals, Dissertation, Würzburg.

—— (1981): Kostenoptimale Prüfpläne für die laufende Kontrolle eines normalverteilten Merkmals, Metrika, 28, 211-236.

—— (1984): Optimale Wareneingangskontrolle, Teubner-Verlag, Stuttgart.

—— (1985a): A Simple Procedure to Determine the Economic Design of an $\bar{X}$ Control Chart, Mathematische Institute der Universität Würzburg, Preprint No.105, erscheint in: Journal of Quality Technology.

—— (1985b): Optimal Inspection Intervals, Mathematische Institute der Universität Würzburg, Preprint No.136.

Duncan, A.J. (1956): The Economic Design of $\bar{X}$-Charts Used to Maintain Current Control of a Process, Journal of the American Statistical Association, 51, 228-242.

— (1978): The Economic Design of p-Charts to Maintain Current Control of a Process: Some Numerical Results, Technometrics, 20, 235-243.

Gibra, I.N. (1978): Economically Optimal Determination of the Parameters of np-Control Charts, Journal of Quality Technology, 10, 12-19.

Hald, A. (1981): Statistical Theory of Sampling Inspection by Attributes, Academic Press, London.

Johnson, N.L. & S. Kotz (1970): Continuous Univariate Distributions 1, 2, Wiley, New York.

Kendall, M. & A. Stuart (1977): The Advanced Theory of Statistics, Vol.1: Distribution Theory, 4th Edition, Griffin, London.

Ladany, S.P. (1973): Optimal Use of Control Charts for Controlling Current Production, Management Science, 19, 763-772.

Liebesmann, B.S. (1981): Selection of MIL-STD-105D Plans based on Costs, ASQC Quality Congress Transactions, 475-484.

Montgomery, D.C. (1980): The Economic Design of Control Charts: A Review and Literature Survey, Journal of Quality Technology, 12, 75-87.

— (1982): Economic Design of an $\bar{X}$ Control Chart, Journal of Quality Technology, 14, 40-43.

Montgomery, D.C., R.G. Heikes & J.F. Mance (1975): Economic

Design of Fraction Defective Control Charts, Management Science, 21, 1272-1284.

Moriguti, S. (1955): Notes on Sampling Inspection Plans, Reports of Statistical Application Research = Union of Japanese Scientists and Engineers, 3, 99-121.

Pólya, G. (1945): Remarks on computing the probability integral in one and two dimensions, Proceedings of the 1st Berkeley Symposium on Mathematical Statistics and Probability, 63-78.

Taylor, H.M. (1968): The Economic Design of Cumulative Sum Control Charts, Technometrics, 10, 479-488.

Uhlmann, W. (1970): Kostenoptimale Prüfpläne, Physica-Verlag, Würzburg-Wien.

—— (1982): Statistische Qualitätskontrolle, Teubner-Verlag, Stuttgart.

Ura, S. (1955): Minimax Approach to a Single Sampling Inspection, Reports of Statistical Application Research = Union of Japanese Scientists and Engineers, 3, 140-148.

v.d. Waerden, B.L. (1960): Sampling Inspection as a Minimum Loss Problem, Annals of Mathematical Statistics, 31, 369-384.

Anhang A

Tabelle der kostenoptimalen zweiseitigen $\bar{X}$-Karten

Delta = δ = Verschiebungsparameter

A = a = $\dfrac{\text{Prüfkosten pro Stück}}{\text{Kosten für einen Fehlalarm}}$

B = b_1 = $\dfrac{\text{Durchschnittlicher Gewinn pro Reparatur}}{\text{Kosten für einen Fehlalarm}}$

Y = y = Anteil des Kontrollabstandes an der mittleren Lebensdauer des Sollzustandes (Zustand I)

N = n = Stichprobenumfang

C = c = Testschranke

M = m = Minimalwert des standardisierten Verlustes

	Delta = 0.50	A = 0.0001			Delta = 0.50	A = 0.0005			Delta = 0.50	A = 0.0010		
B	Y	N	C	M	Y	N	C	M	Y	N	C	M
1	0.08066	62	3.299	-0.8138	0.16858	43	2.786	-0.6504	0.23553	35	2.534	-0.5543
2	0.05511	62	3.306	-1.7322	0.11216	44	2.809	-1.4875	0.15199	36	2.567	-1.3372
3	0.04433	62	3.309	-2.6696	0.08865	44	2.817	-2.3624	0.12074	37	2.584	-2.1704
4	0.03805	62	3.311	-3.6168	0.07652	45	2.827	-3.2569	0.10182	37	2.590	-3.0298
5	0.03383	62	3.312	-4.5703	0.06757	45	2.830	-4.1639	0.08947	37	2.594	-3.9059
6	0.03075	62	3.313	-5.5282	0.06111	45	2.832	-5.0799	0.08062	37	2.597	-4.7938
7	0.02837	62	3.313	-6.4895	0.05617	45	2.833	-6.0026	0.07389	37	2.600	-5.6908
8	0.02647	62	3.314	-7.4535	0.05224	45	2.835	-6.9307	0.06857	37	2.602	-6.5948
9	0.02490	62	3.314	-8.4197	0.04902	45	2.836	-7.8632	0.06422	37	2.603	-7.5047
10	0.02357	62	3.315	-9.3877	0.04632	45	2.837	-8.7992	0.06059	37	2.605	-8.4195
15	0.01912	62	3.316	-14.2477	0.03731	45	2.840	-13.5194	0.04945	38	2.615	-13.0462
20	0.01650	62	3.317	-19.1296	0.03205	45	2.842	-18.2834	0.04236	38	2.618	-17.7315
25	0.01472	62	3.317	-24.0256	0.02851	45	2.843	-23.0755	0.03760	38	2.619	-22.4542
30	0.01357	63	3.323	-28.9316	0.02592	45	2.844	-27.8876	0.03414	38	2.621	-27.2035
35	0.01254	63	3.323	-33.8451	0.02393	45	2.844	-32.7147	0.03148	38	2.622	-31.9729
40	0.01172	63	3.323	-38.7646	0.02233	45	2.845	-37.5538	0.02934	38	2.622	-36.7584
45	0.01104	63	3.324	-43.6890	0.02101	45	2.845	-42.4027	0.02759	38	2.623	-41.5568
50	0.01046	63	3.324	-48.6175	0.01989	45	2.846	-47.2598	0.02611	38	2.624	-46.3662
60	0.00954	63	3.324	-58.4845	0.01811	45	2.846	-56.9940	0.02374	38	2.624	-56.0116
70	0.00882	63	3.324	-68.3622	0.01673	45	2.847	-66.7496	0.02192	38	2.625	-65.6856
80	0.00824	63	3.325	-78.2484	0.01562	45	2.847	-76.5221	0.02045	38	2.626	-75.3821
90	0.00777	63	3.325	-88.1415	0.01471	45	2.848	-86.3084	0.01925	38	2.626	-85.0971
100	0.00736	63	3.325	-98.0403	0.01393	45	2.848	-96.1062	0.01823	38	2.627	-94.8275
150	0.00600	63	3.325	-147.5975	0.01133	45	2.849	-145.2210	0.01480	38	2.628	-143.6467
200	0.00519	63	3.325	-197.2241	0.00979	45	2.849	-194.4748	0.01277	38	2.629	-192.6513
250	0.00464	63	3.326	-246.8952	0.00874	45	2.850	-243.8173	0.01140	38	2.629	-241.7743
300	0.00423	63	3.326	-296.5978	0.00797	45	2.850	-293.2229	0.01039	38	2.630	-290.9815
350	0.00392	63	3.326	-346.3243	0.00749	46	2.856	-342.6763	0.00961	38	2.630	-340.2524
400	0.00366	63	3.326	-396.0698	0.00700	46	2.856	-392.1676	0.00898	38	2.630	-389.5737
450	0.00345	63	3.326	-445.8307	0.00659	46	2.856	-441.6897	0.00846	38	2.630	-438.9363
500	0.00327	63	3.326	-495.6046	0.00625	46	2.856	-491.2378	0.00802	38	2.630	-488.3335
600	0.00299	63	3.326	-595.1840	0.00570	46	2.856	-590.3972	0.00731	38	2.631	-587.2122
700	0.00276	63	3.326	-694.7973	0.00528	46	2.857	-689.6242	0.00676	38	2.631	-686.1810
800	0.00259	63	3.326	-794.4373	0.00493	46	2.857	-788.9047	0.00632	38	2.631	-785.2213
900	0.00244	63	3.326	-894.0992	0.00465	46	2.857	-888.2290	0.00595	38	2.631	-884.3199
1000	0.00231	63	3.326	-993.7794	0.00441	46	2.857	-987.5898	0.00565	38	2.631	-983.4673

	Delta = 0.50		A = 0.0015		Delta = 0.50		A = 0.0020		Delta = 0.50		A = 0.0025	
B	Y	N	C	M	Y	N	C	M	Y	N	C	M
1	0.28638	30	2.371	-0.4920	0.33387	27	2.253	-0.4460	0.37102	24	2.152	-0.4099
2	0.18410	32	2.419	-1.2364	0.20586	28	2.301	-1.1597	0.22995	26	2.213	-1.0978
3	0.14210	32	2.433	-2.0399	0.16104	29	2.324	-1.9395	0.17452	26	2.232	-1.8576
4	0.11913	32	2.441	-2.8742	0.13435	29	2.333	-2.7537	0.14847	27	2.250	-2.6548
5	0.10642	33	2.452	-3.7281	0.11720	29	2.340	-3.5899	0.12916	27	2.257	-3.4761
6	0.09563	33	2.456	-4.5960	0.10743	30	2.351	-4.4418	0.11555	27	2.262	-4.3145
7	0.08747	33	2.459	-5.4746	0.09809	30	2.354	-5.3056	0.10533	27	2.266	-5.1657
8	0.08103	33	2.461	-6.3615	0.09074	30	2.357	-6.1788	0.09732	27	2.269	-6.0273
9	0.07579	33	2.463	-7.2553	0.08477	30	2.359	-7.0596	0.09301	28	2.278	-6.8972
10	0.07142	33	2.465	-8.1548	0.07981	30	2.361	-7.9470	0.08749	28	2.280	-7.7742
15	0.05701	33	2.470	-12.7147	0.06351	30	2.368	-12.4533	0.06943	28	2.288	-12.2355
20	0.04873	33	2.474	-17.3436	0.05417	30	2.371	-17.0371	0.05913	28	2.292	-16.7812
25	0.04319	33	2.476	-22.0166	0.04796	30	2.374	-21.6704	0.05230	28	2.295	-21.3808
30	0.03997	34	2.484	-26.7210	0.04346	30	2.376	-26.3388	0.04735	28	2.297	-26.0189
35	0.03682	34	2.485	-31.4492	0.04089	31	2.383	-31.0339	0.04356	28	2.298	-30.6860
40	0.03430	34	2.486	-36.1962	0.03807	31	2.385	-35.7501	0.04053	28	2.300	-35.3761
45	0.03223	34	2.487	-40.9586	0.03576	31	2.386	-40.4836	0.03805	28	2.301	-40.0851
50	0.03049	34	2.487	-45.7338	0.03382	31	2.386	-45.2315	0.03597	28	2.302	-44.8098
60	0.02771	34	2.488	-55.3158	0.03071	31	2.388	-54.7625	0.03265	28	2.303	-54.2979
70	0.02556	34	2.489	-64.9313	0.02832	31	2.389	-64.3313	0.03009	28	2.304	-63.8270
80	0.02384	34	2.490	-74.5735	0.02640	31	2.389	-73.9300	0.02805	28	2.305	-73.3888
90	0.02243	34	2.491	-84.2374	0.02483	31	2.390	-83.5530	0.02637	28	2.306	-82.9771
100	0.02123	34	2.491	-93.9196	0.02350	31	2.391	-93.1964	0.02495	28	2.306	-92.5878
150	0.01722	34	2.493	-142.5274	0.01904	31	2.392	-141.6348	0.02068	29	2.315	-140.8828
200	0.01486	34	2.494	-191.3537	0.01642	31	2.394	-190.3183	0.01782	29	2.316	-189.4455
250	0.01325	34	2.494	-240.3197	0.01464	31	2.394	-239.1584	0.01589	29	2.317	-238.1791
300	0.01207	34	2.495	-289.3849	0.01333	31	2.395	-288.1097	0.01447	29	2.318	-287.0343
350	0.01116	34	2.495	-338.5252	0.01232	31	2.395	-337.1454	0.01337	29	2.318	-335.9815
400	0.01043	34	2.495	-387.7250	0.01151	31	2.396	-386.2478	0.01249	29	2.318	-385.0015
450	0.00982	34	2.496	-436.9735	0.01084	31	2.396	-435.4048	0.01176	29	2.319	-434.0811
500	0.00931	34	2.496	-486.2626	0.01027	31	2.396	-484.6074	0.01114	29	2.319	-483.2106
600	0.00848	34	2.496	-584.9406	0.00936	31	2.397	-583.1244	0.01015	29	2.319	-581.5915
700	0.00785	34	2.496	-683.7248	0.00866	31	2.397	-681.7606	0.00939	29	2.320	-680.1026
800	0.00733	34	2.497	-782.5932	0.00809	31	2.397	-780.4913	0.00877	29	2.320	-778.7167
900	0.00691	34	2.497	-881.5303	0.00762	31	2.397	-879.2990	0.00826	29	2.320	-877.4150
1000	0.00655	34	2.497	-980.5250	0.00723	31	2.398	-978.1714	0.00783	29	2.320	-976.1839

	Delta = 0.50		A = 0.0030		Delta = 0.50		A = 0.0035		Delta = 0.50		A = 0.0040	
B	Y	N	C	M	Y	N	C	M	Y	N	C	M
1	0.40913	22	2.069	-0.3804	0.44098	20	1.994	-0.3557	0.46657	18	1.926	-0.3346
2	0.24959	24	2.137	-1.0460	0.26517	22	2.068	-1.0015	0.27688	20	2.006	-0.9626
3	0.18806	24	2.158	-1.7883	0.20393	23	2.099	-1.7284	0.21198	21	2.038	-1.6756
4	0.15961	25	2.177	-2.5708	0.16809	23	2.112	-2.4978	0.17915	22	2.059	-2.4331
5	0.13848	25	2.185	-3.3791	0.14548	23	2.121	-3.2943	0.15473	22	2.069	-3.2193
6	0.12366	25	2.191	-4.2056	0.13322	24	2.133	-4.1104	0.13771	22	2.076	-4.0258
7	0.11257	25	2.195	-5.0460	0.12112	24	2.138	-4.9412	0.12505	22	2.081	-4.8478
8	0.10389	25	2.199	-5.8974	0.11167	24	2.142	-5.7836	0.11518	22	2.085	-5.6820
9	0.09935	26	2.208	-6.7579	0.10404	24	2.145	-6.6356	0.11028	23	2.095	-6.5263
10	0.09338	26	2.210	-7.6259	0.09772	24	2.148	-7.4956	0.10352	23	2.098	-7.3791
15	0.07392	26	2.218	-12.0477	0.07718	24	2.157	-11.8821	0.08159	23	2.107	-11.7339
20	0.06287	26	2.223	-16.5601	0.06554	24	2.162	-16.3647	0.06921	23	2.113	-16.1898
25	0.05555	26	2.226	-21.1304	0.05942	25	2.172	-20.9089	0.06105	23	2.116	-20.7103
30	0.05025	26	2.228	-25.7419	0.05372	25	2.174	-25.4968	0.05516	23	2.119	-25.2767
35	0.04620	26	2.230	-30.3846	0.04937	25	2.176	-30.1178	0.05067	23	2.121	-29.8779
40	0.04298	26	2.232	-35.0520	0.04591	25	2.177	-34.7651	0.04710	23	2.123	-34.5067
45	0.04034	26	2.233	-39.7396	0.04307	25	2.179	-39.4337	0.04417	23	2.124	-39.1581
50	0.03812	26	2.234	-44.4441	0.04069	25	2.180	-44.1203	0.04289	24	2.131	-43.8283
60	0.03458	26	2.235	-53.8945	0.03690	25	2.182	-53.5374	0.03888	24	2.133	-53.2151
70	0.03267	27	2.243	-63.3892	0.03399	25	2.183	-63.0013	0.03580	24	2.135	-62.6512
80	0.03044	27	2.244	-72.9189	0.03166	25	2.184	-72.5022	0.03334	24	2.136	-72.1263
90	0.02861	27	2.245	-82.4771	0.02975	25	2.185	-82.0336	0.03132	24	2.137	-81.6332
100	0.02707	27	2.245	-92.0593	0.02814	25	2.186	-91.5903	0.02963	24	2.138	-91.1669
150	0.02190	27	2.248	-140.2293	0.02276	25	2.188	-139.6487	0.02394	24	2.140	-139.1246
200	0.01887	27	2.249	-188.6865	0.01959	25	2.190	-188.0118	0.02061	24	2.142	-187.4027
250	0.01681	27	2.250	-237.3273	0.01746	25	2.191	-236.5697	0.01836	24	2.143	-235.8857
300	0.01531	27	2.251	-286.0984	0.01589	25	2.191	-285.2659	0.01671	24	2.144	-284.5141
350	0.01414	27	2.251	-334.9684	0.01468	25	2.192	-334.0669	0.01543	24	2.144	-333.2529
400	0.01321	27	2.252	-383.9165	0.01371	25	2.192	-382.9509	0.01441	24	2.145	-382.0789
450	0.01243	27	2.252	-432.9286	0.01290	25	2.193	-431.9027	0.01356	24	2.145	-430.9763
500	0.01178	27	2.252	-481.9942	0.01222	25	2.193	-480.9113	0.01285	24	2.146	-479.9334
600	0.01073	27	2.253	-580.2563	0.01114	25	2.194	-579.0674	0.01170	24	2.146	-577.9937
700	0.00992	27	2.253	-678.6582	0.01029	25	2.194	-677.3717	0.01082	24	2.147	-676.2100
800	0.00927	27	2.253	-777.1706	0.00962	25	2.194	-775.7934	0.01011	24	2.147	-774.5497
900	0.00873	27	2.254	-875.7735	0.00906	25	2.195	-874.3110	0.00952	24	2.147	-872.9903
1000	0.00828	27	2.254	-974.4520	0.00859	25	2.195	-972.9089	0.00902	24	2.147	-971.5154

	Delta = 0.50		A = 0.0045		Delta = 0.50		A = 0.0050		Delta = 0.50		A = 0.0055	
B	Y	N	C	M	Y	N	C	M	Y	N	C	M
1	0.50155	17	1.869	-0.3165	0.53355	16	1.816	-0.3005	0.56252	15	1.767	-0.2865
2	0.29384	19	1.955	-0.9283	0.30888	18	1.908	-0.8976	0.32204	17	1.863	-0.8700
3	0.22394	20	1.989	-1.6286	0.23441	19	1.944	-1.5861	0.24346	18	1.902	-1.5476
4	0.18334	20	2.005	-2.3752	0.19134	19	1.961	-2.3229	0.19814	18	1.919	-2.2751
5	0.16280	21	2.021	-3.1518	0.16977	20	1.978	-3.0905	0.17572	19	1.937	-3.0346
6	0.14469	21	2.029	-3.9497	0.15068	20	1.986	-3.8805	0.15576	19	1.945	-3.8171
7	0.13124	21	2.034	-4.7637	0.13653	20	1.991	-4.6871	0.14099	19	1.952	-4.6169
8	0.12077	21	2.039	-5.5905	0.12554	20	1.996	-5.5071	0.12954	19	1.957	-5.4304
9	0.11235	21	2.042	-6.4278	0.11671	20	2.000	-6.3379	0.12035	19	1.961	-6.2552
10	0.10539	21	2.046	-7.2738	0.10942	20	2.003	-7.1778	0.11277	19	1.964	-7.0895
15	0.08537	22	2.062	-11.5996	0.08858	21	2.020	-11.4766	0.09125	20	1.982	-11.3634
20	0.07234	22	2.068	-16.0309	0.07498	21	2.026	-15.8853	0.07716	20	1.988	-15.7510
25	0.06376	22	2.072	-20.5298	0.06604	21	2.031	-20.3642	0.06791	20	1.992	-20.2113
30	0.05758	22	2.075	-25.0767	0.05961	21	2.034	-24.8930	0.06127	20	1.996	-24.7233
35	0.05287	22	2.077	-29.6599	0.05471	21	2.036	-29.4597	0.05622	20	1.998	-29.2744
40	0.04913	22	2.078	-34.2720	0.05082	21	2.038	-34.0562	0.05220	20	2.000	-33.8566
45	0.04606	22	2.080	-38.9076	0.04764	21	2.039	-38.6773	0.04892	20	2.002	-38.4641
50	0.04350	22	2.081	-43.5629	0.04498	21	2.041	-43.3189	0.04618	20	2.003	-43.0928
60	0.03941	22	2.083	-52.9218	0.04074	21	2.043	-52.6522	0.04182	20	2.005	-52.4023
70	0.03623	22	2.085	-62.3323	0.03749	21	2.044	-62.0391	0.03847	20	2.007	-61.7672
80	0.03378	22	2.086	-71.7835	0.03490	21	2.046	-71.4684	0.03581	20	2.008	-71.1761
90	0.03266	23	2.093	-81.2680	0.03277	21	2.047	-80.9323	0.03469	21	2.016	-80.6210
100	0.03088	23	2.094	-90.7806	0.03099	21	2.048	-90.4253	0.03279	21	2.017	-90.0960
150	0.02494	23	2.097	-138.6459	0.02578	22	2.057	-138.2052	0.02646	21	2.020	-137.7967
200	0.02146	23	2.099	-186.8462	0.02218	22	2.059	-186.3336	0.02276	21	2.022	-185.8581
250	0.01912	23	2.100	-235.2605	0.01975	22	2.060	-234.6845	0.02026	21	2.023	-234.1502
300	0.01739	23	2.101	-283.8270	0.01797	22	2.061	-283.1937	0.01843	21	2.024	-282.6060
350	0.01606	23	2.101	-332.5087	0.01659	22	2.061	-331.8227	0.01702	21	2.024	-331.1860
400	0.01500	23	2.102	-381.2816	0.01549	22	2.062	-380.5466	0.01588	21	2.025	-379.8643
450	0.01412	23	2.102	-430.1291	0.01457	22	2.062	-429.3480	0.01495	21	2.026	-428.6229
500	0.01337	23	2.103	-479.0391	0.01381	22	2.063	-478.2144	0.01416	21	2.026	-477.4488
600	0.01218	23	2.103	-577.0116	0.01257	22	2.063	-576.1059	0.01289	21	2.027	-575.2649
700	0.01126	23	2.104	-675.1472	0.01162	22	2.064	-674.1670	0.01191	21	2.027	-673.2566
800	0.01051	23	2.104	-773.4118	0.01085	22	2.064	-772.3622	0.01113	21	2.027	-771.3874
900	0.00990	23	2.104	-871.7819	0.01022	22	2.065	-870.6672	0.01048	21	2.028	-869.6317
1000	0.00938	23	2.104	-970.2403	0.00969	22	2.065	-969.0640	0.00993	21	2.028	-967.9712

	Delta = 0.50		A = 0.0060		Delta = 0.50		A = 0.0065		Delta = 0.50		A = 0.0070	
B	Y	N	C	M	Y	N	C	M	Y	N	C	M
1	0.58837	14	1.720	-0.2741	0.61098	13	1.676	-0.2630	0.63024	12	1.634	-0.2530
2	0.33337	16	1.822	-0.8449	0.34286	15	1.783	-0.8219	0.35051	14	1.746	-0.8009
3	0.25112	17	1.862	-1.5124	0.25742	16	1.824	-1.4801	0.26237	15	1.789	-1.4502
4	0.20380	17	1.881	-2.2312	0.21585	17	1.850	-2.1907	0.21982	16	1.815	-2.1533
5	0.18069	18	1.899	-2.9832	0.18469	17	1.863	-2.9356	0.18776	16	1.829	-2.8913
6	0.15995	18	1.908	-3.7587	0.16329	17	1.872	-3.7045	0.16580	16	1.839	-3.6540
7	0.14464	18	1.914	-4.5521	0.14752	17	1.879	-4.4918	0.15516	17	1.852	-4.4357
8	0.13279	18	1.919	-5.3596	0.13534	17	1.885	-5.2937	0.14226	17	1.857	-5.2324
9	0.12329	18	1.924	-6.1787	0.13001	18	1.895	-6.1077	0.13195	17	1.862	-6.0415
10	0.11547	18	1.927	-7.0076	0.12172	18	1.899	-6.9317	0.12347	17	1.866	-6.8607
15	0.09341	19	1.945	-11.2583	0.09509	18	1.911	-11.1604	0.09630	17	1.879	-11.0685
20	0.07891	19	1.952	-15.6262	0.08025	18	1.918	-15.5097	0.08411	18	1.892	-15.4001
25	0.06941	19	1.957	-20.0691	0.07055	18	1.923	-19.9361	0.07390	18	1.897	-19.8114
30	0.06259	19	1.960	-24.5653	0.06359	18	1.927	-24.4173	0.06659	18	1.901	-24.2791
35	0.05741	19	1.963	-29.1019	0.06031	19	1.935	-28.9405	0.06103	18	1.904	-28.7894
40	0.05329	19	1.965	-33.6705	0.05597	19	1.938	-33.4966	0.05663	18	1.906	-33.3336
45	0.04993	19	1.966	-38.2653	0.05244	19	1.939	-38.0797	0.05304	18	1.908	-37.9054
50	0.04712	19	1.968	-42.8821	0.04948	19	1.941	-42.6854	0.05004	18	1.909	-42.5004
60	0.04407	20	1.976	-52.1694	0.04478	19	1.943	-51.9518	0.04527	18	1.912	-51.7470
70	0.04054	20	1.978	-61.5141	0.04118	19	1.945	-61.2772	0.04162	18	1.914	-61.0541
80	0.03772	20	1.979	-70.9041	0.03831	19	1.946	-70.6493	0.03872	18	1.915	-70.4091
90	0.03541	20	1.981	-80.3311	0.03596	19	1.948	-80.0594	0.03634	18	1.917	-79.8034
100	0.03347	20	1.982	-89.7892	0.03399	19	1.949	-89.5016	0.03434	18	1.918	-89.2304
150	0.02700	20	1.985	-137.4156	0.02740	19	1.952	-137.0581	0.02767	18	1.921	-136.7207
200	0.02321	20	1.987	-185.4145	0.02355	19	1.954	-184.9980	0.02378	18	1.923	-184.6048
250	0.02066	20	1.988	-233.6513	0.02096	19	1.956	-233.1829	0.02116	18	1.925	-232.7405
300	0.01879	20	1.989	-282.0573	0.01906	19	1.957	-281.5420	0.01924	18	1.926	-281.0551
350	0.01735	20	1.990	-330.5914	0.01760	19	1.957	-330.0329	0.01776	18	1.927	-329.5051
400	0.01619	20	1.991	-379.2270	0.01642	19	1.958	-378.6283	0.01657	18	1.927	-378.0624
450	0.01524	20	1.991	-427.9455	0.01545	19	1.959	-427.3090	0.01614	19	1.934	-426.7075
500	0.01443	20	1.991	-476.7334	0.01464	19	1.959	-476.0612	0.01528	19	1.934	-475.4262
600	0.01314	20	1.992	-574.4790	0.01333	19	1.960	-573.7404	0.01392	19	1.935	-573.0429
700	0.01214	20	1.993	-672.4059	0.01231	19	1.960	-671.6061	0.01286	19	1.936	-670.8512
800	0.01134	20	1.993	-770.4762	0.01150	19	1.961	-769.6196	0.01201	19	1.936	-768.8112
900	0.01068	20	1.993	-868.6639	0.01083	19	1.961	-867.7538	0.01130	19	1.937	-866.8952
1000	0.01012	20	1.994	-966.9497	0.01026	19	1.961	-965.9891	0.01071	19	1.937	-965.0830

	Delta = 0.50	A = 0.0075			Delta = 0.50	A = 0.0080			Delta = 0.50	A = 0.0085		
B	Y	N	C	M	Y	N	C	M	Y	N	C	M
1	0.64597	11	1.594	-0.2441	0.65802	10	1.556	-0.2359	0.69772	10	1.524	-0.2286
2	0.37070	14	1.716	-0.7815	0.37564	13	1.682	-0.7637	0.37869	12	1.650	-0.7471
3	0.27645	15	1.761	-1.4223	0.27942	14	1.729	-1.3966	0.28104	13	1.698	-1.3725
4	0.22270	15	1.783	-2.1184	0.22450	14	1.751	-2.0857	0.23478	14	1.727	-2.0552
5	0.18989	15	1.797	-2.8498	0.19885	15	1.771	-2.8113	0.19962	14	1.742	-2.7749
6	0.17395	16	1.812	-3.6069	0.17522	15	1.782	-3.5628	0.17569	14	1.753	-3.5210
7	0.15690	16	1.820	-4.3833	0.15791	15	1.790	-4.3340	0.16468	15	1.767	-4.2875
8	0.14376	16	1.826	-5.1750	0.14457	15	1.796	-5.1208	0.15070	15	1.773	-5.0700
9	0.13325	16	1.831	-5.9793	0.13917	16	1.807	-5.9205	0.13955	15	1.778	-5.8656
10	0.12463	16	1.835	-6.7940	0.13012	16	1.811	-6.7312	0.13042	15	1.783	-6.6721
15	0.10069	17	1.854	-10.9822	0.10121	16	1.825	-10.9011	0.10128	15	1.797	-10.8238
20	0.08485	17	1.862	-15.2977	0.08520	16	1.833	-15.2006	0.08858	16	1.811	-15.1085
25	0.07450	17	1.867	-19.6943	0.07477	16	1.838	-19.5830	0.07771	16	1.817	-19.4781
30	0.06710	17	1.871	-24.1486	0.06731	16	1.842	-24.0246	0.06994	16	1.821	-23.9080
35	0.06148	17	1.874	-28.6466	0.06400	17	1.851	-28.5111	0.06404	16	1.824	-28.3836
40	0.05704	17	1.876	-33.1794	0.05936	17	1.853	-33.0333	0.05938	16	1.826	-32.8953
45	0.05341	17	1.878	-37.7404	0.05558	17	1.855	-37.5844	0.05558	16	1.828	-37.4368
50	0.05037	17	1.880	-42.3253	0.05241	17	1.857	-42.1599	0.05241	16	1.830	-42.0030
60	0.04556	17	1.882	-51.5530	0.04740	17	1.860	-51.3701	0.04738	16	1.833	-51.1960
70	0.04188	17	1.884	-60.8427	0.04356	17	1.862	-60.6437	0.04354	16	1.835	-60.4539
80	0.04037	18	1.892	-70.1815	0.04051	17	1.863	-69.9676	0.04048	16	1.837	-69.7631
90	0.03788	18	1.893	-79.5608	0.03801	17	1.865	-79.3325	0.03797	16	1.838	-79.1142
100	0.03579	18	1.894	-88.9737	0.03591	17	1.866	-88.7318	0.03587	16	1.839	-88.5004
150	0.02884	18	1.898	-136.4021	0.02892	17	1.870	-136.1007	0.02887	16	1.843	-135.8121
200	0.02478	18	1.900	-184.2340	0.02484	17	1.872	-183.8824	0.02575	17	1.851	-183.5464
250	0.02204	18	1.901	-232.3238	0.02209	17	1.874	-231.9280	0.02290	17	1.853	-231.5501
300	0.02004	18	1.903	-280.5968	0.02009	17	1.875	-280.1609	0.02082	17	1.854	-279.7454
350	0.01850	18	1.903	-329.0086	0.01854	17	1.876	-328.5360	0.01922	17	1.855	-328.0856
400	0.01726	18	1.904	-377.5303	0.01730	17	1.876	-377.0234	0.01793	17	1.856	-376.5408
450	0.01624	18	1.905	-426.1419	0.01627	17	1.877	-425.6028	0.01687	17	1.856	-425.0898
500	0.01538	18	1.905	-474.8287	0.01541	17	1.877	-474.2592	0.01597	17	1.857	-473.7174
600	0.01400	18	1.906	-572.3861	0.01403	17	1.878	-571.7600	0.01454	17	1.857	-571.1649
700	0.01293	18	1.907	-670.1399	0.01296	17	1.879	-669.4618	0.01343	17	1.858	-668.8175
800	0.01208	18	1.907	-768.0492	0.01210	17	1.879	-767.3227	0.01254	17	1.859	-766.6326
900	0.01137	18	1.907	-866.0856	0.01139	17	1.880	-865.3136	0.01180	17	1.859	-864.5806
1000	0.01077	18	1.908	-964.2283	0.01079	17	1.880	-963.4133	0.01118	17	1.859	-962.6396

B	Delta = 0.50 Y	N	C	A = 0.0090 M	Delta = 0.50 Y	N	C	A = 0.0095 M	Delta = 0.50 Y	N	C	A = 0.0100 M
1	0.70430	9	1.489	-0.2219	0.70676	8	1.455	-0.2158	0.74342	8	1.427	-0.2103
2	0.39711	12	1.624	-0.7317	0.39739	11	1.595	-0.7174	0.41492	11	1.571	-0.7038
3	0.29375	13	1.674	-1.3499	0.29341	12	1.646	-1.3288	0.30543	12	1.623	-1.3088
4	0.23499	13	1.698	-2.0265	0.24467	13	1.676	-1.9993	0.24331	12	1.649	-1.9739
5	0.20802	14	1.719	-2.7406	0.20746	13	1.692	-2.7084	0.21536	13	1.671	-2.6777
6	0.18295	14	1.730	-3.4820	0.18223	13	1.704	-3.4447	0.18904	13	1.683	-3.4097
7	0.16462	14	1.739	-4.2438	0.17096	14	1.718	-4.2020	0.16986	13	1.692	-4.1629
8	0.15054	14	1.746	-5.0218	0.15627	14	1.725	-4.9762	0.15516	13	1.699	-4.9328
9	0.13933	14	1.751	-5.8131	0.14458	14	1.730	-5.7638	0.14346	13	1.705	-5.7166
10	0.13554	15	1.761	-6.6157	0.13500	14	1.735	-6.5629	0.13979	14	1.715	-6.5119
15	0.10515	15	1.776	-10.7512	0.10457	14	1.750	-10.6816	0.10818	14	1.731	-10.6157
20	0.08839	15	1.784	-15.0215	0.09153	15	1.764	-14.9381	0.09081	14	1.740	-14.8592
25	0.07749	15	1.790	-19.3782	0.08022	15	1.770	-19.2830	0.07954	14	1.746	-19.1923
30	0.06971	15	1.794	-23.7963	0.07215	15	1.775	-23.6906	0.07150	14	1.751	-23.5890
35	0.06382	15	1.798	-28.2612	0.06603	15	1.778	-28.1456	0.06542	14	1.754	-28.0341
40	0.06154	16	1.806	-32.7630	0.06120	15	1.781	-32.6383	0.06320	15	1.762	-32.5177
45	0.05759	16	1.808	-37.2954	0.05727	15	1.783	-37.1617	0.05913	15	1.764	-37.0329
50	0.05430	16	1.810	-41.8530	0.05398	15	1.785	-41.7109	0.05573	15	1.766	-41.5742
60	0.04908	16	1.812	-51.0301	0.04878	15	1.788	-50.8723	0.05035	15	1.769	-50.7210
70	0.04509	16	1.815	-60.2733	0.04480	15	1.790	-60.1010	0.04624	15	1.771	-59.9363
80	0.04192	16	1.816	-69.5689	0.04164	15	1.792	-69.3831	0.04298	15	1.773	-69.2058
90	0.03932	16	1.818	-78.9072	0.03906	15	1.793	-78.7087	0.04030	15	1.775	-78.5197
100	0.03714	16	1.819	-88.2813	0.03689	15	1.794	-88.0708	0.03806	15	1.776	-87.8707
150	0.02989	16	1.823	-135.5398	0.02967	15	1.799	-135.2769	0.03061	15	1.780	-135.0281
200	0.02566	16	1.825	-183.2285	0.02651	16	1.807	-182.9218	0.02627	15	1.783	-182.6314
250	0.02282	16	1.827	-231.1920	0.02357	16	1.808	-230.8471	0.02336	15	1.785	-230.5197
300	0.02074	16	1.828	-279.3508	0.02142	16	1.809	-278.9714	0.02123	15	1.786	-278.6105
350	0.01914	16	1.829	-327.6576	0.01977	16	1.810	-327.2464	0.01958	15	1.787	-326.8547
400	0.01786	16	1.830	-376.0816	0.01844	16	1.811	-375.6408	0.01827	15	1.788	-375.2205
450	0.01680	16	1.831	-424.6014	0.01735	16	1.812	-424.1328	0.01718	15	1.788	-423.6856
500	0.01591	16	1.831	-473.2013	0.01642	16	1.812	-472.7064	0.01627	15	1.789	-472.2338
600	0.01448	16	1.832	-570.5973	0.01495	16	1.813	-570.0535	0.01481	15	1.790	-569.5335
700	0.01337	16	1.833	-668.2026	0.01381	16	1.814	-667.6139	0.01367	15	1.790	-667.0503
800	0.01248	16	1.833	-765.9737	0.01289	16	1.814	-765.3431	0.01277	15	1.791	-764.7390
900	0.01175	16	1.834	-863.8802	0.01213	16	1.815	-863.2103	0.01202	15	1.791	-862.5682
1000	0.01113	16	1.834	-961.9001	0.01150	16	1.815	-961.1931	0.01138	15	1.792	-960.5150

	Delta = 0.50		A = 0.0150		Delta = 0.50		A = 0.0200		Delta = 0.50		A = 0.0250	
B	Y	N	C	M	Y	N	C	M	Y	N	C	M
1	0.81942	3	1.158	-0.1768	2.41421	0	0.000	-0.1716	2.41421	0	0.000	-0.1716
2	0.44674	6	1.351	-0.6078	0.45998	3	1.182	-0.5564	1.36603	0	0.000	-0.5359
3	0.34457	8	1.420	-1.1603	0.35801	5	1.266	-1.0713	0.36759	3	1.136	-1.0192
4	0.26943	8	1.455	-1.7796	0.29714	6	1.310	-1.6573	0.27750	3	1.189	-1.5795
5	0.23914	9	1.479	-2.4427	0.24609	6	1.337	-2.2909	0.25023	4	1.221	-2.1902
6	0.20814	9	1.495	-3.1374	0.21252	6	1.356	-2.9576	0.21448	4	1.244	-2.8357
7	0.18582	9	1.507	-3.8558	0.20290	7	1.371	-3.6513	0.20713	5	1.260	-3.5097
8	0.17865	10	1.519	-4.5931	0.18367	7	1.382	-4.3655	0.18674	5	1.273	-4.2056
9	0.16456	10	1.526	-5.3468	0.16858	7	1.391	-5.0965	0.17083	5	1.283	-4.9192
10	0.15311	10	1.533	-6.1136	0.15637	7	1.399	-5.8417	0.15802	5	1.292	-5.6477
15	0.11719	10	1.553	-10.0899	0.12693	8	1.424	-9.7243	0.12908	6	1.320	-9.4578
20	0.09775	10	1.564	-14.2251	0.10536	8	1.438	-13.7810	0.10662	6	1.336	-13.4524
25	0.08999	11	1.576	-18.4634	0.09159	8	1.447	-17.9487	0.09239	6	1.346	-17.5648
30	0.08067	11	1.581	-22.7745	0.08189	8	1.454	-22.1955	0.08241	6	1.354	-21.7614
35	0.07365	11	1.585	-27.1407	0.07462	8	1.459	-26.5025	0.08097	7	1.360	-26.0225
40	0.06813	11	1.589	-31.5506	0.06891	8	1.463	-30.8570	0.07470	7	1.364	-30.3357
45	0.06364	11	1.592	-35.9963	0.06855	9	1.468	-35.2512	0.06963	7	1.368	-34.6902
50	0.05991	11	1.594	-40.4718	0.06447	9	1.471	-39.6785	0.06542	7	1.371	-39.0796
60	0.05402	11	1.598	-49.4962	0.05804	9	1.475	-48.6129	0.05881	7	1.376	-47.9433
70	0.04953	11	1.600	-58.5988	0.05316	9	1.479	-57.6327	0.05380	7	1.380	-56.8980
80	0.04598	11	1.603	-67.7634	0.04930	9	1.481	-66.7202	0.04985	7	1.383	-65.9248
90	0.04307	11	1.605	-76.9787	0.04615	9	1.483	-75.8630	0.04663	7	1.386	-75.0106
100	0.04064	11	1.606	-86.2364	0.04352	9	1.485	-85.0522	0.04394	7	1.388	-84.1457
150	0.03259	11	1.612	-132.9849	0.03482	9	1.492	-131.5000	0.03508	7	1.395	-130.3567
200	0.02793	11	1.615	-180.2432	0.02980	9	1.495	-178.5047	0.02999	7	1.399	-177.1615
250	0.02611	12	1.621	-227.8287	0.02644	9	1.498	-225.8655	0.02658	7	1.402	-224.3459
300	0.02371	12	1.623	-275.6458	0.02399	9	1.500	-273.4792	0.02410	7	1.404	-271.8001
350	0.02186	12	1.624	-323.6383	0.02211	9	1.501	-321.2846	0.02220	7	1.406	-319.4588
400	0.02038	12	1.625	-371.7697	0.02060	9	1.502	-369.2419	0.02068	7	1.407	-367.2795
450	0.01916	12	1.625	-420.0147	0.01936	9	1.503	-417.3232	0.01943	7	1.408	-415.2326
500	0.01814	12	1.626	-468.3547	0.01832	9	1.504	-465.5085	0.01838	7	1.409	-463.2965
600	0.01650	12	1.627	-565.2673	0.01666	9	1.505	-562.1331	0.01670	7	1.410	-559.6953
700	0.01523	12	1.628	-662.4280	0.01537	9	1.506	-659.0291	0.01541	7	1.411	-656.3836
800	0.01421	12	1.629	-759.7852	0.01434	9	1.507	-756.1398	0.01545	8	1.413	-753.3019
900	0.01337	12	1.629	-857.3030	0.01349	9	1.508	-853.4261	0.01453	8	1.414	-850.4082
1000	0.01267	12	1.630	-954.9552	0.01278	9	1.508	-950.8594	0.01376	8	1.415	-947.6711

	Delta = 0.50		A = 0.0300		Delta = 0.50		A = 0.0350		Delta = 0.50		A = 0.0400	
B	Y	N	C	M	Y	N	C	M	Y	N	C	M
1	2.41421	0	0.000	-0.1716	2.41421	0	0.000	-0.1716	2.41421	0	0.000	-0.1716
2	1.36603	0	0.000	-0.5359	1.36603	0	0.000	-0.5359	1.36603	0	0.000	-0.5359
3	1.00000	0	0.000	-1.0000	1.00000	0	0.000	-1.0000	1.00000	0	0.000	-1.0000
4	0.26172	1	1.079	-1.5364	0.80902	0	0.000	-1.5279	0.80902	0	0.000	-1.5279
5	0.23862	2	1.118	-2.1279	0.68990	0	0.000	-2.1010	0.68990	0	0.000	-2.1010
6	0.22668	3	1.143	-2.7563	0.20632	1	1.050	-2.7146	0.60763	0	0.000	-2.7085
7	0.19907	3	1.164	-3.4145	0.17924	1	1.076	-3.3576	0.54692	0	0.000	-3.3431
8	0.17855	3	1.179	-4.0949	0.18224	2	1.090	-4.0261	0.50000	0	0.000	-4.0000
9	0.16263	3	1.192	-4.7935	0.16540	2	1.105	-4.7147	0.46248	0	0.000	-4.6754
10	0.16637	4	1.199	-5.5098	0.15198	2	1.117	-5.4190	0.15085	1	1.035	-5.3711
15	0.12398	4	1.232	-9.2615	0.12617	3	1.151	-9.1221	0.10924	1	1.082	-9.0317
20	0.11196	5	1.248	-13.2046	0.10312	3	1.173	-13.0265	0.10208	2	1.100	-12.9050
25	0.09677	5	1.260	-17.2749	0.08872	3	1.187	-17.0581	0.08748	2	1.116	-16.9091
30	0.08616	5	1.269	-21.4332	0.08782	4	1.193	-21.1825	0.07740	2	1.127	-21.0065
35	0.07825	5	1.275	-25.6583	0.07964	4	1.200	-25.3789	0.06995	2	1.136	-25.1751
40	0.07207	5	1.280	-29.9366	0.07327	4	1.206	-29.6302	0.07287	3	1.137	-29.4035
45	0.06710	5	1.285	-34.2583	0.06814	4	1.211	-33.9266	0.06770	3	1.142	-33.6795
50	0.06298	5	1.288	-38.6165	0.06390	4	1.215	-38.2608	0.06343	3	1.147	-37.9943
60	0.05651	5	1.294	-47.4221	0.05727	4	1.221	-47.0216	0.05675	3	1.154	-46.7189
70	0.05164	5	1.298	-56.3232	0.05227	4	1.226	-55.8813	0.05174	3	1.160	-55.5452
80	0.04779	5	1.302	-65.3000	0.04834	4	1.230	-64.8195	0.04780	3	1.164	-64.4522
90	0.04875	6	1.303	-74.3395	0.04515	4	1.233	-73.8219	0.04461	3	1.168	-73.4252
100	0.04592	6	1.306	-83.4320	0.04249	4	1.236	-82.8782	0.04196	3	1.171	-82.4535
150	0.03661	6	1.314	-129.4558	0.03378	4	1.245	-128.7427	0.03328	3	1.181	-128.1955
200	0.03126	6	1.318	-176.1025	0.03181	5	1.247	-175.2562	0.02833	3	1.187	-174.6037
250	0.02769	6	1.322	-223.1476	0.02816	5	1.251	-222.1877	0.02505	3	1.191	-221.4382
300	0.02510	6	1.324	-270.4757	0.02551	5	1.253	-269.4131	0.02267	3	1.194	-268.5758
350	0.02311	6	1.326	-318.0185	0.02348	5	1.255	-316.8613	0.02337	4	1.191	-315.9477
400	0.02152	6	1.327	-365.7313	0.02186	5	1.257	-364.4860	0.02175	4	1.193	-363.5014
450	0.02022	6	1.328	-413.5829	0.02053	5	1.258	-412.2550	0.02042	4	1.194	-411.2036
500	0.01912	6	1.329	-461.5508	0.01941	5	1.259	-460.1447	0.01931	4	1.196	-459.0302
600	0.01737	6	1.331	-557.7712	0.01763	5	1.261	-556.2195	0.01753	4	1.198	-554.9876
700	0.01602	6	1.332	-654.2953	0.01625	5	1.262	-652.6098	0.01615	4	1.199	-651.2697
800	0.01494	6	1.333	-751.0600	0.01515	5	1.263	-749.2497	0.01506	4	1.200	-747.8091
900	0.01405	6	1.334	-848.0212	0.01425	5	1.264	-846.0939	0.01415	4	1.201	-844.5587
1000	0.01330	6	1.335	-945.1469	0.01349	5	1.265	-943.1089	0.01340	4	1.202	-941.4844

B	Y	N	C	M	Y	N	C	M	Y	N	C	M
	Delta = 0.50		A = 0.0450		Delta = 0.50		A = 0.0500		Delta = 0.50		A = 0.0550	
1	2.41421	0	0.000	-0.1716	2.41421	0	0.000	-0.1716	2.41421	0	0.000	-0.1716
2	1.36603	0	0.000	-0.5359	1.36603	0	0.000	-0.5359	1.36603	0	0.000	-0.5359
3	1.00000	0	0.000	-1.0000	1.00000	0	0.000	-1.0000	1.00000	0	0.000	-1.0000
4	0.80902	0	0.000	-1.5279	0.80902	0	0.000	-1.5279	0.80902	0	0.000	-1.5279
5	0.68990	0	0.000	-2.1010	0.68990	0	0.000	-2.1010	0.68990	0	0.000	-2.1010
6	0.60763	0	0.000	-2.7085	0.60763	0	0.000	-2.7085	0.60763	0	0.000	-2.7085
7	0.54692	0	0.000	-3.3431	0.54692	0	0.000	-3.3431	0.54692	0	0.000	-3.3431
8	0.50000	0	0.000	-4.0000	0.50000	0	0.000	-4.0000	0.50000	0	0.000	-4.0000
9	0.46248	0	0.000	-4.6754	0.46248	0	0.000	-4.6754	0.46248	0	0.000	-4.6754
10	0.43166	0	0.000	-5.3668	0.43166	0	0.000	-5.3668	0.43166	0	0.000	-5.3668
15	0.33333	0	0.000	-9.0000	0.33333	0	0.000	-9.0000	0.33333	0	0.000	-9.0000
20	0.09907	1	1.029	-12.8392	0.27913	0	0.000	-12.8348	0.27913	0	0.000	-12.8348
25	0.08444	1	1.048	-16.8218	0.24396	0	0.000	-16.8020	0.24396	0	0.000	-16.8020
30	0.07442	1	1.061	-20.8991	0.21893	0	0.000	-20.8645	0.21893	0	0.000	-20.8645
35	0.06706	1	1.071	-25.0488	0.20000	0	0.000	-25.0000	0.20000	0	0.000	-25.0000
40	0.06138	1	1.079	-29.2562	0.18508	0	0.000	-29.1938	0.18508	0	0.000	-29.1938
45	0.06592	2	1.078	-33.5123	0.17294	0	0.000	-33.4353	0.17294	0	0.000	-33.4353
50	0.06169	2	1.083	-37.8119	0.16283	0	0.000	-37.7171	0.16283	0	0.000	-37.7171
60	0.05509	2	1.091	-46.5081	0.05243	1	1.030	-46.3911	0.14684	0	0.000	-46.3795
70	0.05015	2	1.097	-55.3081	0.04763	1	1.037	-55.1716	0.13466	0	0.000	-55.1477
80	0.04628	2	1.102	-64.1905	0.04388	1	1.043	-64.0356	0.12500	0	0.000	-64.0000
90	0.04315	2	1.106	-73.1403	0.04085	1	1.047	-72.9681	0.11710	0	0.000	-72.9212
100	0.04055	2	1.110	-82.1466	0.03835	1	1.051	-81.9578	0.11050	0	0.000	-81.9002
150	0.03207	2	1.121	-127.7914	0.03021	1	1.064	-127.5295	0.08859	0	0.000	-127.4236
200	0.02726	2	1.128	-174.1171	0.02562	1	1.072	-173.7929	0.07589	0	0.000	-173.6451
250	0.02407	2	1.132	-220.8788	0.02259	1	1.077	-220.4992	0.06737	0	0.000	-220.3140
300	0.02177	2	1.136	-267.9503	0.02041	1	1.081	-267.5206	0.06116	0	0.000	-267.3013
350	0.02001	2	1.138	-315.2569	0.01874	1	1.084	-314.7808	0.05639	0	0.000	-314.5300
400	0.02123	3	1.134	-362.7539	0.02033	2	1.078	-362.2356	0.01908	1	1.023	-361.9562
450	0.01993	3	1.135	-410.4037	0.01907	2	1.080	-409.8467	0.01789	1	1.025	-409.5422
500	0.01883	3	1.137	-458.1807	0.01802	2	1.081	-457.5869	0.01690	1	1.026	-457.2588
600	0.01709	3	1.139	-554.0458	0.01634	2	1.083	-553.3836	0.01531	1	1.029	-553.0113
700	0.01574	3	1.141	-650.2431	0.01505	2	1.085	-649.5180	0.01409	1	1.031	-649.1050
800	0.01467	3	1.142	-746.7034	0.01402	2	1.087	-745.9197	0.01312	1	1.033	-745.4688
900	0.01379	3	1.143	-843.3788	0.01317	2	1.088	-842.5399	0.01232	1	1.034	-842.0534
1000	0.01305	3	1.144	-940.2341	0.01246	2	1.089	-939.3431	0.01165	1	1.036	-938.8228

	Delta = 0.75		A = 0.0001		Delta = 0.75		A = 0.0005		Delta = 0.75		A = 0.0010	
B	Y	N	C	M	Y	N	C	M	Y	N	C	M
1	0.05503	31	3.520	-0.8675	0.11454	23	3.051	-0.7431	0.16102	20	2.830	-0.6652
2	0.03802	31	3.525	-1.8104	0.07932	24	3.074	-1.6277	0.10594	20	2.847	-1.5102
3	0.03146	32	3.537	-2.7666	0.06337	24	3.079	-2.5391	0.08388	20	2.854	-2.3911
4	0.02708	32	3.539	-3.7297	0.05418	24	3.082	-3.4644	0.07135	20	2.858	-3.2907
5	0.02412	32	3.539	-4.6972	0.04804	24	3.083	-4.3986	0.06305	20	2.860	-4.2022
6	0.02195	32	3.540	-5.6678	0.04358	24	3.085	-5.3391	0.05704	20	2.862	-5.1222
7	0.02028	32	3.540	-6.6408	0.04015	24	3.086	-6.2844	0.05245	20	2.864	-6.0487
8	0.01893	32	3.541	-7.6156	0.03740	24	3.087	-7.2335	0.05050	21	2.878	-6.9802
9	0.01782	32	3.541	-8.5920	0.03515	24	3.087	-8.1856	0.04740	21	2.879	-7.9159
10	0.01689	32	3.541	-9.5696	0.03325	24	3.088	-9.1404	0.04480	21	2.880	-8.8551
15	0.01373	32	3.542	-14.4717	0.02690	24	3.090	-13.9422	0.03611	21	2.883	-13.5888
20	0.01186	32	3.543	-19.3892	0.02317	24	3.091	-18.7752	0.03104	21	2.884	-18.3643
25	0.01059	32	3.543	-24.3165	0.02064	24	3.092	-23.6280	0.02762	21	2.885	-23.1665
30	0.00965	32	3.543	-29.2507	0.01879	24	3.092	-28.4950	0.02512	21	2.886	-27.9876
35	0.00893	32	3.544	-34.1903	0.01736	24	3.093	-33.3726	0.02319	21	2.887	-32.8232
40	0.00834	32	3.544	-39.1340	0.01621	24	3.093	-38.2587	0.02164	21	2.887	-37.6701
45	0.00786	32	3.544	-44.0812	0.01526	24	3.094	-43.1518	0.02036	21	2.888	-42.5263
50	0.00745	32	3.544	-49.0312	0.01446	24	3.094	-48.0506	0.01928	21	2.888	-47.3903
60	0.00680	32	3.544	-58.9382	0.01318	24	3.094	-57.8624	0.01756	21	2.889	-57.1374
70	0.00629	32	3.544	-68.8527	0.01218	24	3.095	-67.6894	0.01622	21	2.889	-66.9048
80	0.00588	32	3.544	-78.7731	0.01138	24	3.095	-77.5283	0.01515	21	2.890	-76.6883
90	0.00554	32	3.544	-88.6984	0.01072	24	3.095	-87.3771	0.01426	21	2.890	-86.4850
100	0.00525	32	3.545	-98.6277	0.01016	24	3.095	-97.2340	0.01352	21	2.890	-96.2926
150	0.00428	32	3.545	-148.3181	0.00827	24	3.096	-146.6074	0.01099	21	2.891	-145.4504
200	0.00371	32	3.545	-198.0571	0.00715	24	3.096	-196.0791	0.00950	21	2.891	-194.7403
250	0.00331	32	3.545	-247.8271	0.00639	24	3.096	-245.6137	0.00848	21	2.892	-244.1147
300	0.00302	32	3.545	-297.6192	0.00583	24	3.097	-295.1930	0.00773	21	2.892	-293.5491
350	0.00280	32	3.545	-347.4281	0.00539	24	3.097	-344.8060	0.00715	21	2.892	-343.0290
400	0.00262	32	3.545	-397.2501	0.00504	24	3.097	-394.4459	0.00669	21	2.892	-392.5449
450	0.00247	32	3.545	-447.0830	0.00475	24	3.097	-444.1076	0.00630	21	2.893	-442.0902
500	0.00234	32	3.545	-496.9249	0.00450	24	3.097	-493.7877	0.00597	21	2.893	-491.6602
600	0.00214	32	3.545	-596.6309	0.00411	24	3.097	-593.1927	0.00545	21	2.893	-590.8603
700	0.00198	32	3.545	-696.3605	0.00380	24	3.097	-692.6455	0.00504	21	2.893	-690.1248
800	0.00185	32	3.545	-796.1089	0.00356	24	3.097	-792.1361	0.00471	21	2.893	-789.4401
900	0.00174	32	3.546	-895.8725	0.00335	24	3.097	-891.6578	0.00444	21	2.893	-888.7971
1000	0.00165	32	3.546	-995.6490	0.00318	24	3.097	-991.2053	0.00421	21	2.893	-988.1889

	Delta = 0.75	A = 0.0015			Delta = 0.75	A = 0.0020			Delta = 0.75	A = 0.0025		
B	Y	N	C	M	Y	N	C	M	Y	N	C	M
1	0.19605	18	2.689	-0.6123	0.22087	16	2.576	-0.5716	0.24794	15	2.493	-0.5384
2	0.12685	18	2.710	-1.4286	0.14663	17	2.615	-1.3647	0.16284	16	2.535	-1.3118
3	0.09976	18	2.719	-2.2875	0.11467	17	2.625	-2.2058	0.12670	16	2.547	-2.1378
4	0.08452	18	2.724	-3.1685	0.09685	17	2.631	-3.0718	0.10671	16	2.554	-2.9910
5	0.07449	18	2.727	-4.0636	0.08518	17	2.635	-3.9538	0.09367	16	2.558	-3.8616
6	0.06727	18	2.730	-4.9688	0.07681	17	2.638	-4.8470	0.08435	16	2.562	-4.7446
7	0.06413	19	2.745	-5.8816	0.07044	17	2.640	-5.7488	0.07728	16	2.564	-5.6370
8	0.05959	19	2.746	-6.8004	0.06539	17	2.642	-6.6574	0.07168	16	2.566	-6.5369
9	0.05588	19	2.748	-7.7242	0.06127	17	2.643	-7.5715	0.06711	16	2.568	-7.4428
10	0.05277	19	2.749	-8.6522	0.05782	17	2.644	-8.4903	0.06330	16	2.569	-8.3538
15	0.04243	19	2.752	-13.3365	0.04638	17	2.649	-13.1346	0.05068	16	2.574	-12.9641
20	0.03641	19	2.754	-18.0703	0.03975	17	2.651	-17.8347	0.04338	16	2.576	-17.6354
25	0.03237	19	2.756	-22.8358	0.03530	17	2.653	-22.5704	0.03850	16	2.578	-22.3459
30	0.02941	19	2.757	-27.6238	0.03206	17	2.654	-27.3315	0.03494	16	2.580	-27.0841
35	0.02713	19	2.757	-32.4289	0.02956	17	2.655	-32.1118	0.03221	16	2.581	-31.8433
40	0.02531	19	2.758	-37.2474	0.02756	17	2.656	-36.9073	0.03002	16	2.582	-36.6193
45	0.02381	19	2.759	-42.0770	0.02592	17	2.656	-41.7153	0.02822	16	2.582	-41.4088
50	0.02254	19	2.759	-46.9158	0.02453	17	2.657	-46.5336	0.02670	16	2.583	-46.2097
60	0.02051	19	2.760	-56.6159	0.02231	17	2.658	-56.1957	0.02428	16	2.584	-55.8395
70	0.01894	19	2.760	-66.3402	0.02060	17	2.658	-65.8850	0.02241	16	2.585	-65.4990
80	0.01769	19	2.761	-76.0836	0.01922	17	2.659	-75.5958	0.02091	16	2.585	-75.1821
90	0.01665	19	2.761	-85.8425	0.01809	17	2.659	-85.3242	0.01967	16	2.586	-84.8844
100	0.01577	19	2.761	-95.6145	0.01714	17	2.660	-95.0673	0.01863	16	2.586	-94.6029
150	0.01282	19	2.762	-144.6160	0.01392	17	2.661	-143.9420	0.01512	16	2.587	-143.3698
200	0.01107	19	2.763	-193.7743	0.01250	18	2.675	-192.9935	0.01305	16	2.588	-192.3303
250	0.00988	19	2.764	-243.0326	0.01116	18	2.675	-242.1578	0.01164	16	2.589	-241.4145
300	0.00901	19	2.764	-292.3622	0.01017	18	2.676	-291.4024	0.01061	16	2.589	-290.5865
350	0.00833	19	2.764	-341.7456	0.00940	18	2.676	-340.7077	0.00981	16	2.590	-339.8251
400	0.00779	19	2.764	-391.1717	0.00879	18	2.676	-390.0610	0.00917	16	2.590	-389.1164
450	0.00733	19	2.764	-440.6327	0.00828	18	2.677	-439.4537	0.00863	16	2.590	-438.4508
500	0.00695	19	2.765	-490.1229	0.00785	18	2.677	-488.8792	0.00819	16	2.590	-487.8212
600	0.00634	19	2.765	-589.1747	0.00716	18	2.677	-587.8108	0.00746	16	2.591	-586.6503
700	0.00587	19	2.765	-688.3027	0.00662	18	2.677	-686.8283	0.00720	17	2.604	-685.5736
800	0.00548	19	2.765	-787.4911	0.00619	18	2.677	-785.9138	0.00673	17	2.605	-784.5714
900	0.00517	19	2.765	-886.7289	0.00583	18	2.677	-885.0549	0.00634	17	2.605	-883.6301
1000	0.00490	19	2.765	-986.0079	0.00553	18	2.678	-984.2426	0.00601	17	2.605	-982.7398

	Delta = 0.75		A = 0.0030		Delta = 0.75		A = 0.0035		Delta = 0.75		A = 0.0040	
B	Y	N	C	M	Y	N	C	M	Y	N	C	M
1	0.27072	14	2.420	-0.5104	0.28965	13	2.354	-0.4862	0.32032	13	2.309	-0.4649
2	0.17609	15	2.466	-1.2665	0.18677	14	2.404	-1.2269	0.19509	13	2.347	-1.1916
3	0.13638	15	2.479	-2.0792	0.14401	14	2.418	-2.0276	0.14977	13	2.363	-1.9812
4	0.11455	15	2.487	-2.9211	0.12066	14	2.427	-2.8594	0.13141	14	2.386	-2.8038
5	0.10038	15	2.492	-3.7818	0.10556	14	2.432	-3.7111	0.11482	14	2.392	-3.6476
6	0.09028	15	2.495	-4.6559	0.09482	14	2.436	-4.5770	0.10304	14	2.396	-4.5062
7	0.08263	15	2.498	-5.5400	0.08670	14	2.439	-5.4537	0.09415	14	2.399	-5.3763
8	0.07658	15	2.500	-6.4321	0.08030	14	2.441	-6.3389	0.08715	14	2.402	-6.2552
9	0.07166	15	2.502	-7.3308	0.07509	14	2.443	-7.2310	0.08147	14	2.404	-7.1416
10	0.06755	15	2.504	-8.2350	0.07411	15	2.459	-8.1290	0.07673	14	2.406	-8.0340
15	0.05399	15	2.509	-12.8152	0.05915	15	2.465	-12.6825	0.06114	14	2.412	-12.5630
20	0.04617	15	2.512	-17.4612	0.05054	15	2.468	-17.3061	0.05220	14	2.415	-17.1658
25	0.04094	15	2.514	-22.1493	0.04480	15	2.470	-21.9744	0.04624	14	2.418	-21.8159
30	0.03714	15	2.515	-26.8674	0.04062	15	2.472	-26.6745	0.04191	14	2.419	-26.4995
35	0.03422	15	2.517	-31.6081	0.03742	15	2.473	-31.3986	0.03859	14	2.421	-31.2085
40	0.03189	15	2.517	-36.3667	0.03486	15	2.474	-36.1419	0.03594	14	2.422	-35.9377
45	0.02997	15	2.518	-41.1400	0.03275	15	2.475	-40.9008	0.03376	14	2.423	-40.6833
50	0.02963	16	2.533	-45.9257	0.03098	15	2.476	-45.6727	0.03193	14	2.424	-45.4427
60	0.02694	16	2.534	-55.5270	0.02815	15	2.477	-55.2486	0.02900	14	2.425	-54.9952
70	0.02485	16	2.535	-65.1604	0.02597	15	2.478	-64.8585	0.02675	14	2.426	-64.5836
80	0.02319	16	2.535	-74.8192	0.02422	15	2.478	-74.4954	0.02494	14	2.426	-74.2005
90	0.02181	16	2.536	-84.4986	0.02278	15	2.479	-84.1543	0.02346	14	2.427	-83.8407
100	0.02065	16	2.536	-94.1955	0.02157	15	2.479	-93.8318	0.02221	14	2.428	-93.5004
150	0.01676	16	2.538	-142.8679	0.01749	15	2.481	-142.4191	0.01800	14	2.429	-142.0100
200	0.01446	16	2.539	-191.7486	0.01509	15	2.482	-191.2282	0.01552	14	2.430	-190.7535
250	0.01290	16	2.539	-240.7625	0.01346	15	2.483	-240.1789	0.01384	14	2.431	-239.6465
300	0.01175	16	2.540	-289.8710	0.01226	15	2.483	-289.2303	0.01261	14	2.432	-288.6457
350	0.01086	16	2.540	-339.0511	0.01133	15	2.483	-338.3580	0.01165	14	2.432	-337.7254
400	0.01015	16	2.540	-388.2880	0.01059	15	2.484	-387.5460	0.01089	14	2.432	-386.8687
450	0.00956	16	2.540	-437.5713	0.00997	15	2.484	-436.7834	0.01025	14	2.433	-436.0641
500	0.00906	16	2.541	-486.8935	0.00945	15	2.484	-486.0621	0.00972	14	2.433	-485.3031
600	0.00826	16	2.541	-585.6327	0.00862	15	2.485	-584.7206	0.00886	14	2.433	-583.8877
700	0.00764	16	2.541	-684.4732	0.00797	15	2.485	-683.4869	0.00819	14	2.433	-682.5862
800	0.00714	16	2.541	-783.3941	0.00745	15	2.485	-782.3386	0.00765	14	2.434	-781.3747
900	0.00673	16	2.542	-882.3805	0.00701	15	2.485	-881.2601	0.00721	14	2.434	-880.2368
1000	0.00638	16	2.542	-981.4218	0.00665	15	2.485	-980.2400	0.00684	14	2.434	-979.1606

	Delta = 0.75		A = 0.0045		Delta = 0.75		A = 0.0050		Delta = 0.75		A = 0.0055	
B	Y	N	C	M	Y	N	C	M	Y	N	C	M
1	0.33387	12	2.253	-0.4460	0.34405	11	2.200	-0.4289	0.37108	11	2.165	-0.4135
2	0.21163	13	2.309	-1.1596	0.21660	12	2.259	-1.1308	0.23168	12	2.227	-1.1040
3	0.16194	13	2.326	-1.9395	0.16506	12	2.277	-1.9012	0.17604	12	2.246	-1.8660
4	0.13510	13	2.335	-2.7537	0.13739	12	2.288	-2.7073	0.14629	12	2.257	-2.6650
5	0.11786	13	2.341	-3.5899	0.12607	13	2.309	-3.5366	0.12729	12	2.264	-3.4878
6	0.10566	13	2.346	-4.4418	0.11292	13	2.313	-4.3823	0.11390	12	2.269	-4.3275
7	0.09646	13	2.349	-5.3055	0.10304	13	2.317	-5.2404	0.10384	12	2.273	-5.1801
8	0.08923	13	2.352	-6.1787	0.09527	13	2.320	-6.1082	0.09595	12	2.276	-6.0428
9	0.08336	13	2.355	-7.0595	0.08896	13	2.322	-6.9840	0.08956	12	2.279	-6.9138
10	0.07848	13	2.356	-7.9468	0.08372	13	2.324	-7.8666	0.08424	12	2.281	-7.7918
15	0.06244	13	2.363	-12.4529	0.06654	13	2.331	-12.3521	0.06686	12	2.288	-12.2574
20	0.05326	13	2.367	-17.0365	0.05672	13	2.335	-16.9183	0.06005	13	2.307	-16.8070
25	0.04955	14	2.383	-21.6697	0.05019	13	2.338	-21.5360	0.05311	13	2.309	-21.4102
30	0.04490	14	2.385	-26.3382	0.04546	13	2.340	-26.1904	0.04809	13	2.311	-26.0514
35	0.04133	14	2.387	-31.0333	0.04184	13	2.341	-30.8725	0.04425	13	2.313	-30.7215
40	0.03848	14	2.388	-35.7495	0.03894	13	2.343	-35.5767	0.04118	13	2.314	-35.4144
45	0.03615	14	2.389	-40.4830	0.03657	13	2.344	-40.2988	0.03866	13	2.315	-40.1260
50	0.03418	14	2.389	-45.2309	0.03458	13	2.344	-45.0360	0.03655	13	2.316	-44.8532
60	0.03104	14	2.391	-54.7620	0.03139	13	2.346	-54.5471	0.03318	13	2.318	-54.3457
70	0.02862	14	2.392	-64.3308	0.02894	13	2.347	-64.0975	0.03058	13	2.319	-63.8791
80	0.02669	14	2.393	-73.9294	0.02698	13	2.348	-73.6790	0.02851	13	2.320	-73.4447
90	0.02510	14	2.393	-83.5524	0.02537	13	2.348	-83.2860	0.02680	13	2.320	-83.0367
100	0.02376	14	2.394	-93.1958	0.02401	13	2.349	-92.9142	0.02536	13	2.321	-92.6509
150	0.01925	14	2.396	-141.6342	0.01945	13	2.351	-141.2860	0.02054	13	2.323	-140.9609
200	0.01660	14	2.397	-190.3176	0.01676	13	2.352	-189.9134	0.01770	13	2.324	-189.5361
250	0.01480	14	2.397	-239.1577	0.01494	13	2.353	-238.7041	0.01578	13	2.325	-238.2809
300	0.01348	14	2.398	-288.1090	0.01361	13	2.354	-287.6107	0.01437	13	2.326	-287.1460
350	0.01246	14	2.398	-337.1447	0.01258	13	2.354	-336.6053	0.01328	13	2.326	-336.1024
400	0.01164	14	2.399	-386.2471	0.01175	13	2.354	-385.6695	0.01240	13	2.327	-385.1310
450	0.01096	14	2.399	-435.4040	0.01106	13	2.355	-434.7905	0.01167	13	2.327	-434.2187
500	0.01038	14	2.399	-484.6067	0.01048	13	2.355	-483.9592	0.01106	13	2.327	-483.3558
600	0.00946	14	2.400	-583.1236	0.00955	13	2.355	-582.4129	0.01008	13	2.328	-581.7508
700	0.00875	14	2.400	-681.7598	0.00883	13	2.356	-680.9910	0.00932	13	2.328	-680.2749
800	0.00818	14	2.400	-780.4904	0.00825	13	2.356	-779.6675	0.00871	13	2.328	-778.9012
900	0.00770	14	2.400	-879.2981	0.00777	13	2.356	-878.4245	0.00820	13	2.328	-877.6109
1000	0.00730	14	2.401	-978.1705	0.00737	13	2.356	-977.2488	0.00778	13	2.329	-976.3906

	Delta = 0.75		A = 0.0060		Delta = 0.75		A = 0.0065		Delta = 0.75		A = 0.0070	
B	Y	N	C	M	Y	N	C	M	Y	N	C	M
1	0.37639	10	2.117	-0.3993	0.40178	10	2.087	-0.3865	0.42710	10	2.058	-0.3744
2	0.23359	11	2.183	-1.0796	0.24747	11	2.155	-1.0567	0.24644	10	2.114	-1.0354
3	0.17678	11	2.203	-1.8331	0.18678	11	2.176	-1.8029	0.19658	11	2.151	-1.7742
4	0.15494	12	2.229	-2.6252	0.15464	11	2.188	-2.5884	0.16252	11	2.163	-2.5537
5	0.13468	12	2.236	-3.4420	0.13423	11	2.196	-3.3993	0.14094	11	2.171	-3.3593
6	0.12042	12	2.241	-4.2763	0.11989	11	2.201	-4.2282	0.12580	11	2.177	-4.1834
7	0.10973	12	2.246	-5.1239	0.10916	11	2.206	-5.0708	0.11449	11	2.182	-5.0216
8	0.10135	12	2.249	-5.9820	0.10659	12	2.224	-5.9242	0.10563	11	2.185	-5.8709
9	0.09456	12	2.252	-6.8486	0.09941	12	2.226	-6.7868	0.09848	11	2.188	-6.7294
10	0.08892	12	2.254	-7.7225	0.09346	12	2.229	-7.6567	0.09254	11	2.191	-7.5954
15	0.07050	12	2.261	-12.1700	0.07403	12	2.237	-12.0870	0.07320	11	2.199	-12.0087
20	0.06002	12	2.266	-16.7040	0.06299	12	2.241	-16.6065	0.06223	11	2.204	-16.5139
25	0.05306	12	2.269	-21.2935	0.05566	12	2.244	-21.1831	0.05497	11	2.207	-21.0779
30	0.04802	12	2.271	-25.9222	0.05037	12	2.246	-25.8003	0.05264	12	2.224	-25.6838
35	0.04417	12	2.273	-30.5808	0.04632	12	2.248	-30.4482	0.04840	12	2.225	-30.3215
40	0.04110	12	2.274	-35.2630	0.04309	12	2.250	-35.1205	0.04502	12	2.227	-34.9843
45	0.03858	12	2.275	-39.9645	0.04044	12	2.251	-39.8127	0.04225	12	2.228	-39.6676
50	0.03646	12	2.276	-44.6822	0.03822	12	2.252	-44.5215	0.03992	12	2.229	-44.3680
60	0.03309	12	2.277	-54.1571	0.03468	12	2.253	-53.9800	0.03622	12	2.231	-53.8108
70	0.03050	12	2.279	-63.6742	0.03196	12	2.254	-63.4820	0.03337	12	2.232	-63.2983
80	0.02842	12	2.280	-73.2247	0.02978	12	2.255	-73.0185	0.03109	12	2.233	-72.8213
90	0.02671	12	2.280	-82.8025	0.02799	12	2.256	-82.5831	0.02922	12	2.234	-82.3733
100	0.02528	12	2.281	-92.4032	0.02648	12	2.257	-92.1713	0.02764	12	2.234	-91.9496
150	0.02046	12	2.283	-140.6543	0.02143	12	2.259	-140.3678	0.02237	12	2.237	-140.0938
200	0.01763	12	2.284	-189.1798	0.01846	12	2.260	-188.8473	0.01926	12	2.238	-188.5292
250	0.01571	12	2.285	-237.8808	0.01645	12	2.261	-237.5077	0.01717	12	2.239	-237.1507
300	0.01431	12	2.286	-286.7063	0.01498	12	2.262	-286.2966	0.01563	12	2.240	-285.9045
350	0.01322	12	2.286	-335.6263	0.01384	12	2.263	-335.1828	0.01444	12	2.240	-334.7584
400	0.01235	12	2.287	-384.6211	0.01292	12	2.263	-384.1462	0.01348	12	2.241	-383.6917
450	0.01162	12	2.287	-433.6769	0.01217	12	2.263	-433.1725	0.01269	12	2.241	-432.6898
500	0.01101	12	2.287	-482.7839	0.01153	12	2.264	-482.2516	0.01203	12	2.241	-481.7422
600	0.01004	12	2.288	-581.1230	0.01051	12	2.264	-580.5388	0.01096	12	2.242	-579.9797
700	0.00928	12	2.288	-679.5956	0.00971	12	2.264	-678.9637	0.01013	12	2.242	-678.3590
800	0.00867	12	2.289	-778.1739	0.00907	12	2.265	-777.4977	0.00946	12	2.243	-776.8504
900	0.00817	12	2.289	-876.8387	0.00855	12	2.265	-876.1207	0.00891	12	2.243	-875.4335
1000	0.00774	12	2.289	-975.5758	0.00810	12	2.265	-974.8183	0.00845	12	2.243	-974.0933

B	Delta = 0.75 A = 0.0075 Y	N	C	M	Delta = 0.75 A = 0.0080 Y	N	C	M	Delta = 0.75 A = 0.0085 Y	N	C	M
1	0.42615	9	2.016	-0.3635	0.45001	9	1.990	-0.3532	0.47387	9	1.965	-0.3434
2	0.25926	10	2.089	-1.0156	0.27192	10	2.066	-0.9968	0.26717	9	2.029	-0.9791
3	0.19442	10	2.112	-1.7474	0.20343	10	2.090	-1.7222	0.21230	10	2.068	-1.6982
4	0.17024	11	2.140	-2.5207	0.16759	10	2.103	-2.4902	0.17467	10	2.082	-2.4609
5	0.14750	11	2.148	-3.3212	0.14500	10	2.112	-3.2854	0.15100	10	2.092	-3.2516
6	0.13158	11	2.155	-4.1407	0.12922	10	2.119	-4.1002	0.13449	10	2.098	-4.0622
7	0.11968	11	2.159	-4.9746	0.11744	10	2.124	-4.9297	0.12218	10	2.103	-4.8880
8	0.11039	11	2.163	-5.8200	0.11503	11	2.142	-5.7712	0.11258	10	2.107	-5.7257
9	0.10287	11	2.166	-6.6747	0.10717	11	2.145	-6.6224	0.10484	10	2.111	-6.5733
10	0.09665	11	2.169	-7.5373	0.10066	11	2.148	-7.4815	0.09843	10	2.113	-7.4290
15	0.07639	11	2.177	-11.9352	0.07949	11	2.156	-11.8646	0.07763	10	2.123	-11.7971
20	0.06491	11	2.182	-16.4274	0.06751	11	2.162	-16.3443	0.07006	11	2.142	-16.2644
25	0.05731	11	2.185	-20.9799	0.05959	11	2.165	-20.8859	0.06182	11	2.146	-20.7952
30	0.05183	11	2.188	-25.5753	0.05388	11	2.167	-25.4713	0.05588	11	2.148	-25.3711
35	0.04763	11	2.190	-30.2032	0.04951	11	2.169	-30.0900	0.05134	11	2.150	-29.9809
40	0.04430	11	2.191	-34.8569	0.04604	11	2.171	-34.7351	0.04773	11	2.152	-34.6178
45	0.04156	11	2.192	-39.5316	0.04319	11	2.172	-39.4018	0.04478	11	2.153	-39.2767
50	0.03927	11	2.193	-44.2238	0.04080	11	2.173	-44.0865	0.04230	11	2.154	-43.9541
60	0.03562	11	2.195	-53.6515	0.03700	11	2.175	-53.5000	0.03835	11	2.156	-53.3540
70	0.03281	11	2.196	-63.1251	0.03408	11	2.176	-62.9606	0.03532	11	2.158	-62.8021
80	0.03056	11	2.197	-72.6352	0.03175	11	2.177	-72.4586	0.03290	11	2.159	-72.2885
90	0.02872	11	2.198	-82.1750	0.02983	11	2.178	-81.9871	0.03091	11	2.160	-81.8060
100	0.02717	11	2.199	-91.7397	0.02822	11	2.179	-91.5411	0.02923	11	2.160	-91.3496
150	0.02197	11	2.202	-139.8334	0.02281	11	2.182	-139.5878	0.02363	11	2.163	-139.3510
200	0.01892	11	2.203	-188.2263	0.01964	11	2.183	-187.9410	0.02034	11	2.164	-187.6659
250	0.01686	11	2.204	-236.8103	0.01750	11	2.184	-236.4902	0.01812	11	2.165	-236.1814
300	0.01535	11	2.205	-285.5302	0.01593	11	2.185	-285.1785	0.01649	11	2.166	-284.8392
350	0.01418	11	2.205	-334.3530	0.01471	11	2.185	-333.9722	0.01524	11	2.167	-333.6049
400	0.01324	11	2.206	-383.2573	0.01374	11	2.186	-382.8495	0.01423	11	2.167	-382.4561
450	0.01246	11	2.206	-432.2281	0.01293	11	2.186	-431.7949	0.01339	11	2.168	-431.3771
500	0.01181	11	2.206	-481.2547	0.01225	11	2.187	-480.7976	0.01269	11	2.168	-480.3565
600	0.01076	11	2.207	-579.4443	0.01116	11	2.187	-578.9425	0.01156	11	2.169	-578.4583
700	0.00994	11	2.207	-677.7794	0.01032	11	2.188	-677.2365	0.01068	11	2.169	-676.7128
800	0.00929	11	2.208	-776.2298	0.00964	11	2.188	-775.6487	0.00998	11	2.169	-775.0880
900	0.00875	11	2.208	-874.7743	0.00908	11	2.188	-874.1573	0.00940	11	2.170	-873.5620
1000	0.00829	11	2.208	-973.3977	0.00861	11	2.188	-972.7468	0.00891	11	2.170	-972.1187

	Delta = 0.75		A = 0.0090		Delta = 0.75		A = 0.0095		Delta = 0.75		A = 0.0100	
B	Y	N	C	M	Y	N	C	M	Y	N	C	M
1	0.46657	8	1.926	-0.3346	0.48903	8	1.903	-0.3262	0.51152	8	1.881	-0.3182
2	0.27891	9	2.008	-0.9627	0.29055	9	1.987	-0.9469	0.30208	9	1.968	-0.9317
3	0.20736	9	2.034	-1.6753	0.21553	9	2.014	-1.6540	0.22361	9	1.995	-1.6335
4	0.18164	10	2.063	-2.4329	0.17673	9	2.029	-2.4064	0.18314	9	2.011	-2.3814
5	0.15690	10	2.072	-3.2192	0.16271	10	2.053	-3.1879	0.15785	9	2.021	-3.1588
6	0.13966	10	2.079	-4.0258	0.14475	10	2.060	-3.9906	0.14029	9	2.028	-3.9574
7	0.12683	10	2.084	-4.8478	0.13139	10	2.066	-4.8091	0.12724	9	2.034	-4.7721
8	0.11682	10	2.088	-5.6821	0.12099	10	2.070	-5.6401	0.11709	9	2.039	-5.5995
9	0.10876	10	2.092	-6.5264	0.11260	10	2.074	-6.4813	0.11638	10	2.056	-6.4376
10	0.10209	10	2.094	-7.3792	0.10567	10	2.076	-7.3310	0.10919	10	2.059	-7.2845
15	0.08045	10	2.104	-11.7338	0.08321	10	2.086	-11.6727	0.08592	10	2.069	-11.6136
20	0.06824	10	2.109	-16.1894	0.07055	10	2.092	-16.1174	0.07282	10	2.075	-16.0476
25	0.06019	10	2.113	-20.7097	0.06221	10	2.096	-20.6280	0.06419	10	2.079	-20.5489
30	0.05438	10	2.116	-25.2760	0.05620	10	2.098	-25.1855	0.05798	10	2.082	-25.0980
35	0.04995	10	2.118	-29.8771	0.05161	10	2.100	-29.7786	0.05324	10	2.084	-29.6832
40	0.04643	10	2.120	-34.5057	0.04797	10	2.102	-34.3998	0.04947	10	2.086	-34.2971
45	0.04354	10	2.121	-39.1569	0.04498	10	2.104	-39.0439	0.04639	10	2.087	-38.9345
50	0.04113	10	2.122	-43.8270	0.04248	10	2.105	-43.7074	0.04381	10	2.088	-43.5915
60	0.03728	10	2.124	-53.2133	0.03850	10	2.107	-53.0814	0.03970	10	2.090	-52.9535
70	0.03652	11	2.140	-62.6490	0.03545	10	2.108	-62.5057	0.03654	10	2.092	-62.3667
80	0.03402	11	2.141	-72.1241	0.03301	10	2.109	-71.9698	0.03403	10	2.093	-71.8206
90	0.03196	11	2.142	-81.6310	0.03100	10	2.110	-81.4664	0.03196	10	2.094	-81.3076
100	0.03023	11	2.142	-91.1646	0.02932	10	2.111	-90.9904	0.03022	10	2.095	-90.8224
150	0.02443	11	2.145	-139.1221	0.02369	10	2.114	-138.9053	0.02441	10	2.098	-138.6974
200	0.02103	11	2.147	-187.4001	0.02039	10	2.116	-187.1474	0.02101	10	2.099	-186.9058
250	0.01873	11	2.148	-235.8829	0.01816	10	2.117	-235.5986	0.01871	10	2.100	-235.3273
300	0.01705	11	2.149	-284.5112	0.01652	10	2.118	-284.1983	0.01702	10	2.101	-283.9002
350	0.01574	11	2.149	-333.2499	0.01526	10	2.118	-332.9107	0.01572	10	2.102	-332.5879
400	0.01470	11	2.150	-382.0758	0.01425	10	2.119	-381.7121	0.01468	10	2.102	-381.3664
450	0.01384	11	2.150	-430.9731	0.01341	10	2.119	-430.5864	0.01381	10	2.103	-430.2191
500	0.01311	11	2.150	-479.9301	0.01270	10	2.119	-479.5217	0.01309	10	2.103	-479.1340
600	0.01194	11	2.151	-577.9903	0.01157	10	2.120	-577.5414	0.01192	10	2.104	-577.1157
700	0.01104	11	2.151	-676.2064	0.01069	10	2.120	-675.7203	0.01102	10	2.104	-675.2597
800	0.01031	11	2.152	-774.5459	0.00999	10	2.121	-774.0253	0.01029	10	2.105	-773.5322
900	0.00971	11	2.152	-872.9864	0.00941	10	2.121	-872.4333	0.00969	10	2.105	-871.9097
1000	0.00920	11	2.152	-971.5114	0.00892	10	2.121	-970.9275	0.00918	10	2.105	-970.3751

	Delta = 0.75		A = 0.0150		Delta = 0.75		A = 0.0200		Delta = 0.75		A = 0.0250	
B	Y	N	C	M	Y	N	C	M	Y	N	C	M
1	0.63740	6	1.667	-0.2593	0.69581	4	1.495	-0.2234	0.77192	3	1.361	-0.1997
2	0.35941	7	1.777	-0.8144	0.38020	5	1.626	-0.7349	0.41123	4	1.512	-0.6771
3	0.26000	7	1.813	-1.4699	0.29700	6	1.682	-1.3545	0.32074	5	1.573	-1.2682
4	0.21025	7	1.833	-2.1779	0.23779	6	1.706	-2.0327	0.25446	5	1.601	-1.9219
5	0.17972	7	1.846	-2.9199	0.20195	6	1.722	-2.7481	0.21482	5	1.619	-2.6153
6	0.17192	8	1.869	-3.6863	0.17759	6	1.733	-3.4902	0.18810	5	1.632	-3.3373
7	0.15532	8	1.876	-4.4720	0.15979	6	1.741	-4.2527	0.16870	5	1.642	-4.0811
8	0.14249	8	1.881	-5.2724	0.14612	6	1.748	-5.0313	0.15387	5	1.649	-4.8423
9	0.13222	8	1.886	-6.0848	0.13523	6	1.753	-5.8233	0.15765	6	1.666	-5.6182
10	0.12376	8	1.890	-6.9073	0.13833	7	1.770	-6.6265	0.14707	6	1.671	-6.4066
15	0.09665	8	1.902	-11.1291	0.10738	7	1.785	-10.7661	0.11356	6	1.688	-10.4787
20	0.08155	8	1.909	-15.4726	0.09030	7	1.793	-15.0399	0.09520	6	1.698	-14.6953
25	0.07168	8	1.914	-19.8939	0.07919	7	1.799	-19.3997	0.08331	6	1.704	-19.0046
30	0.06460	8	1.918	-24.3705	0.07125	7	1.803	-23.8208	0.07485	6	1.709	-23.3798
35	0.05922	8	1.921	-28.8892	0.06523	7	1.806	-28.2882	0.06845	6	1.712	-27.8051
40	0.05496	8	1.923	-33.4411	0.06048	7	1.809	-32.7924	0.06340	6	1.715	-32.2700
45	0.05148	8	1.925	-38.0202	0.05660	7	1.811	-37.3267	0.05929	6	1.717	-36.7674
50	0.04857	8	1.926	-42.6221	0.05337	7	1.813	-41.8861	0.05586	6	1.719	-41.2919
60	0.04394	8	1.929	-51.8815	0.04823	7	1.815	-51.0667	0.05044	6	1.723	-50.4074
70	0.04041	8	1.930	-61.2004	0.04431	7	1.818	-60.3130	0.04631	6	1.725	-59.5939
80	0.03759	8	1.932	-70.5664	0.04120	7	1.819	-69.6114	0.04302	6	1.727	-68.8366
90	0.03528	8	1.933	-79.9709	0.03864	7	1.821	-78.9524	0.04033	6	1.729	-78.1253
100	0.03334	8	1.934	-89.4077	0.03650	7	1.822	-88.3291	0.03808	6	1.730	-87.4524
150	0.02688	8	1.938	-136.9407	0.02938	7	1.826	-135.5989	0.03060	6	1.735	-134.5053
200	0.02310	8	1.940	-184.8608	0.02522	7	1.828	-183.2970	0.02625	6	1.737	-182.0204
250	0.02055	8	1.941	-233.0282	0.02243	7	1.830	-231.2689	0.02333	6	1.739	-229.8309
300	0.01869	8	1.942	-281.3714	0.02039	7	1.831	-279.4353	0.02120	6	1.741	-277.8515
350	0.01725	8	1.943	-329.8478	0.01881	7	1.832	-327.7491	0.01955	6	1.742	-326.0311
400	0.01610	8	1.944	-378.4297	0.01755	7	1.833	-376.1796	0.01824	6	1.742	-374.3367
450	0.01515	8	1.944	-427.0977	0.01651	7	1.834	-424.7054	0.01715	6	1.743	-422.7453
500	0.01435	8	1.945	-475.8379	0.01563	7	1.834	-473.3111	0.01624	6	1.744	-471.2400
600	0.01306	8	1.945	-573.4947	0.01423	7	1.835	-570.7178	0.01478	6	1.745	-568.4403
700	0.01207	8	1.946	-671.3399	0.01314	7	1.836	-668.3329	0.01364	6	1.745	-665.8657
800	0.01127	8	1.946	-769.3343	0.01227	7	1.836	-766.1131	0.01274	6	1.746	-763.4693
900	0.01061	8	1.947	-867.4505	0.01155	7	1.837	-864.0283	0.01199	6	1.746	-861.2185
1000	0.01005	8	1.947	-965.6688	0.01094	7	1.837	-962.0563	0.01136	6	1.747	-959.0896

	Delta = 0.75		A = 0.0300		Delta = 0.75		A = 0.0350		Delta = 0.75		A = 0.0400	
B	Y	N	C	M	Y	N	C	M	Y	N	C	M
1	0.80788	2	1.242	-0.1843	0.80292	1	1.128	-0.1750	2.41421	0	0.000	-0.1716
2	0.42277	3	1.414	-0.6331	0.48467	3	1.334	-0.6000	0.46727	2	1.254	-0.5752
3	0.33134	4	1.480	-1.2015	0.32822	3	1.399	-1.1479	0.36706	3	1.332	-1.1047
4	0.26053	4	1.512	-1.8341	0.29392	4	1.441	-1.7618	0.28462	3	1.370	-1.7053
5	0.21864	4	1.532	-2.5083	0.24586	4	1.463	-2.4221	0.23666	3	1.395	-2.3504
6	0.21482	5	1.555	-3.2131	0.21387	4	1.479	-3.1137	0.20496	3	1.413	-3.0278
7	0.19228	5	1.566	-3.9425	0.19086	4	1.491	-3.8292	0.18228	3	1.426	-3.7301
8	0.17510	5	1.574	-4.6902	0.17339	4	1.500	-4.5639	0.19109	4	1.441	-4.4541
9	0.16150	5	1.581	-5.4529	0.15962	4	1.508	-5.3143	0.17574	4	1.449	-5.1950
10	0.15042	5	1.587	-6.2283	0.14842	4	1.514	-6.0780	0.16328	4	1.456	-5.9496
15	0.11554	5	1.605	-10.2427	0.11339	4	1.535	-10.0404	0.12440	4	1.478	-9.8721
20	0.09657	5	1.616	-14.4102	0.10701	5	1.554	-14.1645	0.10349	4	1.491	-13.9614
25	0.08434	5	1.623	-18.6761	0.09335	5	1.562	-18.3946	0.09010	4	1.499	-18.1581
30	0.07566	5	1.629	-23.0120	0.08367	5	1.568	-22.6981	0.08065	4	1.505	-22.4311
35	0.06911	5	1.633	-27.4010	0.07639	5	1.572	-27.0572	0.07354	4	1.510	-26.7623
40	0.06396	5	1.636	-31.8321	0.07065	5	1.575	-31.4606	0.06796	4	1.514	-31.1395
45	0.05977	5	1.638	-36.2977	0.06600	5	1.578	-35.9000	0.06343	4	1.517	-35.5543
50	0.05628	5	1.641	-40.7922	0.06212	5	1.581	-40.3697	0.05967	4	1.520	-40.0007
60	0.05077	5	1.644	-49.8517	0.05601	5	1.584	-49.3832	0.05374	4	1.524	-48.9708
70	0.04657	5	1.647	-58.9866	0.05135	5	1.587	-58.4759	0.04924	4	1.527	-58.0234
80	0.04324	5	1.649	-68.1813	0.04767	5	1.590	-67.6311	0.04568	4	1.529	-67.1415
90	0.04052	5	1.651	-77.4249	0.04465	5	1.591	-76.8377	0.04277	4	1.532	-76.3130
100	0.03824	5	1.652	-86.7094	0.04213	5	1.593	-86.0871	0.04034	4	1.533	-85.5293
150	0.03421	6	1.667	-133.5793	0.03378	5	1.599	-132.7994	0.03230	4	1.539	-132.0961
200	0.02934	6	1.670	-180.9407	0.02894	5	1.602	-180.0272	0.02765	4	1.543	-179.2012
250	0.02606	6	1.672	-228.6158	0.02570	5	1.604	-227.5846	0.02790	5	1.552	-226.6516
300	0.02367	6	1.674	-276.5139	0.02333	5	1.606	-275.3761	0.02533	5	1.554	-274.3485
350	0.02183	6	1.675	-324.5809	0.02151	5	1.607	-323.3452	0.02335	5	1.555	-322.2305
400	0.02036	6	1.676	-372.7817	0.02006	5	1.608	-371.4547	0.02176	5	1.556	-370.2590
450	0.01914	6	1.677	-421.0918	0.01886	5	1.609	-419.6792	0.02046	5	1.557	-418.4073
500	0.01812	6	1.677	-469.4934	0.01785	5	1.609	-467.9998	0.01936	5	1.558	-466.6559
600	0.01649	6	1.678	-566.5205	0.01623	5	1.610	-564.8761	0.01761	5	1.559	-563.3984
700	0.01522	6	1.679	-663.7866	0.01498	5	1.611	-662.0036	0.01625	5	1.560	-660.4027
800	0.01421	6	1.680	-761.2419	0.01398	5	1.612	-759.3298	0.01517	5	1.561	-757.6143
900	0.01337	6	1.680	-858.8519	0.01316	5	1.612	-856.8186	0.01427	5	1.561	-854.9954
1000	0.01267	6	1.681	-956.5913	0.01246	5	1.613	-954.4433	0.01351	5	1.562	-952.5183

	Delta = 0.75		A = 0.0450		Delta = 0.75		A = 0.0500		Delta = 0.75		A = 0.0550	
B	Y	N	C	M	Y	N	C	M	Y	N	C	M
1	2.41421	0	0.000	-0.1716	2.41421	0	0.000	-0.1716	2.41421	0	0.000	-0.1716
2	0.52119	2	1.186	-0.5550	0.47523	1	1.114	-0.5438	1.36603	0	0.000	-0.5359
3	0.34386	2	1.266	-1.0711	0.37720	2	1.207	-1.0434	0.33361	1	1.150	-1.0233
4	0.31311	3	1.311	-1.6551	0.28822	2	1.254	-1.6184	0.31258	2	1.201	-1.5851
5	0.25967	3	1.338	-2.2900	0.23726	2	1.284	-2.2397	0.25679	2	1.233	-2.1992
6	0.22449	3	1.357	-2.9580	0.20398	2	1.305	-2.8947	0.22045	2	1.255	-2.8475
7	0.19938	3	1.371	-3.6515	0.21607	3	1.320	-3.5792	0.19474	2	1.272	-3.5225
8	0.18045	3	1.382	-4.3654	0.19536	3	1.332	-4.2855	0.17549	2	1.285	-4.2188
9	0.16560	3	1.391	-5.0961	0.17914	3	1.341	-5.0091	0.16047	2	1.296	-4.9327
10	0.15359	3	1.399	-5.8410	0.16604	3	1.349	-5.7471	0.14838	2	1.305	-5.6616
15	0.11632	3	1.423	-9.7202	0.12548	3	1.375	-9.5961	0.13439	3	1.331	-9.4806
20	0.11215	4	1.441	-13.7759	0.10390	3	1.390	-13.6225	0.11114	3	1.346	-13.4829
25	0.09755	4	1.449	-17.9448	0.09017	3	1.400	-17.7632	0.09638	3	1.357	-17.6023
30	0.08726	4	1.456	-22.1928	0.08052	3	1.407	-21.9854	0.08603	3	1.364	-21.8053
35	0.07953	4	1.461	-26.5009	0.07329	3	1.412	-26.2697	0.07827	3	1.370	-26.0717
40	0.07346	4	1.465	-30.8566	0.06764	3	1.417	-30.6031	0.07221	3	1.374	-30.3885
45	0.06855	4	1.468	-35.2512	0.06306	3	1.420	-34.9768	0.06730	3	1.378	-34.7466
50	0.06447	4	1.471	-39.6785	0.05926	3	1.423	-39.3842	0.06324	3	1.381	-39.1392
60	0.05804	4	1.475	-48.6129	0.05329	3	1.428	-48.2816	0.05684	3	1.386	-48.0091
70	0.05316	4	1.479	-57.6327	0.05691	4	1.435	-57.2693	0.05200	3	1.390	-56.9695
80	0.04930	4	1.481	-66.7202	0.05276	4	1.438	-66.3282	0.04818	3	1.393	-66.0015
90	0.04615	4	1.483	-75.8630	0.04938	4	1.440	-75.4442	0.04507	3	1.395	-75.0922
100	0.04352	4	1.485	-85.0522	0.04656	4	1.442	-84.6080	0.04247	3	1.398	-84.2319
150	0.03482	4	1.492	-131.5000	0.03723	4	1.448	-130.9448	0.03391	3	1.405	-130.4633
200	0.02980	4	1.495	-178.5047	0.03185	4	1.452	-177.8558	0.02898	3	1.409	-177.2852
250	0.02644	4	1.498	-225.8655	0.02825	4	1.455	-225.1339	0.02569	3	1.412	-224.4847
300	0.02399	4	1.500	-273.4792	0.02563	4	1.457	-272.6729	0.02330	3	1.414	-271.9526
350	0.02211	4	1.501	-321.2846	0.02362	4	1.458	-320.4097	0.02146	3	1.415	-319.6239
400	0.02060	4	1.502	-369.2419	0.02201	4	1.459	-368.3030	0.01999	3	1.417	-367.4563
450	0.01936	4	1.503	-417.3232	0.02068	4	1.460	-416.3243	0.01878	3	1.418	-415.4204
500	0.01832	4	1.504	-465.5085	0.01957	4	1.461	-464.4528	0.01777	3	1.419	-463.4946
600	0.01666	4	1.505	-562.1331	0.01779	4	1.462	-560.9717	0.01615	3	1.420	-559.9128
700	0.01537	4	1.506	-659.0291	0.01641	4	1.464	-657.7705	0.01489	3	1.421	-656.6188
800	0.01434	4	1.507	-756.1398	0.01531	4	1.464	-754.7908	0.01389	3	1.422	-753.5528
900	0.01349	4	1.508	-853.4261	0.01441	4	1.465	-851.9921	0.01307	3	1.423	-850.6731
1000	0.01278	4	1.508	-950.8594	0.01364	4	1.466	-949.3451	0.01237	3	1.423	-947.9493

B	Delta = 0.75 A = 0.0600 Y	N	C	M	Delta = 0.75 A = 0.0650 Y	N	C	M	Delta = 0.75 A = 0.0700 Y	N	C	M
1	2.41421	0	0.000	-0.1716	2.41421	0	0.000	-0.1716	2.41421	0	0.000	-0.1716
2	1.36603	0	0.000	-0.5359	1.36603	0	0.000	-0.5359	1.36603	0	0.000	-0.5359
3	0.36268	1	1.095	-1.0089	1.00000	0	0.000	-1.0000	1.00000	0	0.000	-1.0000
4	0.27157	1	1.152	-1.5612	0.29274	1	1.102	-1.5435	0.80902	0	0.000	-1.5279
5	0.27612	2	1.185	-2.1616	0.23721	1	1.141	-2.1384	0.25403	1	1.095	-2.1180
6	0.23672	2	1.209	-2.8038	0.20156	1	1.168	-2.7682	0.21561	1	1.123	-2.7442
7	0.20889	2	1.226	-3.4729	0.22287	2	1.183	-3.4266	0.18879	1	1.145	-3.3979
8	0.18809	2	1.240	-4.1638	0.20052	2	1.197	-4.1123	0.16892	1	1.161	-4.0738
9	0.17188	2	1.251	-4.8725	0.18313	2	1.209	-4.8162	0.15355	1	1.175	-4.7681
10	0.15885	2	1.260	-5.5964	0.16916	2	1.219	-5.5354	0.17933	2	1.179	-5.4780
15	0.11889	2	1.291	-9.3818	0.12640	2	1.250	-9.3002	0.13378	2	1.212	-9.2233
20	0.09788	2	1.308	-13.3531	0.10396	2	1.268	-13.2540	0.10994	2	1.231	-13.1605
25	0.10243	3	1.317	-17.4514	0.08982	2	1.280	-17.3300	0.09493	2	1.243	-17.2217
30	0.09137	3	1.324	-21.6361	0.07995	2	1.288	-21.4933	0.08446	2	1.252	-21.3717
35	0.08311	3	1.330	-25.8858	0.07259	2	1.295	-25.7231	0.07666	2	1.259	-25.5891
40	0.07664	3	1.335	-30.1870	0.06686	2	1.300	-30.0056	0.07058	2	1.264	-29.8601
45	0.07142	3	1.339	-34.5303	0.06223	2	1.305	-34.3314	0.06569	2	1.268	-34.1750
50	0.06709	3	1.342	-38.9090	0.05840	2	1.308	-38.6933	0.06163	2	1.272	-38.5267
60	0.06029	3	1.347	-47.7530	0.06363	3	1.311	-47.5108	0.05528	2	1.278	-47.3202
70	0.05514	3	1.351	-56.6894	0.05819	3	1.315	-56.4247	0.05049	2	1.283	-56.2102
80	0.05108	3	1.354	-65.6992	0.05389	3	1.318	-65.4134	0.04672	2	1.286	-65.1765
90	0.04777	3	1.357	-74.7690	0.05039	3	1.321	-74.4633	0.04365	2	1.289	-74.2054
100	0.04501	3	1.359	-83.8890	0.04748	3	1.323	-83.5646	0.04110	2	1.292	-83.2867
150	0.03592	3	1.367	-130.0337	0.03787	3	1.331	-129.6271	0.03271	2	1.300	-129.2613
200	0.03069	3	1.371	-176.7824	0.03235	3	1.336	-176.3065	0.02791	2	1.305	-175.8663
250	0.02720	3	1.374	-223.9175	0.02866	3	1.339	-223.3804	0.02471	2	1.308	-222.8744
300	0.02466	3	1.376	-271.3271	0.02599	3	1.341	-270.7347	0.02727	3	1.308	-270.1714
350	0.02272	3	1.378	-318.9447	0.02393	3	1.343	-318.3015	0.02511	3	1.310	-317.6898
400	0.02116	3	1.379	-366.7272	0.02229	3	1.344	-366.0367	0.02339	3	1.311	-365.3798
450	0.01988	3	1.380	-414.6443	0.02094	3	1.345	-413.9093	0.02197	3	1.312	-413.2102
500	0.01880	3	1.381	-462.6742	0.01981	3	1.346	-461.8972	0.02078	3	1.313	-461.1580
600	0.01708	3	1.383	-559.0099	0.01799	3	1.348	-558.1546	0.01888	3	1.315	-557.3410
700	0.01576	3	1.384	-655.6401	0.01660	3	1.349	-654.7128	0.01741	3	1.316	-653.8307
800	0.01470	3	1.385	-752.5034	0.01548	3	1.350	-751.5092	0.01624	3	1.317	-750.5632
900	0.01382	3	1.385	-849.5573	0.01456	3	1.351	-848.5002	0.01527	3	1.318	-847.4944
1000	0.01309	3	1.386	-946.7708	0.01378	3	1.351	-945.6542	0.01446	3	1.319	-944.5917

	Delta = 0.75		A = 0.0750		Delta = 0.75		A = 0.0800		Delta = 0.75		A = 0.0850	
B	Y	N	C	M	Y	N	C	M	Y	N	C	M
1	2.41421	0	0.000	-0.1716	2.41421	0	0.000	-0.1716	2.41421	0	0.000	-0.1716
2	1.36603	0	0.000	-0.5359	1.36603	0	0.000	-0.5359	1.36603	0	0.000	-0.5359
3	1.00000	0	0.000	-1.0000	1.00000	0	0.000	-1.0000	1.00000	0	0.000	-1.0000
4	0.80902	0	0.000	-1.5279	0.80902	0	0.000	-1.5279	0.80902	0	0.000	-1.5279
5	0.68990	0	0.000	-2.1010	0.68990	0	0.000	-2.1010	0.68990	0	0.000	-2.1010
6	0.22968	1	1.080	-2.7218	0.60763	0	0.000	-2.7085	0.60763	0	0.000	-2.7085
7	0.20094	1	1.102	-3.3723	0.21310	1	1.062	-3.3481	0.54692	0	0.000	-3.3431
8	0.17967	1	1.120	-4.0451	0.19043	1	1.080	-4.0181	0.50000	0	0.000	-4.0000
9	0.16325	1	1.134	-4.7365	0.17293	1	1.095	-4.7067	0.18262	1	1.056	-4.6786
10	0.15014	1	1.146	-5.4436	0.15898	1	1.107	-5.4112	0.16781	1	1.069	-5.3806
15	0.11054	1	1.184	-9.1525	0.11689	1	1.146	-9.1085	0.12323	1	1.110	-9.0669
20	0.11581	2	1.195	-13.0719	0.09524	1	1.168	-13.0030	0.10032	1	1.133	-12.9518
25	0.09995	2	1.208	-17.1191	0.08176	1	1.183	-17.0254	0.08608	1	1.148	-16.9658
30	0.08889	2	1.217	-21.2563	0.09325	2	1.184	-21.1465	0.07624	1	1.159	-21.0723
35	0.08066	2	1.224	-25.4619	0.08459	2	1.191	-25.3409	0.06895	1	1.167	-25.2493
40	0.07424	2	1.229	-29.7220	0.07784	2	1.197	-29.5905	0.06330	1	1.174	-29.4824
45	0.06908	2	1.234	-34.0266	0.07241	2	1.201	-33.8852	0.05877	1	1.179	-33.7614
50	0.06481	2	1.238	-38.3685	0.06792	2	1.205	-38.2178	0.05503	1	1.184	-38.0791
60	0.05811	2	1.244	-47.1438	0.06089	2	1.212	-46.9757	0.06362	2	1.181	-46.8151
70	0.05307	2	1.249	-56.0170	0.05559	2	1.217	-55.8329	0.05808	2	1.186	-55.6569
80	0.04909	2	1.252	-64.9678	0.05142	2	1.220	-64.7688	0.05371	2	1.190	-64.5785
90	0.04586	2	1.256	-73.9820	0.04803	2	1.224	-73.7690	0.05017	2	1.193	-73.5653
100	0.04318	2	1.258	-83.0494	0.04522	2	1.226	-82.8231	0.04722	2	1.196	-82.6067
150	0.03435	2	1.267	-128.9631	0.03596	2	1.235	-128.6786	0.03754	2	1.205	-128.4065
200	0.02930	2	1.272	-175.5166	0.03066	2	1.240	-175.1830	0.03200	2	1.210	-174.8639
250	0.02594	2	1.275	-222.4794	0.02714	2	1.244	-222.1025	0.02832	2	1.214	-221.7419
300	0.02350	2	1.278	-269.7331	0.02458	2	1.247	-269.3171	0.02565	2	1.217	-268.9190
350	0.02162	2	1.280	-317.2074	0.02262	2	1.249	-316.7554	0.02361	2	1.219	-316.3227
400	0.02013	2	1.281	-364.8563	0.02106	2	1.250	-364.3707	0.02197	2	1.220	-363.9060
450	0.01891	2	1.283	-412.6480	0.01978	2	1.251	-412.1309	0.02063	2	1.222	-411.6360
500	0.01788	2	1.284	-460.5592	0.01870	2	1.253	-460.0123	0.01951	2	1.223	-459.4888
600	0.01623	2	1.285	-556.6740	0.01698	2	1.254	-556.0717	0.01771	2	1.225	-555.4951
700	0.01497	2	1.287	-653.1010	0.01565	2	1.256	-652.4477	0.01633	2	1.226	-651.8223
800	0.01395	2	1.288	-749.7752	0.01459	2	1.257	-749.0745	0.01522	2	1.227	-748.4036
900	0.01312	2	1.289	-846.6514	0.01372	2	1.258	-845.9062	0.01431	2	1.228	-845.1926
1000	0.01242	2	1.290	-943.6968	0.01299	2	1.259	-942.9094	0.01354	2	1.229	-942.1554

	Delta = 0.75		A = 0.0900		Delta = 0.75		A = 0.0950		Delta = 0.75		A = 0.1000	
B	Y	N	C	M	Y	N	C	M	Y	N	C	M
1	2.41421	0	0.000	-0.1716	2.41421	0	0.000	-0.1716	2.41421	0	0.000	-0.1716
2	1.36603	0	0.000	-0.5359	1.36603	0	0.000	-0.5359	1.36603	0	0.000	-0.5359
3	1.00000	0	0.000	-1.0000	1.00000	0	0.000	-1.0000	1.00000	0	0.000	-1.0000
4	0.80902	0	0.000	-1.5279	0.80902	0	0.000	-1.5279	0.80902	0	0.000	-1.5279
5	0.68990	0	0.000	-2.1010	0.68990	0	0.000	-2.1010	0.68990	0	0.000	-2.1010
6	0.60763	0	0.000	-2.7085	0.60763	0	0.000	-2.7085	0.60763	0	0.000	-2.7085
7	0.54692	0	0.000	-3.3431	0.54692	0	0.000	-3.3431	0.54692	0	0.000	-3.3431
8	0.50000	0	0.000	-4.0000	0.50000	0	0.000	-4.0000	0.50000	0	0.000	-4.0000
9	0.46248	0	0.000	-4.6754	0.46248	0	0.000	-4.6754	0.46248	0	0.000	-4.6754
10	0.43166	0	0.000	-5.3668	0.43166	0	0.000	-5.3668	0.43166	0	0.000	-5.3668
15	0.12955	1	1.075	-9.0273	0.33333	0	0.000	-9.0000	0.33333	0	0.000	-9.0000
20	0.10539	1	1.099	-12.9032	0.11045	1	1.066	-12.8569	0.27913	0	0.000	-12.8348
25	0.09039	1	1.114	-16.9091	0.09468	1	1.082	-16.8551	0.09897	1	1.050	-16.8034
30	0.08002	1	1.126	-21.0083	0.08380	1	1.093	-20.9472	0.08756	1	1.062	-20.8888
35	0.07236	1	1.134	-25.1785	0.07575	1	1.102	-25.1110	0.07913	1	1.071	-25.0464
40	0.06642	1	1.141	-29.4053	0.06952	1	1.109	-29.3317	0.07260	1	1.079	-29.2613
45	0.06165	1	1.147	-33.6784	0.06452	1	1.115	-33.5991	0.06737	1	1.085	-33.5233
50	0.05772	1	1.151	-37.9904	0.06040	1	1.120	-37.9057	0.06307	1	1.090	-37.8247
60	0.05160	1	1.159	-46.7097	0.05398	1	1.128	-46.6150	0.05635	1	1.097	-46.5243
70	0.04700	1	1.165	-55.5311	0.04916	1	1.134	-55.4271	0.05131	1	1.103	-55.3275
80	0.04340	1	1.169	-64.4334	0.04539	1	1.138	-64.3207	0.04737	1	1.108	-64.2129
90	0.04048	1	1.173	-73.4019	0.04233	1	1.142	-73.2811	0.04417	1	1.112	-73.1655
100	0.03806	1	1.176	-82.4260	0.03979	1	1.145	-82.2975	0.04152	1	1.116	-82.1745
150	0.03014	1	1.187	-128.1490	0.03150	1	1.156	-127.9868	0.03286	1	1.127	-127.8314
200	0.03332	2	1.182	-174.5577	0.02679	1	1.162	-174.3502	0.02794	1	1.133	-174.1674
250	0.02948	2	1.185	-221.3959	0.02367	1	1.167	-221.1450	0.02468	1	1.138	-220.9382
300	0.02670	2	1.188	-268.5369	0.02141	1	1.170	-268.2467	0.02233	1	1.141	-268.0180
350	0.02457	2	1.190	-315.9075	0.01968	1	1.172	-315.5810	0.02052	1	1.143	-315.3322
400	0.02287	2	1.192	-363.4599	0.01831	1	1.174	-363.0995	0.01909	1	1.145	-362.8321
450	0.02147	2	1.193	-411.1610	0.01718	1	1.176	-410.7686	0.01791	1	1.147	-410.4836
500	0.02030	2	1.195	-458.9864	0.01624	1	1.177	-458.5638	0.01693	1	1.148	-458.2622
600	0.01843	2	1.197	-554.9417	0.01473	1	1.179	-554.4628	0.01535	1	1.150	-554.1303
700	0.01699	2	1.198	-651.2220	0.01357	1	1.181	-650.6913	0.01414	1	1.152	-650.3303
800	0.01584	2	1.199	-747.7596	0.01264	1	1.182	-747.1806	0.01318	1	1.154	-746.7932
900	0.01489	2	1.200	-844.5076	0.01188	1	1.183	-843.8831	0.01238	1	1.155	-843.4709
1000	0.01409	2	1.201	-941.4316	0.01124	1	1.184	-940.7642	0.01171	1	1.156	-940.3284

	Delta = 1.00	A = 0.0001			Delta = 1.00	A = 0.0005			Delta = 1.00	A = 0.0010		
B	Y	N	C	M	Y	N	C	M	Y	N	C	M
1	0.04241	19	3.673	-0.8966	0.08987	15	3.236	-0.7960	0.12360	13	3.022	-0.7310
2	0.02947	19	3.676	-1.8524	0.06116	15	3.244	-1.7060	0.08281	13	3.034	-1.6096
3	0.02387	19	3.678	-2.8186	0.04912	15	3.247	-2.6370	0.06607	13	3.039	-2.5164
4	0.02058	19	3.678	-3.7900	0.04212	15	3.249	-3.5788	0.05644	13	3.042	-3.4378
5	0.01835	19	3.679	-4.7648	0.03743	15	3.251	-4.5275	0.05002	13	3.044	-4.3686
6	0.01671	19	3.679	-5.7421	0.03400	15	3.252	-5.4811	0.04536	13	3.045	-5.3060
7	0.01544	19	3.680	-6.7212	0.03136	15	3.252	-6.4385	0.04177	13	3.046	-6.2485
8	0.01443	19	3.680	-7.7017	0.02925	15	3.253	-7.3988	0.03891	13	3.047	-7.1949
9	0.01358	19	3.680	-8.6834	0.02750	15	3.254	-8.3615	0.03656	13	3.048	-8.1446
10	0.01287	19	3.680	-9.6661	0.02604	15	3.254	-9.3263	0.03458	13	3.049	-9.0970
15	0.01048	19	3.681	-14.5904	0.02111	15	3.255	-14.1719	0.02796	13	3.051	-13.8885
20	0.00905	19	3.681	-19.5266	0.01820	15	3.256	-19.0417	0.02407	13	3.052	-18.7128
25	0.00809	19	3.682	-24.4703	0.01623	15	3.257	-23.9270	0.02145	13	3.053	-23.5579
30	0.00738	19	3.682	-29.4195	0.01479	15	3.257	-28.8233	0.01952	13	3.054	-28.4180
35	0.00682	19	3.682	-34.3727	0.01367	15	3.258	-33.7280	0.01803	13	3.054	-33.2892
40	0.00638	19	3.682	-39.3292	0.01277	15	3.258	-38.6393	0.01684	13	3.054	-38.1694
45	0.00601	19	3.682	-44.2883	0.01203	15	3.258	-43.5559	0.01585	13	3.055	-43.0569
50	0.00570	19	3.682	-49.2496	0.01140	15	3.258	-48.4771	0.01502	13	3.055	-47.9505
60	0.00520	19	3.682	-59.1777	0.01039	15	3.259	-58.3305	0.01368	13	3.055	-57.7525
70	0.00481	19	3.683	-69.1115	0.00961	15	3.259	-68.1956	0.01265	13	3.056	-67.5705
80	0.00450	19	3.683	-79.0500	0.00898	15	3.259	-78.0701	0.01181	13	3.056	-77.4010
90	0.00424	19	3.683	-88.9922	0.00846	15	3.259	-87.9522	0.01113	13	3.056	-87.2419
100	0.00402	19	3.683	-98.9375	0.00802	15	3.259	-97.8408	0.01055	13	3.056	-97.0914
150	0.00328	19	3.683	-148.6980	0.00653	15	3.260	-147.3525	0.00858	13	3.057	-146.4321
200	0.00284	19	3.683	-198.4961	0.00565	15	3.260	-196.9409	0.00742	13	3.058	-195.8764
250	0.00254	19	3.683	-248.3182	0.00505	15	3.260	-246.5782	0.00663	13	3.058	-245.3867
300	0.00232	19	3.683	-298.1573	0.00461	15	3.260	-296.2503	0.00605	13	3.058	-294.9441
350	0.00214	19	3.683	-348.0095	0.00426	15	3.261	-345.9488	0.00559	13	3.058	-344.5370
400	0.00200	19	3.683	-397.8718	0.00399	15	3.261	-395.6682	0.00523	13	3.058	-394.1581
450	0.00189	19	3.683	-447.7425	0.00376	15	3.261	-445.4046	0.00493	13	3.058	-443.8022
500	0.00179	19	3.683	-497.6202	0.00356	15	3.261	-495.1553	0.00467	13	3.058	-493.4657
600	0.00164	19	3.683	-597.3928	0.00325	15	3.261	-594.6917	0.00426	13	3.059	-592.8396
700	0.00151	19	3.683	-697.1836	0.00301	15	3.261	-694.2653	0.00395	13	3.059	-692.2640
800	0.00142	19	3.684	-796.9890	0.00281	15	3.261	-793.8684	0.00369	13	3.059	-791.7281
900	0.00133	19	3.684	-896.8061	0.00265	15	3.261	-893.4957	0.00348	13	3.059	-891.2249
1000	0.00127	19	3.684	-996.6332	0.00252	15	3.261	-993.1431	0.00330	13	3.059	-990.7489

B	Y (Delta = 1.00, A = 0.0015)	N	C	M	Y (Delta = 1.00, A = 0.0020)	N	C	M	Y (Delta = 1.00, A = 0.0025)	N	C	M
1	0.15087	12	2.894	-0.6858	0.17123	11	2.792	-0.6504	0.18617	10	2.705	-0.6211
2	0.09987	12	2.908	-1.5415	0.11216	11	2.809	-1.4875	0.12075	10	2.725	-1.4421
3	0.07928	12	2.915	-2.4307	0.08865	11	2.817	-2.3624	0.09505	10	2.734	-2.3046
4	0.06754	12	2.918	-3.3373	0.07533	11	2.821	-3.2569	0.08607	11	2.762	-3.1887
5	0.05974	12	2.921	-4.2550	0.06652	11	2.824	-4.1639	0.07590	11	2.765	-4.0866
6	0.05409	12	2.923	-5.1806	0.06015	11	2.826	-5.0799	0.06858	11	2.767	-4.9944
7	0.04976	12	2.924	-6.1121	0.05529	11	2.828	-6.0026	0.06299	11	2.769	-5.9095
8	0.04631	12	2.925	-7.0484	0.05142	11	2.829	-6.9306	0.05854	11	2.771	-6.8305
9	0.04348	12	2.926	-7.9886	0.04825	11	2.830	-7.8630	0.05491	11	2.772	-7.7564
10	0.04111	12	2.927	-8.9320	0.04559	11	2.831	-8.7991	0.05186	11	2.773	-8.6862
15	0.03317	12	2.929	-13.6842	0.03672	11	2.834	-13.5192	0.04171	11	2.776	-13.3789
20	0.02852	12	2.931	-18.4752	0.03154	11	2.836	-18.2831	0.03581	11	2.778	-18.1198
25	0.02539	12	2.932	-23.2911	0.02806	11	2.837	-23.0752	0.03184	11	2.780	-22.8915
30	0.02310	12	2.933	-28.1247	0.02551	11	2.838	-27.8872	0.02894	11	2.781	-27.6851
35	0.02133	12	2.933	-32.9717	0.02355	11	2.839	-32.7143	0.02670	11	2.781	-32.4953
40	0.01990	12	2.934	-37.8292	0.02197	11	2.839	-37.5534	0.02490	11	2.782	-37.3186
45	0.01873	12	2.934	-42.6954	0.02067	11	2.840	-42.4022	0.02343	11	2.783	-42.1527
50	0.01774	12	2.935	-47.5689	0.01958	11	2.840	-47.2593	0.02218	11	2.783	-46.9958
60	0.01616	12	2.935	-57.3335	0.01782	11	2.841	-56.9934	0.02019	11	2.784	-56.7039
70	0.01493	12	2.936	-67.1170	0.01646	11	2.841	-66.7489	0.01865	11	2.784	-66.4355
80	0.01394	12	2.936	-76.9156	0.01537	11	2.842	-76.5213	0.01741	11	2.785	-76.1856
90	0.01313	12	2.936	-86.7263	0.01447	11	2.842	-86.3075	0.01639	11	2.785	-85.9510
100	0.01244	12	2.936	-96.5474	0.01371	11	2.842	-96.1053	0.01552	11	2.785	-95.7290
150	0.01012	12	2.937	-145.7635	0.01115	11	2.843	-145.2199	0.01262	11	2.786	-144.7570
200	0.00875	12	2.938	-195.1028	0.00963	11	2.844	-194.4734	0.01090	11	2.787	-193.9375
250	0.00781	12	2.938	-244.5206	0.00860	11	2.844	-243.8158	0.00973	11	2.787	-243.2156
300	0.00712	12	2.938	-293.9942	0.00784	11	2.844	-293.2212	0.00887	11	2.788	-292.5628
350	0.00659	12	2.938	-343.5102	0.00725	11	2.844	-342.6744	0.00820	11	2.788	-341.9626
400	0.00616	12	2.939	-393.0597	0.00678	11	2.845	-392.1655	0.00767	11	2.788	-391.4039
450	0.00580	12	2.939	-442.6366	0.00639	11	2.845	-441.6875	0.00722	11	2.788	-440.8792
500	0.00550	12	2.939	-492.2364	0.00606	11	2.845	-491.2354	0.00685	11	2.788	-490.3829
600	0.00502	12	2.939	-591.4921	0.00552	11	2.845	-590.3946	0.00625	11	2.789	-589.4598
700	0.00465	12	2.939	-690.8076	0.00511	11	2.845	-689.6213	0.00578	11	2.789	-688.6110
800	0.00434	12	2.939	-790.1705	0.00478	11	2.845	-788.9016	0.00540	11	2.789	-787.8209
900	0.00409	12	2.939	-889.5721	0.00450	11	2.845	-888.2257	0.00509	11	2.789	-887.0788
1000	0.00388	12	2.939	-989.0061	0.00427	11	2.846	-987.5863	0.00483	11	2.789	-986.3769

	Delta = 1.00		A = 0.0030		Delta = 1.00		A = 0.0035		Delta = 1.00		A = 0.0040	
B	Y	N	C	M	Y	N	C	M	Y	N	C	M
1	0.21058	10	2.652	-0.5958	0.21846	9	2.581	-0.5739	0.23987	9	2.540	-0.5542
2	0.13554	10	2.674	-1.4030	0.13935	9	2.606	-1.3681	0.15199	9	2.567	-1.3372
3	0.10636	10	2.683	-2.2549	0.11703	10	2.640	-2.2101	0.11853	9	2.578	-2.1704
4	0.09001	10	2.689	-3.1300	0.09887	10	2.646	-3.0770	0.09995	9	2.584	-3.0297
5	0.07927	10	2.692	-4.0199	0.08698	10	2.650	-3.9597	0.08781	9	2.588	-3.9057
6	0.07155	10	2.695	-4.9203	0.07845	10	2.653	-4.8536	0.07912	9	2.591	-4.7936
7	0.06566	10	2.697	-5.8288	0.07195	10	2.655	-5.7561	0.07252	9	2.594	-5.6905
8	0.06099	10	2.698	-6.7436	0.06680	10	2.657	-6.6653	0.06729	9	2.596	-6.5945
9	0.05717	10	2.700	-7.6635	0.06259	10	2.658	-7.5800	0.06302	9	2.597	-7.5043
10	0.05397	10	2.701	-8.5878	0.05908	10	2.659	-8.4993	0.05945	9	2.599	-8.4190
15	0.04335	10	2.705	-13.2562	0.04740	10	2.663	-13.1460	0.04764	9	2.603	-13.0454
20	0.03718	10	2.707	-17.9766	0.04063	10	2.666	-17.8481	0.04080	9	2.606	-17.7305
25	0.03304	10	2.708	-22.7303	0.03609	10	2.667	-22.5856	0.03622	9	2.607	-22.4529
30	0.03002	10	2.710	-27.5076	0.03277	10	2.669	-27.3483	0.03288	9	2.609	-27.2020
35	0.02769	10	2.710	-32.3028	0.03022	10	2.669	-32.1301	0.03031	9	2.610	-31.9713
40	0.02582	10	2.711	-37.1122	0.02818	10	2.670	-36.9270	0.02826	9	2.610	-36.7565
45	0.02428	10	2.712	-41.9332	0.02650	10	2.671	-41.7362	0.02657	9	2.611	-41.5548
50	0.02299	10	2.712	-46.7638	0.02508	10	2.671	-46.5558	0.02514	9	2.612	-46.3640
60	0.02092	10	2.713	-56.4489	0.02282	10	2.672	-56.2202	0.02460	10	2.637	-56.0092
70	0.01931	10	2.714	-66.1592	0.02106	10	2.673	-65.9115	0.02270	10	2.637	-65.6830
80	0.01803	10	2.714	-75.8896	0.01966	10	2.673	-75.6243	0.02119	10	2.638	-75.3794
90	0.01697	10	2.714	-85.6364	0.01850	10	2.674	-85.3545	0.01994	10	2.638	-85.0943
100	0.01607	10	2.715	-95.3969	0.01752	10	2.674	-95.0993	0.01888	10	2.639	-94.8246
150	0.01306	10	2.716	-144.3481	0.01423	10	2.675	-143.9816	0.01533	10	2.640	-143.6434
200	0.01128	10	2.717	-193.4638	0.01229	10	2.676	-193.0394	0.01323	10	2.641	-192.6475
250	0.01007	10	2.717	-242.6848	0.01097	10	2.677	-242.2093	0.01181	10	2.641	-241.7702
300	0.00917	10	2.717	-291.9805	0.01000	10	2.677	-291.4588	0.01076	10	2.642	-290.9770
350	0.00848	10	2.718	-341.3328	0.00924	10	2.677	-340.7686	0.00995	10	2.642	-340.2476
400	0.00793	10	2.718	-390.7299	0.00864	10	2.677	-390.1262	0.00930	10	2.642	-389.5687
450	0.00747	10	2.718	-440.1637	0.00814	10	2.678	-439.5229	0.00876	10	2.642	-438.9310
500	0.00708	10	2.718	-489.6282	0.00771	10	2.678	-488.9523	0.00830	10	2.643	-488.3279
600	0.00646	10	2.718	-588.6321	0.00703	10	2.678	-587.8909	0.00757	10	2.643	-587.2062
700	0.00597	10	2.719	-687.7162	0.00651	10	2.678	-686.9149	0.00700	10	2.643	-686.1747
800	0.00558	10	2.719	-786.8636	0.00608	10	2.678	-786.0064	0.00655	10	2.643	-785.2145
900	0.00526	10	2.719	-886.0629	0.00573	10	2.679	-885.1531	0.00617	10	2.643	-884.3127
1000	0.00499	10	2.719	-985.3055	0.00543	10	2.679	-984.3461	0.00585	10	2.644	-983.4598

	Delta = 1.00		A = 0.0045		Delta = 1.00		A = 0.0050		Delta = 1.00		A = 0.0055	
B	Y	N	C	M	Y	N	C	M	Y	N	C	M
1	0.24174	8	2.478	-0.5363	0.26087	8	2.444	-0.5204	0.27966	8	2.413	-0.5056
2	0.16417	9	2.532	-1.3087	0.16288	8	2.475	-1.2825	0.17362	8	2.446	-1.2588
3	0.12771	9	2.543	-2.1339	0.13655	9	2.513	-2.0998	0.13430	8	2.459	-2.0689
4	0.10754	9	2.550	-2.9863	0.11483	9	2.520	-2.9458	0.11272	8	2.467	-2.9087
5	0.09439	9	2.555	-3.8563	0.10071	9	2.524	-3.8102	0.09873	8	2.472	-3.7675
6	0.08499	9	2.558	-4.7387	0.09062	9	2.528	-4.6875	0.08876	8	2.476	-4.6398
7	0.07786	9	2.561	-5.6306	0.08298	9	2.531	-5.5746	0.08122	8	2.478	-5.5223
8	0.07222	9	2.563	-6.5299	0.07693	9	2.533	-6.4696	0.07526	8	2.481	-6.4130
9	0.06761	9	2.564	-7.4354	0.07201	9	2.534	-7.3709	0.07041	8	2.483	-7.3103
10	0.06377	9	2.566	-8.3460	0.06789	9	2.536	-8.2776	0.07186	9	2.509	-8.2132
15	0.05105	9	2.570	-12.9542	0.05430	9	2.541	-12.8688	0.05743	9	2.514	-12.7882
20	0.04370	9	2.573	-17.6239	0.04646	9	2.544	-17.5241	0.04911	9	2.517	-17.4299
25	0.03878	9	2.575	-22.3329	0.04122	9	2.546	-22.2204	0.04355	9	2.519	-22.1142
30	0.03519	9	2.576	-27.0698	0.03740	9	2.547	-26.9458	0.03951	9	2.521	-26.8288
35	0.03244	9	2.577	-31.8279	0.03446	9	2.548	-31.6933	0.03640	9	2.522	-31.5663
40	0.03023	9	2.578	-36.6027	0.03212	9	2.549	-36.4583	0.03392	9	2.523	-36.3220
45	0.02842	9	2.579	-41.3911	0.03019	9	2.550	-41.2376	0.03188	9	2.524	-41.0925
50	0.02689	9	2.579	-46.1911	0.02856	9	2.551	-46.0288	0.03016	9	2.524	-45.8755
60	0.02445	9	2.580	-55.8190	0.02596	9	2.551	-55.6404	0.02741	9	2.525	-55.4718
70	0.02257	9	2.581	-65.4768	0.02396	9	2.552	-65.2833	0.02529	9	2.526	-65.1006
80	0.02106	9	2.582	-75.1582	0.02235	9	2.553	-74.9509	0.02359	9	2.527	-74.7550
90	0.01981	9	2.582	-84.8591	0.02103	9	2.553	-84.6387	0.02219	9	2.527	-84.4305
100	0.01876	9	2.583	-94.5761	0.01991	9	2.554	-94.3434	0.02102	9	2.528	-94.1235
150	0.01523	9	2.584	-143.3369	0.01616	9	2.555	-143.0501	0.01705	9	2.529	-142.7791
200	0.01314	9	2.585	-192.2922	0.01394	9	2.556	-191.9598	0.01471	9	2.530	-191.6457
250	0.01173	9	2.585	-241.3717	0.01244	9	2.557	-240.9993	0.01312	9	2.531	-240.6472
300	0.01069	9	2.586	-290.5396	0.01134	9	2.557	-290.1308	0.01196	9	2.531	-289.7444
350	0.00988	9	2.586	-339.7743	0.01048	9	2.558	-339.3322	0.01105	9	2.532	-338.9142
400	0.00923	9	2.586	-389.0621	0.00979	9	2.558	-388.5889	0.01033	9	2.532	-388.1415
450	0.00869	9	2.587	-438.3931	0.00922	9	2.558	-437.8908	0.00973	9	2.532	-437.4158
500	0.00824	9	2.587	-487.7604	0.00874	9	2.558	-487.2305	0.00922	9	2.532	-486.7294
600	0.00751	9	2.587	-586.5835	0.00797	9	2.559	-586.0023	0.00840	9	2.533	-585.4527
700	0.00695	9	2.587	-685.5013	0.00737	9	2.559	-684.8729	0.00777	9	2.533	-684.2786
800	0.00650	9	2.588	-784.4940	0.00689	9	2.559	-783.8217	0.00726	9	2.533	-783.1858
900	0.00612	9	2.588	-883.5479	0.00649	9	2.559	-882.8343	0.00684	9	2.533	-882.1594
1000	0.00580	9	2.588	-982.6531	0.00615	9	2.559	-981.9005	0.00649	9	2.533	-981.1887

	Delta = 1.00		A = 0.0060		Delta = 1.00		A = 0.0065		Delta = 1.00		A = 0.0070	
B	Y	N	C	M	Y	N	C	M	Y	N	C	M
1	0.29818	8	2.384	-0.4918	0.29130	7	2.332	-0.4791	0.30812	7	2.306	-0.4675
2	0.18410	8	2.419	-1.2364	0.19435	8	2.393	-1.2152	0.18764	7	2.344	-1.1953
3	0.14210	8	2.433	-2.0399	0.14970	8	2.408	-2.0125	0.15713	8	2.385	-1.9865
4	0.11913	8	2.441	-2.8742	0.12536	8	2.416	-2.8415	0.13144	8	2.394	-2.8103
5	0.10426	8	2.446	-3.7281	0.10963	8	2.422	-3.6907	0.11486	8	2.400	-3.6550
6	0.09368	8	2.450	-4.5959	0.09846	8	2.426	-4.5543	0.10310	8	2.404	-4.5146
7	0.08568	8	2.453	-5.4744	0.09001	8	2.429	-5.4288	0.09422	8	2.407	-5.3854
8	0.07937	8	2.455	-6.3612	0.08335	8	2.432	-6.3121	0.08722	8	2.410	-6.2652
9	0.07423	8	2.457	-7.2550	0.07794	8	2.434	-7.2024	0.08154	8	2.412	-7.1522
10	0.06995	8	2.459	-8.1544	0.07342	8	2.435	-8.0986	0.07680	8	2.414	-8.0454
15	0.05583	8	2.464	-12.7141	0.05856	8	2.441	-12.6441	0.06121	8	2.420	-12.5773
20	0.04771	8	2.468	-17.3427	0.05003	8	2.445	-17.2609	0.05226	8	2.423	-17.1827
25	0.04229	8	2.470	-22.0156	0.04433	8	2.447	-21.9232	0.04630	8	2.425	-21.8349
30	0.03835	8	2.471	-26.7198	0.04019	8	2.448	-26.6179	0.04197	8	2.427	-26.5205
35	0.03533	8	2.473	-31.4478	0.03701	8	2.450	-31.3372	0.03865	8	2.428	-31.2314
40	0.03291	8	2.474	-36.1946	0.03448	8	2.451	-36.0758	0.03599	8	2.430	-35.9623
45	0.03092	8	2.474	-40.9567	0.03239	8	2.452	-40.8304	0.03381	8	2.430	-40.7095
50	0.02925	8	2.475	-45.7318	0.03064	8	2.452	-45.5982	0.03198	8	2.431	-45.4704
60	0.02658	8	2.476	-55.3134	0.02784	8	2.453	-55.1664	0.02905	8	2.432	-55.0258
70	0.02452	8	2.477	-64.9287	0.02568	8	2.454	-64.7693	0.02679	8	2.433	-64.6168
80	0.02287	8	2.478	-74.5706	0.02395	8	2.455	-74.3997	0.02499	8	2.434	-74.2362
90	0.02151	8	2.478	-84.2342	0.02252	8	2.456	-84.0525	0.02350	8	2.435	-83.8787
100	0.02037	8	2.479	-93.9161	0.02132	8	2.456	-93.7242	0.02225	8	2.435	-93.5405
150	0.01652	8	2.481	-142.5228	0.01729	8	2.458	-142.2861	0.01803	8	2.437	-142.0596
200	0.01425	8	2.481	-191.3481	0.01491	8	2.459	-191.0737	0.01555	8	2.438	-190.8111
250	0.01271	8	2.482	-240.3132	0.01330	8	2.460	-240.0056	0.01387	8	2.439	-239.7111
300	0.01158	8	2.483	-289.3776	0.01211	8	2.460	-289.0399	0.01263	8	2.439	-288.7166
350	0.01070	8	2.483	-338.5172	0.01120	8	2.460	-338.1519	0.01168	8	2.440	-337.8021
400	0.01000	8	2.483	-387.7164	0.01046	8	2.461	-387.3253	0.01091	8	2.440	-386.9509
450	0.01021	9	2.508	-436.9643	0.00985	8	2.461	-436.5490	0.01027	8	2.440	-436.1515
500	0.00968	9	2.508	-486.2530	0.00934	8	2.461	-485.8147	0.00974	8	2.440	-485.3953
600	0.00882	9	2.509	-584.9302	0.00851	8	2.462	-584.4491	0.00887	8	2.441	-583.9889
700	0.00816	9	2.509	-683.7136	0.00787	8	2.462	-683.1932	0.00821	8	2.441	-682.6956
800	0.00762	9	2.509	-782.5813	0.00736	8	2.462	-782.0242	0.00767	8	2.441	-781.4918
900	0.00718	9	2.509	-881.5178	0.00693	8	2.462	-880.9263	0.00722	8	2.441	-880.3612
1000	0.00681	9	2.510	-980.5120	0.00657	8	2.462	-979.8879	0.00685	8	2.442	-979.2918

	Delta = 1.00		A = 0.0075		Delta = 1.00		A = 0.0080		Delta = 1.00		A = 0.0085	
B	Y	N	C	M	Y	N	C	M	Y	N	C	M
1	0.32478	7	2.282	-0.4564	0.34132	7	2.259	-0.4459	0.35776	7	2.238	-0.4359
2	0.19683	7	2.322	-1.1771	0.20586	7	2.301	-1.1597	0.21476	7	2.281	-1.1431
3	0.15081	7	2.338	-1.9621	0.15744	7	2.318	-1.9394	0.16396	7	2.298	-1.9176
4	0.12590	7	2.348	-2.7806	0.13131	7	2.327	-2.7534	0.13661	7	2.308	-2.7273
5	0.11997	8	2.379	-3.6210	0.11453	7	2.334	-3.5894	0.11907	7	2.315	-3.5594
6	0.10762	8	2.383	-4.4766	0.10265	7	2.338	-4.4411	0.10668	7	2.319	-4.4076
7	0.09832	8	2.387	-5.3439	0.09371	7	2.342	-5.3046	0.09735	7	2.323	-5.2680
8	0.09099	8	2.389	-6.2203	0.08668	7	2.345	-6.1776	0.09002	7	2.326	-6.1380
9	0.08504	8	2.391	-7.1042	0.08097	7	2.347	-7.0582	0.08407	7	2.328	-7.0158
10	0.08008	8	2.393	-7.9944	0.08328	8	2.374	-7.9454	0.07913	7	2.330	-7.9003
15	0.06378	8	2.399	-12.5133	0.06629	8	2.380	-12.4518	0.06290	7	2.337	-12.3942
20	0.05444	8	2.403	-17.1077	0.05655	8	2.384	-17.0356	0.05363	7	2.341	-16.9674
25	0.04821	8	2.405	-21.7503	0.05007	8	2.387	-21.6689	0.04746	7	2.344	-21.5914
30	0.04370	8	2.407	-26.4272	0.04537	8	2.388	-26.3373	0.04299	7	2.346	-26.2514
35	0.04023	8	2.409	-31.1300	0.04177	8	2.390	-31.0324	0.03956	7	2.347	-30.9387
40	0.03746	8	2.410	-35.8534	0.03889	8	2.391	-35.7486	0.03683	7	2.348	-35.6477
45	0.03519	8	2.411	-40.5936	0.03653	8	2.392	-40.4820	0.03783	8	2.374	-40.3744
50	0.03328	8	2.411	-45.3478	0.03454	8	2.393	-45.2299	0.03577	8	2.375	-45.1161
60	0.03023	8	2.413	-54.8908	0.03137	8	2.394	-54.7609	0.03248	8	2.376	-54.6356
70	0.02788	8	2.413	-64.4705	0.02893	8	2.395	-64.3296	0.02995	8	2.377	-64.1938
80	0.02599	8	2.414	-74.0793	0.02697	8	2.396	-73.9282	0.02792	8	2.378	-73.7825
90	0.02444	8	2.415	-83.7118	0.02536	8	2.396	-83.5512	0.02626	8	2.379	-83.3962
100	0.02314	8	2.415	-93.3643	0.02401	8	2.397	-93.1946	0.02485	8	2.380	-93.0308
150	0.01875	8	2.417	-141.8421	0.01945	8	2.399	-141.6327	0.02013	8	2.381	-141.4306
200	0.01617	8	2.418	-190.5589	0.01677	8	2.400	-190.3160	0.01736	8	2.383	-190.0816
250	0.01442	8	2.419	-239.4283	0.01496	8	2.401	-239.1560	0.01548	8	2.383	-238.8931
300	0.01313	8	2.420	-288.4062	0.01362	8	2.401	-288.1072	0.01410	8	2.384	-287.8185
350	0.01214	8	2.420	-337.4662	0.01259	8	2.402	-337.1427	0.01303	8	2.384	-336.8304
400	0.01134	8	2.420	-386.5913	0.01176	8	2.402	-386.2450	0.01217	8	2.385	-385.9107
450	0.01068	8	2.421	-435.7696	0.01107	8	2.402	-435.4019	0.01146	8	2.385	-435.0468
500	0.01012	8	2.421	-484.9924	0.01050	8	2.403	-484.6044	0.01086	8	2.385	-484.2298
600	0.00923	8	2.421	-583.5469	0.00957	8	2.403	-583.1212	0.00990	8	2.386	-582.7101
700	0.00853	8	2.422	-682.2176	0.00885	8	2.403	-681.7572	0.00915	8	2.386	-681.3127
800	0.00797	8	2.422	-780.9803	0.00827	8	2.403	-780.4876	0.00855	8	2.386	-780.0119
900	0.00751	8	2.422	-879.8182	0.00779	8	2.404	-879.2952	0.00806	8	2.386	-878.7903
1000	0.00712	8	2.422	-978.7191	0.00738	8	2.404	-978.1674	0.00764	8	2.387	-977.6348

	Delta = 1.00		A = 0.0090		Delta = 1.00		A = 0.0095		Delta = 1.00		A = 0.0100	
B	Y	N	C	M	Y	N	C	M	Y	N	C	M
1	0.34115	6	2.191	-0.4267	0.35611	6	2.171	-0.4181	0.37102	6	2.152	-0.4099
2	0.22354	7	2.262	-1.1271	0.23221	7	2.244	-1.1118	0.21880	6	2.200	-1.0973
3	0.17036	7	2.280	-1.8967	0.17667	7	2.262	-1.8765	0.18289	7	2.245	-1.8570
4	0.14181	7	2.290	-2.7021	0.14693	7	2.273	-2.6779	0.15196	7	2.256	-2.6544
5	0.12353	7	2.297	-3.5306	0.12791	7	2.280	-3.5027	0.13221	7	2.263	-3.4758
6	0.11062	7	2.302	-4.3754	0.11449	7	2.285	-4.3443	0.11830	7	2.268	-4.3142
7	0.10092	7	2.305	-5.2327	0.10442	7	2.288	-5.1986	0.10785	7	2.272	-5.1656
8	0.09329	7	2.308	-6.0998	0.09650	7	2.292	-6.0629	0.09965	7	2.276	-6.0272
9	0.08711	7	2.311	-6.9749	0.09009	7	2.294	-6.9354	0.09301	7	2.278	-6.8972
10	0.08197	7	2.313	-7.8568	0.08476	7	2.296	-7.8149	0.08749	7	2.280	-7.7742
15	0.06513	7	2.320	-12.3395	0.06730	7	2.303	-12.2867	0.06943	7	2.288	-12.2355
20	0.05550	7	2.324	-16.9033	0.05734	7	2.307	-16.8413	0.05913	7	2.292	-16.7812
25	0.04911	7	2.326	-21.5189	0.05072	7	2.310	-21.4488	0.05230	7	2.295	-21.3808
30	0.04448	7	2.328	-26.1714	0.04593	7	2.312	-26.0939	0.04735	7	2.297	-26.0189
35	0.04092	7	2.330	-30.8517	0.04225	7	2.314	-30.7676	0.04356	7	2.298	-30.6860
40	0.03809	7	2.331	-35.5542	0.03933	7	2.315	-35.4638	0.04053	7	2.300	-35.3761
45	0.03577	7	2.332	-40.2748	0.03692	7	2.316	-40.1785	0.03805	7	2.301	-40.0851
50	0.03382	7	2.333	-45.0105	0.03491	7	2.317	-44.9086	0.03597	7	2.302	-44.8098
60	0.03070	7	2.334	-54.5189	0.03169	7	2.318	-54.4067	0.03265	7	2.303	-54.2979
70	0.02830	7	2.336	-64.0668	0.02921	7	2.319	-63.9451	0.03009	7	2.304	-63.8270
80	0.02638	7	2.336	-73.6460	0.02723	7	2.320	-73.5154	0.02805	7	2.305	-73.3888
90	0.02480	7	2.337	-83.2507	0.02559	7	2.321	-83.1118	0.02637	7	2.306	-82.9771
100	0.02347	7	2.338	-92.8769	0.02422	7	2.322	-92.7301	0.02495	7	2.306	-92.5878
150	0.01901	7	2.340	-141.2397	0.01961	7	2.324	-141.0584	0.02020	7	2.309	-140.8826
200	0.01639	7	2.341	-189.8594	0.01690	7	2.325	-189.6491	0.01741	7	2.310	-189.4450
250	0.01461	7	2.342	-238.6433	0.01507	7	2.326	-238.4074	0.01552	7	2.311	-238.1785
300	0.01330	7	2.342	-287.5438	0.01372	7	2.326	-287.2848	0.01413	7	2.311	-287.0335
350	0.01229	7	2.343	-336.5328	0.01268	7	2.327	-336.2525	0.01306	7	2.312	-335.9805
400	0.01148	7	2.343	-385.5917	0.01184	7	2.327	-385.2916	0.01219	7	2.312	-385.0004
450	0.01081	7	2.343	-434.7079	0.01115	7	2.328	-434.3891	0.01148	7	2.312	-434.0798
500	0.01025	7	2.344	-483.8719	0.01057	7	2.328	-483.5355	0.01088	7	2.313	-483.2092
600	0.00934	7	2.344	-582.3170	0.00963	7	2.328	-581.9479	0.00992	7	2.313	-581.5898
700	0.00863	7	2.344	-680.8871	0.00890	7	2.329	-680.4880	0.00917	7	2.314	-680.1006
800	0.00807	7	2.345	-779.5563	0.00832	7	2.329	-779.1291	0.00857	7	2.314	-778.7145
900	0.00760	7	2.345	-878.3063	0.00784	7	2.329	-877.8528	0.00807	7	2.314	-877.4127
1000	0.00720	7	2.345	-977.1240	0.00743	7	2.329	-976.6456	0.00765	7	2.314	-976.1813

	Delta = 1.00		A = 0.0150		Delta = 1.00		A = 0.0200		Delta = 1.00		A = 0.0250	
B	Y	N	C	M	Y	N	C	M	Y	N	C	M
1	0.46764	5	1.966	-0.3447	0.53355	4	1.816	-0.3005	0.56671	3	1.689	-0.2681
2	0.26375	5	2.030	-0.9811	0.32821	5	1.921	-0.8964	0.34435	4	1.805	-0.8331
3	0.19653	5	2.055	-1.7000	0.24165	5	1.950	-1.5856	0.24997	4	1.840	-1.4959
4	0.18087	6	2.095	-2.4635	0.19734	5	1.967	-2.3226	0.20252	4	1.859	-2.2102
5	0.15643	6	2.104	-3.2550	0.16977	5	1.978	-3.0905	0.17332	4	1.872	-2.9578
6	0.13937	6	2.110	-4.0663	0.15068	5	1.986	-3.8805	0.15325	4	1.881	-3.7292
7	0.12665	6	2.115	-4.8927	0.13653	5	1.991	-4.6871	0.13847	4	1.888	-4.5188
8	0.11672	6	2.119	-5.7311	0.12554	5	1.996	-5.5071	0.12703	4	1.893	-5.3228
9	0.10872	6	2.123	-6.5792	0.11671	5	2.000	-6.3379	0.13506	5	1.922	-6.1391
10	0.10209	6	2.125	-7.4355	0.10942	5	2.003	-7.1778	0.12650	5	1.925	-6.9657
15	0.08055	6	2.134	-11.8060	0.08589	5	2.014	-11.4763	0.09895	5	1.937	-11.2056
20	0.06837	6	2.140	-16.2751	0.07269	5	2.020	-15.8845	0.08358	5	1.944	-15.5643
25	0.06033	6	2.143	-20.8072	0.06402	5	2.024	-20.3629	0.07351	5	1.949	-19.9991
30	0.05453	6	2.146	-25.3841	0.05778	5	2.028	-24.8913	0.06629	5	1.952	-24.4880
35	0.05010	6	2.148	-29.9950	0.05302	5	2.030	-29.4575	0.06079	5	1.955	-29.0180
40	0.04658	6	2.149	-34.6328	0.04925	5	2.032	-34.0537	0.05643	5	1.957	-33.5804
45	0.04370	6	2.151	-39.2926	0.04617	5	2.033	-38.6744	0.05287	5	1.959	-38.1693
50	0.04128	6	2.152	-43.9709	0.04358	5	2.035	-43.3157	0.04990	5	1.960	-42.7805
60	0.03742	6	2.154	-53.3724	0.03948	5	2.037	-52.6484	0.04516	5	1.963	-52.0573
70	0.03446	6	2.155	-62.8220	0.03633	5	2.038	-62.0347	0.04154	5	1.964	-61.3922
80	0.03210	6	2.156	-72.3096	0.03381	5	2.040	-71.4634	0.03865	5	1.966	-70.7731
90	0.03016	6	2.157	-81.8284	0.03175	5	2.041	-80.9269	0.03628	5	1.967	-80.1916
100	0.02853	6	2.158	-91.3733	0.03002	5	2.042	-90.4194	0.03430	5	1.968	-89.6416
150	0.02306	6	2.160	-139.3799	0.02423	5	2.045	-138.1966	0.02766	5	1.971	-137.2327
200	0.01985	6	2.162	-187.6993	0.02084	5	2.047	-186.3226	0.02378	5	1.973	-185.2017
250	0.01768	6	2.163	-236.2186	0.01856	5	2.048	-234.6715	0.02116	5	1.975	-233.4122
300	0.01609	6	2.164	-284.8800	0.01688	5	2.049	-283.1788	0.01925	5	1.976	-281.7944
350	0.01487	6	2.164	-333.6490	0.01559	5	2.049	-331.8061	0.01777	5	1.976	-330.3067
400	0.01388	6	2.165	-382.5031	0.01455	5	2.050	-380.5284	0.01658	5	1.977	-378.9219
450	0.01307	6	2.165	-431.4270	0.01369	5	2.050	-429.3284	0.01561	5	1.978	-427.6213
500	0.01238	6	2.166	-480.4091	0.01297	5	2.051	-478.1933	0.01478	5	1.978	-476.3911
600	0.01128	6	2.166	-578.5159	0.01181	5	2.051	-576.0822	0.01346	5	1.979	-574.1031
700	0.01042	6	2.167	-676.7749	0.01092	5	2.052	-674.1408	0.01244	5	1.979	-671.9990
800	0.00974	6	2.167	-775.1545	0.01020	5	2.052	-772.3338	0.01161	5	1.980	-770.0406
900	0.00917	6	2.167	-873.6325	0.00960	5	2.053	-870.6366	0.01093	5	1.980	-868.2012
1000	0.00869	6	2.167	-972.1929	0.00910	5	2.053	-969.0314	0.01036	5	1.980	-966.4614

B	Delta = 1.00 Y	N	C	A = 0.0300 M	Delta = 1.00 Y	N	C	A = 0.0350 M	Delta = 1.00 Y	N	C	A = 0.0400 M
1	0.67296	3	1.600	-0.2438	0.65218	2	1.498	-0.2247	0.74342	2	1.427	-0.2103
2	0.34157	3	1.705	-0.7805	0.38791	3	1.637	-0.7393	0.43374	3	1.576	-0.7027
3	0.28669	4	1.767	-1.4212	0.27519	3	1.681	-1.3605	0.30543	3	1.623	-1.3088
4	0.23111	4	1.788	-2.1178	0.22008	3	1.705	-2.0386	0.24331	3	1.649	-1.9739
5	0.19716	4	1.802	-2.8497	0.18676	3	1.721	-2.7539	0.20596	3	1.666	-2.6775
6	0.17395	4	1.812	-3.6069	0.19371	4	1.753	-3.4980	0.18069	3	1.678	-3.4088
7	0.15690	4	1.820	-4.3833	0.17446	4	1.761	-4.2625	0.16229	3	1.688	-4.1613
8	0.14376	4	1.826	-5.1750	0.15965	4	1.768	-5.0431	0.14819	3	1.695	-4.9306
9	0.13325	4	1.831	-5.9793	0.14784	4	1.773	-5.8369	0.13698	3	1.701	-5.7137
10	0.12463	4	1.835	-6.7940	0.13816	4	1.777	-6.6417	0.12782	3	1.706	-6.5083
15	0.09704	4	1.848	-10.9818	0.10729	4	1.792	-10.7860	0.09876	3	1.722	-10.6077
20	0.08175	4	1.856	-15.2964	0.09025	4	1.800	-15.0638	0.09831	4	1.751	-14.8516
25	0.07177	4	1.862	-19.6922	0.07915	4	1.806	-19.4271	0.08615	4	1.757	-19.1851
30	0.06463	4	1.865	-24.1458	0.07123	4	1.810	-23.8513	0.07747	4	1.762	-23.5822
35	0.05921	4	1.868	-28.6432	0.06522	4	1.813	-28.3217	0.07090	4	1.765	-28.0277
40	0.05492	4	1.871	-33.1754	0.06047	4	1.816	-32.8286	0.06571	4	1.768	-32.5115
45	0.05142	4	1.873	-37.7359	0.05659	4	1.818	-37.3654	0.06148	4	1.770	-37.0266
50	0.04850	4	1.874	-42.3201	0.05336	4	1.820	-41.9273	0.05795	4	1.772	-41.5679
60	0.04386	4	1.877	-51.5468	0.04823	4	1.822	-51.1124	0.05236	4	1.775	-50.7146
70	0.04031	4	1.879	-60.8356	0.04432	4	1.825	-60.3628	0.04809	4	1.777	-59.9299
80	0.03749	4	1.880	-70.1736	0.04120	4	1.826	-69.6651	0.04470	4	1.779	-69.1994
90	0.03517	4	1.882	-79.5517	0.03865	4	1.828	-79.0098	0.04192	4	1.780	-78.5132
100	0.03323	4	1.883	-88.9635	0.03651	4	1.829	-88.3899	0.03959	4	1.782	-87.8642
150	0.02677	4	1.887	-136.3873	0.02939	4	1.833	-135.6748	0.03185	4	1.786	-135.0215
200	0.02299	4	1.889	-184.2153	0.02523	4	1.835	-183.3857	0.02734	4	1.788	-182.6246
250	0.02045	4	1.890	-232.3015	0.02244	4	1.837	-231.3688	0.02430	4	1.790	-230.5129
300	0.01860	4	1.891	-280.5713	0.02040	4	1.838	-279.5453	0.02209	4	1.791	-278.6036
350	0.01716	4	1.892	-328.9802	0.01882	4	1.839	-327.8684	0.02038	4	1.792	-326.8478
400	0.01601	4	1.893	-377.4992	0.01756	4	1.840	-376.3075	0.01901	4	1.793	-375.2136
450	0.01507	4	1.894	-426.1082	0.01652	4	1.840	-424.8415	0.01788	4	1.794	-423.6786
500	0.01427	4	1.894	-474.7926	0.01564	4	1.841	-473.4549	0.01693	4	1.794	-472.2268
600	0.01299	4	1.895	-572.3455	0.01424	4	1.842	-570.8759	0.01541	4	1.795	-569.5264
700	0.01200	4	1.895	-670.0952	0.01315	4	1.842	-668.5043	0.01423	4	1.796	-667.0432
800	0.01291	5	1.920	-768.0010	0.01228	4	1.843	-766.2968	0.01329	4	1.796	-764.7319
900	0.01215	5	1.920	-866.0349	0.01156	4	1.843	-864.2234	0.01251	4	1.797	-862.5610
1000	0.01151	5	1.920	-964.1753	0.01095	4	1.844	-962.2624	0.01185	4	1.797	-960.5077

	Delta = 1.00		A = 0.0450		Delta = 1.00		A = 0.0500		Delta = 1.00		A = 0.0550	
B	Y	N	C	M	Y	N	C	M	Y	N	C	M
1	0.83612	2	1.361	-0.1976	0.73072	1	1.279	-0.1886	0.80555	1	1.220	-0.1821
2	0.39329	2	1.502	-0.6729	0.43088	2	1.451	-0.6486	0.46829	2	1.402	-0.6263
3	0.33511	3	1.571	-1.2619	0.29679	2	1.507	-1.2228	0.32082	2	1.462	-1.1904
4	0.26597	3	1.599	-1.9149	0.28814	3	1.553	-1.8608	0.25155	2	1.495	-1.8180
5	0.22460	3	1.617	-2.6078	0.24278	3	1.572	-2.5436	0.21068	2	1.516	-2.4877
6	0.19672	3	1.630	-3.3293	0.21231	3	1.586	-3.2559	0.18343	2	1.531	-3.1878
7	0.17647	3	1.640	-4.0727	0.19023	3	1.596	-3.9909	0.20364	3	1.556	-3.9147
8	0.16098	3	1.647	-4.8335	0.17338	3	1.604	-4.7438	0.18544	3	1.565	-4.6601
9	0.14869	3	1.654	-5.6086	0.16002	3	1.611	-5.5114	0.17103	3	1.572	-5.4208
10	0.13865	3	1.659	-6.3957	0.14913	3	1.616	-6.2914	0.15930	3	1.577	-6.1942
15	0.10691	3	1.676	-10.4618	0.11477	3	1.634	-10.3265	0.12236	3	1.596	-10.1999
20	0.08956	3	1.686	-14.6732	0.09603	3	1.645	-14.5116	0.10227	3	1.607	-14.3602
25	0.07833	3	1.692	-18.9779	0.08393	3	1.652	-18.7930	0.08932	3	1.614	-18.6198
30	0.07034	3	1.697	-23.3489	0.07533	3	1.657	-23.1429	0.08013	3	1.620	-22.9499
35	0.06431	3	1.701	-27.7703	0.06884	3	1.661	-27.5449	0.07320	3	1.624	-27.3337
40	0.05955	3	1.704	-32.2315	0.06373	3	1.664	-31.9881	0.06774	3	1.627	-31.7599
45	0.05568	3	1.706	-36.7255	0.05957	3	1.666	-36.4651	0.06331	3	1.630	-36.2209
50	0.05245	3	1.708	-41.2467	0.05610	3	1.668	-40.9703	0.05961	3	1.632	-40.7110
60	0.04735	3	1.712	-50.3561	0.05062	3	1.672	-50.0499	0.05377	3	1.635	-49.7625
70	0.04346	3	1.714	-59.5370	0.04645	3	1.674	-59.2033	0.04933	3	1.638	-58.8900
80	0.04037	3	1.716	-68.7745	0.04314	3	1.677	-68.4152	0.04580	3	1.640	-68.0778
90	0.03784	3	1.718	-78.0582	0.04043	3	1.678	-77.6749	0.04292	3	1.642	-77.3149
100	0.03572	3	1.719	-87.3807	0.03816	3	1.680	-86.9746	0.04051	3	1.644	-86.5933
150	0.03418	4	1.744	-134.4156	0.03064	3	1.685	-133.9074	0.03251	3	1.649	-133.4323
200	0.02933	4	1.747	-181.9186	0.02627	3	1.688	-181.3212	0.02786	3	1.652	-180.7670
250	0.02607	4	1.748	-229.7187	0.02334	3	1.689	-229.0425	0.02475	3	1.654	-228.4186
300	0.02369	4	1.750	-277.7297	0.02120	3	1.691	-276.9823	0.02248	3	1.655	-276.2954
350	0.02185	4	1.751	-325.9006	0.01955	3	1.692	-325.0877	0.02073	3	1.656	-324.3428
400	0.02038	4	1.752	-374.1980	0.01823	3	1.693	-373.3242	0.01933	3	1.657	-372.5253
450	0.01917	4	1.752	-422.5989	0.01714	3	1.694	-421.6678	0.01817	3	1.658	-420.8183
500	0.01815	4	1.753	-471.0865	0.01623	3	1.694	-470.1011	0.01720	3	1.659	-469.2037
600	0.01652	4	1.754	-568.2734	0.01476	3	1.695	-567.1872	0.01565	3	1.660	-566.2006
700	0.01525	4	1.755	-665.6864	0.01363	3	1.696	-664.5075	0.01445	3	1.661	-663.4390
800	0.01424	4	1.755	-763.2785	0.01272	3	1.697	-762.0133	0.01348	3	1.661	-760.8684
900	0.01340	4	1.756	-861.0169	0.01197	3	1.697	-859.6706	0.01269	3	1.662	-858.4541
1000	0.01270	4	1.756	-958.8778	0.01134	3	1.698	-957.4549	0.01202	3	1.662	-956.1706

B	Delta = 1.00 Y	N	C	A = 0.0600 M	Delta = 1.00 Y	N	C	A = 0.0650 M	Delta = 1.00 Y	N	C	A = 0.0700 M
1	0.88139	1	1.165	-0.1762	2.41421	0	0.000	-0.1716	2.41421	0	0.000	-0.1716
2	0.50558	2	1.357	-0.6058	0.41303	1	1.305	-0.5890	0.44236	1	1.263	-0.5773
3	0.34457	2	1.420	-1.1603	0.36810	2	1.381	-1.1322	0.39144	2	1.344	-1.1059
4	0.26943	2	1.455	-1.7796	0.28706	2	1.417	-1.7437	0.30447	2	1.381	-1.7099
5	0.22526	2	1.477	-2.4418	0.23960	2	1.440	-2.3988	0.25372	2	1.405	-2.3583
6	0.19588	2	1.493	-3.1351	0.20810	2	1.456	-3.0856	0.22011	2	1.422	-3.0389
7	0.17474	2	1.505	-3.8521	0.18548	2	1.469	-3.7966	0.19602	2	1.435	-3.7442
8	0.15870	2	1.514	-4.5882	0.16834	2	1.479	-4.5270	0.17779	2	1.445	-4.4692
9	0.14605	2	1.522	-5.3398	0.15483	2	1.486	-5.2733	0.16344	2	1.454	-5.2105
10	0.13578	2	1.528	-6.1046	0.14388	2	1.493	-6.0331	0.15181	2	1.460	-5.9654
15	0.12973	3	1.561	-10.0809	0.10966	2	1.515	-9.9782	0.11554	2	1.483	-9.8893
20	0.10833	3	1.573	-14.2178	0.09124	2	1.527	-14.0865	0.09605	2	1.496	-13.9797
25	0.09455	3	1.580	-18.4566	0.09962	3	1.548	-18.3021	0.08358	2	1.504	-18.1772
30	0.08478	3	1.586	-22.7680	0.08929	3	1.554	-22.5956	0.07479	2	1.510	-22.4509
35	0.07742	3	1.590	-27.1345	0.08150	3	1.558	-26.9457	0.06818	2	1.515	-26.7827
40	0.07162	3	1.593	-31.5446	0.07538	3	1.562	-31.3406	0.06299	2	1.519	-31.1604
45	0.06692	3	1.596	-35.9905	0.07041	3	1.564	-35.7721	0.05879	2	1.522	-35.5757
50	0.06300	3	1.598	-40.4663	0.06628	3	1.567	-40.2343	0.05529	2	1.525	-40.0226
60	0.05681	3	1.602	-49.4912	0.05975	3	1.571	-49.2338	0.04979	2	1.529	-48.9935
70	0.05210	3	1.605	-58.5942	0.05479	3	1.574	-58.3135	0.04561	2	1.532	-58.0469
80	0.04837	3	1.607	-67.7592	0.05085	3	1.576	-67.4568	0.05325	3	1.547	-67.1687
90	0.04532	3	1.609	-76.9749	0.04764	3	1.578	-76.6521	0.04988	3	1.549	-76.3445
100	0.04277	3	1.610	-86.2330	0.04495	3	1.580	-85.8910	0.04706	3	1.551	-85.5649
150	0.03430	3	1.616	-132.9832	0.03604	3	1.585	-132.5567	0.03772	3	1.556	-132.1499
200	0.02940	3	1.619	-180.2430	0.03087	3	1.588	-179.7452	0.03231	3	1.560	-179.2704
250	0.02611	3	1.621	-227.8287	0.02741	3	1.590	-227.2681	0.02868	3	1.562	-226.7332
300	0.02371	3	1.623	-275.6458	0.02489	3	1.592	-275.0284	0.02604	3	1.564	-274.4393
350	0.02186	3	1.624	-323.6383	0.02295	3	1.593	-322.9687	0.02400	3	1.565	-322.3298
400	0.02038	3	1.625	-371.7697	0.02140	3	1.594	-371.0516	0.02238	3	1.566	-370.3662
450	0.01916	3	1.625	-420.0147	0.02012	3	1.595	-419.2509	0.02104	3	1.567	-418.5219
500	0.01814	3	1.626	-468.3547	0.01904	3	1.596	-467.5477	0.01991	3	1.568	-466.7775
600	0.01650	3	1.627	-565.2673	0.01731	3	1.597	-564.3799	0.01811	3	1.569	-563.5329
700	0.01523	3	1.628	-662.4280	0.01598	3	1.598	-661.4668	0.01671	3	1.570	-660.5492
800	0.01421	3	1.629	-759.7852	0.01492	3	1.599	-758.7552	0.01560	3	1.570	-757.7720
900	0.01337	3	1.629	-857.3030	0.01404	3	1.599	-856.2085	0.01467	3	1.571	-855.1635
1000	0.01267	3	1.630	-954.9552	0.01329	3	1.600	-953.7996	0.01390	3	1.571	-952.6963

	Delta = 1.00		A = 0.0750		Delta = 1.00		A = 0.0800		Delta = 1.00		A = 0.0850	
B	Y	N	C	M	Y	N	C	M	Y	N	C	M
1	2.41421	0	0.000	-0.1716	2.41421	0	0.000	-0.1716	2.41421	0	0.000	-0.1716
2	0.47172	1	1.223	-0.5663	0.50112	1	1.184	-0.5560	0.53060	1	1.147	-0.5463
3	0.31115	1	1.302	-1.0856	0.32940	1	1.266	-1.0700	0.34759	1	1.232	-1.0552
4	0.32170	2	1.347	-1.6779	0.25191	1	1.311	-1.6512	0.26534	1	1.279	-1.6319
5	0.26766	2	1.372	-2.3199	0.28142	2	1.341	-2.2835	0.21825	1	1.309	-2.2543
6	0.23195	2	1.390	-2.9946	0.24361	2	1.360	-2.9525	0.25513	2	1.331	-2.9124
7	0.20639	2	1.403	-3.6944	0.21660	2	1.373	-3.6472	0.22666	2	1.345	-3.6020
8	0.18707	2	1.414	-4.4144	0.19620	2	1.384	-4.3622	0.20520	2	1.356	-4.3124
9	0.17189	2	1.422	-5.1508	0.18019	2	1.393	-5.0940	0.18836	2	1.365	-5.0397
10	0.15958	2	1.430	-5.9012	0.16722	2	1.400	-5.8400	0.17474	2	1.373	-5.7815
15	0.12129	2	1.453	-9.8049	0.12693	2	1.424	-9.7243	0.13246	2	1.397	-9.6472
20	0.10075	2	1.466	-13.8781	0.10536	2	1.438	-13.7810	0.10987	2	1.411	-13.6881
25	0.08763	2	1.475	-18.0603	0.09159	2	1.447	-17.9487	0.09547	2	1.421	-17.8418
30	0.07838	2	1.481	-22.3203	0.08189	2	1.454	-22.1955	0.08533	2	1.428	-22.0759
35	0.07143	2	1.486	-26.6394	0.07462	2	1.459	-26.5025	0.07773	2	1.433	-26.3712
40	0.06598	2	1.490	-31.0053	0.06891	2	1.463	-30.8570	0.07177	2	1.437	-30.7149
45	0.06157	2	1.493	-35.4096	0.06429	2	1.466	-35.2506	0.06694	2	1.440	-35.0982
50	0.05790	2	1.496	-39.8459	0.06045	2	1.469	-39.6769	0.06294	2	1.443	-39.5148
60	0.05212	2	1.500	-48.7972	0.05440	2	1.473	-48.6095	0.05663	2	1.448	-48.4293
70	0.04774	2	1.504	-57.8326	0.04982	2	1.477	-57.6276	0.05185	2	1.451	-57.4308
80	0.04427	2	1.506	-66.9345	0.04619	2	1.479	-66.7134	0.04807	2	1.454	-66.5012
90	0.04144	2	1.509	-76.0909	0.04323	2	1.482	-75.8547	0.04498	2	1.456	-75.6279
100	0.03908	2	1.510	-85.2928	0.04076	2	1.484	-85.0423	0.04241	2	1.458	-84.8018
150	0.03126	2	1.517	-131.7968	0.03260	2	1.490	-131.4836	0.03391	2	1.465	-131.1829
200	0.02675	2	1.520	-178.8488	0.02789	2	1.494	-178.4827	0.02900	2	1.469	-178.1312
250	0.02373	2	1.523	-226.2511	0.02474	2	1.496	-225.8385	0.02572	2	1.471	-225.4422
300	0.02153	2	1.524	-273.9025	0.02245	2	1.498	-273.4477	0.02334	2	1.473	-273.0109
350	0.01984	2	1.526	-321.7425	0.02068	2	1.500	-321.2490	0.02150	2	1.475	-320.7749
400	0.01849	2	1.527	-369.7320	0.01928	2	1.501	-369.2024	0.02004	2	1.476	-368.6936
450	0.01738	2	1.528	-417.8436	0.01812	2	1.502	-417.2801	0.01883	2	1.477	-416.7388
500	0.01645	2	1.529	-466.0575	0.01714	2	1.502	-465.4620	0.01782	2	1.478	-464.8898
600	0.01495	2	1.530	-562.7353	0.01558	2	1.504	-562.0802	0.01619	2	1.479	-561.4507
700	0.01380	2	1.531	-659.6801	0.01438	2	1.505	-658.9702	0.01494	2	1.480	-658.2880
800	0.01287	2	1.532	-756.8364	0.01341	2	1.506	-756.0754	0.01394	2	1.481	-755.3442
900	0.01211	2	1.532	-854.1655	0.01262	2	1.506	-853.3566	0.01311	2	1.481	-852.5793
1000	0.01448	3	1.545	-951.6393	0.01195	2	1.507	-950.7850	0.01242	2	1.482	-949.9641

	Delta = 1.00		A = 0.0900		Delta = 1.00		A = 0.0950		Delta = 1.00		A = 0.1000	
B	Y	N	C	M	Y	N	C	M	Y	N	C	M
1	2.41421	0	0.000	-0.1716	2.41421	0	0.000	-0.1716	2.41421	0	0.000	-0.1716
2	0.56017	1	1.112	-0.5372	1.36603	0	0.000	-0.5359	1.36603	0	0.000	-0.5359
3	0.36574	1	1.200	-1.0412	0.38387	1	1.168	-1.0279	0.40197	1	1.138	-1.0151
4	0.27870	1	1.248	-1.6135	0.29200	1	1.217	-1.5960	0.30525	1	1.188	-1.5792
5	0.22897	1	1.278	-2.2320	0.23963	1	1.249	-2.2106	0.25023	1	1.221	-2.1902
6	0.19656	1	1.300	-2.8843	0.20555	1	1.272	-2.8595	0.21448	1	1.244	-2.8357
7	0.17362	1	1.316	-3.5629	0.18145	1	1.288	-3.5348	0.18923	1	1.261	-3.5078
8	0.21407	2	1.329	-4.2646	0.16342	1	1.302	-4.2313	0.17035	1	1.275	-4.2013
9	0.19641	2	1.338	-4.9878	0.14936	1	1.312	-4.9454	0.15564	1	1.286	-4.9126
10	0.18214	2	1.346	-5.7255	0.13806	1	1.321	-5.6744	0.14381	1	1.295	-5.6389
15	0.13790	2	1.372	-9.5732	0.14324	2	1.347	-9.5021	0.10756	1	1.325	-9.4345
20	0.11430	2	1.386	-13.5989	0.11865	2	1.362	-13.5130	0.12294	2	1.339	-13.4302
25	0.09927	2	1.396	-17.7391	0.10301	2	1.372	-17.6402	0.10668	2	1.349	-17.5448
30	0.08870	2	1.403	-21.9610	0.09201	2	1.379	-21.8503	0.09526	2	1.356	-21.7435
35	0.08078	2	1.408	-26.2450	0.08377	2	1.384	-26.1234	0.08671	2	1.362	-26.0061
40	0.07457	2	1.412	-30.5782	0.07732	2	1.389	-30.4465	0.08001	2	1.366	-30.3194
45	0.06954	2	1.416	-34.9517	0.07209	2	1.392	-34.8105	0.07460	2	1.370	-34.6741
50	0.06537	2	1.419	-39.3589	0.06776	2	1.395	-39.2087	0.07011	2	1.373	-39.0636
60	0.05881	2	1.423	-48.2561	0.06095	2	1.400	-48.0891	0.06304	2	1.378	-47.9277
70	0.05383	2	1.427	-57.2416	0.05578	2	1.404	-57.0591	0.05769	2	1.382	-56.8828
80	0.04990	2	1.430	-66.2970	0.05170	2	1.407	-66.1002	0.05346	2	1.385	-65.9100
90	0.04670	2	1.432	-75.4098	0.04837	2	1.409	-75.1994	0.05002	2	1.387	-74.9961
100	0.04402	2	1.434	-84.5704	0.04560	2	1.411	-84.3473	0.04714	2	1.389	-84.1316
150	0.03519	2	1.441	-130.8935	0.03644	2	1.418	-130.6142	0.03766	2	1.396	-130.3443
200	0.03009	2	1.445	-177.7927	0.03115	2	1.422	-177.4662	0.03220	2	1.400	-177.1505
250	0.02669	2	1.447	-225.0605	0.02763	2	1.425	-224.6923	0.02855	2	1.403	-224.3362
300	0.02421	2	1.449	-272.5902	0.02506	2	1.427	-272.1842	0.02589	2	1.405	-271.7917
350	0.02230	2	1.451	-320.3183	0.02309	2	1.428	-319.8777	0.02385	2	1.407	-319.4516
400	0.02078	2	1.452	-368.2036	0.02151	2	1.430	-367.7307	0.02222	2	1.408	-367.2733
450	0.01953	2	1.453	-416.2174	0.02021	2	1.431	-415.7141	0.02088	2	1.409	-415.2274
500	0.01848	2	1.454	-464.3387	0.01912	2	1.431	-463.8068	0.01975	2	1.410	-463.2923
600	0.01679	2	1.455	-560.8444	0.01738	2	1.433	-560.2591	0.01795	2	1.411	-559.6930
700	0.01549	2	1.456	-657.6309	0.01603	2	1.434	-656.9965	0.01656	2	1.412	-656.3829
800	0.01445	2	1.457	-754.6398	0.01496	2	1.435	-753.9597	0.01545	2	1.413	-753.3019
900	0.01360	2	1.458	-851.8304	0.01407	2	1.435	-851.1075	0.01453	2	1.414	-850.4082
1000	0.01287	2	1.459	-949.1732	0.01332	2	1.436	-948.4097	0.01376	2	1.415	-947.6711

	Delta = 1.00		A = 0.2000		Delta = 1.00		A = 0.3000		Delta = 1.00		A = 0.4000	
B	Y	N	C	M	Y	N	C	M	Y	N	C	M
1	2.41421	0	0.000	-0.1716	2.41421	0	0.000	-0.1716	2.41421	0	0.000	-0.1716
2	1.36603	0	0.000	-0.5359	1.36603	0	0.000	-0.5359	1.36603	0	0.000	-0.5359
3	1.00000	0	0.000	-1.0000	1.00000	0	0.000	-1.0000	1.00000	0	0.000	-1.0000
4	0.80902	0	0.000	-1.5279	0.80902	0	0.000	-1.5279	0.80902	0	0.000	-1.5279
5	0.68990	0	0.000	-2.1010	0.68990	0	0.000	-2.1010	0.68990	0	0.000	-2.1010
6	0.60763	0	0.000	-2.7085	0.60763	0	0.000	-2.7085	0.60763	0	0.000	-2.7085
7	0.54692	0	0.000	-3.3431	0.54692	0	0.000	-3.3431	0.54692	0	0.000	-3.3431
8	0.50000	0	0.000	-4.0000	0.50000	0	0.000	-4.0000	0.50000	0	0.000	-4.0000
9	0.46248	0	0.000	-4.6754	0.46248	0	0.000	-4.6754	0.46248	0	0.000	-4.6754
10	0.43166	0	0.000	-5.3668	0.43166	0	0.000	-5.3668	0.43166	0	0.000	-5.3668
15	0.33333	0	0.000	-9.0000	0.33333	0	0.000	-9.0000	0.33333	0	0.000	-9.0000
20	0.27913	0	0.000	-12.8348	0.27913	0	0.000	-12.8348	0.27913	0	0.000	-12.8348
25	0.24396	0	0.000	-16.8020	0.24396	0	0.000	-16.8020	0.24396	0	0.000	-16.8020
30	0.21893	0	0.000	-20.8645	0.21893	0	0.000	-20.8645	0.21893	0	0.000	-20.8645
35	0.20000	0	0.000	-25.0000	0.20000	0	0.000	-25.0000	0.20000	0	0.000	-25.0000
40	0.18508	0	0.000	-29.1938	0.18508	0	0.000	-29.1938	0.18508	0	0.000	-29.1938
45	0.17294	0	0.000	-33.4353	0.17294	0	0.000	-33.4353	0.17294	0	0.000	-33.4353
50	0.16283	0	0.000	-37.7171	0.16283	0	0.000	-37.7171	0.16283	0	0.000	-37.7171
60	0.14684	0	0.000	-46.3795	0.14684	0	0.000	-46.3795	0.14684	0	0.000	-46.3795
70	0.13466	0	0.000	-55.1477	0.13466	0	0.000	-55.1477	0.13466	0	0.000	-55.1477
80	0.12500	0	0.000	-64.0000	0.12500	0	0.000	-64.0000	0.12500	0	0.000	-64.0000
90	0.11710	0	0.000	-72.9212	0.11710	0	0.000	-72.9212	0.11710	0	0.000	-72.9212
100	0.11050	0	0.000	-81.9002	0.11050	0	0.000	-81.9002	0.11050	0	0.000	-81.9002
150	0.08859	0	0.000	-127.4236	0.08859	0	0.000	-127.4236	0.08859	0	0.000	-127.4236
200	0.07589	0	0.000	-173.6451	0.07589	0	0.000	-173.6451	0.07589	0	0.000	-173.6451
250	0.06737	0	0.000	-220.3140	0.06737	0	0.000	-220.3140	0.06737	0	0.000	-220.3140
300	0.06116	0	0.000	-267.3013	0.06116	0	0.000	-267.3013	0.06116	0	0.000	-267.3013
350	0.05639	0	0.000	-314.5300	0.05639	0	0.000	-314.5300	0.05639	0	0.000	-314.5300
400	0.05256	0	0.000	-361.9500	0.05256	0	0.000	-361.9500	0.05256	0	0.000	-361.9500
450	0.04942	0	0.000	-409.5265	0.04942	0	0.000	-409.5265	0.04942	0	0.000	-409.5265
500	0.04677	0	0.000	-457.2339	0.04677	0	0.000	-457.2339	0.04677	0	0.000	-457.2339
600	0.04253	0	0.000	-552.9694	0.04253	0	0.000	-552.9694	0.04253	0	0.000	-552.9694
700	0.03925	0	0.000	-649.0472	0.03925	0	0.000	-649.0472	0.03925	0	0.000	-649.0472
800	0.03663	0	0.000	-745.3961	0.03663	0	0.000	-745.3961	0.03663	0	0.000	-745.3961
900	0.03446	0	0.000	-841.9667	0.03446	0	0.000	-841.9667	0.03446	0	0.000	-841.9667
1000	0.01570	1	1.085	-938.7315	0.03264	0	0.000	-938.7228	0.03264	0	0.000	-938.7228

B	Delta = 1.25 Y	N	C	A = 0.0001 M	Delta = 1.25 Y	N	C	A = 0.0005 M	Delta = 1.25 Y	N	C	A = 0.0010 M
1	0.03481	13	3.789	-0.9149	0.07120	10	3.353	-0.8302	0.09948	9	3.157	-0.7745
2	0.02426	13	3.791	-1.8788	0.04881	10	3.359	-1.7562	0.06736	9	3.166	-1.6744
3	0.01969	13	3.792	-2.8511	0.03932	10	3.362	-2.6994	0.05398	9	3.170	-2.5975
4	0.01699	13	3.793	-3.8277	0.03378	10	3.364	-3.6515	0.04624	9	3.172	-3.5327
5	0.01515	13	3.794	-4.8071	0.03005	10	3.365	-4.6093	0.04105	9	3.174	-4.4756
6	0.01381	13	3.794	-5.7885	0.02732	10	3.366	-5.5711	0.03727	9	3.175	-5.4240
7	0.01277	13	3.794	-6.7714	0.02522	10	3.366	-6.5360	0.03435	9	3.176	-6.3765
8	0.01193	13	3.794	-7.7555	0.02353	10	3.367	-7.5034	0.03203	9	3.176	-7.3323
9	0.01123	13	3.795	-8.7405	0.02214	10	3.367	-8.4727	0.03011	9	3.177	-8.2908
10	0.01065	13	3.795	-9.7264	0.02097	10	3.367	-9.4437	0.02850	9	3.178	-9.2515
15	0.00867	13	3.795	-14.6644	0.01702	10	3.369	-14.3167	0.02308	9	3.179	-14.0796
20	0.00750	13	3.796	-19.6122	0.01469	10	3.369	-19.2096	0.01989	9	3.180	-18.9346
25	0.00670	13	3.796	-24.5661	0.01311	10	3.370	-24.1152	0.01774	9	3.181	-23.8069
30	0.00611	13	3.796	-29.5245	0.01194	10	3.370	-29.0299	0.01615	9	3.181	-28.6915
35	0.00565	13	3.796	-34.4863	0.01104	10	3.370	-33.9515	0.01493	9	3.182	-33.5853
40	0.00528	13	3.796	-39.4507	0.01032	10	3.371	-38.8784	0.01394	9	3.182	-38.4865
45	0.00498	13	3.796	-44.4172	0.00972	10	3.371	-43.8099	0.01313	9	3.182	-43.3936
50	0.00472	13	3.796	-49.3856	0.00921	10	3.371	-48.7450	0.01244	9	3.183	-48.3058
60	0.00431	13	3.796	-59.3267	0.00840	10	3.371	-58.6243	0.01134	9	3.183	-58.1426
70	0.00399	13	3.797	-69.2726	0.00777	10	3.371	-68.5134	0.01048	9	3.183	-67.9924
80	0.00373	13	3.797	-79.2222	0.00726	10	3.372	-78.4101	0.00980	9	3.183	-77.8526
90	0.00351	13	3.797	-89.1749	0.00684	10	3.372	-88.3132	0.00923	9	3.184	-87.7214
100	0.00333	13	3.797	-99.1302	0.00649	10	3.372	-98.2214	0.00875	9	3.184	-97.5972
150	0.00272	13	3.797	-148.9342	0.00529	10	3.372	-147.8197	0.00712	9	3.184	-147.0535
200	0.00235	13	3.797	-198.7690	0.00457	10	3.372	-197.4810	0.00616	9	3.185	-196.5951
250	0.00210	13	3.797	-248.6235	0.00409	10	3.372	-247.1826	0.00551	9	3.185	-246.1912
300	0.00192	13	3.797	-298.4919	0.00373	10	3.373	-296.9128	0.00502	9	3.185	-295.8261
350	0.00178	13	3.797	-348.3709	0.00345	10	3.373	-346.6647	0.00465	9	3.185	-345.4903
400	0.00166	13	3.797	-398.2583	0.00323	10	3.373	-396.4338	0.00434	9	3.185	-395.1778
450	0.00157	13	3.797	-448.1525	0.00304	10	3.373	-446.2170	0.00409	9	3.185	-444.8843
500	0.00149	13	3.797	-498.0525	0.00289	10	3.373	-496.0118	0.00388	9	3.185	-494.6067
600	0.00136	13	3.797	-597.8664	0.00263	10	3.373	-595.6303	0.00354	9	3.185	-594.0903
700	0.00126	13	3.797	-697.6953	0.00244	10	3.373	-695.2795	0.00328	9	3.185	-693.6155
800	0.00117	13	3.797	-797.5360	0.00228	10	3.373	-794.9529	0.00307	9	3.185	-793.1735
900	0.00111	13	3.797	-897.3864	0.00215	10	3.373	-894.6462	0.00289	9	3.186	-892.7584
1000	0.00105	13	3.797	-997.2449	0.00204	10	3.373	-994.3561	0.00274	9	3.186	-992.3658

	Delta = 1.25		A = 0.0015		Delta = 1.25		A = 0.0020		Delta = 1.25		A = 0.0025	
B	Y	N	C	M	Y	N	C	M	Y	N	C	M
1	0.11723	8	3.022	-0.7352	0.14032	8	2.947	-0.7041	0.14752	7	2.852	-0.6780
2	0.07859	8	3.033	-1.6157	0.09337	8	2.961	-1.5692	0.09735	7	2.868	-1.5294
3	0.06272	8	3.038	-2.5241	0.07427	8	2.966	-2.4656	0.08474	8	2.910	-2.4153
4	0.05359	8	3.041	-3.4468	0.06335	8	2.970	-3.3783	0.07216	8	2.913	-3.3193
5	0.04750	8	3.043	-4.3787	0.05608	8	2.972	-4.3014	0.06381	8	2.916	-4.2346
6	0.04307	8	3.045	-5.3171	0.05081	8	2.974	-5.2318	0.05777	8	2.918	-5.1581
7	0.03967	8	3.046	-6.2605	0.04676	8	2.975	-6.1679	0.05314	8	2.919	-6.0878
8	0.03695	8	3.047	-7.2078	0.04354	8	2.976	-7.1083	0.04945	8	2.920	-7.0223
9	0.03472	8	3.047	-8.1583	0.04089	8	2.977	-8.0524	0.04642	8	2.921	-7.9608
10	0.03284	8	3.048	-9.1114	0.03867	8	2.977	-8.9995	0.04388	8	2.922	-8.9026
15	0.02656	8	3.050	-13.9064	0.03122	8	2.980	-13.7679	0.03540	8	2.925	-13.6477
20	0.02489	9	3.085	-18.7335	0.02687	8	2.981	-18.5726	0.03044	8	2.926	-18.4329
25	0.02217	9	3.086	-23.5812	0.02392	8	2.982	-23.4005	0.02709	8	2.927	-23.2436
30	0.02018	9	3.087	-28.4436	0.02177	8	2.983	-28.2449	0.02464	8	2.928	-28.0725
35	0.01865	9	3.087	-33.3170	0.02010	8	2.983	-33.1019	0.02275	8	2.929	-32.9151
40	0.01741	9	3.087	-38.1992	0.01877	8	2.984	-37.9687	0.02123	8	2.929	-37.7687
45	0.01639	9	3.088	-43.0886	0.01766	8	2.984	-42.8437	0.01998	8	2.930	-42.6311
50	0.01553	9	3.088	-47.9839	0.01673	8	2.985	-47.7254	0.01893	8	2.930	-47.5010
60	0.01415	9	3.088	-57.7892	0.01524	8	2.985	-57.5054	0.01724	8	2.931	-57.2590
70	0.01308	9	3.089	-67.6102	0.01408	8	2.985	-67.3031	0.01593	8	2.931	-67.0364
80	0.01222	9	3.089	-77.4436	0.01316	8	2.986	-77.1147	0.01487	8	2.931	-76.8293
90	0.01151	9	3.089	-87.2871	0.01239	8	2.986	-86.9379	0.01401	8	2.932	-86.6347
100	0.01091	9	3.089	-97.1391	0.01174	8	2.986	-96.7706	0.01327	8	2.932	-96.4507
150	0.00888	9	3.090	-146.4909	0.00955	8	2.987	-146.0380	0.01080	8	2.933	-145.6448
200	0.00768	9	3.090	-195.9444	0.00826	8	2.987	-195.4203	0.00933	8	2.933	-194.9653
250	0.00686	9	3.091	-245.4629	0.00738	8	2.988	-244.8762	0.00833	8	2.933	-244.3668
300	0.00626	9	3.091	-295.0276	0.00673	8	2.988	-294.3842	0.00760	8	2.934	-293.8256
350	0.00579	9	3.091	-344.6274	0.00622	8	2.988	-343.9318	0.00703	8	2.934	-343.3279
400	0.00541	9	3.091	-394.2548	0.00582	8	2.988	-393.5107	0.00657	8	2.934	-392.8647
450	0.00510	9	3.091	-443.9049	0.00548	8	2.988	-443.1153	0.00619	8	2.934	-442.4297
500	0.00484	9	3.091	-493.5739	0.00520	8	2.988	-492.7412	0.00587	8	2.934	-492.0182
600	0.00441	9	3.091	-592.9583	0.00474	8	2.989	-592.0455	0.00535	8	2.934	-591.2529
700	0.00408	9	3.091	-692.3922	0.00439	8	2.989	-691.4057	0.00495	8	2.935	-690.5491
800	0.00382	9	3.092	-791.8653	0.00410	8	2.989	-790.8102	0.00463	8	2.935	-789.8940
900	0.00360	9	3.092	-891.3705	0.00387	8	2.989	-890.2509	0.00436	8	2.935	-889.2788
1000	0.00341	9	3.092	-990.9024	0.00367	8	2.989	-989.7219	0.00414	8	2.935	-988.6968

	Delta = 1.25		A = 0.0030		Delta = 1.25		A = 0.0035		Delta = 1.25		A = 0.0040	
B	Y	N	C	M	Y	N	C	M	Y	N	C	M
1	0.16608	7	2.802	-0.6556	0.18377	7	2.759	-0.6356	0.18112	6	2.684	-0.6174
2	0.10893	7	2.819	-1.4954	0.11986	7	2.777	-1.4648	0.13027	7	2.741	-1.4368
3	0.08615	7	2.826	-2.3724	0.09457	7	2.785	-2.3336	0.10257	7	2.749	-2.2981
4	0.07322	7	2.830	-3.2687	0.08028	7	2.790	-3.2230	0.08696	7	2.754	-3.1812
5	0.06467	7	2.833	-4.1772	0.07085	7	2.793	-4.1256	0.07668	7	2.757	-4.0781
6	0.05849	7	2.835	-5.0946	0.06404	7	2.795	-5.0375	0.06927	7	2.760	-4.9849
7	0.05377	7	2.837	-6.0186	0.05884	7	2.797	-5.9564	0.06362	7	2.762	-5.8992
8	0.05001	7	2.838	-6.9478	0.05470	7	2.798	-6.8810	0.05913	7	2.763	-6.8195
9	0.04693	7	2.839	-7.8814	0.05132	7	2.799	-7.8101	0.05545	7	2.764	-7.7446
10	0.04434	7	2.840	-8.8185	0.04848	7	2.800	-8.7431	0.05237	7	2.765	-8.6737
15	0.03573	7	2.843	-13.5433	0.03902	7	2.803	-13.4496	0.04212	7	2.769	-13.3633
20	0.03069	7	2.845	-18.3112	0.03351	7	2.805	-18.2021	0.03615	7	2.771	-18.1016
25	0.02731	7	2.846	-23.1067	0.02980	7	2.807	-22.9841	0.03214	7	2.772	-22.8711
30	0.02483	7	2.847	-27.9218	0.02709	7	2.807	-27.7870	0.02921	7	2.773	-27.6626
35	0.02292	7	2.848	-32.7518	0.02500	7	2.808	-32.6057	0.02695	7	2.774	-32.4709
40	0.02138	7	2.848	-37.5936	0.02332	7	2.809	-37.4370	0.02514	7	2.774	-37.2925
45	0.02012	7	2.849	-42.4450	0.02194	7	2.809	-42.2785	0.02365	7	2.775	-42.1250
50	0.01905	7	2.849	-47.3044	0.02078	7	2.810	-47.1286	0.02239	7	2.775	-46.9665
60	0.01735	7	2.850	-57.0429	0.01891	7	2.810	-56.8499	0.02038	7	2.776	-56.6717
70	0.01603	7	2.850	-66.8025	0.01747	7	2.811	-66.5935	0.01882	7	2.777	-66.4006
80	0.01496	7	2.850	-76.5787	0.01631	7	2.811	-76.3549	0.01757	7	2.777	-76.1482
90	0.01409	7	2.851	-86.3685	0.01535	7	2.812	-86.1308	0.01654	7	2.778	-85.9112
100	0.01335	7	2.851	-96.1697	0.01455	7	2.812	-95.9188	0.01567	7	2.778	-95.6871
150	0.01086	7	2.852	-145.2991	0.01183	7	2.813	-144.9904	0.01273	7	2.779	-144.7054
200	0.00938	7	2.853	-194.5651	0.01021	7	2.813	-194.2078	0.01100	7	2.779	-193.8778
250	0.00837	7	2.853	-243.9184	0.00912	7	2.814	-243.5182	0.00982	7	2.780	-243.1486
300	0.00764	7	2.853	-293.3338	0.00831	7	2.814	-292.8949	0.00895	7	2.780	-292.4894
350	0.00706	7	2.853	-342.7961	0.00769	7	2.814	-342.3216	0.00828	7	2.780	-341.8832
400	0.00660	7	2.854	-392.2957	0.00719	7	2.815	-391.7880	0.00774	7	2.781	-391.3190
450	0.00622	7	2.854	-441.8257	0.00677	7	2.815	-441.2869	0.00729	7	2.781	-440.7890
500	0.00590	7	2.854	-491.3812	0.00642	7	2.815	-490.8129	0.00691	7	2.781	-490.2878
600	0.00538	7	2.854	-590.5544	0.00586	7	2.815	-589.9313	0.00630	7	2.781	-589.3555
700	0.00498	7	2.854	-689.7941	0.00542	7	2.815	-689.1206	0.00583	7	2.781	-688.4982
800	0.00465	7	2.854	-789.0864	0.00507	7	2.815	-788.3660	0.00545	7	2.781	-787.7003
900	0.00438	7	2.854	-888.4217	0.00477	7	2.815	-887.6572	0.00514	7	2.782	-886.9508
1000	0.00416	7	2.854	-987.7930	0.00453	7	2.816	-986.9869	0.00487	7	2.782	-986.2419

	Delta = 1.25		A = 0.0045		Delta = 1.25		A = 0.0050		Delta = 1.25		A = 0.0055	
B	Y	N	C	M	Y	N	C	M	Y	N	C	M
1	0.19622	6	2.649	-0.6015	0.21091	6	2.617	-0.5868	0.22527	6	2.589	-0.5730
2	0.12638	6	2.671	-1.4115	0.13521	6	2.641	-1.3886	0.14377	6	2.613	-1.3671
3	0.09920	6	2.680	-2.2655	0.10593	6	2.650	-2.2363	0.11244	6	2.623	-2.2088
4	0.08396	6	2.685	-3.1424	0.08956	6	2.656	-3.1078	0.09497	6	2.629	-3.0753
5	0.08223	7	2.726	-4.0341	0.07882	6	2.660	-3.9946	0.08352	6	2.633	-3.9576
6	0.07425	7	2.728	-4.9362	0.07111	6	2.663	-4.8922	0.07531	6	2.636	-4.8513
7	0.06816	7	2.730	-5.8461	0.06524	6	2.665	-5.7981	0.06907	6	2.638	-5.7534
8	0.06333	7	2.732	-6.7623	0.06058	6	2.666	-6.7105	0.06412	6	2.640	-6.6623
9	0.05937	7	2.733	-7.6836	0.05677	6	2.668	-7.6282	0.06008	6	2.642	-7.5768
10	0.05606	7	2.734	-8.6091	0.05359	6	2.669	-8.5503	0.05669	6	2.643	-8.4959
15	0.04505	7	2.738	-13.2830	0.04302	6	2.673	-13.2093	0.04548	6	2.647	-13.1415
20	0.03865	7	2.740	-18.0080	0.03688	6	2.675	-17.9218	0.03898	6	2.649	-17.8427
25	0.03435	7	2.742	-22.7658	0.03276	6	2.677	-22.6685	0.03461	6	2.651	-22.5794
30	0.03121	7	2.743	-27.5468	0.02976	6	2.678	-27.4394	0.03143	6	2.652	-27.3414
35	0.02879	7	2.743	-32.3454	0.02744	6	2.679	-32.2288	0.02899	6	2.653	-32.1225
40	0.02686	7	2.744	-37.1579	0.02559	6	2.680	-37.0328	0.02703	6	2.654	-36.9187
45	0.02526	7	2.745	-41.9818	0.02406	6	2.680	-41.8487	0.02541	6	2.655	-41.7274
50	0.02391	7	2.745	-46.8153	0.02278	6	2.681	-46.6745	0.02405	6	2.655	-46.5464
60	0.02176	7	2.746	-56.5055	0.02072	6	2.681	-56.3506	0.02188	6	2.656	-56.2097
70	0.02009	7	2.746	-66.2207	0.01913	6	2.682	-66.0527	0.02020	6	2.657	-65.9002
80	0.01876	7	2.747	-75.9555	0.01786	6	2.683	-75.7755	0.01885	6	2.657	-75.6120
90	0.01766	7	2.747	-85.7065	0.01681	6	2.683	-85.5151	0.01774	6	2.657	-85.3414
100	0.01673	7	2.748	-95.4710	0.01592	6	2.683	-95.2688	0.01680	6	2.658	-95.0854
150	0.01359	7	2.749	-144.4395	0.01293	6	2.685	-144.1901	0.01365	6	2.659	-143.9643
200	0.01174	7	2.749	-193.5698	0.01116	6	2.685	-193.2807	0.01178	6	2.660	-193.0192
250	0.01048	7	2.750	-242.8037	0.00997	6	2.686	-242.4795	0.01051	6	2.660	-242.1865
300	0.00955	7	2.750	-292.1110	0.00908	6	2.686	-291.7552	0.00958	6	2.661	-291.4337
350	0.00883	7	2.750	-341.4741	0.00936	7	2.723	-341.0892	0.00886	6	2.661	-340.7415
400	0.00825	7	2.751	-390.8812	0.00875	7	2.724	-390.4694	0.00828	6	2.661	-390.0971
450	0.00778	7	2.751	-440.3244	0.00824	7	2.724	-439.8872	0.00780	6	2.661	-439.4919
500	0.00737	7	2.751	-489.7977	0.00781	7	2.724	-489.3366	0.00739	6	2.662	-488.9195
600	0.00672	7	2.751	-588.8181	0.00712	7	2.724	-588.3125	0.00674	6	2.662	-587.8549
700	0.00622	7	2.751	-687.9173	0.00659	7	2.724	-687.3708	0.00624	6	2.662	-686.8759
800	0.00581	7	2.751	-787.0788	0.00616	7	2.724	-786.4942	0.00583	6	2.662	-785.9646
900	0.00548	7	2.752	-886.2914	0.00580	7	2.725	-885.6709	0.00549	6	2.662	-885.1088
1000	0.00520	7	2.752	-985.5465	0.00550	7	2.725	-984.8922	0.00521	6	2.662	-984.2993

	Delta = 1.25		A = 0.0060		Delta = 1.25		A = 0.0065		Delta = 1.25		A = 0.0070	
B	Y	N	C	M	Y	N	C	M	Y	N	C	M
1	0.23934	6	2.562	-0.5601	0.25317	6	2.537	-0.5479	0.23732	5	2.475	-0.5368
2	0.15209	6	2.588	-1.3468	0.16020	6	2.564	-1.3276	0.16814	6	2.543	-1.3093
3	0.11874	6	2.599	-2.1828	0.12487	6	2.576	-2.1582	0.13085	6	2.554	-2.1347
4	0.10019	6	2.605	-3.0445	0.10527	6	2.582	-3.0153	0.11021	6	2.561	-2.9875
5	0.08807	6	2.609	-3.9227	0.09247	6	2.586	-3.8894	0.09675	6	2.565	-3.8577
6	0.07937	6	2.612	-4.8125	0.08331	6	2.589	-4.7756	0.08712	6	2.569	-4.7404
7	0.07277	6	2.614	-5.7111	0.07635	6	2.592	-5.6709	0.07982	6	2.571	-5.6325
8	0.06753	6	2.616	-6.6168	0.07084	6	2.594	-6.5734	0.07404	6	2.573	-6.5320
9	0.06326	6	2.618	-7.5281	0.06634	6	2.595	-7.4819	0.06933	6	2.575	-7.4376
10	0.05969	6	2.619	-8.4443	0.06258	6	2.597	-8.3953	0.06539	6	2.576	-8.3484
15	0.04785	6	2.623	-13.0772	0.05014	6	2.601	-13.0159	0.05235	6	2.581	-12.9574
20	0.04099	6	2.626	-17.7676	0.04294	6	2.604	-17.6961	0.04482	6	2.583	-17.6278
25	0.03640	6	2.627	-22.4949	0.03811	6	2.606	-22.4144	0.03978	6	2.585	-22.3373
30	0.03305	6	2.629	-27.2483	0.03460	6	2.607	-27.1596	0.03610	6	2.587	-27.0748
35	0.03047	6	2.630	-32.0216	0.03190	6	2.608	-31.9253	0.03328	6	2.588	-31.8333
40	0.02840	6	2.630	-36.8105	0.02973	6	2.609	-36.7073	0.03102	6	2.589	-36.6085
45	0.02671	6	2.631	-41.6123	0.02795	6	2.609	-41.5025	0.02916	6	2.589	-41.3974
50	0.02528	6	2.632	-46.4248	0.02645	6	2.610	-46.3088	0.02759	6	2.590	-46.1977
60	0.02299	6	2.632	-56.0760	0.02406	6	2.611	-55.9485	0.02509	6	2.591	-55.8264
70	0.02122	6	2.633	-65.7553	0.02220	6	2.612	-65.6171	0.02315	6	2.591	-65.4848
80	0.01980	6	2.634	-75.4568	0.02072	6	2.612	-75.3087	0.02161	6	2.592	-75.1670
90	0.01863	6	2.634	-85.1764	0.01950	6	2.613	-85.0191	0.02033	6	2.593	-84.8684
100	0.01765	6	2.635	-94.9112	0.01846	6	2.613	-94.7451	0.01925	6	2.593	-94.5860
150	0.01433	6	2.636	-143.7499	0.01499	6	2.614	-143.5452	0.01563	6	2.594	-143.3492
200	0.01237	6	2.637	-192.7708	0.01294	6	2.615	-192.5337	0.01349	6	2.595	-192.3066
250	0.01104	6	2.637	-241.9081	0.01154	6	2.616	-241.6425	0.01203	6	2.596	-241.3880
300	0.01006	6	2.637	-291.1283	0.01052	6	2.616	-290.8367	0.01097	6	2.596	-290.5575
350	0.00930	6	2.638	-340.4111	0.00973	6	2.616	-340.0958	0.01014	6	2.596	-339.7938
400	0.00869	6	2.638	-389.7436	0.00909	6	2.617	-389.4062	0.00947	6	2.597	-389.0829
450	0.00819	6	2.638	-439.1167	0.00856	6	2.617	-438.7584	0.00892	6	2.597	-438.4153
500	0.00776	6	2.638	-488.5237	0.00812	6	2.617	-488.1458	0.00846	6	2.597	-487.7838
600	0.00708	6	2.639	-587.4208	0.00740	6	2.617	-587.0064	0.00771	6	2.597	-586.6093
700	0.00655	6	2.639	-686.4065	0.00685	6	2.617	-685.9585	0.00713	6	2.598	-685.5293
800	0.00612	6	2.639	-785.4625	0.00640	6	2.618	-784.9832	0.00667	6	2.598	-784.5240
900	0.00577	6	2.639	-884.5759	0.00603	6	2.618	-884.0672	0.00628	6	2.598	-883.5798
1000	0.00547	6	2.639	-983.7373	0.00572	6	2.618	-983.2008	0.00596	6	2.598	-982.6867

	Delta = 1.25		A = 0.0075		Delta = 1.25		A = 0.0080		Delta = 1.25		A = 0.0085	
B	Y	N	C	M	Y	N	C	M	Y	N	C	M
1	0.24945	5	2.453	-0.5265	0.26144	5	2.432	-0.5167	0.27330	5	2.412	-0.5074
2	0.15602	5	2.483	-1.2920	0.16291	5	2.463	-1.2764	0.16969	5	2.444	-1.2613
3	0.13668	6	2.534	-2.1123	0.12619	5	2.476	-2.0915	0.13126	5	2.458	-2.0721
4	0.11502	6	2.541	-2.9608	0.10600	5	2.484	-2.9356	0.11017	5	2.466	-2.9124
5	0.10092	6	2.546	-3.8274	0.10498	6	2.527	-3.7982	0.09649	5	2.471	-3.7717
6	0.09084	6	2.549	-4.7067	0.09447	6	2.531	-4.6743	0.08675	5	2.474	-4.6444
7	0.08320	6	2.552	-5.5956	0.08649	6	2.533	-5.5603	0.07938	5	2.477	-5.5273
8	0.07716	6	2.554	-6.4923	0.08019	6	2.535	-6.4542	0.07355	5	2.479	-6.4184
9	0.07223	6	2.555	-7.3952	0.07505	6	2.537	-7.3545	0.06881	5	2.481	-7.3160
10	0.06811	6	2.557	-8.3034	0.07077	6	2.539	-8.2602	0.06486	5	2.483	-8.2192
15	0.05451	6	2.562	-12.9013	0.05660	6	2.544	-12.8472	0.05864	6	2.527	-12.7952
20	0.04665	6	2.564	-17.5622	0.04842	6	2.547	-17.4991	0.05015	6	2.530	-17.4382
25	0.04139	6	2.566	-22.2634	0.04295	6	2.549	-22.1923	0.04448	6	2.532	-22.1236
30	0.03756	6	2.568	-26.9933	0.03898	6	2.550	-26.9149	0.04035	6	2.533	-26.8393
35	0.03462	6	2.569	-31.7449	0.03592	6	2.551	-31.6598	0.03718	6	2.534	-31.5777
40	0.03226	6	2.570	-36.5137	0.03347	6	2.552	-36.4224	0.03465	6	2.535	-36.3343
45	0.03032	6	2.570	-41.2965	0.03146	6	2.553	-41.1994	0.03256	6	2.536	-41.1057
50	0.02869	6	2.571	-46.0911	0.02977	6	2.553	-45.9885	0.03081	6	2.537	-45.8894
60	0.02609	6	2.572	-55.7091	0.02706	6	2.554	-55.5962	0.02800	6	2.538	-55.4872
70	0.02408	6	2.573	-65.3578	0.02497	6	2.555	-65.2355	0.02584	6	2.539	-65.1174
80	0.02246	6	2.573	-75.0308	0.02329	6	2.556	-74.8997	0.02410	6	2.539	-74.7731
90	0.02113	6	2.574	-84.7237	0.02191	6	2.556	-84.5843	0.02267	6	2.540	-84.4497
100	0.02001	6	2.574	-94.4332	0.02075	6	2.557	-94.2860	0.02147	6	2.540	-94.1439
150	0.01624	6	2.576	-143.1610	0.01684	6	2.558	-142.9796	0.01742	6	2.542	-142.8044
200	0.01402	6	2.577	-192.0884	0.01453	6	2.559	-191.8782	0.01503	6	2.543	-191.6752
250	0.01251	6	2.577	-241.1435	0.01296	6	2.560	-240.9079	0.01341	6	2.543	-240.6803
300	0.01140	6	2.578	-290.2892	0.01181	6	2.560	-290.0306	0.01222	6	2.544	-289.7809
350	0.01054	6	2.578	-339.5035	0.01092	6	2.560	-339.2239	0.01129	6	2.544	-338.9538
400	0.00984	6	2.578	-388.7723	0.01020	6	2.561	-388.4730	0.01055	6	2.544	-388.1839
450	0.00927	6	2.578	-438.0855	0.00961	6	2.561	-437.7678	0.00994	6	2.545	-437.4608
500	0.00879	6	2.579	-487.4359	0.00911	6	2.561	-487.1007	0.00942	6	2.545	-486.7769
600	0.00801	6	2.579	-586.2278	0.00830	6	2.561	-585.8601	0.00859	6	2.545	-585.5049
700	0.00741	6	2.579	-685.1167	0.00768	6	2.562	-684.7192	0.00794	6	2.545	-684.3352
800	0.00693	6	2.579	-784.0826	0.00718	6	2.562	-783.6573	0.00742	6	2.545	-783.2464
900	0.00653	6	2.579	-883.1113	0.00676	6	2.562	-882.6599	0.00699	6	2.546	-882.2238
1000	0.00619	6	2.580	-982.1927	0.00641	6	2.562	-981.7166	0.00663	6	2.546	-981.2566

	Delta = 1.25	A = 0.0090			Delta = 1.25	A = 0.0095			Delta = 1.25	A = 0.0100		
B	Y	N	C	M	Y	N	C	M	Y	N	C	M
1	0.28504	5	2.393	-0.4984	0.29669	5	2.375	-0.4898	0.30824	5	2.358	-0.4815
2	0.17636	5	2.427	-1.2469	0.18292	5	2.410	-1.2330	0.18940	5	2.394	-1.2195
3	0.13623	5	2.440	-2.0534	0.14111	5	2.424	-2.0354	0.14592	5	2.408	-2.0180
4	0.11425	5	2.448	-2.8902	0.11826	5	2.432	-2.8687	0.12220	5	2.416	-2.8479
5	0.10002	5	2.454	-3.7463	0.10348	5	2.437	-3.7217	0.10687	5	2.422	-3.6979
6	0.08989	5	2.457	-4.6161	0.09296	5	2.441	-4.5888	0.09598	5	2.426	-4.5623
7	0.08222	5	2.460	-5.4964	0.08501	5	2.444	-5.4665	0.08775	5	2.429	-5.4376
8	0.07618	5	2.463	-6.3850	0.07874	5	2.447	-6.3527	0.08126	5	2.432	-6.3214
9	0.07125	5	2.465	-7.2803	0.07364	5	2.449	-7.2458	0.07598	5	2.434	-7.2124
10	0.06715	5	2.466	-8.1813	0.06939	5	2.450	-8.1447	0.07158	5	2.435	-8.1092
15	0.05361	5	2.472	-12.7476	0.05537	5	2.456	-12.7017	0.05710	5	2.441	-12.6572
20	0.04582	5	2.475	-17.3819	0.04731	5	2.459	-17.3282	0.04877	5	2.444	-17.2762
25	0.04062	5	2.477	-22.0597	0.04193	5	2.462	-21.9991	0.04322	5	2.447	-21.9404
30	0.03684	5	2.479	-26.7683	0.03802	5	2.463	-26.7015	0.03919	5	2.448	-26.6368
35	0.03393	5	2.480	-31.5004	0.03502	5	2.464	-31.4279	0.03609	5	2.450	-31.3576
40	0.03161	5	2.481	-36.2510	0.03262	5	2.465	-36.1732	0.03362	5	2.451	-36.0977
45	0.02970	5	2.482	-41.0168	0.03065	5	2.466	-40.9340	0.03158	5	2.452	-40.8536
50	0.02810	5	2.482	-45.7953	0.02900	5	2.467	-45.7077	0.02987	5	2.452	-45.6228
60	0.02553	5	2.483	-55.3832	0.02635	5	2.468	-55.2869	0.02714	5	2.453	-55.1934
70	0.02356	5	2.484	-65.0043	0.02430	5	2.469	-64.8998	0.02503	5	2.454	-64.7985
80	0.02197	5	2.485	-74.6516	0.02267	5	2.470	-74.5396	0.02335	5	2.455	-74.4309
90	0.02067	5	2.486	-84.3203	0.02132	5	2.470	-84.2013	0.02196	5	2.456	-84.0857
100	0.01957	5	2.486	-94.0070	0.02019	5	2.471	-93.8812	0.02079	5	2.456	-93.7592
150	0.01798	6	2.526	-142.6350	0.01637	5	2.472	-142.4797	0.01686	5	2.458	-142.3292
200	0.01551	6	2.527	-191.4788	0.01412	5	2.473	-191.2981	0.01454	5	2.459	-191.1236
250	0.01384	6	2.528	-240.4601	0.01259	5	2.474	-240.2570	0.01297	5	2.459	-240.0614
300	0.01261	6	2.528	-289.5392	0.01147	5	2.474	-289.3159	0.01181	5	2.460	-289.1011
350	0.01166	6	2.528	-338.6923	0.01060	5	2.475	-338.4504	0.01092	5	2.460	-338.2181
400	0.01089	6	2.529	-387.9041	0.00991	5	2.475	-387.6448	0.01020	5	2.461	-387.3961
450	0.01026	6	2.529	-437.1637	0.00933	5	2.475	-436.8882	0.00961	5	2.461	-436.6242
500	0.00972	6	2.529	-486.4635	0.00884	5	2.476	-486.1726	0.00910	5	2.461	-485.8940
600	0.00886	6	2.530	-585.1611	0.00806	5	2.476	-584.8416	0.00830	5	2.462	-584.5359
700	0.00820	6	2.530	-683.9634	0.00745	5	2.476	-683.6176	0.00767	5	2.462	-683.2871
800	0.00766	6	2.530	-782.8487	0.00697	5	2.476	-782.4783	0.00717	5	2.462	-782.1247
900	0.00722	6	2.530	-881.8016	0.00656	5	2.477	-881.4083	0.00676	5	2.462	-881.0329
1000	0.00684	6	2.530	-980.8114	0.00622	5	2.477	-980.3962	0.00641	5	2.462	-980.0003

	Delta = 1.25		A = 0.0150		Delta = 1.25		A = 0.0200		Delta = 1.25		A = 0.0250	
B	Y	N	C	M	Y	N	C	M	Y	N	C	M
1	0.36787	4	2.174	-0.4165	0.39450	3	2.022	-0.3692	0.47705	3	1.931	-0.3346
2	0.21797	4	2.221	-1.1090	0.26819	4	2.121	-1.0265	0.26657	3	1.998	-0.9619
3	0.16555	4	2.240	-1.8720	0.20170	4	2.143	-1.7629	0.19790	3	2.025	-1.6734
4	0.13753	4	2.250	-2.6719	0.16667	4	2.155	-2.5402	0.16233	3	2.040	-2.4294
5	0.11964	4	2.258	-3.4954	0.14449	4	2.164	-3.3437	0.16748	4	2.089	-3.2154
6	0.10704	4	2.263	-4.3357	0.12895	4	2.170	-4.1660	0.14913	4	2.096	-4.0220
7	0.09757	4	2.267	-5.1889	0.11733	4	2.174	-5.0025	0.13547	4	2.101	-4.8441
8	0.09015	4	2.270	-6.0521	0.10824	4	2.178	-5.8502	0.12481	4	2.105	-5.6785
9	0.08413	4	2.272	-6.9237	0.10090	4	2.181	-6.7072	0.11622	4	2.108	-6.5229
10	0.09162	5	2.314	-7.8023	0.09481	4	2.183	-7.5719	0.10911	4	2.111	-7.3756
15	0.07278	5	2.321	-12.2716	0.07498	4	2.192	-11.9791	0.08604	4	2.120	-11.7305
20	0.06202	5	2.325	-16.8242	0.06373	4	2.196	-16.4791	0.07301	4	2.126	-16.1864
25	0.05487	5	2.328	-21.4300	0.05628	4	2.200	-21.0385	0.06441	4	2.129	-20.7070
30	0.04969	5	2.330	-26.0735	0.05091	4	2.202	-25.6402	0.05821	4	2.132	-25.2734
35	0.04572	5	2.332	-30.7457	0.04679	4	2.204	-30.2738	0.05347	4	2.134	-29.8747
40	0.04256	5	2.333	-35.4405	0.04352	4	2.205	-34.9328	0.04971	4	2.136	-34.5035
45	0.03996	5	2.334	-40.1539	0.04084	4	2.207	-39.6125	0.04662	4	2.137	-39.1549
50	0.03778	5	2.335	-44.8828	0.03859	4	2.208	-44.3095	0.04404	4	2.138	-43.8252
60	0.03430	5	2.336	-54.3786	0.03500	4	2.209	-53.7460	0.03992	4	2.140	-53.2119
70	0.03162	5	2.337	-63.9150	0.03224	4	2.211	-63.2278	0.03676	4	2.141	-62.6479
80	0.02947	5	2.338	-73.4834	0.03004	4	2.212	-72.7454	0.03424	4	2.142	-72.1228
90	0.02771	5	2.339	-83.0780	0.02823	4	2.212	-82.2923	0.03217	4	2.143	-81.6297
100	0.02622	5	2.339	-92.6946	0.02670	4	2.213	-91.8638	0.03042	4	2.144	-91.1633
150	0.02124	5	2.341	-141.0154	0.02160	4	2.216	-139.9869	0.02459	4	2.147	-139.1206
200	0.01830	5	2.343	-189.5997	0.01860	4	2.217	-188.4046	0.02117	4	2.148	-187.3984
250	0.01632	5	2.343	-238.3525	0.01658	4	2.218	-237.0105	0.01885	4	2.149	-235.8811
300	0.01486	5	2.344	-287.2249	0.01509	4	2.219	-285.7501	0.01716	4	2.150	-284.5093
350	0.01373	5	2.344	-336.1879	0.01394	4	2.219	-334.5910	0.01585	4	2.151	-333.2478
400	0.01282	5	2.345	-385.2228	0.01302	4	2.220	-383.5122	0.01480	4	2.151	-382.0736
450	0.01208	5	2.345	-434.3162	0.01225	4	2.220	-432.4990	0.01393	4	2.152	-430.9708
500	0.01144	5	2.345	-483.4588	0.01161	4	2.220	-481.5406	0.01320	4	2.152	-479.9278
600	0.01043	5	2.346	-581.8641	0.01058	4	2.221	-579.7581	0.01202	4	2.153	-577.9877
700	0.00964	5	2.346	-680.3977	0.00978	4	2.221	-678.1190	0.01111	4	2.153	-676.2037
800	0.00901	5	2.346	-779.0327	0.00914	4	2.222	-776.5933	0.01038	4	2.153	-774.5431
900	0.00849	5	2.347	-877.7507	0.00860	4	2.222	-875.1603	0.00978	4	2.154	-872.9834
1000	0.00805	5	2.347	-976.5381	0.00816	4	2.222	-973.8049	0.00927	4	2.154	-971.5083

	Delta = 1.25		A = 0.0300		Delta = 1.25		A = 0.0350		Delta = 1.25		A = 0.0400	
B	Y	N	C	M	Y	N	C	M	Y	N	C	M
1	0.55986	3	1.853	-0.3056	0.52224	2	1.743	-0.2831	0.59082	2	1.680	-0.2651
2	0.30640	3	1.928	-0.9095	0.34531	3	1.868	-0.8634	0.30675	2	1.776	-0.8231
3	0.22578	3	1.958	-1.6025	0.25267	3	1.899	-1.5398	0.27880	3	1.848	-1.4833
4	0.18444	3	1.974	-2.3428	0.20563	3	1.917	-2.2658	0.22609	3	1.867	-2.1963
5	0.15871	3	1.985	-3.1135	0.17651	3	1.929	-3.0240	0.19363	3	1.880	-2.9429
6	0.14088	3	1.992	-3.9060	0.15641	3	1.937	-3.8050	0.17131	3	1.889	-3.7135
7	0.12766	3	1.998	-4.7150	0.14155	3	1.944	-4.6035	0.15485	3	1.895	-4.5023
8	0.11739	3	2.003	-5.5371	0.13004	3	1.949	-5.4158	0.14212	3	1.901	-5.3056
9	0.10913	3	2.007	-6.3700	0.12079	3	1.953	-6.2394	0.13192	3	1.905	-6.1207
10	0.10232	3	2.010	-7.2118	0.11318	3	1.956	-7.0726	0.12352	3	1.909	-6.9458
15	0.08032	3	2.021	-11.5187	0.08865	3	1.968	-11.3411	0.09655	3	1.921	-11.1791
20	0.06798	3	2.027	-15.9340	0.07493	3	1.974	-15.7240	0.08151	3	1.928	-15.5322
25	0.05987	3	2.031	-20.4187	0.06593	3	1.979	-20.1802	0.07167	3	1.933	-19.9621
30	0.05403	3	2.034	-24.9527	0.05947	3	1.982	-24.6883	0.06461	3	1.936	-24.4465
35	0.04959	3	2.036	-29.5241	0.05455	3	1.985	-29.2360	0.05924	3	1.939	-28.9723
40	0.04606	3	2.038	-34.1252	0.05065	3	1.987	-33.8149	0.05499	3	1.941	-33.5309
45	0.04318	3	2.040	-38.7504	0.04747	3	1.988	-38.4194	0.05151	3	1.943	-38.1162
50	0.04076	3	2.041	-43.3959	0.04480	3	1.990	-43.0452	0.04860	3	1.945	-42.7240
60	0.04444	4	2.082	-52.7376	0.04056	3	1.992	-52.3493	0.04399	3	1.947	-51.9944
70	0.04090	4	2.084	-62.1327	0.03731	3	1.994	-61.7093	0.04045	3	1.949	-61.3234
80	0.03809	4	2.085	-71.5696	0.03472	3	1.995	-71.1135	0.03764	3	1.950	-70.6989
90	0.03577	4	2.086	-81.0408	0.03260	3	1.996	-80.5540	0.03533	3	1.951	-80.1122
100	0.03383	4	2.087	-90.5406	0.03081	3	1.997	-90.0247	0.03339	3	1.952	-89.5574
150	0.02732	4	2.090	-138.3498	0.02486	3	2.000	-137.7065	0.02692	3	1.956	-137.1271
200	0.02351	4	2.092	-186.5028	0.02137	3	2.002	-185.7521	0.02314	3	1.958	-185.0781
250	0.02093	4	2.093	-234.8755	0.01902	3	2.004	-234.0302	0.02059	3	1.959	-233.2728
300	0.01905	4	2.094	-283.4043	0.01730	3	2.005	-282.4734	0.01873	3	1.960	-281.6407
350	0.01759	4	2.094	-332.0514	0.01598	3	2.005	-331.0417	0.01729	3	1.961	-330.1398
400	0.01642	4	2.095	-380.7921	0.01491	3	2.006	-379.7092	0.01613	3	1.962	-378.7427
450	0.01546	4	2.095	-429.6094	0.01403	3	2.006	-428.4576	0.01518	3	1.962	-427.4306
500	0.01464	4	2.096	-478.4907	0.01329	3	2.007	-477.2738	0.01438	3	1.963	-476.1895
600	0.01334	4	2.096	-576.4100	0.01210	3	2.007	-575.0720	0.01309	3	1.963	-573.8812
700	0.01233	4	2.097	-674.4966	0.01118	3	2.008	-673.0473	0.01210	3	1.964	-671.7585
800	0.01151	4	2.097	-772.7157	0.01044	3	2.008	-771.1627	0.01130	3	1.964	-769.7827
900	0.01084	4	2.097	-871.0430	0.00983	3	2.009	-869.3926	0.01064	3	1.965	-867.9270
1000	0.01028	4	2.098	-969.4609	0.00932	3	2.009	-967.7185	0.01008	3	1.965	-966.1718

	Delta = 1.25		A = 0.0450		Delta = 1.25		A = 0.0500		Delta = 1.25		A = 0.0550	
E	Y	N	C	M	Y	N	C	M	Y	N	C	M
1	0.66011	2	1.623	-0.2491	0.73029	2	1.571	-0.2347	0.80151	2	1.522	-0.2216
2	0.33753	2	1.725	-0.7920	0.36796	2	1.680	-0.7637	0.39811	2	1.637	-0.7375
3	0.24205	2	1.765	-1.4351	0.26249	2	1.721	-1.3955	0.28259	2	1.681	-1.3587
4	0.24597	3	1.822	-2.1327	0.21058	2	1.744	-2.0828	0.22609	2	1.705	-2.0370
5	0.21020	3	1.836	-2.8686	0.17906	2	1.759	-2.8063	0.19192	2	1.721	-2.7524
6	0.18569	3	1.845	-3.6294	0.15759	2	1.770	-3.5558	0.16871	2	1.732	-3.4945
7	0.16766	3	1.852	-4.4092	0.14188	2	1.778	-4.3250	0.15175	2	1.741	-4.2569
8	0.15374	3	1.858	-5.2041	0.16496	3	1.819	-5.1100	0.13873	2	1.747	-5.0354
9	0.14260	3	1.863	-6.0114	0.15291	3	1.824	-5.9098	0.12836	2	1.753	-5.8273
10	0.13344	3	1.867	-6.8290	0.14301	3	1.828	-6.7205	0.11987	2	1.757	-6.6303
15	0.10410	3	1.880	-11.0295	0.11136	3	1.842	-10.8903	0.09286	2	1.773	-10.7662
20	0.08779	3	1.887	-15.3550	0.09382	3	1.850	-15.1898	0.07800	2	1.781	-15.0367
25	0.07713	3	1.892	-19.7604	0.08237	3	1.855	-19.5723	0.08741	3	1.822	-19.3956
30	0.06950	3	1.896	-24.2228	0.07418	3	1.859	-24.0139	0.07868	3	1.826	-23.8177
35	0.06370	3	1.899	-28.7282	0.06796	3	1.862	-28.5003	0.07206	3	1.829	-28.2861
40	0.05910	3	1.901	-33.2679	0.06304	3	1.864	-33.0222	0.06682	3	1.831	-32.7912
45	0.05535	3	1.903	-37.8354	0.05903	3	1.866	-37.5731	0.06255	3	1.833	-37.3263
50	0.05222	3	1.904	-42.4264	0.05567	3	1.868	-42.1483	0.05899	3	1.835	-41.8866
60	0.04724	3	1.907	-51.6655	0.05035	3	1.871	-51.3581	0.05333	3	1.838	-51.0687
70	0.04344	3	1.909	-60.9658	0.04628	3	1.873	-60.6313	0.04901	3	1.840	-60.3165
80	0.04040	3	1.910	-70.3144	0.04304	3	1.874	-69.9549	0.04557	3	1.841	-69.6163
90	0.03792	3	1.912	-79.7026	0.04039	3	1.876	-79.3195	0.04275	3	1.843	-78.9586
100	0.03583	3	1.913	-89.1239	0.03816	3	1.877	-88.7184	0.04039	3	1.844	-88.3365
150	0.02888	3	1.916	-136.5893	0.03074	3	1.881	-136.0861	0.03252	3	1.848	-135.6118
200	0.02481	3	1.918	-184.4524	0.02641	3	1.883	-183.8667	0.02793	3	1.850	-183.3145
250	0.02208	3	1.920	-232.5697	0.02349	3	1.884	-231.9112	0.02484	3	1.852	-231.2904
300	0.02008	3	1.921	-280.8675	0.02136	3	1.885	-280.1434	0.02258	3	1.853	-279.4605
350	0.01853	3	1.922	-329.3022	0.01971	3	1.886	-328.5176	0.02084	3	1.854	-327.7777
400	0.01729	3	1.922	-377.8451	0.01839	3	1.887	-377.0043	0.01944	3	1.855	-376.2113
450	0.01627	3	1.923	-426.4767	0.01730	3	1.888	-425.5830	0.01829	3	1.855	-424.7402
500	0.01541	3	1.923	-475.1823	0.01639	3	1.888	-474.2387	0.01732	3	1.856	-473.3487
600	0.01403	3	1.924	-572.7749	0.01492	3	1.889	-571.7384	0.01577	3	1.857	-570.7606
700	0.01296	3	1.925	-670.5611	0.01378	3	1.889	-669.4391	0.01456	3	1.857	-668.3806
800	0.01210	3	1.925	-768.5005	0.01287	3	1.890	-767.2989	0.01360	3	1.858	-766.1653
900	0.01139	3	1.926	-866.5651	0.01211	3	1.890	-865.2888	0.01280	3	1.858	-864.0847
1000	0.01080	3	1.926	-964.7346	0.01148	3	1.891	-963.3876	0.01213	3	1.858	-962.1168

B	Delta = 1.25 Y	N	C	A = 0.0600 M	Delta = 1.25 Y	N	C	A = 0.0650 M	Delta = 1.25 Y	N	C	A = 0.0700 M
1	0.64886	1	1.441	-0.2132	0.70224	1	1.396	-0.2058	0.75607	1	1.355	-0.1990
2	0.42807	2	1.598	-0.7133	0.45788	2	1.561	-0.6907	0.48759	2	1.526	-0.6696
3	0.30238	2	1.644	-1.3245	0.32192	2	1.609	-1.2925	0.34125	2	1.576	-1.2623
4	0.24131	2	1.669	-1.9942	0.25627	2	1.635	-1.9540	0.27100	2	1.604	-1.9161
5	0.20450	2	1.685	-2.7019	0.21683	2	1.652	-2.6545	0.22895	2	1.622	-2.6096
6	0.17956	2	1.697	-3.4370	0.19018	2	1.665	-3.3829	0.20060	2	1.634	-3.3317
7	0.16137	2	1.706	-4.1930	0.17078	2	1.674	-4.1328	0.17999	2	1.644	-4.0757
8	0.14743	2	1.713	-4.9655	0.15592	2	1.681	-4.8996	0.16423	2	1.652	-4.8371
9	0.13633	2	1.719	-5.7517	0.14411	2	1.687	-5.6804	0.15171	2	1.658	-5.6128
10	0.12726	2	1.724	-6.5493	0.13446	2	1.692	-6.4729	0.14149	2	1.663	-6.4004
15	0.09844	2	1.739	-10.6616	0.10387	2	1.709	-10.5628	0.10916	2	1.680	-10.4689
20	0.08262	2	1.749	-14.9122	0.08710	2	1.718	-14.7943	0.09146	2	1.690	-14.6823
25	0.07235	2	1.755	-19.2514	0.07623	2	1.724	-19.1168	0.08001	2	1.696	-18.9888
30	0.06503	2	1.759	-23.6537	0.06850	2	1.729	-23.5039	0.07186	2	1.701	-23.3614
35	0.05949	2	1.763	-28.1039	0.06264	2	1.733	-27.9402	0.06571	2	1.705	-27.7843
40	0.05512	2	1.765	-32.5921	0.05803	2	1.735	-32.4153	0.06085	2	1.708	-32.2470
45	0.05156	2	1.768	-37.1112	0.05427	2	1.738	-36.9222	0.05690	2	1.710	-36.7423
50	0.04859	2	1.769	-41.6564	0.05114	2	1.740	-41.4558	0.05361	2	1.712	-41.2648
60	0.04389	2	1.772	-50.8102	0.04617	2	1.743	-50.5881	0.04839	2	1.715	-50.3766
70	0.04030	2	1.775	-60.0320	0.04239	2	1.745	-59.7901	0.04442	2	1.718	-59.5597
80	0.03745	2	1.777	-69.3075	0.03938	2	1.747	-69.0472	0.04126	2	1.720	-68.7992
90	0.03511	2	1.778	-78.6271	0.03693	2	1.749	-78.3494	0.03868	2	1.721	-78.0849
100	0.03316	2	1.779	-87.9834	0.03487	2	1.750	-87.6894	0.03652	2	1.723	-87.4092
150	0.02666	2	1.784	-135.1641	0.02802	2	1.755	-134.7983	0.02934	2	1.727	-134.4496
200	0.02939	3	1.820	-182.7911	0.02404	2	1.757	-182.3606	0.02517	2	1.730	-181.9541
250	0.02614	3	1.822	-230.7019	0.02136	2	1.759	-230.2128	0.02236	2	1.732	-229.7554
300	0.02376	3	1.823	-278.8131	0.01941	2	1.760	-278.2710	0.02032	2	1.733	-277.7675
350	0.02192	3	1.824	-327.0761	0.01791	2	1.761	-326.4852	0.01874	2	1.734	-325.9394
400	0.02045	3	1.825	-375.4593	0.01670	2	1.762	-374.8230	0.01748	2	1.735	-374.2378
450	0.01924	3	1.826	-423.9408	0.01571	2	1.763	-423.2618	0.01644	2	1.736	-422.6396
500	0.01822	3	1.826	-472.5045	0.01487	2	1.764	-471.7852	0.01556	2	1.737	-471.1279
600	0.01658	3	1.827	-569.8331	0.01353	2	1.764	-569.0387	0.01416	2	1.738	-568.3163
700	0.01532	3	1.828	-667.3765	0.01249	2	1.765	-666.5130	0.01307	2	1.738	-665.7307
800	0.01430	3	1.828	-765.0899	0.01166	2	1.766	-764.1621	0.01220	2	1.739	-763.3241
900	0.01346	3	1.829	-862.9423	0.01098	2	1.766	-861.9541	0.01148	2	1.739	-861.0637
1000	0.01275	3	1.829	-960.9110	0.01040	2	1.767	-959.8657	0.01088	2	1.740	-958.9258

B	Y (Delta = 1.25, A = 0.0750)	N	C	M	Y (Delta = 1.25, A = 0.0800)	N	C	M	Y (Delta = 1.25, A = 0.0850)	N	C	M
1	0.81037	1	1.314	-0.1926	0.86518	1	1.276	-0.1866	0.92053	1	1.239	-0.1810
2	0.37287	1	1.467	-0.6534	0.39466	1	1.434	-0.6404	0.41639	1	1.403	-0.6281
3	0.36039	2	1.545	-1.2338	0.37938	2	1.516	-1.2068	0.28343	1	1.465	-1.1875
4	0.28554	2	1.574	-1.8801	0.29990	2	1.546	-1.8460	0.31410	2	1.519	-1.8134
5	0.24088	2	1.593	-2.5670	0.25263	2	1.565	-2.5265	0.26422	2	1.539	-2.4878
6	0.21083	2	1.606	-3.2831	0.22089	2	1.579	-3.2368	0.23081	2	1.553	-3.1925
7	0.18902	2	1.616	-4.0215	0.19790	2	1.589	-3.9698	0.20663	2	1.564	-3.9204
8	0.17237	2	1.624	-4.7777	0.18036	2	1.597	-4.7210	0.18821	2	1.572	-4.6667
9	0.15916	2	1.630	-5.5484	0.16646	2	1.604	-5.4870	0.17363	2	1.579	-5.4282
10	0.14838	2	1.635	-6.3314	0.15512	2	1.609	-6.2655	0.16174	2	1.585	-6.2024
15	0.11432	2	1.653	-10.3794	0.11937	2	1.627	-10.2938	0.12431	2	1.603	-10.2117
20	0.09572	2	1.663	-14.5755	0.09987	2	1.638	-14.4732	0.10394	2	1.614	-14.3751
25	0.08369	2	1.670	-18.8666	0.08728	2	1.645	-18.7496	0.09080	2	1.621	-18.6373
30	0.07515	2	1.675	-23.2254	0.07834	2	1.650	-23.0951	0.08147	2	1.626	-22.9699
35	0.06869	2	1.678	-27.6355	0.07159	2	1.654	-27.4929	0.07443	2	1.630	-27.3560
40	0.06360	2	1.681	-32.0863	0.06628	2	1.657	-31.9323	0.06889	2	1.634	-31.7843
45	0.05946	2	1.684	-36.5704	0.06195	2	1.659	-36.4057	0.06438	2	1.636	-36.2474
50	0.05601	2	1.686	-41.0824	0.05835	2	1.662	-40.9075	0.06063	2	1.638	-40.7394
60	0.05055	2	1.689	-50.1745	0.05265	2	1.665	-49.9807	0.05470	2	1.642	-49.7944
70	0.04639	2	1.692	-59.3394	0.04831	2	1.668	-59.1282	0.05018	2	1.645	-58.9252
80	0.04309	2	1.694	-68.5621	0.04487	2	1.670	-68.3347	0.04660	2	1.647	-68.1160
90	0.04039	2	1.696	-77.8319	0.04205	2	1.671	-77.5893	0.04367	2	1.649	-77.3560
100	0.03813	2	1.697	-87.1413	0.03969	2	1.673	-86.8843	0.04122	2	1.650	-86.6371
150	0.03062	2	1.702	-134.1160	0.03187	2	1.678	-133.7959	0.03308	2	1.655	-133.4880
200	0.02626	2	1.705	-181.5652	0.02732	2	1.681	-181.1919	0.02836	2	1.658	-180.8327
250	0.02333	2	1.707	-229.3177	0.02427	2	1.683	-228.8976	0.02519	2	1.660	-228.4932
300	0.02120	2	1.708	-277.2857	0.02205	2	1.684	-276.8232	0.02288	2	1.662	-276.3780
350	0.01955	2	1.709	-325.4170	0.02033	2	1.685	-324.9155	0.02110	2	1.663	-324.4328
400	0.01823	2	1.710	-373.6777	0.01896	2	1.686	-373.1399	0.01967	2	1.664	-372.6222
450	0.01714	2	1.711	-422.0440	0.01783	2	1.687	-421.4721	0.01850	2	1.664	-420.9216
500	0.01623	2	1.711	-470.4988	0.01688	2	1.688	-469.8947	0.01751	2	1.665	-469.3132
600	0.01477	2	1.712	-567.6248	0.01536	2	1.689	-566.9608	0.01593	2	1.666	-566.3215
700	0.01363	2	1.713	-664.9818	0.01418	2	1.689	-664.2627	0.01471	2	1.667	-663.5702
800	0.01273	2	1.714	-762.5218	0.01323	2	1.690	-761.7513	0.01373	2	1.668	-761.0094
900	0.01198	2	1.714	-860.2112	0.01245	2	1.690	-859.3925	0.01292	2	1.668	-858.6043
1000	0.01134	2	1.715	-958.0258	0.01180	2	1.691	-957.1616	0.01224	2	1.669	-956.3294

	Delta = 1.25		A = 0.0900		Delta = 1.25		A = 0.0950		Delta = 1.25		A = 0.1000	
B	Y	N	C	M	Y	N	C	M	Y	N	C	M
1	0.97646	1	1.204	-0.1757	2.41421	0	0.000	-0.1716	2.41421	0	0.000	-0.1716
2	0.43806	1	1.373	-0.6164	0.45970	1	1.345	-0.6052	0.48130	1	1.317	-0.5946
3	0.29729	1	1.437	-1.1703	0.31105	1	1.410	-1.1538	0.32473	1	1.385	-1.1381
4	0.23171	1	1.472	-1.7884	0.24205	1	1.446	-1.7673	0.25231	1	1.421	-1.7471
5	0.27568	2	1.514	-2.4507	0.20169	1	1.469	-2.4239	0.21003	1	1.445	-2.3996
6	0.24058	2	1.529	-3.1501	0.17493	1	1.486	-3.1117	0.18204	1	1.462	-3.0837
7	0.21524	2	1.540	-3.8730	0.22372	2	1.517	-3.8274	0.16198	1	1.475	-3.7922
8	0.19594	2	1.548	-4.6146	0.20355	2	1.525	-4.5646	0.14682	1	1.485	-4.5201
9	0.18068	2	1.555	-5.3717	0.18762	2	1.533	-5.3174	0.19445	2	1.511	-5.2651
10	0.16825	2	1.561	-6.1418	0.17465	2	1.539	-6.0834	0.18095	2	1.517	-6.0272
15	0.12916	2	1.580	-10.1328	0.13392	2	1.558	-10.0567	0.13860	2	1.538	-9.9833
20	0.10792	2	1.591	-14.2807	0.11183	2	1.570	-14.1896	0.11566	2	1.549	-14.1017
25	0.09423	2	1.599	-18.5292	0.09760	2	1.577	-18.4249	0.10091	2	1.557	-18.3242
30	0.08453	2	1.604	-22.8494	0.08752	2	1.583	-22.7332	0.09046	2	1.563	-22.6208
35	0.07721	2	1.608	-27.2241	0.07993	2	1.587	-27.0968	0.08259	2	1.567	-26.9737
40	0.07145	2	1.611	-31.6418	0.07395	2	1.590	-31.5043	0.07640	2	1.570	-31.3712
45	0.06676	2	1.614	-36.0948	0.06909	2	1.593	-35.9476	0.07137	2	1.573	-35.8052
50	0.06286	2	1.616	-40.5774	0.06505	2	1.595	-40.4210	0.06718	2	1.575	-40.2698
60	0.05670	2	1.620	-49.6148	0.05866	2	1.599	-49.4414	0.06057	2	1.579	-49.2737
70	0.05201	2	1.623	-58.7294	0.05380	2	1.602	-58.5404	0.05555	2	1.582	-58.3575
80	0.04829	2	1.625	-67.9052	0.04994	2	1.604	-67.7016	0.05156	2	1.585	-67.5046
90	0.04525	2	1.627	-77.1311	0.04679	2	1.606	-76.9138	0.04830	2	1.586	-76.7034
100	0.04270	2	1.628	-86.3987	0.04416	2	1.608	-86.1685	0.04558	2	1.588	-85.9456
150	0.03426	2	1.634	-133.1910	0.03542	2	1.613	-132.9040	0.03655	2	1.593	-132.6261
200	0.02937	2	1.637	-180.4863	0.03036	2	1.616	-180.1514	0.03132	2	1.597	-179.8271
250	0.02609	2	1.639	-228.1032	0.02696	2	1.618	-227.7261	0.02781	2	1.599	-227.3609
300	0.02369	2	1.640	-275.9486	0.02448	2	1.620	-275.5333	0.02525	2	1.600	-275.1312
350	0.02184	2	1.641	-323.9671	0.02257	2	1.621	-323.5168	0.02328	2	1.602	-323.0807
400	0.02037	2	1.642	-372.1228	0.02105	2	1.622	-371.6398	0.02171	2	1.603	-371.1720
450	0.01915	2	1.643	-420.3905	0.01979	2	1.623	-419.8769	0.02041	2	1.604	-419.3793
500	0.01813	2	1.644	-468.7520	0.01873	2	1.624	-468.2094	0.01932	2	1.604	-467.6837
600	0.01649	2	1.645	-565.7045	0.01704	2	1.625	-565.1080	0.01757	2	1.605	-564.5300
700	0.01522	2	1.646	-662.9020	0.01573	2	1.625	-662.2558	0.01622	2	1.606	-661.6298
800	0.01421	2	1.646	-760.2935	0.01468	2	1.626	-759.6011	0.01514	2	1.607	-758.9303
900	0.01337	2	1.647	-857.8435	0.01381	2	1.627	-857.1077	0.01424	2	1.607	-856.3948
1000	0.01266	2	1.647	-955.5262	0.01308	2	1.627	-954.7494	0.01349	2	1.608	-953.9967

	Delta = 1.25		A = 0.2000		Delta = 1.25		A = 0.3000		Delta = 1.25		A = 0.4000	
B	Y	N	C	M	Y	N	C	M	Y	N	C	M
1	2.41421	0	0.000	-0.1716	2.41421	0	0.000	-0.1716	2.41421	0	0.000	-0.1716
2	1.36603	0	0.000	-0.5359	1.36603	0	0.000	-0.5359	1.36603	0	0.000	-0.5359
3	1.00000	0	0.000	-1.0000	1.00000	0	0.000	-1.0000	1.00000	0	0.000	-1.0000
4	0.80902	0	0.000	-1.5279	0.80902	0	0.000	-1.5279	0.80902	0	0.000	-1.5279
5	0.68990	0	0.000	-2.1010	0.68990	0	0.000	-2.1010	0.68990	0	0.000	-2.1010
6	0.60763	0	0.000	-2.7085	0.60763	0	0.000	-2.7085	0.60763	0	0.000	-2.7085
7	0.54692	0	0.000	-3.3431	0.54692	0	0.000	-3.3431	0.54692	0	0.000	-3.3431
8	0.24904	1	1.146	-4.0065	0.50000	0	0.000	-4.0000	0.50000	0	0.000	-4.0000
9	0.22758	1	1.158	-4.7035	0.46248	0	0.000	-4.6754	0.46248	0	0.000	-4.6754
10	0.21034	1	1.167	-5.4164	0.43166	0	0.000	-5.3668	0.43166	0	0.000	-5.3668
15	0.15752	1	1.199	-9.1536	0.33333	0	0.000	-9.0000	0.33333	0	0.000	-9.0000
20	0.12975	1	1.217	-13.0848	0.27913	0	0.000	-12.8348	0.27913	0	0.000	-12.8348
25	0.11222	1	1.229	-17.1410	0.24396	0	0.000	-16.8020	0.24396	0	0.000	-16.8020
30	0.09997	1	1.238	-21.2867	0.21893	0	0.000	-20.8645	0.21893	0	0.000	-20.8645
35	0.09083	1	1.244	-25.5003	0.20000	0	0.000	-25.0000	0.20000	0	0.000	-25.0000
40	0.08369	1	1.249	-29.7678	0.18508	0	0.000	-29.1938	0.18508	0	0.000	-29.1938
45	0.07793	1	1.254	-34.0795	0.17294	0	0.000	-33.4353	0.17294	0	0.000	-33.4353
50	0.07316	1	1.257	-38.4282	0.16283	0	0.000	-37.7171	0.16283	0	0.000	-37.7171
60	0.06568	1	1.263	-47.2163	0.14684	0	0.000	-46.3795	0.14684	0	0.000	-46.3795
70	0.06003	1	1.267	-56.1014	0.13466	0	0.000	-55.1477	0.13466	0	0.000	-55.1477
80	0.05558	1	1.271	-65.0632	0.12500	0	0.000	-64.0000	0.12500	0	0.000	-64.0000
90	0.05195	1	1.274	-74.0879	0.11710	0	0.000	-72.9212	0.11710	0	0.000	-72.9212
100	0.04893	1	1.276	-83.1653	0.11050	0	0.000	-81.9002	0.11050	0	0.000	-81.9002
150	0.03900	1	1.284	-129.1230	0.08859	0	0.000	-127.4236	0.08859	0	0.000	-127.4236
200	0.03329	1	1.289	-175.7139	0.07589	0	0.000	-173.6451	0.07589	0	0.000	-173.6451
250	0.02949	1	1.292	-222.7098	0.06737	0	0.000	-220.3140	0.06737	0	0.000	-220.3140
300	0.02673	1	1.295	-269.9936	0.06116	0	0.000	-267.3013	0.06116	0	0.000	-267.3013
350	0.02461	1	1.296	-317.4955	0.05639	0	0.000	-314.5300	0.05639	0	0.000	-314.5300
400	0.02292	1	1.298	-365.1701	0.05256	0	0.000	-361.9500	0.05256	0	0.000	-361.9500
450	0.02153	1	1.299	-412.9860	0.04942	0	0.000	-409.5265	0.04942	0	0.000	-409.5265
500	0.02036	1	1.300	-460.9202	0.04677	0	0.000	-457.2339	0.04677	0	0.000	-457.2339
600	0.01850	1	1.302	-557.0777	0.04253	0	0.000	-552.9694	0.04253	0	0.000	-552.9694
700	0.01706	1	1.303	-653.5440	0.03925	0	0.000	-649.0472	0.03925	0	0.000	-649.0472
800	0.01591	1	1.304	-750.2548	0.03663	0	0.000	-745.3961	0.03663	0	0.000	-745.3961
900	0.01496	1	1.305	-847.1654	0.03446	0	0.000	-841.9667	0.03446	0	0.000	-841.9667
1000	0.01416	1	1.306	-944.2434	0.03264	0	0.000	-938.7228	0.03264	0	0.000	-938.7228

B	Y	N	C	M	Y	N	C	M	Y	N	C	M
	Delta = 1.50		A = 0.0001		Delta = 1.50		A = 0.0005		Delta = 1.50		A = 0.0010	
1	0.03075	10	3.901	-0.9275	0.06394	8	3.482	-0.8542	0.08679	7	3.279	-0.8054
2	0.02149	10	3.903	-1.8968	0.04406	8	3.487	-1.7911	0.05920	7	3.287	-1.7200
3	0.01745	10	3.904	-2.8733	0.03558	8	3.490	-2.7428	0.04759	7	3.290	-2.6544
4	0.01507	10	3.904	-3.8535	0.03061	8	3.491	-3.7020	0.04084	7	3.292	-3.5991
5	0.01345	10	3.905	-4.8360	0.02725	8	3.492	-4.6661	0.03630	7	3.293	-4.5504
6	0.01226	10	3.905	-5.8202	0.02480	8	3.492	-5.6336	0.03298	7	3.294	-5.5063
7	0.01133	10	3.905	-6.8057	0.02290	8	3.493	-6.6037	0.03043	7	3.295	-6.4658
8	0.01059	10	3.905	-7.7922	0.02138	8	3.493	-7.5759	0.02838	7	3.295	-7.4281
9	0.00998	10	3.906	-8.7795	0.02012	8	3.494	-8.5498	0.02670	7	3.296	-8.3927
10	0.00946	10	3.906	-9.7674	0.01906	8	3.494	-9.5251	0.02528	7	3.296	-9.3592
15	0.00771	10	3.906	-14.7148	0.01549	8	3.495	-14.4169	0.02050	7	3.298	-14.2125
20	0.00666	10	3.906	-19.6705	0.01337	8	3.495	-19.3258	0.01768	7	3.298	-19.0889
25	0.00595	10	3.906	-24.6314	0.01194	8	3.496	-24.2454	0.01577	7	3.299	-23.9799
30	0.00543	10	3.907	-29.5961	0.01088	8	3.496	-29.1728	0.01437	7	3.299	-28.8814
35	0.00503	10	3.907	-34.5636	0.01006	8	3.496	-34.1060	0.01328	7	3.300	-33.7909
40	0.00470	10	3.907	-39.5334	0.00940	8	3.496	-39.0438	0.01241	7	3.300	-38.7066
45	0.00443	10	3.907	-44.5050	0.00886	8	3.497	-43.9854	0.01169	7	3.300	-43.6274
50	0.00420	10	3.907	-49.4782	0.00840	8	3.497	-48.9302	0.01108	7	3.300	-48.5525
60	0.00383	10	3.907	-59.4282	0.00766	8	3.497	-58.8275	0.01010	7	3.301	-58.4132
70	0.00355	10	3.907	-69.3823	0.00709	8	3.497	-68.7330	0.00934	7	3.301	-68.2851
80	0.00332	10	3.907	-79.3395	0.00662	8	3.497	-78.6451	0.00873	7	3.301	-78.1659
90	0.00313	10	3.907	-89.2994	0.00624	8	3.497	-88.5626	0.00822	7	3.301	-88.0539
100	0.00297	10	3.907	-99.2614	0.00592	8	3.497	-98.4845	0.00780	7	3.301	-97.9480
150	0.00242	10	3.907	-149.0950	0.00483	8	3.498	-148.1424	0.00635	7	3.302	-147.4841
200	0.00209	10	3.907	-198.9548	0.00418	8	3.498	-197.8540	0.00549	7	3.302	-197.0931
250	0.00187	10	3.907	-248.8313	0.00373	8	3.498	-247.6000	0.00491	7	3.302	-246.7486
300	0.00171	10	3.907	-298.7196	0.00341	8	3.498	-297.3703	0.00448	7	3.302	-296.4371
350	0.00158	10	3.908	-348.6169	0.00315	8	3.498	-347.1591	0.00415	7	3.302	-346.1507
400	0.00148	10	3.908	-398.5213	0.00295	8	3.498	-396.9625	0.00388	7	3.302	-395.8841
450	0.00140	10	3.908	-448.4315	0.00278	8	3.498	-446.7779	0.00365	7	3.303	-445.6337
500	0.00132	10	3.908	-498.3466	0.00263	8	3.498	-496.6032	0.00346	7	3.303	-495.3968
600	0.00121	10	3.908	-598.1886	0.00240	8	3.498	-596.2784	0.00316	7	3.303	-594.9563
700	0.00112	10	3.908	-698.0433	0.00223	8	3.498	-695.9797	0.00293	7	3.303	-694.5513
800	0.00105	10	3.908	-797.9081	0.00208	8	3.498	-795.7017	0.00274	7	3.303	-794.1742
900	0.00099	10	3.908	-897.7812	0.00196	8	3.498	-895.4406	0.00258	7	3.303	-893.8201
1000	0.00094	10	3.908	-997.6611	0.00186	8	3.498	-995.1936	0.00245	7	3.303	-993.4852

B	Delta = 1.50 Y	A = 0.0015 N	C	M	Delta = 1.50 Y	A = 0.0020 N	C	M	Delta = 1.50 Y	A = 0.0025 N	C	M
1	0.09903	6	3.135	-0.7707	0.11802	6	3.063	-0.7431	0.13542	6	3.007	-0.7194
2	0.06698	6	3.144	-1.6687	0.07932	6	3.074	-1.6277	0.09051	6	3.019	-1.5923
3	0.05365	6	3.148	-2.5904	0.06337	6	3.079	-2.5391	0.07214	6	3.024	-2.4948
4	0.04594	6	3.151	-3.5244	0.05418	6	3.082	-3.4644	0.06160	6	3.027	-3.4126
5	0.04077	6	3.152	-4.4662	0.04804	6	3.083	-4.3986	0.05457	6	3.029	-4.3401
6	0.03701	6	3.154	-5.4136	0.04358	6	3.085	-5.3391	0.04946	6	3.031	-5.2746
7	0.03412	6	3.154	-6.3652	0.04015	6	3.086	-6.2844	0.04555	6	3.032	-6.2143
8	0.03180	6	3.155	-7.3202	0.03740	6	3.087	-7.2335	0.04242	6	3.033	-7.1583
9	0.02990	6	3.156	-8.2779	0.03515	6	3.087	-8.1856	0.03985	6	3.034	-8.1056
10	0.02829	6	3.156	-9.2379	0.03325	6	3.088	-9.1404	0.03769	6	3.034	-9.0558
15	0.02291	6	3.158	-14.0628	0.02690	6	3.090	-13.9422	0.03046	6	3.036	-13.8376
20	0.01974	6	3.159	-18.9151	0.02317	6	3.091	-18.7752	0.02622	6	3.038	-18.6537
25	0.01760	6	3.160	-23.7850	0.02064	6	3.092	-23.6280	0.02336	6	3.039	-23.4916
30	0.01603	6	3.160	-28.6673	0.01879	6	3.092	-28.4950	0.02126	6	3.039	-28.3451
35	0.01481	6	3.161	-33.5592	0.01736	6	3.093	-33.3726	0.01963	6	3.040	-33.2104
40	0.01383	6	3.161	-38.4585	0.01621	6	3.093	-38.2587	0.01833	6	3.040	-38.0850
45	0.01303	6	3.161	-43.3639	0.01526	6	3.094	-43.1518	0.01725	6	3.041	-42.9672
50	0.01234	6	3.161	-48.2745	0.01446	6	3.094	-48.0506	0.01635	6	3.041	-47.8558
60	0.01125	6	3.162	-58.1082	0.01318	6	3.094	-57.8624	0.01489	6	3.041	-57.6486
70	0.01040	6	3.162	-67.9552	0.01218	6	3.095	-67.6894	0.01376	6	3.042	-67.4581
80	0.00972	6	3.162	-77.8128	0.01138	6	3.095	-77.5283	0.01286	6	3.042	-77.2808
90	0.00915	6	3.162	-87.6791	0.01072	6	3.095	-87.3771	0.01211	6	3.042	-87.1142
100	0.00868	6	3.163	-97.5526	0.01016	6	3.095	-97.2340	0.01148	6	3.042	-96.9567
150	0.00707	6	3.163	-146.9986	0.00827	6	3.096	-146.6074	0.00934	6	3.043	-146.2667
200	0.00611	6	3.163	-196.5316	0.00715	6	3.096	-196.0791	0.00807	6	3.043	-195.6850
250	0.00546	6	3.164	-246.1202	0.00639	6	3.096	-245.6137	0.00721	6	3.044	-245.1726
300	0.00498	6	3.164	-295.7482	0.00583	6	3.097	-295.1930	0.00658	6	3.044	-294.7093
350	0.00461	6	3.164	-345.4062	0.00539	6	3.097	-344.8060	0.00609	6	3.044	-344.2832
400	0.00431	6	3.164	-395.0878	0.00504	6	3.097	-394.4459	0.00569	6	3.044	-393.8867
450	0.00406	6	3.164	-444.7887	0.00475	6	3.097	-444.1076	0.00536	6	3.044	-443.5142
500	0.00385	6	3.164	-494.5059	0.00450	6	3.097	-493.7877	0.00508	6	3.044	-493.1619
600	0.00351	6	3.164	-593.9799	0.00411	6	3.097	-593.1927	0.00464	6	3.045	-592.5067
700	0.00325	6	3.164	-693.4961	0.00380	6	3.097	-692.6455	0.00429	6	3.045	-691.9042
800	0.00304	6	3.165	-793.0459	0.00356	6	3.097	-792.1361	0.00401	6	3.045	-791.3434
900	0.00287	6	3.165	-892.6230	0.00335	6	3.097	-891.6578	0.00378	6	3.045	-890.8166
1000	0.00272	6	3.165	-992.2230	0.00318	6	3.097	-991.2053	0.00359	6	3.045	-990.3184

	Delta = 1.50		A = 0.0030		Delta = 1.50		A = 0.0035		Delta = 1.50		A = 0.0040	
B	Y	N	C	M	Y	N	C	M	Y	N	C	M
1	0.13382	5	2.909	-0.6992	0.14772	5	2.867	-0.6814	0.16102	5	2.830	-0.6652
2	0.08883	5	2.923	-1.5616	0.09760	5	2.882	-1.5347	0.10594	5	2.847	-1.5102
3	0.07059	5	2.928	-2.4559	0.07742	5	2.889	-2.4221	0.08388	5	2.854	-2.3911
4	0.06017	5	2.932	-3.3668	0.06592	5	2.892	-3.3271	0.07135	5	2.858	-3.2907
5	0.05324	5	2.934	-4.2883	0.05829	5	2.895	-4.2434	0.06305	5	2.860	-4.2022
6	0.04822	5	2.936	-5.2173	0.05276	5	2.897	-5.1678	0.05704	5	2.862	-5.1222
7	0.04437	5	2.937	-6.1520	0.04853	5	2.898	-6.0982	0.05245	5	2.864	-6.0487
8	0.04131	5	2.938	-7.0913	0.04516	5	2.899	-7.0334	0.04879	5	2.865	-6.9802
9	0.03879	5	2.939	-8.0342	0.04240	5	2.900	-7.9726	0.04580	5	2.866	-7.9159
10	0.04175	6	2.990	-8.9802	0.04008	5	2.901	-8.9151	0.04328	5	2.867	-8.8551
15	0.03371	6	2.993	-13.7441	0.03233	5	2.904	-13.6630	0.03488	5	2.870	-13.5886
20	0.02901	6	2.994	-18.5450	0.02779	5	2.905	-18.4506	0.02998	5	2.871	-18.3640
25	0.02583	6	2.995	-23.3696	0.02474	5	2.906	-23.2634	0.02668	5	2.873	-23.1661
30	0.02350	6	2.996	-28.2111	0.02250	5	2.907	-28.0941	0.02426	5	2.873	-27.9872
35	0.02170	6	2.996	-33.0652	0.02077	5	2.908	-32.9385	0.02239	5	2.874	-32.8227
40	0.02026	6	2.997	-37.9295	0.01939	5	2.908	-37.7937	0.02090	5	2.875	-37.6695
45	0.01907	6	2.997	-42.8020	0.01824	5	2.909	-42.6576	0.01966	5	2.875	-42.5257
50	0.01806	6	2.997	-47.6815	0.01728	5	2.909	-47.5289	0.01862	5	2.875	-47.3897
60	0.01645	6	2.998	-57.4572	0.01574	5	2.910	-57.2896	0.01696	5	2.876	-57.1366
70	0.01520	6	2.998	-67.2510	0.01454	5	2.910	-67.0695	0.01567	5	2.877	-66.9039
80	0.01420	6	2.998	-77.0590	0.01358	5	2.910	-76.8646	0.01463	5	2.877	-76.6873
90	0.01337	6	2.999	-86.8787	0.01279	5	2.911	-86.6722	0.01377	5	2.877	-86.4839
100	0.01267	6	2.999	-96.7082	0.01212	5	2.911	-96.4902	0.01305	5	2.877	-96.2915
150	0.01031	6	3.000	-145.9614	0.00986	5	2.912	-145.6932	0.01061	5	2.878	-145.4489
200	0.00891	6	3.000	-195.3318	0.00852	5	2.912	-195.0212	0.00917	5	2.879	-194.7385
250	0.00796	6	3.000	-244.7771	0.00761	5	2.913	-244.4292	0.00819	5	2.879	-244.1127
300	0.00726	6	3.001	-294.2757	0.00694	5	2.913	-293.8940	0.00747	5	2.879	-293.5468
350	0.00672	6	3.001	-343.8145	0.00642	5	2.913	-343.4019	0.00691	5	2.880	-343.0265
400	0.00628	6	3.001	-393.3853	0.00600	5	2.913	-392.9438	0.00646	5	2.880	-392.5422
450	0.00592	6	3.001	-442.9822	0.00565	5	2.913	-442.5135	0.00608	5	2.880	-442.0874
500	0.00561	6	3.001	-492.6009	0.00536	5	2.913	-492.1065	0.00577	5	2.880	-491.6571
600	0.00512	6	3.001	-591.8917	0.00489	5	2.914	-591.3497	0.00526	5	2.880	-590.8569
700	0.00474	6	3.001	-691.2395	0.00452	5	2.914	-690.6536	0.00487	5	2.880	-690.1211
800	0.00443	6	3.002	-790.6325	0.00423	5	2.914	-790.0058	0.00455	5	2.880	-789.4362
900	0.00417	6	3.002	-890.0624	0.00398	5	2.914	-889.3973	0.00429	5	2.881	-888.7929
1000	0.00396	6	3.002	-989.5232	0.00378	5	2.914	-988.8218	0.00407	5	2.881	-988.1845

	Delta = 1.50		A = 0.0045		Delta = 1.50		A = 0.0050		Delta = 1.50		A = 0.0055	
E	Y	N	C	M	Y	N	C	M	Y	N	C	M
1	0.17385	5	2.798	-0.6503	0.18628	5	2.769	-0.6364	0.19837	5	2.742	-0.6234
2	0.11391	5	2.815	-1.4874	0.12158	5	2.787	-1.4662	0.12899	5	2.761	-1.4462
3	0.09004	5	2.823	-2.3624	0.09595	5	2.795	-2.3355	0.10165	5	2.769	-2.3102
4	0.07652	5	2.827	-3.2569	0.08147	5	2.799	-3.2252	0.08623	5	2.774	-3.1954
5	0.06757	5	2.830	-4.1639	0.07190	5	2.802	-4.1281	0.07606	5	2.777	-4.0943
6	0.06111	5	2.832	-5.0799	0.06500	5	2.804	-5.0403	0.06873	5	2.779	-5.0029
7	0.05617	5	2.833	-6.0026	0.05972	5	2.806	-5.9595	0.06313	5	2.781	-5.9188
8	0.05224	5	2.835	-6.9307	0.05553	5	2.807	-6.8843	0.05868	5	2.783	-6.8405
9	0.04902	5	2.836	-7.8632	0.05209	5	2.809	-7.8137	0.05504	5	2.784	-7.7670
10	0.04632	5	2.837	-8.7992	0.04921	5	2.809	-8.7469	0.05199	5	2.785	-8.6975
15	0.03731	5	2.840	-13.5194	0.03962	5	2.813	-13.4544	0.04183	5	2.788	-13.3930
20	0.03205	5	2.842	-18.2834	0.03402	5	2.815	-18.2077	0.03591	5	2.790	-18.1362
25	0.02851	5	2.843	-23.0755	0.03026	5	2.816	-22.9904	0.03193	5	2.791	-22.9100
30	0.02592	5	2.844	-27.8876	0.02751	5	2.817	-27.7940	0.02902	5	2.792	-27.7055
35	0.02393	5	2.844	-32.7147	0.02538	5	2.817	-32.6133	0.02678	5	2.793	-32.5175
40	0.02233	5	2.845	-37.5538	0.02368	5	2.818	-37.4452	0.02498	5	2.794	-37.3424
45	0.02101	5	2.845	-42.4027	0.02228	5	2.819	-42.2872	0.02350	5	2.794	-42.1780
50	0.01989	5	2.846	-47.2598	0.02110	5	2.819	-47.1378	0.02225	5	2.795	-47.0225
60	0.01811	5	2.846	-56.9940	0.01920	5	2.820	-56.8600	0.02025	5	2.795	-56.7333
70	0.01673	5	2.847	-66.7496	0.01774	5	2.820	-66.6045	0.01870	5	2.796	-66.4673
80	0.01562	5	2.847	-76.5221	0.01656	5	2.821	-76.3667	0.01746	5	2.796	-76.2197
90	0.01471	5	2.848	-86.3084	0.01559	5	2.821	-86.1433	0.01644	5	2.797	-85.9872
100	0.01393	5	2.848	-96.1062	0.01477	5	2.821	-95.9321	0.01557	5	2.797	-95.7673
150	0.01133	5	2.849	-145.2210	0.01201	5	2.822	-145.0068	0.01266	5	2.798	-144.8041
200	0.00979	5	2.849	-194.4748	0.01037	5	2.823	-194.2268	0.01093	5	2.799	-193.9922
250	0.00874	5	2.850	-243.8173	0.00926	5	2.823	-243.5396	0.00976	5	2.799	-243.2768
300	0.00797	5	2.850	-293.2229	0.00845	5	2.823	-292.9183	0.00890	5	2.799	-292.6300
350	0.00737	5	2.850	-342.6763	0.00781	5	2.824	-342.3470	0.00823	5	2.800	-342.0353
400	0.00689	5	2.850	-392.1676	0.00730	5	2.824	-391.8152	0.00769	5	2.800	-391.4817
450	0.00649	5	2.850	-441.6897	0.00688	5	2.824	-441.3157	0.00725	5	2.800	-440.9618
500	0.00615	5	2.851	-491.2378	0.00652	5	2.824	-490.8433	0.00687	5	2.800	-490.4700
600	0.00561	5	2.851	-590.3971	0.00595	5	2.824	-589.9647	0.00627	5	2.800	-589.5553
700	0.00519	5	2.851	-689.6241	0.00550	5	2.824	-689.1567	0.00580	5	2.800	-688.7142
800	0.00486	5	2.851	-788.9046	0.00514	5	2.825	-788.4046	0.00542	5	2.801	-787.9313
900	0.00458	5	2.851	-888.2288	0.00485	5	2.825	-887.6983	0.00511	5	2.801	-887.1960
1000	0.00434	5	2.851	-987.5897	0.00460	5	2.825	-987.0302	0.00484	5	2.801	-986.5006

	Delta = 1.50	A = 0.0060			Delta = 1.50	A = 0.0065			Delta = 1.50	A = 0.0070		
B	Y	N	C	M	Y	N	C	M	Y	N	C	M
1	0.18115	4	2.663	-0.6115	0.19134	4	2.639	-0.6007	0.20135	4	2.617	-0.5906
2	0.13618	5	2.737	-1.4274	0.12312	4	2.661	-1.4100	0.12914	4	2.640	-1.3942
3	0.10716	5	2.746	-2.2862	0.09659	4	2.671	-2.2635	0.10119	4	2.650	-2.2433
4	0.09083	5	2.751	-3.1672	0.09528	5	2.729	-3.1403	0.08556	4	2.655	-3.1160
5	0.08007	5	2.754	-4.0623	0.08396	5	2.733	-4.0318	0.07530	4	2.659	-4.0039
6	0.07233	5	2.756	-4.9674	0.07581	5	2.735	-4.9337	0.06793	4	2.662	-4.9025
7	0.06642	5	2.758	-5.8802	0.06959	5	2.737	-5.8434	0.06233	4	2.664	-5.8092
8	0.06172	5	2.760	-6.7990	0.06466	5	2.739	-6.7594	0.05788	4	2.666	-6.7224
9	0.05788	5	2.761	-7.7227	0.06062	5	2.740	-7.6805	0.05424	4	2.667	-7.6408
10	0.05466	5	2.762	-8.6506	0.05724	5	2.741	-8.6059	0.05120	4	2.668	-8.5637
15	0.04395	5	2.766	-13.3347	0.04600	5	2.745	-13.2791	0.04799	5	2.725	-13.2259
20	0.03772	5	2.768	-18.0683	0.03947	5	2.747	-18.0035	0.04116	5	2.728	-17.9415
25	0.03353	5	2.769	-22.8336	0.03508	5	2.748	-22.7608	0.03657	5	2.729	-22.6910
30	0.03047	5	2.770	-27.6215	0.03187	5	2.749	-27.5413	0.03323	5	2.730	-27.4645
35	0.02811	5	2.771	-32.4264	0.02940	5	2.750	-32.3394	0.03065	5	2.731	-32.2562
40	0.02623	5	2.771	-37.2448	0.02742	5	2.751	-37.1516	0.02858	5	2.732	-37.0623
45	0.02467	5	2.772	-42.0742	0.02579	5	2.751	-41.9751	0.02688	5	2.732	-41.8802
50	0.02336	5	2.772	-46.9129	0.02442	5	2.752	-46.8082	0.02545	5	2.733	-46.7079
60	0.02125	5	2.773	-56.6128	0.02222	5	2.753	-56.4978	0.02315	5	2.734	-56.3876
70	0.01963	5	2.774	-66.3369	0.02052	5	2.753	-66.2123	0.02138	5	2.734	-66.0930
80	0.01833	5	2.774	-76.0800	0.01916	5	2.754	-75.9466	0.01996	5	2.735	-75.8188
90	0.01725	5	2.775	-85.8388	0.01803	5	2.754	-85.6971	0.01878	5	2.735	-85.5612
100	0.01634	5	2.775	-95.6106	0.01708	5	2.754	-95.4610	0.01779	5	2.735	-95.3177
150	0.01328	5	2.776	-144.6114	0.01388	5	2.755	-144.4273	0.01446	5	2.737	-144.2508
200	0.01147	5	2.777	-193.7690	0.01199	5	2.756	-193.5558	0.01248	5	2.737	-193.3515
250	0.01024	5	2.777	-243.0268	0.01070	5	2.757	-242.7880	0.01114	5	2.738	-242.5591
300	0.00933	5	2.777	-292.3558	0.00975	5	2.757	-292.0939	0.01016	5	2.738	-291.8427
350	0.00863	5	2.777	-341.7388	0.00902	5	2.757	-341.4555	0.00939	5	2.738	-341.1840
400	0.00807	5	2.778	-391.1644	0.00843	5	2.757	-390.8614	0.00878	5	2.738	-390.5708
450	0.00760	5	2.778	-440.6250	0.00794	5	2.758	-440.3033	0.00827	5	2.739	-439.9949
500	0.00721	5	2.778	-490.1148	0.00753	5	2.758	-489.7755	0.00784	5	2.739	-489.4502
600	0.00657	5	2.778	-589.1659	0.00687	5	2.758	-588.7939	0.00715	5	2.739	-588.4371
700	0.00608	5	2.778	-688.2933	0.00635	5	2.758	-687.8911	0.00661	5	2.739	-687.5055
800	0.00568	5	2.779	-787.4811	0.00594	5	2.758	-787.0509	0.00618	5	2.739	-786.6383
900	0.00536	5	2.779	-886.7182	0.00560	5	2.758	-886.2617	0.00583	5	2.739	-885.8239
1000	0.00508	5	2.779	-985.9967	0.00531	5	2.758	-985.5152	0.00552	5	2.740	-985.0536

	Delta = 1.50		A = 0.0075		Delta = 1.50		A = 0.0080		Delta = 1.50		A = 0.0085	
B	Y	N	C	M	Y	N	C	M	Y	N	C	M
1	0.21118	4	2.596	-0.5809	0.22087	4	2.576	-0.5716	0.23043	4	2.558	-0.5627
2	0.13502	4	2.620	-1.3790	0.14078	4	2.601	-1.3645	0.14644	4	2.583	-1.3506
3	0.10567	4	2.630	-2.2240	0.11004	4	2.612	-2.2054	0.11433	4	2.594	-2.1876
4	0.08928	4	2.636	-3.0932	0.09292	4	2.618	-3.0712	0.09647	4	2.600	-3.0501
5	0.07854	4	2.640	-3.9779	0.08170	4	2.622	-3.9529	0.08479	4	2.604	-3.9289
6	0.07083	4	2.643	-4.8736	0.07366	4	2.624	-4.8460	0.07642	4	2.607	-4.8193
7	0.06497	4	2.645	-5.7778	0.06755	4	2.627	-5.7476	0.07006	4	2.610	-5.7185
8	0.06032	4	2.646	-6.6885	0.06270	4	2.629	-6.6560	0.06502	4	2.612	-6.6247
9	0.05652	4	2.648	-7.6047	0.05874	4	2.630	-7.5700	0.06090	4	2.613	-7.5366
10	0.05334	4	2.649	-8.5254	0.05543	4	2.631	-8.4887	0.05746	4	2.614	-8.4532
15	0.04280	4	2.653	-13.1782	0.04445	4	2.635	-13.1323	0.04606	4	2.619	-13.0881
20	0.03668	4	2.656	-17.8854	0.03809	4	2.638	-17.8319	0.03946	4	2.621	-17.7803
25	0.03258	4	2.657	-22.6274	0.03383	4	2.640	-22.5672	0.03504	4	2.623	-22.5091
30	0.02959	4	2.658	-27.3942	0.03072	4	2.641	-27.3278	0.03181	4	2.624	-27.2639
35	0.02729	4	2.659	-32.1797	0.02832	4	2.642	-32.1078	0.02933	4	2.625	-32.0384
40	0.02544	4	2.660	-36.9801	0.02641	4	2.643	-36.9029	0.02734	4	2.626	-36.8285
45	0.02392	4	2.661	-41.7926	0.02483	4	2.643	-41.7105	0.02571	4	2.627	-41.6314
50	0.02265	4	2.661	-46.6152	0.02350	4	2.644	-46.5285	0.02433	4	2.627	-46.4449
60	0.02060	4	2.662	-56.2853	0.02137	4	2.645	-56.1900	0.02213	4	2.628	-56.0981
70	0.01902	4	2.663	-65.9820	0.01973	4	2.645	-65.8788	0.02043	4	2.629	-65.7792
80	0.01775	4	2.663	-75.6997	0.01842	4	2.646	-75.5890	0.01906	4	2.629	-75.4823
90	0.01670	4	2.664	-85.4345	0.01733	4	2.646	-85.3169	0.01794	4	2.630	-85.2035
100	0.01582	4	2.664	-95.1836	0.01641	4	2.647	-95.0596	0.01699	4	2.630	-94.9398
150	0.01285	4	2.665	-144.0851	0.01333	4	2.648	-143.9324	0.01379	4	2.631	-143.7849
200	0.01109	4	2.666	-193.1591	0.01151	4	2.649	-192.9821	0.01191	4	2.632	-192.8112
250	0.00990	4	2.666	-242.3432	0.01027	4	2.649	-242.1448	0.01063	4	2.633	-241.9534
300	0.00902	4	2.667	-291.6055	0.00936	4	2.649	-291.3879	0.00968	4	2.633	-291.1779
350	0.00834	4	2.667	-340.9272	0.00865	4	2.650	-340.6919	0.00895	4	2.633	-340.4647
400	0.00780	4	2.667	-390.2958	0.00809	4	2.650	-390.0440	0.00837	4	2.634	-389.8009
450	0.00735	4	2.667	-439.7028	0.00762	4	2.650	-439.4355	0.00788	4	2.634	-439.1774
500	0.00696	4	2.668	-489.1420	0.00722	4	2.650	-488.8600	0.00747	4	2.634	-488.5877
600	0.00635	4	2.668	-588.0988	0.00658	4	2.651	-587.7895	0.00681	4	2.634	-587.4910
700	0.00587	4	2.668	-687.1395	0.00609	4	2.651	-686.8052	0.00630	4	2.635	-686.4824
800	0.00549	4	2.668	-786.2466	0.00569	4	2.651	-785.8889	0.00589	4	2.635	-785.5436
900	0.00517	4	2.668	-885.4079	0.00536	4	2.651	-885.0284	0.00555	4	2.635	-884.6619
1000	0.00491	4	2.668	-984.6147	0.00509	4	2.651	-984.2144	0.00526	4	2.635	-983.8280

B	Delta = 1.50 A = 0.0090 Y	N	C	M	Delta = 1.50 A = 0.0095 Y	N	C	M	Delta = 1.50 A = 0.0100 Y	N	C	M
1	0.23987	4	2.540	-0.5542	0.24920	4	2.523	-0.5460	0.25843	4	2.507	-0.5382
2	0.15199	4	2.567	-1.3372	0.15746	4	2.551	-1.3243	0.16284	4	2.535	-1.3118
3	0.11853	4	2.578	-2.1704	0.12265	4	2.562	-2.1538	0.12670	4	2.547	-2.1378
4	0.09995	4	2.584	-3.0297	0.10336	4	2.569	-3.0100	0.10671	4	2.554	-2.9910
5	0.08781	4	2.588	-3.9057	0.09077	4	2.573	-3.8833	0.09367	4	2.558	-3.8616
6	0.07912	4	2.591	-4.7936	0.08176	4	2.576	-4.7687	0.08435	4	2.562	-4.7446
7	0.07252	4	2.594	-5.6905	0.07492	4	2.579	-5.6633	0.07728	4	2.564	-5.6370
8	0.06729	4	2.596	-6.5945	0.06951	4	2.580	-6.5652	0.07168	4	2.566	-6.5369
9	0.06302	4	2.597	-7.5043	0.06509	4	2.582	-7.4731	0.06711	4	2.568	-7.4428
10	0.05945	4	2.599	-8.4190	0.06139	4	2.583	-8.3859	0.06330	4	2.569	-8.3538
15	0.04764	4	2.603	-13.0454	0.04917	4	2.588	-13.0041	0.05068	4	2.574	-12.9641
20	0.04080	4	2.606	-17.7305	0.04211	4	2.591	-17.6822	0.04338	4	2.576	-17.6354
25	0.03622	4	2.607	-22.4529	0.03737	4	2.592	-22.3986	0.03850	4	2.578	-22.3459
30	0.03288	4	2.609	-27.2020	0.03392	4	2.594	-27.1422	0.03494	4	2.580	-27.0841
35	0.03031	4	2.610	-31.9713	0.03127	4	2.595	-31.9064	0.03221	4	2.581	-31.8433
40	0.02826	4	2.610	-36.7565	0.02915	4	2.596	-36.6869	0.03002	4	2.582	-36.6193
45	0.02657	4	2.611	-41.5548	0.02740	4	2.596	-41.4807	0.02822	4	2.582	-41.4088
50	0.02514	4	2.612	-46.3640	0.02593	4	2.597	-46.2857	0.02670	4	2.583	-46.2097
60	0.02286	4	2.613	-56.0092	0.02358	4	2.598	-55.9231	0.02428	4	2.584	-55.8395
70	0.02110	4	2.613	-65.6829	0.02176	4	2.599	-65.5895	0.02241	4	2.585	-65.4990
80	0.01969	4	2.614	-75.3791	0.02031	4	2.599	-75.2791	0.02091	4	2.585	-75.1821
90	0.01853	4	2.614	-85.0938	0.01911	4	2.600	-84.9875	0.01967	4	2.586	-84.8844
100	0.01755	4	2.615	-94.8240	0.01810	4	2.600	-94.7118	0.01863	4	2.586	-94.6029
150	0.01425	4	2.616	-143.6422	0.01469	4	2.601	-143.5040	0.01512	4	2.587	-143.3698
200	0.01230	4	2.617	-192.6460	0.01268	4	2.602	-192.4858	0.01305	4	2.588	-192.3303
250	0.01097	4	2.617	-241.7682	0.01131	4	2.603	-241.5887	0.01164	4	2.589	-241.4145
300	0.01000	4	2.618	-290.9747	0.01031	4	2.603	-290.7777	0.01061	4	2.589	-290.5865
350	0.00925	4	2.618	-340.2449	0.00953	4	2.603	-340.0319	0.00981	4	2.590	-339.8251
400	0.00864	4	2.618	-389.5657	0.00891	4	2.604	-389.3378	0.00917	4	2.590	-389.1164
450	0.00814	4	2.619	-438.9278	0.00839	4	2.604	-438.6858	0.00863	4	2.590	-438.4508
500	0.00772	4	2.619	-488.3244	0.00795	4	2.604	-488.0691	0.00819	4	2.590	-487.8212
600	0.00704	4	2.619	-587.2021	0.00725	4	2.604	-586.9221	0.00746	4	2.591	-586.6503
700	0.00651	4	2.619	-686.1701	0.00671	4	2.605	-685.8674	0.00690	4	2.591	-685.5735
800	0.00608	4	2.619	-785.2095	0.00627	4	2.605	-784.8857	0.00645	4	2.591	-784.5713
900	0.00573	4	2.619	-884.3073	0.00591	4	2.605	-883.9636	0.00608	4	2.591	-883.6299
1000	0.00543	4	2.620	-983.4540	0.00560	4	2.605	-983.0915	0.00576	4	2.591	-982.7396

	Delta = 1.50		A = 0.0150		Delta = 1.50		A = 0.0200		Delta = 1.50		A = 0.0250	
B	Y	N	C	M	Y	N	C	M	Y	N	C	M
1	0.29034	3	2.317	-0.4749	0.36245	3	2.215	-0.4288	0.43303	3	2.133	-0.3910
2	0.17721	3	2.354	-1.2071	0.21660	3	2.259	-1.1308	0.25378	3	2.184	-1.0669
3	0.13614	3	2.370	-2.0010	0.16506	3	2.277	-1.9012	0.19201	3	2.204	-1.8171
4	0.11382	3	2.378	-2.8269	0.13739	3	2.288	-2.7073	0.15918	3	2.215	-2.6061
5	0.12029	4	2.441	-3.6743	0.11968	3	2.294	-3.5364	0.13830	3	2.223	-3.4200
6	0.10804	4	2.445	-4.5363	0.10717	3	2.299	-4.3818	0.12362	3	2.228	-4.2517
7	0.09878	4	2.448	-5.4094	0.09776	3	2.303	-5.2396	0.11261	3	2.233	-5.0969
8	0.09148	4	2.450	-6.2913	0.09037	3	2.306	-6.1072	0.10399	3	2.236	-5.9527
9	0.08554	4	2.452	-7.1803	0.08438	3	2.308	-6.9828	0.09700	3	2.239	-6.8173
10	0.08059	4	2.454	-8.0754	0.07940	3	2.310	-7.8652	0.09121	3	2.241	-7.6892
15	0.06430	4	2.460	-12.6157	0.06308	3	2.317	-12.3497	0.07228	3	2.249	-12.1280
20	0.05493	4	2.463	-17.2280	0.05376	3	2.321	-16.9151	0.06151	3	2.253	-16.6547
25	0.04868	4	2.465	-21.8865	0.04756	3	2.324	-21.5321	0.05437	3	2.256	-21.2376
30	0.04414	4	2.467	-26.5777	0.04307	3	2.326	-26.1858	0.04921	3	2.258	-25.8605
35	0.04065	4	2.468	-31.2937	0.03963	3	2.328	-30.8673	0.04525	3	2.260	-30.5137
40	0.03786	4	2.469	-36.0294	0.03689	3	2.329	-35.5709	0.04210	3	2.261	-35.1909
45	0.03557	4	2.470	-40.7811	0.03464	3	2.330	-40.2924	0.03952	3	2.263	-39.8877
50	0.03365	4	2.471	-45.5463	0.03275	3	2.331	-45.0291	0.03735	3	2.264	-44.6009
60	0.03057	4	2.472	-55.1096	0.02973	3	2.332	-54.5392	0.03389	3	2.265	-54.0675
70	0.02820	4	2.473	-64.7079	0.02741	3	2.333	-64.0888	0.03123	3	2.266	-63.5770
80	0.02630	4	2.473	-74.3341	0.02555	3	2.334	-73.6695	0.02911	3	2.267	-73.1204
90	0.02474	4	2.474	-83.9829	0.02402	3	2.335	-83.2757	0.02736	3	2.268	-82.6915
100	0.02342	4	2.474	-93.6508	0.02273	3	2.335	-92.9032	0.02589	3	2.269	-92.2859
150	0.01899	4	2.476	-142.1963	0.01841	3	2.337	-141.2718	0.02095	3	2.271	-140.5094
200	0.01638	4	2.477	-190.9701	0.01587	3	2.339	-189.8965	0.01805	3	2.272	-189.0116
250	0.01461	4	2.478	-239.8898	0.01414	3	2.339	-238.6848	0.01609	3	2.273	-237.6921
300	0.01331	4	2.478	-288.9131	0.01288	3	2.340	-287.5893	0.01465	3	2.274	-286.4991
350	0.01230	4	2.479	-338.0149	0.01190	3	2.340	-336.5819	0.01353	3	2.274	-335.4020
400	0.01149	4	2.479	-387.1789	0.01112	3	2.341	-385.6442	0.01264	3	2.275	-384.3809
450	0.01082	4	2.479	-436.3937	0.01047	3	2.341	-434.7635	0.01190	3	2.275	-433.4218
500	0.01026	4	2.479	-485.6511	0.00992	3	2.341	-483.9305	0.01127	3	2.275	-482.5147
600	0.00935	4	2.480	-584.2698	0.00904	3	2.342	-582.3812	0.01027	3	2.276	-580.8276
700	0.00865	4	2.480	-682.9996	0.00836	3	2.342	-680.9565	0.00950	3	2.276	-679.2761
800	0.00808	4	2.480	-781.8173	0.00781	3	2.342	-779.6304	0.00887	3	2.276	-777.8319
900	0.00761	4	2.480	-880.7069	0.00736	3	2.343	-878.3849	0.00836	3	2.277	-876.4756
1000	0.00722	4	2.481	-979.6566	0.00698	3	2.343	-977.2069	0.00792	3	2.277	-975.1927

	Delta = 1.50		A = 0.0300		Delta = 1.50		A = 0.0350		Delta = 1.50		A = 0.0400	
B	Y	N	C	M	Y	N	C	M	Y	N	C	M
1	0.39921	2	2.001	-0.3624	0.45535	2	1.938	-0.3390	0.51152	2	1.881	-0.3182
2	0.28951	3	2.120	-1.0116	0.25475	2	2.004	-0.9688	0.28208	2	1.953	-0.9315
3	0.21757	3	2.142	-1.7438	0.18918	2	2.031	-1.6822	0.20837	2	1.982	-1.6319
4	0.17972	3	2.155	-2.5175	0.15519	2	2.046	-2.4398	0.17044	2	1.998	-2.3783
5	0.15577	3	2.164	-3.3180	0.17237	3	2.112	-3.2265	0.14678	2	2.008	-3.1545
6	0.13900	3	2.170	-4.1374	0.15357	3	2.119	-4.0348	0.13036	2	2.015	-3.9520
7	0.12646	3	2.174	-4.9713	0.13956	3	2.124	-4.8585	0.11818	2	2.021	-4.7655
8	0.11666	3	2.178	-5.8167	0.12862	3	2.128	-5.6944	0.10871	2	2.026	-5.5919
9	0.10874	3	2.181	-6.6714	0.11980	3	2.131	-6.5401	0.10109	2	2.029	-6.4287
10	0.10217	3	2.183	-7.5340	0.11249	3	2.134	-7.3942	0.09480	2	2.033	-7.2743
15	0.08079	3	2.192	-11.9319	0.08877	3	2.143	-11.7549	0.07447	2	2.043	-11.5978
20	0.06867	3	2.197	-16.4241	0.07536	3	2.148	-16.2158	0.06305	2	2.049	-16.0271
25	0.06064	3	2.200	-20.9767	0.06650	3	2.152	-20.7407	0.07203	3	2.110	-20.5241
30	0.05485	3	2.202	-25.5721	0.06011	3	2.154	-25.3111	0.06507	3	2.112	-25.0714
35	0.05042	3	2.204	-30.2001	0.05523	3	2.156	-29.9160	0.05976	3	2.115	-29.6551
40	0.04689	3	2.206	-34.8537	0.05135	3	2.158	-34.5483	0.05555	3	2.116	-34.2676
45	0.04400	3	2.207	-39.5284	0.04817	3	2.159	-39.2029	0.05209	3	2.118	-38.9036
50	0.04157	3	2.208	-44.2207	0.04550	3	2.160	-43.8761	0.04920	3	2.119	-43.5593
60	0.03771	3	2.210	-53.6484	0.04126	3	2.162	-53.2684	0.04459	3	2.121	-52.9189
70	0.03474	3	2.211	-63.1221	0.03799	3	2.164	-62.7096	0.04105	3	2.122	-62.3300
80	0.03236	3	2.212	-72.6322	0.03539	3	2.165	-72.1894	0.03823	3	2.123	-71.7818
90	0.03041	3	2.213	-82.1721	0.03325	3	2.166	-81.7008	0.03591	3	2.124	-81.2670
100	0.02877	3	2.213	-91.7369	0.03145	3	2.166	-91.2387	0.03396	3	2.125	-90.7800
150	0.02327	3	2.216	-139.8308	0.02542	3	2.169	-139.2147	0.02744	3	2.128	-138.6471
200	0.02004	3	2.217	-188.2239	0.02189	3	2.170	-187.5083	0.02362	3	2.130	-186.8490
250	0.01786	3	2.218	-236.8081	0.01950	3	2.172	-236.0049	0.02104	3	2.131	-235.2647
300	0.01626	3	2.219	-285.5281	0.01775	3	2.172	-284.6457	0.01914	3	2.131	-283.8324
350	0.01502	3	2.220	-334.3510	0.01639	3	2.173	-333.3958	0.01768	3	2.132	-332.5153
400	0.01402	3	2.220	-383.2554	0.01531	3	2.173	-382.2324	0.01651	3	2.133	-381.2893
450	0.01320	3	2.220	-432.2264	0.01441	3	2.174	-431.1397	0.01554	3	2.133	-430.1379
500	0.01251	3	2.221	-481.2532	0.01365	3	2.174	-480.1063	0.01472	3	2.133	-479.0488
600	0.01140	3	2.221	-579.4429	0.01244	3	2.175	-578.1840	0.01341	3	2.134	-577.0232
700	0.01054	3	2.222	-677.7783	0.01150	3	2.175	-676.4164	0.01239	3	2.134	-675.1604
800	0.00984	3	2.222	-776.2288	0.01074	3	2.175	-774.7710	0.01158	3	2.135	-773.4266
900	0.00927	3	2.222	-874.7736	0.01011	3	2.176	-873.2257	0.01090	3	2.135	-871.7981
1000	0.00879	3	2.222	-973.3971	0.00959	3	2.176	-971.7641	0.01033	3	2.135	-970.2579

	Delta = 1.50		A = 0.0450		Delta = 1.50		A = 0.0500		Delta = 1.50		A = 0.0550	
B	Y	N	C	M	Y	N	C	M	Y	N	C	M
1	0.56796	2	1.830	-0.2997	0.62487	2	1.783	-0.2829	0.68241	2	1.739	-0.2676
2	0.30888	2	1.908	-0.8976	0.33528	2	1.866	-0.8666	0.36136	2	1.827	-0.8378
3	0.22703	2	1.938	-1.5859	0.24526	2	1.898	-1.5435	0.26313	2	1.861	-1.5042
4	0.18521	2	1.955	-2.3221	0.19956	2	1.916	-2.2701	0.21357	2	1.880	-2.2217
5	0.15922	2	1.966	-3.0892	0.17127	2	1.927	-3.0286	0.18301	2	1.892	-2.9722
6	0.14123	2	1.974	-3.8783	0.15175	2	1.936	-3.8100	0.16197	2	1.901	-3.7463
7	0.12792	2	1.980	-4.6842	0.13733	2	1.942	-4.6088	0.14645	2	1.908	-4.5383
8	0.11758	2	1.984	-5.5035	0.12614	2	1.947	-5.4214	0.13443	2	1.913	-5.3446
9	0.10928	2	1.988	-6.3336	0.11717	2	1.951	-6.2453	0.12480	2	1.917	-6.1626
10	0.10243	2	1.992	-7.1729	0.10977	2	1.955	-7.0786	0.11687	2	1.921	-6.9904
15	0.08033	2	2.003	-11.4686	0.08596	2	1.966	-11.3483	0.09139	2	1.933	-11.2355
20	0.06795	2	2.009	-15.8744	0.07265	2	1.973	-15.7321	0.07718	2	1.940	-15.5986
25	0.05982	2	2.013	-20.3506	0.06392	2	1.977	-20.1890	0.06787	2	1.945	-20.0372
30	0.05398	2	2.016	-24.8770	0.05765	2	1.981	-24.6979	0.06119	2	1.948	-24.5296
35	0.04953	2	2.019	-29.4415	0.05288	2	1.983	-29.2461	0.05611	2	1.951	-29.0626
40	0.04600	2	2.021	-34.0360	0.04910	2	1.985	-33.8256	0.05208	2	1.953	-33.6280
45	0.04311	2	2.022	-38.6551	0.04601	2	1.987	-38.4307	0.04879	2	1.954	-38.2197
50	0.04069	2	2.024	-43.2948	0.04342	2	1.988	-43.0570	0.04604	2	1.956	-42.8335
60	0.03685	2	2.026	-52.6247	0.03931	2	1.990	-52.3621	0.04167	2	1.958	-52.1151
70	0.03391	2	2.027	-62.0084	0.03616	2	1.992	-61.7230	0.03833	2	1.960	-61.4544
80	0.03156	2	2.029	-71.4348	0.03365	2	1.994	-71.1280	0.03566	2	1.961	-70.8395
90	0.02963	2	2.030	-80.8959	0.03159	2	1.995	-80.5692	0.03347	2	1.963	-80.2618
100	0.02801	2	2.031	-90.3863	0.02986	2	1.996	-90.0407	0.03164	2	1.964	-89.7155
150	0.02260	2	2.034	-138.1541	0.02409	2	1.999	-137.7258	0.02551	2	1.967	-137.3225
200	0.01944	2	2.036	-186.2722	0.02071	2	2.001	-185.7740	0.02193	2	1.969	-185.3050
250	0.01731	2	2.037	-234.6141	0.01843	2	2.002	-234.0545	0.01952	2	1.970	-233.5274
300	0.01574	2	2.038	-283.1150	0.01677	2	2.003	-282.4998	0.01775	2	1.971	-281.9203
350	0.01454	2	2.039	-331.7365	0.01548	2	2.004	-331.0701	0.01638	2	1.972	-330.4424
400	0.01357	2	2.039	-380.4533	0.01445	2	2.004	-379.7394	0.01529	2	1.973	-379.0668
450	0.01277	2	2.040	-429.2482	0.01360	2	2.005	-428.4895	0.01439	2	1.973	-427.7748
500	0.01209	2	2.040	-478.1083	0.01288	2	2.005	-477.3074	0.01363	2	1.974	-476.5528
600	0.01101	2	2.041	-575.9882	0.01173	2	2.006	-575.1087	0.01241	2	1.974	-574.2799
700	0.01018	2	2.041	-674.0385	0.01084	2	2.007	-673.0867	0.01146	2	1.975	-672.1898
800	0.00951	2	2.042	-772.2238	0.01012	2	2.007	-771.2047	0.01071	2	1.975	-770.2443
900	0.00895	2	2.042	-870.5194	0.00953	2	2.007	-869.4371	0.01008	2	1.976	-868.4171
1000	0.00848	2	2.042	-968.9073	0.00903	2	2.008	-967.7652	0.00955	2	1.976	-966.6888

	Delta = 1.50		A = 0.0600		Delta = 1.50		A = 0.0650		Delta = 1.50		A = 0.0700	
B	Y	N	C	M	Y	N	C	M	Y	N	C	M
1	0.52828	1	1.641	-0.2563	0.56981	1	1.602	-0.2471	0.61156	1	1.564	-0.2387
2	0.38720	2	1.792	-0.8111	0.41286	2	1.758	-0.7861	0.43837	2	1.727	-0.7626
3	0.28068	2	1.827	-1.4674	0.29798	2	1.795	-1.4328	0.31506	2	1.766	-1.4002
4	0.22728	2	1.847	-2.1763	0.24073	2	1.816	-2.1335	0.25396	2	1.787	-2.0931
5	0.19446	2	1.860	-2.9192	0.20567	2	1.829	-2.8692	0.21666	2	1.801	-2.8218
6	0.17192	2	1.869	-3.6863	0.18165	2	1.839	-3.6298	0.19117	2	1.811	-3.5761
7	0.15532	2	1.876	-4.4720	0.16398	2	1.846	-4.4094	0.17245	2	1.819	-4.3499
8	0.14249	2	1.881	-5.2724	0.15034	2	1.852	-5.2041	0.15801	2	1.825	-5.1392
9	0.13222	2	1.886	-6.0848	0.13943	2	1.857	-6.0112	0.14648	2	1.830	-5.9412
10	0.12376	2	1.890	-6.9073	0.13047	2	1.861	-6.8286	0.13701	2	1.834	-6.7538
15	0.09665	2	1.902	-11.1291	0.10175	2	1.874	-11.0283	0.10671	2	1.847	-10.9324
20	0.08155	2	1.909	-15.4726	0.08579	2	1.881	-15.3530	0.08991	2	1.855	-15.2392
25	0.07168	2	1.914	-19.8939	0.07536	2	1.886	-19.7578	0.07895	2	1.860	-19.6282
30	0.06460	2	1.918	-24.3705	0.06790	2	1.890	-24.2196	0.07110	2	1.864	-24.0757
35	0.05922	2	1.921	-28.8892	0.06223	2	1.893	-28.7245	0.06514	2	1.867	-28.5675
40	0.05496	2	1.923	-33.4411	0.05774	2	1.895	-33.2636	0.06043	2	1.869	-33.0943
45	0.05148	2	1.925	-38.0202	0.05407	2	1.897	-37.8307	0.05658	2	1.871	-37.6499
50	0.04857	2	1.926	-42.6221	0.05101	2	1.899	-42.4212	0.05337	2	1.873	-42.2296
60	0.04394	2	1.929	-51.8815	0.04614	2	1.901	-51.6595	0.04827	2	1.876	-51.4476
70	0.04041	2	1.930	-61.2004	0.04242	2	1.903	-60.9589	0.04437	2	1.878	-60.7285
80	0.03759	2	1.932	-70.5664	0.03946	2	1.905	-70.3068	0.04126	2	1.879	-70.0590
90	0.03528	2	1.933	-79.9709	0.03703	2	1.906	-79.6943	0.03872	2	1.881	-79.4303
100	0.03334	2	1.934	-89.4077	0.03499	2	1.907	-89.1150	0.03658	2	1.882	-88.8355
150	0.02688	2	1.938	-136.9407	0.02819	2	1.911	-136.5775	0.02947	2	1.885	-136.2306
200	0.02310	2	1.940	-184.8608	0.02423	2	1.913	-184.4381	0.02532	2	1.888	-184.0344
250	0.02055	2	1.941	-233.0282	0.02155	2	1.914	-232.5532	0.02252	2	1.889	-232.0994
300	0.01869	2	1.942	-281.3714	0.01960	2	1.915	-280.8491	0.02048	2	1.890	-280.3500
350	0.01725	2	1.943	-329.8478	0.01809	2	1.916	-329.2819	0.01890	2	1.891	-328.7412
400	0.01610	2	1.944	-378.4297	0.01688	2	1.917	-377.8232	0.01763	2	1.892	-377.2437
450	0.01515	2	1.944	-427.0977	0.01588	2	1.917	-426.4532	0.01659	2	1.892	-425.8373
500	0.01435	2	1.945	-475.8379	0.01504	2	1.918	-475.1574	0.01571	2	1.893	-474.5070
600	0.01306	2	1.945	-573.4947	0.01369	2	1.919	-572.7472	0.01430	2	1.894	-572.0328
700	0.01207	2	1.946	-671.3399	0.01265	2	1.919	-670.5308	0.01321	2	1.894	-669.7575
800	0.01127	2	1.946	-769.3343	0.01181	2	1.920	-768.4678	0.01234	2	1.895	-767.6397
900	0.01C61	2	1.947	-867.4505	0.01112	2	1.920	-866.5302	0.01162	2	1.895	-865.6506
1000	0.01005	2	1.947	-965.6688	0.01054	2	1.920	-964.6976	0.01101	2	1.895	-963.7692

B	Delta = 1.50 A = 0.0750 Y	N	C	M	Delta = 1.50 A = 0.0800 Y	N	C	M	Delta = 1.50 A = 0.0850 Y	N	C	M
1	0.65355	1	1.529	-0.2308	0.69581	1	1.495	-0.2234	0.73838	1	1.463	-0.2164
2	0.32217	1	1.646	-0.7455	0.34016	1	1.617	-0.7304	0.35804	1	1.589	-0.7161
3	0.33194	2	1.738	-1.3693	0.23927	1	1.663	-1.3427	0.25111	1	1.637	-1.3223
4	0.26699	2	1.760	-2.0547	0.27984	2	1.734	-2.0181	0.19945	1	1.663	-1.9869
5	0.22747	2	1.775	-2.7768	0.23809	2	1.749	-2.7338	0.24857	2	1.726	-2.6927
6	0.20050	2	1.785	-3.5251	0.20968	2	1.760	-3.4763	0.21870	2	1.737	-3.4296
7	0.18074	2	1.793	-4.2933	0.18888	2	1.768	-4.2392	0.19687	2	1.745	-4.1873
8	0.16552	2	1.799	-5.0774	0.17288	2	1.775	-5.0183	0.18010	2	1.752	-4.9616
9	0.15337	2	1.804	-5.8745	0.16011	2	1.780	-5.8107	0.16673	2	1.757	-5.7495
10	0.14340	2	1.808	-6.6825	0.14965	2	1.784	-6.6142	0.15578	2	1.762	-6.5487
15	0.11155	2	1.822	-10.8407	0.11628	2	1.799	-10.7529	0.12090	2	1.777	-10.6686
20	0.09392	2	1.830	-15.1304	0.09784	2	1.807	-15.0261	0.10166	2	1.785	-14.9258
25	0.08243	2	1.836	-19.5043	0.08583	2	1.813	-19.3854	0.08915	2	1.791	-19.2711
30	0.07422	2	1.840	-23.9380	0.07725	2	1.817	-23.8060	0.08021	2	1.795	-23.6790
35	0.06798	2	1.843	-28.4172	0.07074	2	1.820	-28.2730	0.07344	2	1.798	-28.1343
40	0.06305	2	1.845	-32.9324	0.06560	2	1.823	-32.7769	0.06808	2	1.801	-32.6273
45	0.05903	2	1.847	-37.4769	0.06140	2	1.825	-37.3108	0.06372	2	1.803	-37.1510
50	0.05566	2	1.849	-42.0461	0.05790	2	1.826	-41.8700	0.06008	2	1.805	-41.7005
60	0.05033	2	1.852	-51.2448	0.05234	2	1.829	-51.0500	0.05430	2	1.808	-50.8624
70	0.04626	2	1.854	-60.5078	0.04810	2	1.831	-60.2958	0.04989	2	1.810	-60.0917
80	0.04302	2	1.855	-69.8217	0.04472	2	1.833	-69.5937	0.04638	2	1.812	-69.3742
90	0.04036	2	1.857	-79.1773	0.04195	2	1.834	-78.9343	0.04350	2	1.813	-78.7003
100	0.03813	2	1.858	-88.5678	0.03963	2	1.836	-88.3106	0.04109	2	1.814	-88.0629
150	0.03070	2	1.862	-135.8982	0.03190	2	1.840	-135.5788	0.03307	2	1.819	-135.2710
200	0.02637	2	1.864	-183.6475	0.02740	2	1.842	-183.2755	0.02840	2	1.821	-182.9171
250	0.02346	2	1.866	-231.6644	0.02437	2	1.843	-231.2462	0.02525	2	1.823	-230.8431
300	0.02133	2	1.867	-279.8715	0.02215	2	1.845	-279.4115	0.02295	2	1.824	-278.9681
350	0.01968	2	1.868	-328.2228	0.02044	2	1.846	-327.7243	0.02118	2	1.825	-327.2438
400	0.01836	2	1.868	-376.6881	0.01907	2	1.846	-376.1538	0.01976	2	1.826	-375.6388
450	0.01728	2	1.869	-425.2467	0.01794	2	1.847	-424.6788	0.01859	2	1.826	-424.1313
500	0.01636	2	1.869	-473.8834	0.01699	2	1.847	-473.2837	0.01760	2	1.827	-472.7055
600	0.01489	2	1.870	-571.3477	0.01546	2	1.848	-570.6889	0.01602	2	1.828	-570.0536
700	0.01376	2	1.871	-669.0159	0.01428	2	1.849	-668.3026	0.01480	2	1.828	-667.6149
800	0.01285	2	1.871	-766.8454	0.01334	2	1.849	-766.0815	0.01382	2	1.829	-765.3450
900	0.01209	2	1.872	-864.8069	0.01256	2	1.850	-863.9955	0.01301	2	1.829	-863.2130
1000	0.01146	2	1.872	-962.8788	0.01190	2	1.850	-962.0224	0.01232	2	1.829	-961.1965

	Delta = 1.50	A = 0.0900			Delta = 1.50	A = 0.0950			Delta = 1.50	A = 0.1000		
B	Y	N	C	M	Y	N	C	M	Y	N	C	M
1	0.78128	1	1.432	-0.2098	0.82453	1	1.402	-0.2036	0.86815	1	1.373	-0.1977
2	0.37584	1	1.562	-0.7025	0.39357	1	1.537	-0.6895	0.41123	1	1.512	-0.6771
3	0.26283	1	1.611	-1.3028	0.27446	1	1.587	-1.2842	0.28599	1	1.564	-1.2664
4	0.20844	1	1.639	-1.9624	0.21733	1	1.615	-1.9389	0.22613	1	1.593	-1.9163
5	0.17588	1	1.657	-2.6608	0.18320	1	1.634	-2.6330	0.19044	1	1.612	-2.6062
6	0.15393	1	1.669	-3.3872	0.16023	1	1.647	-3.3554	0.16645	1	1.625	-3.3248
7	0.20474	2	1.723	-4.1375	0.14357	1	1.657	-4.0995	0.14907	1	1.635	-4.0654
8	0.18720	2	1.730	-4.9072	0.13085	1	1.664	-4.8610	0.13581	1	1.643	-4.8235
9	0.17323	2	1.736	-5.6907	0.12076	1	1.671	-5.6366	0.12530	1	1.650	-5.5960
10	0.16180	2	1.740	-6.4858	0.16772	2	1.720	-6.4251	0.11673	1	1.655	-6.3805
15	0.12544	2	1.756	-10.5874	0.12988	2	1.736	-10.5091	0.08971	1	1.673	-10.4352
20	0.10541	2	1.765	-14.8293	0.10908	2	1.745	-14.7360	0.11268	2	1.726	-14.6458
25	0.09239	2	1.770	-19.1609	0.09557	2	1.751	-19.0545	0.09868	2	1.732	-18.9516
30	0.08311	2	1.775	-23.5565	0.08594	2	1.755	-23.4382	0.08871	2	1.737	-23.3237
35	0.07607	2	1.778	-28.0005	0.07865	2	1.759	-27.8713	0.08117	2	1.740	-27.7461
40	0.07051	2	1.781	-32.4830	0.07289	2	1.761	-32.3435	0.07521	2	1.743	-32.2084
45	0.06598	2	1.783	-36.9968	0.06819	2	1.764	-36.8477	0.07036	2	1.745	-36.7034
50	0.06220	2	1.785	-41.5369	0.06428	2	1.765	-41.3788	0.06631	2	1.747	-41.2256
60	0.05621	2	1.788	-50.6814	0.05808	2	1.768	-50.5064	0.05990	2	1.750	-50.3369
70	0.05163	2	1.790	-59.8946	0.05334	2	1.771	-59.7041	0.05501	2	1.753	-59.5195
80	0.04800	2	1.792	-69.1623	0.04958	2	1.773	-68.9573	0.05112	2	1.754	-68.7587
90	0.04502	2	1.793	-78.4744	0.04650	2	1.774	-78.2558	0.04794	2	1.756	-78.0440
100	0.04252	2	1.794	-87.8237	0.04391	2	1.775	-87.5923	0.04527	2	1.757	-87.3680
150	0.03421	2	1.799	-134.9737	0.03532	2	1.780	-134.6861	0.03641	2	1.762	-134.4072
200	0.02937	2	1.801	-182.5708	0.03032	2	1.782	-182.2358	0.03124	2	1.764	-181.9109
250	0.02611	2	1.803	-230.4538	0.02695	2	1.784	-230.0769	0.02778	2	1.766	-229.7114
300	0.02373	2	1.804	-278.5397	0.02450	2	1.785	-278.1250	0.02524	2	1.767	-277.7229
350	0.02190	2	1.805	-326.7795	0.02260	2	1.786	-326.3301	0.02329	2	1.768	-325.8942
400	0.02043	2	1.806	-375.1411	0.02108	2	1.787	-374.6593	0.02172	2	1.769	-374.1921
450	0.01922	2	1.806	-423.6023	0.01983	2	1.788	-423.0901	0.02043	2	1.770	-422.5934
500	0.01820	2	1.807	-472.1468	0.01878	2	1.788	-471.6059	0.01935	2	1.771	-471.0813
600	0.01656	2	1.808	-569.4397	0.01709	2	1.789	-568.8454	0.01760	2	1.771	-568.2689
700	0.01530	2	1.809	-666.9503	0.01578	2	1.790	-666.3068	0.01626	2	1.772	-665.6826
800	0.01428	2	1.809	-764.6331	0.01474	2	1.790	-763.9438	0.01518	2	1.773	-763.2752
900	0.01344	2	1.810	-862.4568	0.01387	2	1.791	-861.7245	0.01429	2	1.773	-861.0142
1000	0.01274	2	1.810	-960.3984	0.01314	2	1.791	-959.6255	0.01353	2	1.774	-958.8757

	Delta = 1.50		A = 0.2000		Delta = 1.50		A = 0.3000		Delta = 1.50		A = 0.4000	
B	Y	N	C	M	Y	N	C	M	Y	N	C	M
1	2.41421	0	0.000	-0.1716	2.41421	0	0.000	-0.1716	2.41421	0	0.000	-0.1716
2	1.36603	0	0.000	-0.5359	1.36603	0	0.000	-0.5359	1.36603	0	0.000	-0.5359
3	0.50560	1	1.224	-1.0078	1.00000	0	0.000	-1.0000	1.00000	0	0.000	-1.0000
4	0.39006	1	1.267	-1.5854	0.80902	0	0.000	-1.5279	0.80902	0	0.000	-1.5279
5	0.32345	1	1.294	-2.2103	0.68990	0	0.000	-2.1010	0.68990	0	0.000	-2.1010
6	0.27967	1	1.313	-2.8695	0.60763	0	0.000	-2.7085	0.60763	0	0.000	-2.7085
7	0.24845	1	1.327	-3.5550	0.54692	0	0.000	-3.3431	0.54692	0	0.000	-3.3431
8	0.22493	1	1.339	-4.2615	0.50000	0	0.000	-4.0000	0.50000	0	0.000	-4.0000
9	0.20648	1	1.348	-4.9854	0.46248	0	0.000	-4.6754	0.46248	0	0.000	-4.6754
10	0.19155	1	1.356	-5.7238	0.43166	0	0.000	-5.3668	0.43166	0	0.000	-5.3668
15	0.14524	1	1.380	-9.5751	0.33333	0	0.000	-9.0000	0.33333	0	0.000	-9.0000
20	0.12050	1	1.395	-13.6039	0.15881	1	1.210	-12.8854	0.27913	0	0.000	-12.8348
25	0.10472	1	1.404	-17.7470	0.13750	1	1.222	-16.9188	0.24396	0	0.000	-16.8020
30	0.09361	1	1.411	-21.9716	0.12259	1	1.230	-21.0439	0.21893	0	0.000	-20.8645
35	0.08528	1	1.416	-26.2581	0.11145	1	1.236	-25.2387	0.20000	0	0.000	-25.0000
40	0.07875	1	1.420	-30.5937	0.10274	1	1.242	-29.4888	0.18508	0	0.000	-29.1938
45	0.07346	1	1.424	-34.9695	0.09572	1	1.246	-33.7842	0.17294	0	0.000	-33.4353
50	0.06907	1	1.427	-39.3789	0.08990	1	1.249	-38.1176	0.16283	0	0.000	-37.7171
60	0.06215	1	1.431	-48.2800	0.08075	1	1.255	-46.8772	0.14684	0	0.000	-46.3795
70	0.05691	1	1.435	-57.2693	0.07384	1	1.259	-55.7361	0.13466	0	0.000	-55.1477
80	0.05276	1	1.438	-66.3282	0.06839	1	1.262	-64.6738	0.12500	0	0.000	-64.0000
90	0.04938	1	1.440	-75.4442	0.06395	1	1.265	-73.6758	0.11710	0	0.000	-72.9212
100	0.04656	1	1.442	-84.6080	0.06025	1	1.268	-82.7316	0.11050	0	0.000	-81.9002
150	0.03723	1	1.448	-130.9448	0.04807	1	1.276	-128.5956	0.08859	0	0.000	-127.4236
200	0.03185	1	1.452	-177.8558	0.04106	1	1.280	-175.1076	0.07589	0	0.000	-173.6451
250	0.02825	1	1.455	-225.1339	0.03638	1	1.283	-222.0342	0.06737	0	0.000	-220.3140
300	0.02563	1	1.457	-272.6729	0.03299	1	1.286	-269.2552	0.06116	0	0.000	-267.3013
350	0.02362	1	1.458	-320.4097	0.03038	1	1.287	-316.6996	0.05639	0	0.000	-314.5300
400	0.02201	1	1.459	-368.3030	0.02830	1	1.289	-364.3207	0.05256	0	0.000	-361.9500
450	0.02068	1	1.460	-416.3243	0.02659	1	1.290	-412.0863	0.04942	0	0.000	-409.5265
500	0.01957	1	1.461	-464.4528	0.02515	1	1.291	-459.9729	0.04677	0	0.000	-457.2339
600	0.01779	1	1.462	-560.9717	0.02285	1	1.293	-556.0419	0.04253	0	0.000	-552.9694
700	0.01641	1	1.464	-657.7705	0.02107	1	1.294	-652.4269	0.03925	0	0.000	-649.0472
800	0.01531	1	1.464	-754.7908	0.01965	1	1.295	-749.0621	0.03663	0	0.000	-745.3961
900	0.01441	1	1.465	-851.9921	0.01848	1	1.296	-845.9017	0.03446	0	0.000	-841.9667
1000	0.01364	1	1.466	-949.3451	0.01750	1	1.296	-942.9125	0.03264	0	0.000	-938.7228

	Delta = 1.75		A = 0.0001		Delta = 1.75		A = 0.0005		Delta = 1.75		A = 0.0010	
B	Y	N	C	M	Y	N	C	M	Y	N	C	M
1	0.02506	7	3.943	-0.9368	0.05449	6	3.557	-0.8722	0.07098	5	3.342	-0.8287
2	0.01754	7	3.945	-1.9101	0.03769	6	3.561	-1.8173	0.04863	5	3.349	-1.7540
3	0.01425	7	3.946	-2.8897	0.03047	6	3.563	-2.7751	0.03917	5	3.351	-2.6966
4	0.01231	7	3.946	-3.8724	0.02624	6	3.564	-3.7396	0.03365	5	3.353	-3.6483
5	0.01099	7	3.946	-4.8573	0.02338	6	3.565	-4.7082	0.02993	5	3.354	-4.6057
6	0.01002	7	3.947	-5.8435	0.02128	6	3.565	-5.6799	0.02721	5	3.355	-5.5672
7	0.00927	7	3.947	-6.8309	0.01966	6	3.566	-6.6539	0.02512	5	3.356	-6.5318
8	0.00866	7	3.947	-7.8191	0.01835	6	3.566	-7.6297	0.02344	5	3.356	-7.4988
9	0.00816	7	3.947	-8.8081	0.01728	6	3.566	-8.6069	0.02205	5	3.356	-8.4678
10	0.00774	7	3.947	-9.7977	0.01637	6	3.567	-9.5854	0.02088	5	3.357	-9.4385
15	0.00630	7	3.948	-14.7519	0.01331	6	3.567	-14.4911	0.01695	5	3.358	-14.3103
20	0.00545	7	3.948	-19.7134	0.01150	6	3.568	-19.4116	0.01463	5	3.359	-19.2022
25	0.00487	7	3.948	-24.6794	0.01027	6	3.568	-24.3416	0.01305	5	3.359	-24.1069
30	0.00445	7	3.948	-29.6487	0.00936	6	3.568	-29.2783	0.01189	5	3.360	-29.0208
35	0.00411	7	3.948	-34.6205	0.00866	6	3.569	-34.2201	0.01100	5	3.360	-33.9416
40	0.00385	7	3.948	-39.5942	0.00809	6	3.569	-39.1659	0.01027	5	3.360	-38.8679
45	0.00363	7	3.948	-44.5695	0.00762	6	3.569	-44.1150	0.00968	5	3.360	-43.7987
50	0.00344	7	3.948	-49.5461	0.00723	6	3.569	-49.0669	0.00917	5	3.360	-48.7332
60	0.00314	7	3.948	-59.5027	0.00659	6	3.569	-58.9774	0.00836	5	3.361	-58.6114
70	0.00290	7	3.949	-69.4628	0.00610	6	3.569	-68.8950	0.00774	5	3.361	-68.4994
80	0.00272	7	3.949	-79.4256	0.00570	6	3.569	-78.8184	0.00723	5	3.361	-78.3951
90	0.00256	7	3.949	-89.3907	0.00537	6	3.570	-88.7465	0.00681	5	3.361	-88.2972
100	0.00243	7	3.949	-99.3577	0.00510	6	3.570	-98.6784	0.00646	5	3.361	-98.2046
150	0.00198	7	3.949	-149.2130	0.00416	6	3.570	-148.3803	0.00526	5	3.362	-147.7991
200	0.00171	7	3.949	-199.0911	0.00360	6	3.570	-198.1289	0.00455	5	3.362	-197.4571
250	0.00153	7	3.949	-248.9837	0.00321	6	3.570	-247.9075	0.00407	5	3.362	-247.1559
300	0.00140	7	3.949	-298.8866	0.00293	6	3.570	-297.7073	0.00371	5	3.362	-296.8836
350	0.00130	7	3.949	-348.7973	0.00271	6	3.570	-347.5232	0.00344	5	3.362	-346.6331
400	0.00121	7	3.949	-398.7142	0.00254	6	3.570	-397.3519	0.00321	5	3.362	-396.4000
450	0.00114	7	3.949	-448.6361	0.00239	6	3.570	-447.1910	0.00303	5	3.362	-446.1811
500	0.00108	7	3.949	-498.5623	0.00227	6	3.570	-497.0388	0.00287	5	3.362	-495.9740
600	0.00099	7	3.949	-598.4250	0.00207	6	3.570	-596.7557	0.00262	5	3.362	-595.5889
700	0.00092	7	3.949	-698.2987	0.00192	6	3.570	-696.4953	0.00243	5	3.362	-695.2347
800	0.00086	7	3.949	-798.1811	0.00179	6	3.571	-796.2530	0.00227	5	3.362	-794.9051
900	0.00081	7	3.949	-898.0707	0.00169	6	3.571	-896.0254	0.00214	5	3.363	-894.5954
1000	0.00077	7	3.949	-997.9663	0.00160	6	3.571	-995.8102	0.00203	5	3.363	-994.3026

	Delta = 1.75		A = 0.0015		Delta = 1.75		A = 0.0020		Delta = 1.75		A = 0.0025	
B	Y	N	C	M	Y	N	C	M	Y	N	C	M
1	0.09009	5	3.247	-0.7976	0.10688	5	3.179	-0.7722	0.10450	4	3.058	-0.7511
2	0.06134	5	3.255	-1.7085	0.07238	5	3.188	-1.6710	0.07030	4	3.069	-1.6393
3	0.04927	5	3.259	-2.6400	0.05801	5	3.192	-2.5934	0.05618	4	3.073	-2.5536
4	0.04226	5	3.261	-3.5823	0.04969	5	3.194	-3.5279	0.04804	4	3.076	-3.4813
5	0.03755	5	3.262	-4.5315	0.04411	5	3.196	-4.4703	0.04261	4	3.078	-4.4176
6	0.03412	5	3.263	-5.4856	0.04005	5	3.197	-5.4181	0.03865	4	3.079	-5.3600
7	0.03147	5	3.264	-6.4433	0.03692	5	3.198	-6.3702	0.03561	4	3.080	-6.3071
8	0.02935	5	3.264	-7.4040	0.03442	5	3.198	-7.3255	0.03318	4	3.081	-7.2578
9	0.02760	5	3.265	-8.3670	0.03236	5	3.199	-8.2836	0.03118	4	3.082	-8.2115
10	0.02613	5	3.265	-9.3321	0.03063	5	3.199	-9.2440	0.02950	4	3.082	-9.1677
15	0.02119	5	3.267	-14.1791	0.02481	5	3.201	-14.0703	0.02387	4	3.084	-13.9759
20	0.01827	5	3.267	-19.0501	0.02138	5	3.202	-18.9240	0.02056	4	3.085	-18.8142
25	0.01630	5	3.268	-23.9364	0.01906	5	3.203	-23.7950	0.02153	5	3.152	-23.6718
30	0.01484	5	3.269	-28.8337	0.01736	5	3.203	-28.6784	0.01960	5	3.152	-28.5431
35	0.01372	5	3.269	-33.7392	0.01604	5	3.204	-33.5712	0.01811	5	3.153	-33.4247
40	0.01282	5	3.269	-38.6512	0.01499	5	3.204	-38.4714	0.01691	5	3.153	-38.3146
45	0.01207	5	3.269	-43.5686	0.01411	5	3.204	-43.3776	0.01592	5	3.153	-43.2111
50	0.01144	5	3.270	-48.4905	0.01337	5	3.204	-48.2890	0.01509	5	3.154	-48.1133
60	0.01043	5	3.270	-58.3452	0.01219	5	3.205	-58.1241	0.01375	5	3.154	-57.9313
70	0.00964	5	3.270	-68.2116	0.01127	5	3.205	-67.9724	0.01271	5	3.154	-67.7639
80	0.00901	5	3.270	-78.0872	0.01053	5	3.205	-77.8313	0.01188	5	3.154	-77.6081
90	0.00849	5	3.270	-87.9704	0.00992	5	3.205	-87.6987	0.01119	5	3.155	-87.4618
100	0.00805	5	3.271	-97.8599	0.00940	5	3.206	-97.5733	0.01060	5	3.155	-97.3234
150	0.00656	5	3.271	-147.3759	0.00766	5	3.206	-147.0242	0.00863	5	3.155	-146.7173
200	0.00567	5	3.271	-196.9680	0.00662	5	3.206	-196.5613	0.00747	5	3.156	-196.2063
250	0.00507	5	3.271	-246.6086	0.00592	5	3.207	-246.1534	0.00667	5	3.156	-245.7562
300	0.00462	5	3.272	-296.2836	0.00540	5	3.207	-295.7847	0.00608	5	3.156	-295.3492
350	0.00428	5	3.272	-345.9848	0.00500	5	3.207	-345.4456	0.00563	5	3.156	-344.9749
400	0.00400	5	3.272	-395.7067	0.00467	5	3.207	-395.1300	0.00526	5	3.156	-394.6266
450	0.00377	5	3.272	-445.4455	0.00440	5	3.207	-444.8336	0.00496	5	3.156	-444.2994
500	0.00358	5	3.272	-495.1984	0.00417	5	3.207	-494.5532	0.00470	5	3.157	-493.9899
600	0.00326	5	3.272	-594.7389	0.00381	5	3.207	-594.0317	0.00429	5	3.157	-593.4144
700	0.00302	5	3.272	-694.3163	0.00352	5	3.207	-693.5522	0.00397	5	3.157	-692.8851
800	0.00282	5	3.272	-793.9230	0.00330	5	3.207	-793.1058	0.00371	5	3.157	-792.3924
900	0.00266	5	3.272	-893.5535	0.00311	5	3.207	-892.6866	0.00350	5	3.157	-891.9297
1000	0.00253	5	3.272	-993.2041	0.00295	5	3.207	-992.2901	0.00332	5	3.157	-991.4921

B	Delta = 1.75 A = 0.0030 Y	N	C	M	Delta = 1.75 A = 0.0035 Y	N	C	M	Delta = 1.75 A = 0.0040 Y	N	C	M
1	0.11702	4	3.011	-0.7330	0.12886	4	2.971	-0.7167	0.14016	4	2.936	-0.7018
2	0.07840	4	3.023	-1.6124	0.08599	4	2.984	-1.5881	0.09318	4	2.950	-1.5658
3	0.06254	4	3.028	-2.5199	0.06849	4	2.989	-2.4894	0.07410	4	2.956	-2.4613
4	0.05343	4	3.031	-3.4419	0.05845	4	2.993	-3.4061	0.06319	4	2.959	-3.3732
5	0.04735	4	3.033	-4.3731	0.05177	4	2.995	-4.3328	0.05593	4	2.961	-4.2956
6	0.04293	4	3.034	-5.3110	0.04692	4	2.996	-5.2665	0.05067	4	2.963	-5.2255
7	0.03954	4	3.036	-6.2538	0.04319	4	2.997	-6.2055	0.04663	4	2.964	-6.1609
8	0.03683	4	3.036	-7.2006	0.04022	4	2.998	-7.1487	0.04342	4	2.965	-7.1009
9	0.03460	4	3.037	-8.1507	0.03778	4	2.999	-8.0954	0.04077	4	2.966	-8.0445
10	0.03273	4	3.038	-9.1034	0.03573	4	3.000	-9.0450	0.03855	4	2.967	-8.9911
15	0.02646	4	3.040	-13.8964	0.02887	4	3.002	-13.8241	0.03113	4	2.969	-13.7574
20	0.02278	4	3.041	-18.7219	0.02485	4	3.004	-18.6379	0.02678	4	2.971	-18.5604
25	0.02030	4	3.042	-23.5681	0.02213	4	3.004	-23.4738	0.02385	4	2.972	-23.3868
30	0.01847	4	3.043	-28.4291	0.02014	4	3.005	-28.3255	0.02170	4	2.972	-28.2299
35	0.01706	4	3.043	-33.3013	0.01860	4	3.006	-33.1891	0.02004	4	2.973	-33.0856
40	0.01593	4	3.044	-38.1823	0.01736	4	3.006	-38.0622	0.01870	4	2.973	-37.9513
45	0.01500	4	3.044	-43.0706	0.01634	4	3.006	-42.9429	0.01760	4	2.974	-42.8251
50	0.01421	4	3.044	-47.9649	0.01548	4	3.007	-47.8302	0.01668	4	2.974	-47.7058
60	0.01295	4	3.045	-57.7683	0.01410	4	3.007	-57.6204	0.01519	4	2.975	-57.4838
70	0.01197	4	3.045	-67.5875	0.01304	4	3.008	-67.4275	0.01404	4	2.975	-67.2797
80	0.01118	4	3.045	-77.4192	0.01218	4	3.008	-77.2480	0.01311	4	2.975	-77.0898
90	0.01053	4	3.045	-87.2612	0.01147	4	3.008	-87.0793	0.01235	4	2.976	-86.9114
100	0.00998	4	3.046	-97.1117	0.01087	4	3.008	-96.9199	0.01170	4	2.976	-96.7426
150	0.00812	4	3.046	-146.4571	0.00885	4	3.009	-146.2213	0.00952	4	2.977	-146.0035
200	0.00702	4	3.047	-195.9052	0.00765	4	3.009	-195.6325	0.00823	4	2.977	-195.3805
250	0.00627	4	3.047	-245.4190	0.00683	4	3.010	-245.1137	0.00735	4	2.977	-244.8315
300	0.00572	4	3.047	-294.9794	0.00623	4	3.010	-294.6446	0.00670	4	2.977	-294.3353
350	0.00529	4	3.047	-344.5752	0.00576	4	3.010	-344.2133	0.00620	4	2.978	-343.8789
400	0.00495	4	3.047	-394.1989	0.00539	4	3.010	-393.8118	0.00580	4	2.978	-393.4541
450	0.00466	4	3.047	-443.8455	0.00508	4	3.010	-443.4348	0.00546	4	2.978	-443.0552
500	0.00442	4	3.048	-493.5113	0.00481	4	3.010	-493.0781	0.00518	4	2.978	-492.6778
600	0.00403	4	3.048	-592.8896	0.00439	4	3.011	-592.4148	0.00472	4	2.978	-591.9760
700	0.00373	4	3.048	-692.3179	0.00406	4	3.011	-691.8048	0.00437	4	2.978	-691.3306
800	0.00349	4	3.048	-791.7858	0.00380	4	3.011	-791.2371	0.00409	4	2.978	-790.7298
900	0.00329	4	3.048	-891.2861	0.00358	4	3.011	-890.7038	0.00385	4	2.978	-890.1656
1000	0.00312	4	3.048	-990.8134	0.00340	4	3.011	-990.1994	0.00365	4	2.979	-989.6320

	Delta = 1.75		A = 0.0045		Delta = 1.75		A = 0.0050		Delta = 1.75		A = 0.0055	
B	Y	N	C	M	Y	N	C	M	Y	N	C	M
1	0.15101	4	2.905	-0.6881	0.16150	4	2.877	-0.6753	0.17167	4	2.851	-0.6633
2	0.10005	4	2.920	-1.5451	0.10665	4	2.892	-1.5257	0.11301	4	2.867	-1.5075
3	0.07945	4	2.926	-2.4353	0.08457	4	2.899	-2.4109	0.08950	4	2.874	-2.3879
4	0.06770	4	2.929	-3.3427	0.07200	4	2.902	-3.3140	0.07614	4	2.878	-3.2870
5	0.05989	4	2.932	-4.2611	0.06367	4	2.905	-4.2287	0.06729	4	2.881	-4.1982
6	0.05423	4	2.933	-5.1873	0.05763	4	2.907	-5.1516	0.06089	4	2.883	-5.1178
7	0.04990	4	2.935	-6.1195	0.05301	4	2.908	-6.0806	0.05599	4	2.884	-6.0439
8	0.04644	4	2.936	-7.0564	0.04933	4	2.909	-7.0146	0.05209	4	2.885	-6.9751
9	0.04361	4	2.937	-7.9970	0.04631	4	2.910	-7.9526	0.04889	4	2.886	-7.9105
10	0.04122	4	2.938	-8.9410	0.04377	4	2.911	-8.8939	0.04621	4	2.887	-8.8494
15	0.03327	4	2.940	-13.6953	0.03530	4	2.914	-13.6370	0.03725	4	2.890	-13.5818
20	0.02861	4	2.942	-18.4882	0.03035	4	2.916	-18.4203	0.03202	4	2.892	-18.3562
25	0.02547	4	2.943	-23.3057	0.02701	4	2.917	-23.2295	0.02849	4	2.893	-23.1574
30	0.02317	4	2.943	-28.1407	0.02457	4	2.917	-28.0569	0.02591	4	2.894	-27.9777
35	0.02139	4	2.944	-32.9890	0.02268	4	2.918	-32.8983	0.02392	4	2.894	-32.8124
40	0.01997	4	2.944	-37.8478	0.02117	4	2.919	-37.7506	0.02232	4	2.895	-37.6586
45	0.01879	4	2.945	-42.7152	0.01992	4	2.919	-42.6119	0.02100	4	2.895	-42.5141
50	0.01780	4	2.945	-47.5897	0.01887	4	2.919	-47.4807	0.01989	4	2.896	-47.3775
60	0.01621	4	2.946	-57.3564	0.01718	4	2.920	-57.2367	0.01811	4	2.896	-57.1233
70	0.01498	4	2.946	-67.1419	0.01588	4	2.920	-67.0123	0.01673	4	2.897	-66.8896
80	0.01399	4	2.946	-76.9422	0.01483	4	2.921	-76.8034	0.01563	4	2.897	-76.6720
90	0.01317	4	2.947	-86.7546	0.01396	4	2.921	-86.6072	0.01471	4	2.897	-86.4677
100	0.01249	4	2.947	-96.5772	0.01323	4	2.921	-96.4217	0.01394	4	2.898	-96.2745
150	0.01016	4	2.948	-145.8003	0.01076	4	2.922	-145.6091	0.01134	4	2.899	-145.4281
200	0.00878	4	2.948	-195.1453	0.00930	4	2.922	-194.9240	0.00980	4	2.899	-194.7145
250	0.00784	4	2.949	-244.5682	0.00831	4	2.923	-244.3204	0.00875	4	2.899	-244.0859
300	0.00715	4	2.949	-294.0465	0.00757	4	2.923	-293.7748	0.00798	4	2.900	-293.5175
350	0.00661	4	2.949	-343.5667	0.00701	4	2.923	-343.2730	0.00738	4	2.900	-342.9949
400	0.00618	4	2.949	-393.1202	0.00655	4	2.923	-392.8059	0.00690	4	2.900	-392.5084
450	0.00583	4	2.949	-442.7007	0.00617	4	2.924	-442.3673	0.00650	4	2.900	-442.0515
500	0.00552	4	2.949	-492.3041	0.00585	4	2.924	-491.9524	0.00616	4	2.900	-491.6194
600	0.00504	4	2.950	-591.5662	0.00534	4	2.924	-591.1807	0.00562	4	2.900	-590.8156
700	0.00466	4	2.950	-690.8877	0.00494	4	2.924	-690.4711	0.00520	4	2.901	-690.0765
800	0.00436	4	2.950	-790.2562	0.00462	4	2.924	-789.8106	0.00486	4	2.901	-789.3886
900	0.00411	4	2.950	-889.6631	0.00435	4	2.924	-889.1902	0.00458	4	2.901	-888.7424
1000	0.00390	4	2.950	-989.1021	0.00413	4	2.924	-988.6034	0.00435	4	2.901	-988.1313

	Delta = 1.75		A = 0.0060		Delta = 1.75		A = 0.0065		Delta = 1.75		A = 0.0070	
B	Y	N	C	M	Y	N	C	M	Y	N	C	M
1	0.18159	4	2.828	-0.6520	0.19127	4	2.806	-0.6412	0.16548	3	2.712	-0.6318
2	0.11917	4	2.845	-1.4903	0.12515	4	2.823	-1.4739	0.13097	4	2.804	-1.4583
3	0.09426	4	2.852	-2.3661	0.09888	4	2.831	-2.3454	0.10336	4	2.811	-2.3256
4	0.08014	4	2.856	-3.2614	0.08400	4	2.835	-3.2371	0.08775	4	2.816	-3.2138
5	0.07079	4	2.859	-4.1692	0.07417	4	2.838	-4.1416	0.07744	4	2.819	-4.1152
6	0.06403	4	2.861	-5.0858	0.06707	4	2.840	-5.0553	0.07001	4	2.821	-5.0261
7	0.05887	4	2.862	-6.0091	0.06164	4	2.842	-5.9759	0.06433	4	2.823	-5.9441
8	0.05475	4	2.863	-6.9377	0.05732	4	2.843	-6.9020	0.05981	4	2.824	-6.8679
9	0.05138	4	2.864	-7.8706	0.05378	4	2.844	-7.8326	0.05611	4	2.825	-7.7962
10	0.04855	4	2.865	-8.8072	0.05082	4	2.845	-8.7670	0.05301	4	2.826	-8.7284
15	0.03912	4	2.868	-13.5294	0.04093	4	2.848	-13.4795	0.04267	4	2.829	-13.4316
20	0.03362	4	2.870	-18.2952	0.03516	4	2.850	-18.2371	0.03665	4	2.831	-18.1814
25	0.02991	4	2.871	-23.0889	0.03127	4	2.851	-23.0235	0.03259	4	2.833	-22.9609
30	0.02719	4	2.872	-27.9024	0.02843	4	2.852	-27.8305	0.02963	4	2.834	-27.7616
35	0.02510	4	2.873	-32.7308	0.02624	4	2.853	-32.6529	0.02734	4	2.834	-32.5783
40	0.02342	4	2.873	-37.5712	0.02448	4	2.853	-37.4877	0.02551	4	2.835	-37.4077
45	0.02204	4	2.874	-42.4212	0.02304	4	2.854	-42.3325	0.02400	4	2.835	-42.2474
50	0.02087	4	2.874	-47.2794	0.02182	4	2.854	-47.1856	0.02273	4	2.836	-47.0958
60	0.01900	4	2.875	-57.0155	0.01986	4	2.855	-56.9126	0.02068	4	2.836	-56.8139
70	0.01755	4	2.875	-66.7729	0.01834	4	2.855	-66.6615	0.01911	4	2.837	-66.5547
80	0.01639	4	2.876	-76.5471	0.01713	4	2.856	-76.4278	0.01784	4	2.837	-76.3134
90	0.01543	4	2.876	-86.3350	0.01613	4	2.856	-86.2083	0.01679	4	2.838	-86.0868
100	0.01462	4	2.876	-96.1344	0.01528	4	2.856	-96.0007	0.01591	4	2.838	-95.8724
150	0.01189	4	2.877	-145.2559	0.01242	4	2.857	-145.0914	0.01294	4	2.839	-144.9337
200	0.01027	4	2.878	-194.5152	0.01073	4	2.858	-194.3248	0.01117	4	2.839	-194.1422
250	0.00917	4	2.878	-243.8627	0.00958	4	2.858	-243.6495	0.00998	4	2.840	-243.4450
300	0.00837	4	2.878	-293.2728	0.00874	4	2.858	-293.0389	0.00910	4	2.840	-292.8146
350	0.00774	4	2.878	-342.7303	0.00808	4	2.859	-342.4774	0.00841	4	2.840	-342.2349
400	0.00723	4	2.879	-392.2253	0.00755	4	2.859	-391.9548	0.00786	4	2.841	-391.6954
450	0.00681	4	2.879	-441.7511	0.00712	4	2.859	-441.4640	0.00741	4	2.841	-441.1886
500	0.00646	4	2.879	-491.3025	0.00675	4	2.859	-490.9997	0.00702	4	2.841	-490.7093
600	0.00589	4	2.879	-590.4682	0.00615	4	2.859	-590.1362	0.00641	4	2.841	-589.8178
700	0.00545	4	2.879	-689.7010	0.00569	4	2.859	-689.3422	0.00593	4	2.841	-688.9980
800	0.00510	4	2.879	-788.9869	0.00532	4	2.860	-788.6031	0.00554	4	2.841	-788.2349
900	0.00480	4	2.879	-888.3162	0.00502	4	2.860	-887.9089	0.00522	4	2.841	-887.5183
1000	0.00456	4	2.880	-937.6819	0.00476	4	2.860	-987.2524	0.00495	4	2.842	-986.8404

B	Delta = 1.75 Y	A = 0.0075 N	C	M	Delta = 1.75 Y	A = 0.0080 N	C	M	Delta = 1.75 Y	A = 0.0085 N	C	M
1	0.17338	3	2.692	-0.6230	0.18113	3	2.673	-0.6145	0.18877	3	2.655	-0.6064
2	0.11236	3	2.713	-1.4446	0.11708	3	2.694	-1.4315	0.12172	3	2.677	-1.4189
3	0.08841	3	2.721	-2.3076	0.09203	3	2.703	-2.2909	0.09558	3	2.686	-2.2749
4	0.07493	3	2.726	-3.1920	0.07796	3	2.708	-3.1724	0.08091	3	2.691	-3.1535
5	0.06605	3	2.729	-4.0901	0.06869	3	2.712	-4.0679	0.07127	3	2.695	-4.0464
6	0.07287	4	2.803	-4.9981	0.06203	3	2.714	-4.9734	0.06434	3	2.697	-4.9496
7	0.06694	4	2.805	-5.9137	0.05695	3	2.716	-5.8865	0.05905	3	2.699	-5.8606
8	0.06222	4	2.807	-6.8351	0.05291	3	2.718	-6.8056	0.05486	3	2.701	-6.7778
9	0.05836	4	2.808	-7.7613	0.04961	3	2.719	-7.7296	0.05143	3	2.702	-7.6999
10	0.05513	4	2.809	-8.6914	0.04684	3	2.720	-8.6578	0.04855	3	2.703	-8.6263
15	0.04436	4	2.812	-13.3857	0.03765	3	2.724	-13.3431	0.03901	3	2.707	-13.3039
20	0.03809	4	2.814	-18.1278	0.03230	3	2.726	-18.0777	0.03346	3	2.709	-18.0321
25	0.03387	4	2.815	-22.9007	0.02871	3	2.727	-22.8439	0.02973	3	2.711	-22.7926
30	0.03078	4	2.816	-27.6954	0.02608	3	2.728	-27.6325	0.02702	3	2.712	-27.5760
35	0.02841	4	2.817	-32.5065	0.02406	3	2.729	-32.4381	0.02492	3	2.713	-32.3769
40	0.02650	4	2.818	-37.3307	0.02244	3	2.730	-37.2572	0.02324	3	2.713	-37.1915
45	0.02493	4	2.818	-42.1656	0.02111	3	2.730	-42.0873	0.02186	3	2.714	-42.0175
50	0.02361	4	2.818	-47.0095	0.01998	3	2.731	-46.9266	0.02069	3	2.714	-46.8528
60	0.02148	4	2.819	-56.7191	0.02226	4	2.803	-56.6276	0.01883	3	2.715	-56.5466
70	0.01984	4	2.820	-66.4520	0.02056	4	2.804	-66.3530	0.01739	3	2.716	-66.2649
80	0.01853	4	2.820	-76.2034	0.01919	4	2.804	-76.0974	0.01623	3	2.716	-76.0028
90	0.01744	4	2.820	-85.9699	0.01807	4	2.804	-85.8573	0.01527	3	2.717	-85.7566
100	0.01652	4	2.821	-95.7491	0.01712	4	2.805	-95.6302	0.01447	3	2.717	-95.5237
150	0.01343	4	2.822	-144.7820	0.01391	4	2.806	-144.6357	0.01176	3	2.718	-144.5038
200	0.01160	4	2.822	-193.9666	0.01202	4	2.806	-193.7973	0.01015	3	2.719	-193.6441
250	0.01036	4	2.823	-243.2483	0.01073	4	2.807	-243.0586	0.00906	3	2.719	-242.8866
300	0.00944	4	2.823	-292.5988	0.00978	4	2.807	-292.3908	0.00826	3	2.720	-292.2017
350	0.00873	4	2.823	-342.0016	0.00904	4	2.807	-341.7767	0.00764	3	2.720	-341.5720
400	0.00816	4	2.823	-391.4458	0.00845	4	2.807	-391.2050	0.00714	3	2.720	-390.9858
450	0.00769	4	2.824	-440.9237	0.00796	4	2.808	-440.6682	0.00673	3	2.720	-440.4352
500	0.00729	4	2.824	-490.4299	0.00755	4	2.808	-490.1604	0.00638	3	2.720	-489.9145
600	0.00665	4	2.824	-589.5114	0.00689	4	2.808	-589.2160	0.00581	3	2.721	-588.9460
700	0.00615	4	2.824	-688.6669	0.00637	4	2.808	-688.3475	0.00538	3	2.721	-688.0554
800	0.00575	4	2.824	-787.8807	0.00596	4	2.808	-787.5391	0.00503	3	2.721	-787.2264
900	0.00542	4	2.824	-887.1424	0.00561	4	2.808	-886.7799	0.00474	3	2.721	-886.4478
1000	0.00514	4	2.824	-986.4441	0.00532	4	2.808	-986.0617	0.00449	3	2.721	-985.7114

B	Delta = 1.75 A = 0.0090 Y	N	C	M	Delta = 1.75 A = 0.0095 Y	N	C	M	Delta = 1.75 A = 0.0100 Y	N	C	M
1	0.19629	3	2.638	-0.5986	0.20371	3	2.622	-0.5911	0.21104	3	2.607	-0.5839
2	0.12626	3	2.661	-1.4068	0.13072	3	2.645	-1.3952	0.13511	3	2.630	-1.3839
3	0.09905	3	2.670	-2.2595	0.10246	3	2.655	-2.2446	0.10580	3	2.640	-2.2302
4	0.08381	3	2.675	-3.1353	0.08664	3	2.660	-3.1177	0.08942	3	2.646	-3.1006
5	0.07379	3	2.679	-4.0258	0.07626	3	2.664	-4.0058	0.07868	3	2.650	-3.9864
6	0.06660	3	2.682	-4.9267	0.06881	3	2.667	-4.9046	0.07097	3	2.653	-4.8831
7	0.06112	3	2.684	-5.8357	0.06313	3	2.669	-5.8115	0.06511	3	2.655	-5.7881
8	0.05676	3	2.685	-6.7509	0.05863	3	2.671	-6.7249	0.06045	3	2.656	-6.6997
9	0.05321	3	2.687	-7.6713	0.05495	3	2.672	-7.6435	0.05665	3	2.658	-7.6167
10	0.05023	3	2.688	-8.5960	0.05187	3	2.673	-8.5666	0.05347	3	2.659	-8.5381
15	0.04034	3	2.692	-13.2661	0.04164	3	2.677	-13.2295	0.04291	3	2.663	-13.1940
20	0.03459	3	2.694	-17.9880	0.03570	3	2.679	-17.9453	0.03678	3	2.665	-17.9039
25	0.03074	3	2.695	-22.7430	0.03172	3	2.681	-22.6949	0.03267	3	2.667	-22.6483
30	0.02792	3	2.697	-27.5214	0.02881	3	2.682	-27.4685	0.02968	3	2.668	-27.4172
35	0.02575	3	2.697	-32.3177	0.02657	3	2.683	-32.2604	0.02737	3	2.669	-32.2047
40	0.02402	3	2.698	-37.1281	0.02478	3	2.684	-37.0666	0.02552	3	2.670	-37.0069
45	0.02259	3	2.699	-41.9500	0.02330	3	2.684	-41.8846	0.02400	3	2.670	-41.8211
50	0.02138	3	2.699	-46.7815	0.02206	3	2.685	-46.7124	0.02271	3	2.671	-46.6454
60	0.01945	3	2.700	-56.4682	0.02006	3	2.686	-56.3923	0.02066	3	2.672	-56.3186
70	0.01796	3	2.701	-66.1801	0.01853	3	2.686	-66.0978	0.01908	3	2.672	-66.0181
80	0.01677	3	2.701	-75.9119	0.01729	3	2.687	-75.8238	0.01780	3	2.673	-75.7383
90	0.01578	3	2.701	-85.6600	0.01627	3	2.687	-85.5664	0.01676	3	2.673	-85.4756
100	0.01495	3	2.702	-95.4217	0.01542	3	2.687	-95.3229	0.01587	3	2.674	-95.2270
150	0.01214	3	2.703	-144.3783	0.01252	3	2.689	-144.2567	0.01289	3	2.675	-144.1386
200	0.01049	3	2.704	-193.4987	0.01081	3	2.689	-193.3578	0.01113	3	2.676	-193.2211
250	0.00936	3	2.704	-242.7237	0.00965	3	2.690	-242.5659	0.00993	3	2.676	-242.4127
300	0.00853	3	2.704	-292.0231	0.00880	3	2.690	-291.8499	0.00905	3	2.676	-291.6818
350	0.00789	3	2.705	-341.3787	0.00813	3	2.690	-341.1915	0.00837	3	2.677	-341.0098
400	0.00737	3	2.705	-390.7790	0.00760	3	2.691	-390.5787	0.00782	3	2.677	-390.3842
450	0.00695	3	2.705	-440.2158	0.00716	3	2.691	-440.0031	0.00737	3	2.677	-439.7966
500	0.00658	3	2.705	-489.6830	0.00679	3	2.691	-489.4587	0.00699	3	2.677	-489.2409
600	0.00600	3	2.706	-588.6922	0.00619	3	2.691	-588.4462	0.00637	3	2.678	-588.2073
700	0.00555	3	2.706	-687.7810	0.00573	3	2.691	-687.5150	0.00589	3	2.678	-687.2569
800	0.00519	3	2.706	-786.9329	0.00535	3	2.692	-786.6484	0.00551	3	2.678	-786.3722
900	0.00489	3	2.706	-886.1363	0.00504	3	2.692	-885.8344	0.00519	3	2.678	-885.5413
1000	0.00464	3	2.706	-985.3829	0.00478	3	2.692	-985.0645	0.00492	3	2.678	-984.7554

	Delta = 1.75	A = 0.0150			Delta = 1.75	A = 0.0200			Delta = 1.75	A = 0.0250		
B	Y	N	C	M	Y	N	C	M	Y	N	C	M
1	0.28068	3	2.481	-0.5226	0.26924	2	2.308	-0.4763	0.31986	2	2.229	-0.4423
2	0.17593	3	2.511	-1.2871	0.21298	3	2.424	-1.2099	0.19182	2	2.273	-1.1520
3	0.13662	3	2.523	-2.1062	0.16420	3	2.438	-2.0063	0.14634	2	2.290	-1.9284
4	0.11493	3	2.530	-2.9535	0.13757	3	2.446	-2.8345	0.12187	2	2.300	-2.7395
5	0.10081	3	2.535	-3.8189	0.12036	3	2.452	-3.6831	0.10619	2	2.307	-3.5730
6	0.09073	3	2.538	-4.6972	0.10812	3	2.456	-4.5462	0.09511	2	2.311	-4.4224
7	0.08309	3	2.541	-5.5853	0.09887	3	2.459	-5.4203	0.08678	2	2.315	-5.2838
8	0.07705	3	2.543	-6.4812	0.09157	3	2.461	-6.3031	0.08023	2	2.318	-6.1548
9	0.07212	3	2.545	-7.3833	0.08564	3	2.463	-7.1930	0.07492	2	2.320	-7.0336
10	0.06800	3	2.546	-8.2907	0.08069	3	2.465	-8.0888	0.07050	2	2.322	-7.9189
15	0.05441	3	2.551	-12.8853	0.06439	3	2.470	-12.6326	0.05602	2	2.329	-12.4166
20	0.04656	3	2.554	-17.5435	0.05501	3	2.474	-17.2479	0.04775	2	2.333	-16.9931
25	0.04130	3	2.556	-22.2423	0.04876	3	2.476	-21.9090	0.05545	3	2.413	-21.6210
30	0.03748	3	2.557	-26.9700	0.04421	3	2.477	-26.6026	0.05025	3	2.415	-26.2849
35	0.03454	3	2.559	-31.7196	0.04072	3	2.479	-31.3208	0.04626	3	2.416	-30.9758
40	0.03219	3	2.559	-36.4865	0.03793	3	2.480	-36.0585	0.04307	3	2.417	-35.6880
45	0.03026	3	2.560	-41.2676	0.03564	3	2.481	-40.8121	0.04046	3	2.418	-40.4178
50	0.02863	3	2.561	-46.0606	0.03371	3	2.481	-45.5791	0.03826	3	2.419	-45.1622
60	0.02603	3	2.562	-55.6754	0.03063	3	2.482	-55.1457	0.03475	3	2.420	-54.6867
70	0.02402	3	2.563	-65.3213	0.02826	3	2.483	-64.7471	0.03204	3	2.421	-64.2495
80	0.02241	3	2.563	-74.9916	0.02636	3	2.484	-74.3762	0.02988	3	2.422	-73.8426
90	0.02108	3	2.564	-84.6820	0.02479	3	2.485	-84.0277	0.02810	3	2.422	-83.4603
100	0.01996	3	2.564	-94.3892	0.02347	3	2.485	-93.6982	0.02659	3	2.423	-93.0988
150	0.01620	3	2.566	-143.1066	0.01903	3	2.487	-142.2548	0.02155	3	2.425	-141.5155
200	0.01398	3	2.566	-192.0254	0.01642	3	2.488	-191.0380	0.01858	3	2.426	-190.1806
250	0.01247	3	2.567	-241.0728	0.01464	3	2.488	-239.9660	0.01657	3	2.427	-239.0046
300	0.01137	3	2.567	-290.2115	0.01334	3	2.489	-288.9968	0.01509	3	2.427	-287.9414
350	0.01051	3	2.568	-339.4196	0.01233	3	2.489	-338.1055	0.01395	3	2.428	-336.9637
400	0.00982	3	2.568	-388.6824	0.01152	3	2.490	-387.2759	0.01303	3	2.428	-386.0536
450	0.00925	3	2.568	-437.9900	0.01085	3	2.490	-436.4967	0.01227	3	2.428	-435.1989
500	0.00877	3	2.568	-487.3352	0.01028	3	2.490	-485.7598	0.01163	3	2.429	-484.3904
600	0.00799	3	2.569	-586.1172	0.00937	3	2.490	-584.3891	0.01060	3	2.429	-582.8868
700	0.00739	3	2.569	-684.9972	0.00867	3	2.491	-683.1286	0.00980	3	2.429	-681.5040
800	0.00691	3	2.569	-783.9547	0.00810	3	2.491	-781.9554	0.00916	3	2.429	-780.2170
900	0.00651	3	2.569	-882.9755	0.00763	3	2.491	-880.8535	0.00863	3	2.430	-879.0082
1000	0.00617	3	2.569	-982.0494	0.00724	3	2.491	-979.8112	0.00818	3	2.430	-977.8649

	Delta = 1.75		A = 0.0300		Delta = 1.75		A = 0.0350		Delta = 1.75		A = 0.0400	
B	Y	N	C	M	Y	N	C	M	Y	N	C	M
1	0.36940	2	2.163	-0.4132	0.41836	2	2.105	-0.3878	0.46707	2	2.053	-0.3652
2	0.21837	2	2.211	-1.1032	0.24397	2	2.157	-1.0599	0.26886	2	2.110	-1.0209
3	0.16570	2	2.230	-1.8642	0.18419	2	2.178	-1.8070	0.20201	2	2.132	-1.7552
4	0.13758	2	2.241	-2.6624	0.15251	2	2.190	-2.5934	0.16683	2	2.145	-2.5308
5	0.11965	2	2.248	-3.4844	0.13239	2	2.198	-3.4050	0.14458	2	2.154	-3.3328
6	0.10701	2	2.253	-4.3234	0.11826	2	2.203	-4.2345	0.12899	2	2.160	-4.1536
7	0.09753	2	2.257	-5.1752	0.10768	2	2.208	-5.0777	0.11734	2	2.164	-4.9888
8	0.09010	2	2.261	-6.0373	0.09940	2	2.211	-5.9317	0.10824	2	2.168	-5.8354
9	0.08408	2	2.263	-6.9077	0.09269	2	2.214	-6.7945	0.10088	2	2.171	-6.6912
10	0.07907	2	2.265	-7.7851	0.08713	2	2.216	-7.6648	0.09478	2	2.174	-7.5548
15	0.06272	2	2.273	-12.2481	0.06899	2	2.224	-12.0962	0.07493	2	2.182	-11.9572
20	0.05340	2	2.277	-16.7953	0.05868	2	2.229	-16.6168	0.06367	2	2.187	-16.4533
25	0.04721	2	2.280	-21.3962	0.05185	2	2.232	-21.1943	0.05622	2	2.190	-21.0092
30	0.04274	2	2.282	-26.0354	0.04691	2	2.234	-25.8122	0.05085	2	2.193	-25.6076
35	0.03931	2	2.284	-30.7036	0.04313	2	2.236	-30.4609	0.04674	2	2.195	-30.2383
40	0.03658	2	2.285	-35.3947	0.04012	2	2.238	-35.1339	0.04346	2	2.196	-34.8946
45	0.03434	2	2.286	-40.1046	0.03766	2	2.239	-39.8267	0.04078	2	2.197	-39.5717
50	0.03246	2	2.287	-44.8302	0.03559	2	2.240	-44.5362	0.03853	2	2.198	-44.2663
60	0.02946	2	2.289	-54.3198	0.03229	2	2.241	-53.9958	0.03495	2	2.200	-53.6982
70	0.02715	2	2.290	-63.8504	0.02975	2	2.243	-63.4988	0.03219	2	2.201	-63.1758
80	0.02530	2	2.291	-73.4135	0.02772	2	2.243	-73.0362	0.02999	2	2.202	-72.6896
90	0.02378	2	2.291	-83.0031	0.02605	2	2.244	-82.6017	0.02818	2	2.203	-82.2329
100	0.02250	2	2.292	-92.6150	0.02465	2	2.245	-92.1908	0.02666	2	2.204	-91.8009
150	0.01822	2	2.294	-140.9151	0.01994	2	2.247	-140.3909	0.02156	2	2.206	-139.9090
200	0.01570	2	2.295	-189.4820	0.01718	2	2.249	-188.8735	0.01857	2	2.208	-188.3139
250	0.01399	2	2.296	-238.2194	0.01531	2	2.250	-237.5366	0.01654	2	2.209	-236.9087
300	0.01274	2	2.297	-287.0778	0.01394	2	2.250	-286.3280	0.01506	2	2.210	-285.6382
350	0.01177	2	2.297	-336.0281	0.01288	2	2.251	-335.2165	0.01391	2	2.210	-334.4698
400	0.01099	2	2.298	-385.0510	0.01202	2	2.251	-384.1820	0.01299	2	2.211	-383.3824
450	0.01035	2	2.298	-434.1333	0.01132	2	2.252	-433.2103	0.01223	2	2.211	-432.3610
500	0.00981	2	2.298	-483.2653	0.01073	2	2.252	-482.2913	0.01159	2	2.211	-481.3949
600	0.00894	2	2.299	-581.6510	0.00977	2	2.252	-580.5819	0.01056	2	2.212	-579.5981
700	0.00826	2	2.299	-680.1664	0.00904	2	2.253	-679.0100	0.00976	2	2.212	-677.9458
800	0.00772	2	2.299	-778.7846	0.00844	2	2.253	-777.5469	0.00912	2	2.212	-776.4078
900	0.00727	2	2.300	-877.4867	0.00795	2	2.253	-876.1728	0.00859	2	2.213	-874.9633
1000	0.00689	2	2.300	-976.2592	0.00754	2	2.253	-974.8730	0.00814	2	2.213	-973.5971

	Delta = 1.75		A = 0.0450		Delta = 1.75		A = 0.0500		Delta = 1.75		A = 0.0550	
B	Y	N	C	M	Y	N	C	M	Y	N	C	M
1	0.51578	2	2.006	-0.3448	0.56469	2	1.963	-0.3263	0.42356	1	1.841	-0.3119
2	0.29318	2	2.068	-0.9853	0.31706	2	2.029	-0.9525	0.34060	2	1.994	-0.9221
3	0.21928	2	2.092	-1.7077	0.23611	2	2.055	-1.6638	0.25256	2	2.021	-1.6229
4	0.18064	2	2.105	-2.4732	0.19405	2	2.069	-2.4198	0.20710	2	2.036	-2.3699
5	0.15630	2	2.114	-3.2663	0.16764	2	2.078	-3.2045	0.17865	2	2.046	-3.1467
6	0.13929	2	2.121	-4.0791	0.14924	2	2.085	-4.0097	0.15888	2	2.053	-3.9448
7	0.12661	2	2.126	-4.9068	0.13554	2	2.090	-4.8305	0.14418	2	2.058	-4.7590
8	0.11670	2	2.129	-5.7464	0.12485	2	2.095	-5.6636	0.13274	2	2.063	-5.5860
9	0.10871	2	2.133	-6.5957	0.11624	2	2.098	-6.5068	0.12352	2	2.066	-6.4234
10	0.10209	2	2.135	-7.4532	0.10912	2	2.101	-7.3585	0.11590	2	2.069	-7.2696
15	0.08059	2	2.144	-11.8286	0.08601	2	2.110	-11.7085	0.09123	2	2.079	-11.5957
20	0.06842	2	2.150	-16.3018	0.07297	2	2.116	-16.1604	0.07734	2	2.085	-16.0273
25	0.06038	2	2.153	-20.8376	0.06436	2	2.119	-20.6773	0.06818	2	2.089	-20.5264
30	0.05459	2	2.156	-25.4179	0.05816	2	2.122	-25.2405	0.06159	2	2.092	-25.0735
35	0.05016	2	2.158	-30.0319	0.05342	2	2.124	-29.8388	0.05656	2	2.094	-29.6569
40	0.04663	2	2.159	-34.6726	0.04966	2	2.126	-34.4648	0.05256	2	2.095	-34.2692
45	0.04375	2	2.160	-39.3351	0.04658	2	2.127	-39.1136	0.04929	2	2.097	-38.9050
50	0.04133	2	2.162	-44.0158	0.04399	2	2.128	-43.7814	0.04655	2	2.098	-43.5605
60	0.03747	2	2.163	-53.4220	0.03988	2	2.130	-53.1634	0.04218	2	2.100	-52.9197
70	0.03451	2	2.165	-62.8760	0.03672	2	2.132	-62.5952	0.03883	2	2.102	-62.3304
80	0.03215	2	2.166	-72.3677	0.03420	2	2.133	-72.0662	0.03616	2	2.103	-71.7819
90	0.03020	2	2.167	-81.8903	0.03212	2	2.134	-81.5694	0.03397	2	2.104	-81.2667
100	0.02857	2	2.167	-91.4387	0.03038	2	2.135	-91.0995	0.03212	2	2.105	-90.7795
150	0.02309	2	2.170	-139.4611	0.02455	2	2.137	-139.0413	0.02595	2	2.107	-138.6453
200	0.01988	2	2.172	-187.7938	0.02113	2	2.139	-187.3061	0.02233	2	2.109	-186.8460
250	0.01771	2	2.173	-236.3248	0.01882	2	2.140	-235.7774	0.01989	2	2.110	-235.2607
300	0.01612	2	2.173	-284.9967	0.01713	2	2.141	-284.3953	0.01810	2	2.111	-283.8275
350	0.01489	2	2.174	-333.7754	0.01582	2	2.141	-333.1243	0.01671	2	2.112	-332.5096
400	0.01390	2	2.174	-382.6387	0.01477	2	2.142	-381.9412	0.01560	2	2.112	-381.2828
450	0.01309	2	2.175	-431.5710	0.01391	2	2.142	-430.8301	0.01469	2	2.113	-430.1306
500	0.01240	2	2.175	-480.5612	0.01318	2	2.143	-479.7792	0.01391	2	2.113	-479.0408
600	0.01130	2	2.176	-578.6829	0.01200	2	2.143	-577.8245	0.01267	2	2.114	-577.0139
700	0.01044	2	2.176	-676.9557	0.01109	2	2.144	-676.0270	0.01171	2	2.114	-675.1500
800	0.00976	2	2.176	-775.3481	0.01036	2	2.144	-774.3539	0.01094	2	2.114	-773.4150
900	0.00919	2	2.177	-873.8381	0.00976	2	2.144	-872.7825	0.01030	2	2.115	-871.7856
1000	0.00871	2	2.177	-972.4100	0.00925	2	2.144	-971.2962	0.00977	2	2.115	-970.2443

B	Delta = 1.75 A = 0.0600 Y	N	C	M	Delta = 1.75 A = 0.0650 Y	N	C	M	Delta = 1.75 A = 0.0700 Y	N	C	M
1	0.45792	1	1.803	-0.3005	0.49234	1	1.766	-0.2900	0.52684	1	1.732	-0.2802
2	0.36387	2	1.961	-0.8937	0.26098	1	1.852	-0.8700	0.27695	1	1.822	-0.8514
3	0.26870	2	1.989	-1.5845	0.28458	2	1.960	-1.5483	0.20058	1	1.857	-1.5171
4	0.21985	2	2.005	-2.3231	0.23234	2	1.977	-2.2788	0.24460	2	1.950	-2.2369
5	0.18939	2	2.016	-3.0924	0.19987	2	1.988	-3.0410	0.21015	2	1.962	-2.9922
6	0.16826	2	2.023	-3.8837	0.17740	2	1.996	-3.8258	0.18635	2	1.970	-3.7708
7	0.15258	2	2.029	-4.6916	0.16076	2	2.002	-4.6277	0.16874	2	1.976	-4.5670
8	0.14038	2	2.033	-5.5127	0.14783	2	2.006	-5.4433	0.15509	2	1.981	-5.3773
9	0.13057	2	2.037	-6.3447	0.13743	2	2.010	-6.2700	0.14412	2	1.985	-6.1990
10	0.12248	2	2.040	-7.1857	0.12886	2	2.013	-7.1061	0.13508	2	1.988	-7.0303
15	0.09628	2	2.051	-11.4890	0.10118	2	2.024	-11.3877	0.10593	2	1.999	-11.2912
20	0.08156	2	2.057	-15.9014	0.08564	2	2.030	-15.7818	0.08961	2	2.006	-15.6677
25	0.07187	2	2.061	-20.3836	0.07543	2	2.035	-20.2478	0.07889	2	2.010	-20.1182
30	0.06489	2	2.064	-24.9153	0.06809	2	2.038	-24.7649	0.07119	2	2.013	-24.6213
35	0.05958	2	2.066	-29.4847	0.06249	2	2.040	-29.3208	0.06532	2	2.016	-29.1644
40	0.05535	2	2.068	-34.0838	0.05805	2	2.042	-33.9075	0.06067	2	2.018	-33.7390
45	0.05190	2	2.069	-38.7073	0.05442	2	2.043	-38.5192	0.05686	2	2.019	-38.3394
50	0.04900	2	2.070	-43.3511	0.05138	2	2.045	-43.1519	0.05367	2	2.021	-42.9615
60	0.04440	2	2.072	-52.6887	0.04654	2	2.047	-52.4687	0.04861	2	2.023	-52.2585
70	0.04087	2	2.074	-62.0795	0.04283	2	2.048	-61.8405	0.04473	2	2.025	-61.6121
80	0.03805	2	2.075	-71.5124	0.03987	2	2.050	-71.2557	0.04163	2	2.026	-71.0103
90	0.03573	2	2.076	-80.9798	0.03744	2	2.051	-80.7064	0.03909	2	2.027	-80.4451
100	0.03379	2	2.077	-90.4760	0.03540	2	2.052	-90.1869	0.03696	2	2.028	-89.9105
150	0.02729	2	2.080	-138.2696	0.02858	2	2.055	-137.9115	0.02982	2	2.031	-137.5691
200	0.02348	2	2.082	-186.4094	0.02458	2	2.056	-185.9932	0.02565	2	2.033	-185.5951
250	0.02091	2	2.083	-234.7704	0.02189	2	2.058	-234.3031	0.02284	2	2.034	-233.8559
300	0.01902	2	2.084	-283.2887	0.01991	2	2.059	-282.7750	0.02077	2	2.035	-282.2835
350	0.01757	2	2.084	-331.9261	0.01839	2	2.059	-331.3699	0.01918	2	2.036	-330.8375
400	0.01640	2	2.085	-380.6578	0.01717	2	2.060	-380.0619	0.01790	2	2.036	-379.4916
450	0.01544	2	2.085	-429.4666	0.01616	2	2.060	-428.8335	0.01685	2	2.037	-428.2275
500	0.01462	2	2.086	-478.3399	0.01530	2	2.061	-477.6716	0.01596	2	2.037	-477.0319
600	0.01332	2	2.086	-576.2444	0.01394	2	2.061	-575.5106	0.01454	2	2.038	-574.8081
700	0.01231	2	2.087	-674.3173	0.01288	2	2.062	-673.5233	0.01343	2	2.038	-672.7632
800	0.01150	2	2.087	-772.5237	0.01203	2	2.062	-771.6735	0.01255	2	2.039	-770.8597
900	0.01083	2	2.088	-870.8390	0.01133	2	2.063	-869.9362	0.01181	2	2.039	-869.0720
1000	0.01026	2	2.088	-969.2456	0.01074	2	2.063	-968.2930	0.01120	2	2.040	-967.3811

	Delta = 1.75		A = 0.0750		Delta = 1.75		A = 0.0800		Delta = 1.75		A = 0.0850	
B	Y	N	C	M	Y	N	C	M	Y	N	C	M
1	0.56147	1	1.700	-0.2710	0.59626	1	1.669	-0.2623	0.63122	1	1.640	-0.2542
2	0.29277	1	1.793	-0.8338	0.30846	1	1.766	-0.8172	0.32403	1	1.740	-0.8014
3	0.21141	1	1.829	-1.4929	0.22210	1	1.803	-1.4698	0.23266	1	1.779	-1.4478
4	0.17070	1	1.849	-2.2036	0.17906	1	1.824	-2.1750	0.18729	1	1.800	-2.1477
5	0.14575	1	1.863	-2.9479	0.15273	1	1.838	-2.9144	0.15960	1	1.814	-2.8824
6	0.19511	2	1.946	-3.7184	0.13472	1	1.848	-3.6783	0.14068	1	1.824	-3.6420
7	0.17656	2	1.952	-4.5091	0.12149	1	1.855	-4.4608	0.12680	1	1.832	-4.4206
8	0.16218	2	1.957	-5.3142	0.11128	1	1.861	-5.2582	0.11610	1	1.838	-5.2142
9	0.15065	2	1.961	-6.1311	0.10313	1	1.866	-6.0678	0.10756	1	1.843	-6.0203
10	0.14115	2	1.965	-6.9579	0.14709	2	1.943	-6.8885	0.10056	1	1.847	-6.8367
15	0.11057	2	1.976	-11.1988	0.11509	2	1.955	-11.1101	0.07817	1	1.861	-11.0318
20	0.09347	2	1.983	-15.5584	0.09723	2	1.961	-15.4535	0.10090	2	1.941	-15.3526
25	0.08225	2	1.987	-19.9941	0.08552	2	1.966	-19.8748	0.08872	2	1.946	-19.7601
30	0.07420	2	1.991	-24.4837	0.07713	2	1.969	-24.3516	0.07998	2	1.949	-24.2243
35	0.06807	2	1.993	-29.0144	0.07074	2	1.972	-28.8703	0.07334	2	1.952	-28.7315
40	0.06320	2	1.995	-33.5775	0.06567	2	1.974	-33.4223	0.06808	2	1.954	-33.2728
45	0.05923	2	1.997	-38.1671	0.06153	2	1.976	-38.0015	0.06378	2	1.956	-37.8419
50	0.05590	2	1.998	-42.7790	0.05807	2	1.977	-42.6035	0.06018	2	1.957	-42.4343
60	0.05062	2	2.001	-52.0570	0.05257	2	1.980	-51.8631	0.05447	2	1.960	-51.6763
70	0.04657	2	2.002	-61.3930	0.04835	2	1.981	-61.1823	0.05009	2	1.962	-60.9791
80	0.04334	2	2.004	-70.7749	0.04500	2	1.983	-70.5485	0.04661	2	1.963	-70.3301
90	0.04069	2	2.005	-80.1944	0.04224	2	1.984	-79.9532	0.04375	2	1.964	-79.7206
100	0.03846	2	2.006	-89.6453	0.03993	2	1.985	-89.3902	0.04135	2	1.965	-89.1441
150	0.03103	2	2.009	-137.2404	0.03220	2	1.988	-136.9241	0.03334	2	1.969	-136.6190
200	0.02669	2	2.011	-185.2129	0.02769	2	1.990	-184.8451	0.02866	2	1.971	-184.4901
250	0.02375	2	2.012	-233.4266	0.02464	2	1.992	-233.0133	0.02551	2	1.972	-232.6145
300	0.02161	2	2.013	-281.8116	0.02241	2	1.993	-281.3572	0.02320	2	1.973	-280.9188
350	0.01995	2	2.014	-330.3264	0.02069	2	1.993	-329.8343	0.02142	2	1.974	-329.3594
400	0.01862	2	2.015	-378.9440	0.01931	2	1.994	-378.4168	0.01999	2	1.975	-377.9079
450	0.01752	2	2.015	-427.6457	0.01818	2	1.995	-427.0854	0.01881	2	1.975	-426.5446
500	0.01660	2	2.015	-476.4176	0.01722	2	1.995	-475.8262	0.01781	2	1.976	-475.2552
600	0.01511	2	2.016	-574.1336	0.01568	2	1.996	-573.4840	0.01622	2	1.976	-572.8570
700	0.01397	2	2.017	-672.0332	0.01448	2	1.996	-671.3302	0.01499	2	1.977	-670.6515
800	0.01304	2	2.017	-770.0782	0.01353	2	1.997	-769.3254	0.01400	2	1.977	-768.5988
900	0.01228	2	2.017	-868.2419	0.01274	2	1.997	-867.4425	0.01318	2	1.978	-866.6708
1000	0.01164	2	2.018	-966.5052	0.01207	2	1.997	-965.6616	0.01249	2	1.978	-964.8472

B	Delta = 1.75 A = 0.0900 Y	N	C	M	Delta = 1.75 A = 0.0950 Y	N	C	M	Delta = 1.75 A = 0.1000 Y	N	C	M
1	0.66640	1	1.612	-0.2465	0.70180	1	1.585	-0.2392	0.73746	1	1.559	-0.2322
2	0.33950	1	1.715	-0.7863	0.35489	1	1.692	-0.7719	0.37019	1	1.669	-0.7581
3	0.24311	1	1.755	-1.4268	0.25345	1	1.733	-1.4066	0.26370	1	1.711	-1.3873
4	0.19541	1	1.777	-2.1216	0.20344	1	1.755	-2.0965	0.21137	1	1.735	-2.0724
5	0.16636	1	1.792	-2.8517	0.17304	1	1.770	-2.8222	0.17962	1	1.750	-2.7939
6	0.14655	1	1.802	-3.6072	0.15233	1	1.781	-3.5737	0.15802	1	1.761	-3.5415
7	0.13202	1	1.810	-4.3819	0.13716	1	1.789	-4.3448	0.14223	1	1.769	-4.3090
8	0.12084	1	1.816	-5.1720	0.12550	1	1.795	-5.1314	0.13008	1	1.776	-5.0923
9	0.11192	1	1.821	-5.9747	0.11619	1	1.801	-5.9309	0.12040	1	1.781	-5.8886
10	0.10460	1	1.825	-6.7880	0.10857	1	1.805	-6.7411	0.11247	1	1.785	-6.6958
15	0.08125	1	1.839	-10.9691	0.08426	1	1.819	-10.9087	0.08722	1	1.800	-10.8504
20	0.06834	1	1.848	-15.2779	0.07084	1	1.828	-15.2060	0.07330	1	1.809	-15.1366
25	0.05994	1	1.853	-19.6685	0.06211	1	1.833	-19.5865	0.06425	1	1.814	-19.5074
30	0.05394	1	1.857	-24.1173	0.05588	1	1.837	-24.0262	0.05779	1	1.818	-23.9382
35	0.04938	1	1.860	-28.6103	0.05116	1	1.840	-28.5108	0.05289	1	1.822	-28.4147
40	0.04579	1	1.863	-33.1383	0.04742	1	1.843	-33.0310	0.04902	1	1.824	-32.9273
45	0.04285	1	1.865	-37.6948	0.04438	1	1.845	-37.5802	0.04587	1	1.826	-37.4694
50	0.04040	1	1.866	-42.2754	0.04184	1	1.847	-42.1538	0.04324	1	1.828	-42.0363
60	0.05632	2	1.941	-51.4957	0.03781	1	1.849	-51.3606	0.03907	1	1.831	-51.2306
70	0.05179	2	1.943	-60.7828	0.03473	1	1.852	-60.6311	0.03589	1	1.833	-60.4895
80	0.04818	2	1.945	-70.1191	0.03229	1	1.853	-69.9521	0.03336	1	1.835	-69.7997
90	0.04522	2	1.946	-79.4958	0.03028	1	1.855	-79.3142	0.03129	1	1.836	-79.1518
100	0.04274	2	1.947	-88.9062	0.02861	1	1.856	-88.7109	0.02955	1	1.837	-88.5389
150	0.03445	2	1.950	-136.3240	0.02302	1	1.860	-136.0681	0.02377	1	1.842	-135.8544
200	0.02961	2	1.952	-184.1469	0.01976	1	1.862	-183.8400	0.02041	1	1.844	-183.5910
250	0.02635	2	1.954	-232.2289	0.01757	1	1.864	-231.8768	0.01814	1	1.846	-231.5967
300	0.02396	2	1.955	-280.4947	0.01597	1	1.865	-280.1018	0.01649	1	1.847	-279.7937
350	0.02212	2	1.956	-328.9000	0.01473	1	1.866	-328.4695	0.01521	1	1.848	-328.1356
400	0.02064	2	1.956	-377.4157	0.01375	1	1.867	-376.9502	0.01419	1	1.848	-376.5923
450	0.01943	2	1.957	-426.0215	0.01293	1	1.867	-425.5232	0.01335	1	1.849	-425.1427
500	0.01840	2	1.957	-474.7029	0.01224	1	1.868	-474.1735	0.01264	1	1.850	-473.7716
600	0.01675	2	1.958	-572.2504	0.01114	1	1.869	-571.6631	0.01150	1	1.850	-571.2215
700	0.01548	2	1.959	-669.9950	0.01595	2	1.941	-669.3586	0.01062	1	1.851	-668.8764
800	0.01445	2	1.959	-767.8958	0.01490	2	1.942	-767.2143	0.00992	1	1.852	-766.6936
900	0.01361	2	1.959	-865.9241	0.01403	2	1.942	-865.2003	0.00934	1	1.852	-864.6435
1000	0.01289	2	1.960	-964.0592	0.01329	2	1.942	-963.2954	0.00885	1	1.852	-962.7044

	Delta = 1.75		A = 0.2000		Delta = 1.75		A = 0.3000		Delta = 1.75		A = 0.4000	
B	Y	N	C	M	Y	N	C	M	Y	N	C	M
1	2.41421	0	0.000	-0.1716	2.41421	0	0.000	-0.1716	2.41421	0	0.000	-0.1716
2	0.67077	1	1.337	-0.5605	1.36603	0	0.000	-0.5359	1.36603	0	0.000	-0.5359
3	0.45685	1	1.401	-1.1039	1.00000	0	0.000	-1.0000	1.00000	0	0.000	-1.0000
4	0.35770	1	1.435	-1.7149	0.80902	0	0.000	-1.5279	0.80902	0	0.000	-1.5279
5	0.29951	1	1.457	-2.3702	0.68990	0	0.000	-2.1010	0.68990	0	0.000	-2.1010
6	0.26079	1	1.473	-3.0574	0.35213	1	1.287	-2.7293	0.60763	0	0.000	-2.7085
7	0.23292	1	1.484	-3.7691	0.31258	1	1.302	-3.4007	0.54692	0	0.000	-3.3431
8	0.21176	1	1.494	-4.5003	0.28284	1	1.314	-4.0941	0.50000	0	0.000	-4.0000
9	0.19506	1	1.501	-5.2476	0.25955	1	1.323	-4.8057	0.46248	0	0.000	-4.6754
10	0.18148	1	1.507	-6.0082	0.24074	1	1.331	-5.5326	0.43166	0	0.000	-5.3668
15	0.13892	1	1.528	-9.9580	0.18245	1	1.356	-9.3336	0.33333	0	0.000	-9.0000
20	0.11589	1	1.540	-14.0709	0.15136	1	1.371	-13.3204	0.27913	0	0.000	-12.8348
25	0.10109	1	1.547	-18.2886	0.13155	1	1.380	-17.4267	0.24396	0	0.000	-16.8020
30	0.09061	1	1.553	-22.5809	0.11760	1	1.387	-21.6180	0.21893	0	0.000	-20.8645
35	0.08271	1	1.558	-26.9298	0.10714	1	1.393	-25.8739	0.12866	1	1.270	-25.0247
40	0.07650	1	1.561	-31.3235	0.09894	1	1.397	-30.1811	0.11866	1	1.275	-29.2609
45	0.07146	1	1.564	-35.7540	0.09230	1	1.400	-34.5302	0.11057	1	1.279	-33.5433
50	0.06726	1	1.566	-40.2152	0.08679	1	1.403	-38.9143	0.10388	1	1.282	-37.8644
60	0.06064	1	1.570	-49.2129	0.07811	1	1.408	-47.7687	0.09336	1	1.288	-46.6012
70	0.05560	1	1.573	-58.2910	0.07153	1	1.412	-56.7149	0.08540	1	1.292	-55.4392
80	0.05161	1	1.575	-67.4328	0.06632	1	1.414	-65.7338	0.07911	1	1.295	-64.3575
90	0.04835	1	1.577	-76.6266	0.06208	1	1.417	-74.8123	0.07400	1	1.298	-73.3413
100	0.04562	1	1.579	-85.8640	0.05853	1	1.419	-83.9405	0.06973	1	1.300	-82.3800
150	0.03658	1	1.584	-132.5237	0.04682	1	1.425	-130.1219	0.05567	1	1.308	-128.1690
200	0.03134	1	1.588	-179.7072	0.04006	1	1.429	-176.9019	0.04757	1	1.312	-174.6181
250	0.02783	1	1.590	-227.2256	0.03553	1	1.432	-224.0647	0.04217	1	1.315	-221.4892
300	0.02526	1	1.592	-274.9819	0.03224	1	1.434	-271.4995	0.03824	1	1.317	-268.6603
350	0.02329	1	1.593	-322.9185	0.02971	1	1.435	-319.1404	0.03522	1	1.319	-316.0586
400	0.02172	1	1.594	-370.9979	0.02769	1	1.436	-366.9445	0.03281	1	1.320	-363.6369
450	0.02042	1	1.595	-419.1940	0.02602	1	1.437	-414.8820	0.03083	1	1.322	-411.3624
500	0.01932	1	1.595	-467.4877	0.02462	1	1.438	-462.9313	0.02917	1	1.323	-459.2110
600	0.01757	1	1.596	-564.3142	0.02238	1	1.440	-559.3029	0.02650	1	1.324	-555.2095
700	0.01622	1	1.597	-661.3958	0.02065	1	1.441	-655.9662	0.02445	1	1.325	-651.5296
800	0.01514	1	1.598	-758.6794	0.01927	1	1.441	-752.8604	0.02280	1	1.326	-748.1044
900	0.01425	1	1.599	-856.1280	0.01813	1	1.442	-849.9433	0.02145	1	1.327	-844.8873
1000	0.01349	1	1.599	-953.7149	0.01717	1	1.443	-947.1842	0.02031	1	1.328	-941.8444

B	Delta = 2.00 Y	N	C	A = 0.0001 M	Delta = 2.00 Y	N	C	A = 0.0005 M	Delta = 2.00 Y	N	C	A = 0.0010 M
1	0.02362	6	4.038	-0.9439	0.04987	5	3.645	-0.8859	0.06277	4	3.417	-0.8468
2	0.01655	6	4.040	-1.9203	0.03458	5	3.648	-1.8370	0.04318	4	3.422	-1.7804
3	0.01346	6	4.040	-2.9022	0.02800	5	3.650	-2.7995	0.03483	4	3.425	-2.7294
4	0.01163	6	4.041	-3.8869	0.02412	5	3.651	-3.7679	0.02995	4	3.426	-3.6864
5	0.01038	6	4.041	-4.8734	0.02150	5	3.652	-4.7401	0.02666	4	3.427	-4.6486
6	0.00947	6	4.041	-5.8613	0.01958	5	3.652	-5.7149	0.02425	4	3.428	-5.6143
7	0.00876	6	4.042	-6.8501	0.01809	5	3.653	-6.6918	0.02239	4	3.428	-6.5828
8	0.00819	6	4.042	-7.8397	0.01690	5	3.653	-7.6702	0.02090	4	3.429	-7.5535
9	0.00771	6	4.042	-8.8299	0.01591	5	3.653	-8.6500	0.01967	4	3.429	-8.5260
10	0.00731	6	4.042	-9.8207	0.01508	5	3.653	-9.6309	0.01863	4	3.429	-9.5000
15	0.00596	6	4.042	-14.7802	0.01226	5	3.654	-14.5471	0.01513	4	3.430	-14.3860
20	0.00516	6	4.042	-19.7460	0.01060	5	3.654	-19.4764	0.01306	4	3.431	-19.2899
25	0.00461	6	4.043	-24.7159	0.00946	5	3.655	-24.4142	0.01166	4	3.431	-24.2052
30	0.00420	6	4.043	-29.6887	0.00863	5	3.655	-29.3579	0.01063	4	3.432	-29.1287
35	0.00389	6	4.043	-34.6637	0.00798	5	3.655	-34.3061	0.00983	4	3.432	-34.0583
40	0.00364	6	4.043	-39.6404	0.00746	5	3.655	-39.2580	0.00918	4	3.432	-38.9927
45	0.00343	6	4.043	-44.6186	0.00703	5	3.655	-44.2127	0.00865	4	3.432	-43.9312
50	0.00325	6	4.043	-49.5979	0.00667	5	3.655	-49.1699	0.00820	4	3.432	-48.8730
60	0.00297	6	4.043	-59.5594	0.00608	5	3.656	-59.0903	0.00748	4	3.433	-58.7647
70	0.00275	6	4.043	-69.5241	0.00563	5	3.656	-69.0171	0.00692	4	3.433	-68.6652
80	0.00257	6	4.043	-79.4911	0.00526	5	3.656	-78.9490	0.00647	4	3.433	-78.5725
90	0.00242	6	4.043	-89.4602	0.00496	5	3.656	-88.8850	0.00609	4	3.433	-88.4855
100	0.00230	6	4.043	-99.4310	0.00470	5	3.656	-98.8245	0.00578	4	3.433	-98.4032
150	0.00187	6	4.043	-149.3029	0.00383	5	3.656	-148.5595	0.00471	4	3.434	-148.0427
200	0.00162	6	4.043	-199.1949	0.00332	5	3.656	-198.3360	0.00407	4	3.434	-197.7387
250	0.00145	6	4.043	-249.0998	0.00297	5	3.656	-248.1392	0.00364	4	3.434	-247.4710
300	0.00132	6	4.043	-299.0138	0.00271	5	3.656	-297.9612	0.00332	4	3.434	-297.2289
350	0.00123	6	4.043	-348.9347	0.00251	5	3.656	-347.7976	0.00308	4	3.434	-347.0063
400	0.00115	6	4.043	-398.8611	0.00234	5	3.657	-397.6452	0.00288	4	3.434	-396.7991
450	0.00108	6	4.043	-448.7919	0.00221	5	3.657	-447.5022	0.00271	4	3.434	-446.6045
500	0.00103	6	4.043	-498.7265	0.00210	5	3.657	-497.3668	0.00257	4	3.434	-496.4204
600	0.00094	6	4.043	-598.6049	0.00191	5	3.657	-597.1151	0.00235	4	3.434	-596.0780
700	0.00087	6	4.043	-698.4931	0.00177	5	3.657	-696.8837	0.00217	4	3.434	-695.7632
800	0.00081	6	4.043	-798.3890	0.00166	5	3.657	-796.6683	0.00203	4	3.434	-795.4702
900	0.00076	6	4.043	-898.2912	0.00156	5	3.657	-896.4659	0.00191	4	3.434	-895.1950
1000	0.00072	6	4.043	-998.1987	0.00148	5	3.657	-996.2746	0.00182	4	3.434	-994.9347

	Delta = 2.00		A = 0.0015		Delta = 2.00		A = 0.0020		Delta = 2.00		A = 0.0025	
B	Y	N	C	M	Y	N	C	M	Y	N	C	M
1	0.07946	4	3.324	-0.8186	0.09405	4	3.257	-0.7956	0.10730	4	3.205	-0.7757
2	0.05435	4	3.331	-1.7393	0.06403	4	3.265	-1.7055	0.07275	4	3.213	-1.6763
3	0.04374	4	3.334	-2.6784	0.05143	4	3.268	-2.6364	0.05833	4	3.217	-2.5999
4	0.03756	4	3.335	-3.6271	0.04411	4	3.270	-3.5781	0.04997	4	3.219	-3.5356
5	0.03340	4	3.337	-4.5819	0.03919	4	3.272	-4.5268	0.04438	4	3.221	-4.4789
6	0.03036	4	3.337	-5.5410	0.03561	4	3.273	-5.4804	0.04029	4	3.222	-5.4276
7	0.02802	4	3.338	-6.5034	0.03284	4	3.273	-6.4377	0.03715	4	3.223	-6.3805
8	0.02614	4	3.339	-7.4684	0.03063	4	3.274	-7.3979	0.03464	4	3.224	-7.3366
9	0.02459	4	3.339	-8.4356	0.02881	4	3.275	-8.3606	0.03257	4	3.224	-8.2954
10	0.02328	4	3.339	-9.4045	0.02727	4	3.275	-9.3253	0.03082	4	3.225	-9.2565
15	0.01889	4	3.341	-14.2683	0.02211	4	3.276	-14.1708	0.02497	4	3.226	-14.0858
20	0.01630	4	3.341	-19.1536	0.01907	4	3.277	-19.0404	0.02153	4	3.227	-18.9419
25	0.01454	4	3.342	-24.0525	0.01701	4	3.278	-23.9256	0.01919	4	3.228	-23.8151
30	0.01325	4	3.342	-28.9610	0.01549	4	3.278	-28.8218	0.01748	4	3.228	-28.7005
35	0.01225	4	3.343	-33.8770	0.01432	4	3.279	-33.7264	0.01615	4	3.229	-33.5951
40	0.01145	4	3.343	-38.7987	0.01338	4	3.279	-38.6375	0.01509	4	3.229	-38.4970
45	0.01078	4	3.343	-43.7252	0.01260	4	3.279	-43.5541	0.01421	4	3.229	-43.4049
50	0.01022	4	3.343	-48.6557	0.01194	4	3.279	-48.4752	0.01347	4	3.229	-48.3177
60	0.00932	4	3.344	-58.5264	0.01088	4	3.280	-58.3284	0.01227	4	3.230	-58.1556
70	0.00862	4	3.344	-68.4076	0.01006	4	3.280	-68.1934	0.01135	4	3.230	-68.0066
80	0.00805	4	3.344	-78.2969	0.00941	4	3.280	-78.0677	0.01060	4	3.230	-77.8678
90	0.00759	4	3.344	-88.1930	0.00886	4	3.280	-87.9497	0.00999	4	3.230	-87.7375
100	0.00720	4	3.344	-98.0947	0.00840	4	3.280	-97.8381	0.00947	4	3.230	-97.6143
150	0.00586	4	3.345	-147.6641	0.00684	4	3.281	-147.3493	0.00771	4	3.231	-147.0745
200	0.00507	4	3.345	-197.3012	0.00592	4	3.281	-196.9372	0.00667	4	3.231	-196.6195
250	0.00453	4	3.345	-246.9814	0.00529	4	3.281	-246.5741	0.00596	4	3.231	-246.2186
300	0.00414	4	3.345	-296.6923	0.00483	4	3.281	-296.2459	0.00544	4	3.232	-295.8561
350	0.00383	4	3.345	-346.4265	0.00447	4	3.281	-345.9440	0.00503	4	3.232	-345.5228
400	0.00358	4	3.345	-396.1791	0.00418	4	3.282	-395.6631	0.00470	4	3.232	-395.2126
450	0.00337	4	3.345	-445.9467	0.00394	4	3.282	-445.3992	0.00443	4	3.232	-444.9212
500	0.00320	4	3.345	-495.7268	0.00373	4	3.282	-495.1496	0.00420	4	3.232	-494.6456
600	0.00292	4	3.345	-595.3180	0.00341	4	3.282	-594.6854	0.00384	4	3.232	-594.1330
700	0.00270	4	3.345	-694.9420	0.00315	4	3.282	-694.2586	0.00355	4	3.232	-693.6617
800	0.00253	4	3.346	-794.5921	0.00295	4	3.282	-793.8612	0.00332	4	3.232	-793.2229
900	0.00238	4	3.346	-894.2634	0.00278	4	3.282	-893.4881	0.00313	4	3.232	-892.8109
1000	0.00226	4	3.346	-993.9526	0.00264	4	3.282	-993.1351	0.00297	4	3.232	-992.4211

	Delta = 2.00		A = 0.0030		Delta = 2.00		A = 0.0035		Delta = 2.00		A = 0.0040	
B	Y	N	C	M	Y	N	C	M	Y	N	C	M
1	0.09767	3	3.075	-0.7587	0.10747	3	3.035	-0.7441	0.11681	3	3.001	-0.7307
2	0.06581	3	3.085	-1.6507	0.07217	3	3.046	-1.6289	0.07819	3	3.013	-1.6090
3	0.05263	3	3.089	-2.5678	0.05763	3	3.051	-2.5406	0.06236	3	3.018	-2.5155
4	0.04502	3	3.092	-3.4979	0.04926	3	3.054	-3.4660	0.05326	3	3.021	-3.4368
5	0.03993	3	3.094	-4.4363	0.04367	3	3.056	-4.4004	0.04719	3	3.023	-4.3673
6	0.03623	3	3.095	-5.3806	0.03961	3	3.057	-5.3410	0.04279	3	3.024	-5.3046
7	0.04109	4	3.181	-6.3294	0.03649	3	3.058	-6.2864	0.03940	3	3.025	-6.2469
8	0.03830	4	3.182	-7.2818	0.03399	3	3.059	-7.2356	0.03670	3	3.026	-7.1932
9	0.03600	4	3.183	-8.2371	0.03194	3	3.060	-8.1879	0.03448	3	3.027	-8.1427
10	0.03407	4	3.183	-9.1948	0.03022	3	3.060	-9.1427	0.03262	3	3.028	-9.0950
15	0.02758	4	3.185	-14.0097	0.02444	3	3.062	-13.9450	0.02636	3	3.030	-13.8860
20	0.02377	4	3.186	-18.8536	0.02105	3	3.064	-18.7783	0.02270	3	3.031	-18.7097
25	0.02119	4	3.187	-23.7160	0.01875	3	3.064	-23.6315	0.02022	3	3.032	-23.5545
30	0.01929	4	3.187	-28.5917	0.01707	3	3.065	-28.4987	0.01840	3	3.032	-28.4141
35	0.01783	4	3.187	-33.4774	0.01577	3	3.065	-33.3766	0.01700	3	3.033	-33.2850
40	0.01665	4	3.188	-38.3710	0.01473	3	3.066	-38.2630	0.01587	3	3.033	-38.1649
45	0.01568	4	3.188	-43.2710	0.01386	3	3.066	-43.1562	0.01494	3	3.034	-43.0521
50	0.01485	4	3.188	-48.1765	0.01314	3	3.066	-48.0553	0.01415	3	3.034	-47.9453
60	0.01354	4	3.189	-58.0006	0.01197	3	3.067	-57.8675	0.01289	3	3.034	-57.7468
70	0.01252	4	3.189	-67.8389	0.01106	3	3.067	-67.6948	0.01192	3	3.035	-67.5643
80	0.01169	4	3.189	-77.6884	0.01034	3	3.067	-77.5341	0.01113	3	3.035	-77.3944
90	0.01102	4	3.189	-87.5471	0.00973	3	3.068	-87.3832	0.01049	3	3.035	-87.2348
100	0.01044	4	3.190	-97.4134	0.00923	3	3.068	-97.2404	0.00994	3	3.035	-97.0839
150	0.00850	4	3.190	-146.8278	0.00751	3	3.068	-146.6151	0.00809	3	3.036	-146.4228
200	0.00735	4	3.190	-196.3342	0.00649	3	3.069	-196.0880	0.00699	3	3.036	-195.8656
250	0.00657	4	3.191	-245.8993	0.00580	3	3.069	-245.6236	0.00625	3	3.037	-245.3746
300	0.00599	4	3.191	-295.5061	0.00529	3	3.069	-295.2037	0.00570	3	3.037	-294.9307
350	0.00554	4	3.191	-345.1445	0.00490	3	3.069	-344.8176	0.00527	3	3.037	-344.5225
400	0.00518	4	3.191	-394.8080	0.00458	3	3.069	-394.4582	0.00493	3	3.037	-394.1426
450	0.00489	4	3.191	-444.4919	0.00431	3	3.070	-444.1207	0.00464	3	3.037	-443.7858
500	0.00463	4	3.191	-494.1930	0.00409	3	3.070	-493.8015	0.00440	3	3.037	-493.4482
600	0.00423	4	3.191	-593.6369	0.00373	3	3.070	-593.2077	0.00402	3	3.038	-592.8205
700	0.00391	4	3.191	-693.1256	0.00345	3	3.070	-692.6617	0.00372	3	3.038	-692.2433
800	0.00366	4	3.191	-792.6497	0.00323	3	3.070	-792.1534	0.00348	3	3.038	-791.7059
900	0.00345	4	3.191	-892.2026	0.00304	3	3.070	-891.6761	0.00328	3	3.038	-891.2013
1000	0.00327	4	3.192	-991.7798	0.00289	3	3.070	-991.2246	0.00311	3	3.038	-990.7240

	Delta = 2.00		A = 0.0045		Delta = 2.00		A = 0.0050		Delta = 2.00		A = 0.0055	
B	Y	N	C	M	Y	N	C	M	Y	N	C	M
1	0.12576	3	2.970	-0.7183	0.13439	3	2.942	-0.7068	0.14274	3	2.917	-0.6960
2	0.08393	3	2.983	-1.5905	0.08944	3	2.956	-1.5732	0.09474	3	2.931	-1.5569
3	0.06685	3	2.988	-2.4923	0.07116	3	2.961	-2.4706	0.07529	3	2.937	-2.4501
4	0.05706	3	2.991	-3.4096	0.06069	3	2.965	-3.3841	0.06418	3	2.940	-3.3601
5	0.05054	3	2.993	-4.3366	0.05373	3	2.967	-4.3079	0.05679	3	2.943	-4.2807
6	0.04580	3	2.995	-5.2707	0.04868	3	2.968	-5.2390	0.05144	3	2.945	-5.2090
7	0.04217	3	2.996	-6.2101	0.04480	3	2.970	-6.1756	0.04733	3	2.946	-6.1430
8	0.03927	3	2.997	-7.1537	0.04172	3	2.971	-7.1166	0.04406	3	2.947	-7.0816
9	0.03689	3	2.998	-8.1007	0.03918	3	2.972	-8.0612	0.04137	3	2.948	-8.0240
10	0.03488	3	2.998	-9.0505	0.03705	3	2.972	-9.0088	0.03912	3	2.949	-8.9694
15	0.02818	3	3.001	-13.8309	0.02992	3	2.975	-13.7793	0.03157	3	2.951	-13.7305
20	0.02426	3	3.002	-18.6458	0.02574	3	2.976	-18.5858	0.02716	3	2.953	-18.5291
25	0.02160	3	3.003	-23.4827	0.02292	3	2.977	-23.4154	0.02418	3	2.954	-23.3517
30	0.01966	3	3.004	-28.3353	0.02086	3	2.978	-28.2613	0.02200	3	2.954	-28.1912
35	0.01816	3	3.004	-33.1997	0.01926	3	2.978	-33.1195	0.02031	3	2.955	-33.0437
40	0.01695	3	3.005	-38.0735	0.01798	3	2.979	-37.9876	0.01896	3	2.955	-37.9064
45	0.01596	3	3.005	-42.9550	0.01692	3	2.979	-42.8637	0.01785	3	2.956	-42.7774
50	0.01512	3	3.005	-47.8428	0.01603	3	2.979	-47.7465	0.01691	3	2.956	-47.6554
60	0.01377	3	3.006	-57.6343	0.01460	3	2.980	-57.5286	0.01540	3	2.957	-57.4286
70	0.01273	3	3.006	-67.4426	0.01349	3	2.980	-67.3281	0.01423	3	2.957	-67.2199
80	0.01189	3	3.006	-77.2641	0.01261	3	2.981	-77.1416	0.01329	3	2.957	-77.0257
90	0.01120	3	3.007	-87.0964	0.01187	3	2.981	-86.9664	0.01251	3	2.958	-86.8433
100	0.01061	3	3.007	-96.9379	0.01125	3	2.981	-96.8006	0.01186	3	2.958	-96.6708
150	0.00864	3	3.007	-146.2435	0.00915	3	2.982	-146.0748	0.00965	3	2.958	-145.9153
200	0.00746	3	3.008	-195.6580	0.00791	3	2.982	-195.4629	0.00834	3	2.959	-195.2783
250	0.00667	3	3.008	-245.1423	0.00707	3	2.983	-244.9239	0.00745	3	2.959	-244.7172
300	0.00608	3	3.008	-294.6760	0.00644	3	2.983	-294.4365	0.00679	3	2.959	-294.2098
350	0.00563	3	3.009	-344.2472	0.00596	3	2.983	-343.9883	0.00628	3	2.960	-343.7433
400	0.00526	3	3.009	-393.8481	0.00557	3	2.983	-393.5711	0.00587	3	2.960	-393.3090
450	0.00496	3	3.009	-443.4732	0.00525	3	2.983	-443.1793	0.00553	3	2.960	-442.9012
500	0.00470	3	3.009	-493.1187	0.00498	3	2.983	-492.8087	0.00525	3	2.960	-492.5154
600	0.00429	3	3.009	-592.4593	0.00454	3	2.983	-592.1195	0.00479	3	2.960	-591.7979
700	0.00397	3	3.009	-691.8528	0.00420	3	2.984	-691.4857	0.00443	3	2.960	-691.1382
800	0.00371	3	3.009	-791.2884	0.00393	3	2.984	-790.8957	0.00414	3	2.960	-790.5240
900	0.00350	3	3.009	-890.7583	0.00370	3	2.984	-890.3416	0.00390	3	2.960	-889.9472
1000	0.00332	3	3.009	-990.2569	0.00351	3	2.984	-989.8175	0.00370	3	2.961	-989.4017

	Delta = 2.00		A = 0.0060		Delta = 2.00		A = 0.0065		Delta = 2.00		A = 0.0070	
B	Y	N	C	M	Y	N	C	M	Y	N	C	M
1	0.15087	3	2.894	-0.6858	0.15878	3	2.872	-0.6761	0.16652	3	2.852	-0.6668
2	0.09987	3	2.908	-1.5415	0.10485	3	2.888	-1.5268	0.10969	3	2.868	-1.5128
3	0.07928	3	2.915	-2.4307	0.08315	3	2.894	-2.4122	0.08690	3	2.875	-2.3946
4	0.06754	3	2.918	-3.3373	0.07079	3	2.898	-3.3156	0.07394	3	2.879	-3.2949
5	0.05974	3	2.921	-4.2550	0.06259	3	2.900	-4.2305	0.06535	3	2.882	-4.2070
6	0.05409	3	2.923	-5.1806	0.05665	3	2.902	-5.1535	0.05914	3	2.883	-5.1276
7	0.04976	3	2.924	-6.1121	0.05211	3	2.904	-6.0827	0.05438	3	2.885	-6.0545
8	0.04631	3	2.925	-7.0484	0.04849	3	2.905	-7.0168	0.05060	3	2.886	-6.9865
9	0.04348	3	2.926	-7.9886	0.04552	3	2.906	-7.9549	0.04749	3	2.887	-7.9226
10	0.04111	3	2.927	-8.9320	0.04303	3	2.907	-8.8964	0.04489	3	2.888	-8.8622
15	0.03317	3	2.929	-13.6842	0.03470	3	2.909	-13.6400	0.03619	3	2.891	-13.5977
20	0.02852	3	2.931	-18.4752	0.02984	3	2.911	-18.4238	0.03111	3	2.892	-18.3746
25	0.02539	3	2.932	-23.2911	0.02655	3	2.912	-23.2334	0.02768	3	2.894	-23.1781
30	0.02310	3	2.933	-28.1247	0.02415	3	2.913	-28.0612	0.02517	3	2.894	-28.0004
35	0.02133	3	2.933	-32.9717	0.02230	3	2.913	-32.9029	0.02324	3	2.895	-32.8370
40	0.01990	3	2.934	-37.8292	0.02081	3	2.914	-37.7555	0.02169	3	2.896	-37.6849
45	0.01873	3	2.934	-42.6954	0.01958	3	2.914	-42.6171	0.02041	3	2.896	-42.5421
50	0.01774	3	2.935	-47.5689	0.01855	3	2.915	-47.4862	0.01933	3	2.896	-47.4070
60	0.01616	3	2.935	-57.3335	0.01689	3	2.915	-57.2427	0.01760	3	2.897	-57.1557
70	0.01493	3	2.936	-67.1170	0.01561	3	2.916	-67.0188	0.01626	3	2.897	-66.9247
80	0.01394	3	2.936	-76.9156	0.01458	3	2.916	-76.8104	0.01519	3	2.898	-76.7096
90	0.01313	3	2.936	-86.7263	0.01372	3	2.916	-86.6146	0.01430	3	2.898	-86.5076
100	0.01244	3	2.936	-96.5474	0.01301	3	2.917	-96.4295	0.01355	3	2.898	-96.3165
150	0.01012	3	2.937	-145.7635	0.01058	3	2.917	-145.6186	0.01102	3	2.899	-145.4797
200	0.00875	3	2.938	-195.1028	0.00914	3	2.918	-194.9350	0.00952	3	2.900	-194.7743
250	0.00781	3	2.938	-244.5206	0.00816	3	2.918	-244.3328	0.00850	3	2.900	-244.1528
300	0.00712	3	2.938	-293.9942	0.00744	3	2.919	-293.7883	0.00775	3	2.900	-293.5909
350	0.00659	3	2.938	-343.5102	0.00689	3	2.919	-343.2876	0.00717	3	2.900	-343.0742
400	0.00616	3	2.939	-393.0597	0.00644	3	2.919	-392.8216	0.00670	3	2.901	-392.5933
450	0.00580	3	2.939	-442.6366	0.00607	3	2.919	-442.3839	0.00632	3	2.901	-442.1416
500	0.00550	3	2.939	-492.2364	0.00575	3	2.919	-491.9699	0.00599	3	2.901	-491.7143
600	0.00502	3	2.939	-591.4921	0.00525	3	2.919	-591.1999	0.00546	3	2.901	-590.9197
700	0.00465	3	2.939	-690.8076	0.00485	3	2.919	-690.4918	0.00505	3	2.901	-690.1890
800	0.00434	3	2.939	-790.1705	0.00454	3	2.920	-789.8327	0.00473	3	2.901	-789.5088
900	0.00409	3	2.939	-889.5721	0.00428	3	2.920	-889.2137	0.00445	3	2.901	-888.8700
1000	0.00388	3	2.939	-989.0061	0.00406	3	2.920	-988.6282	0.00422	3	2.901	-988.2658

B	Y	N	C	M	Y	N	C	M	Y	N	C	M
	Delta = 2.00		A = 0.0075		Delta = 2.00		A = 0.0080		Delta = 2.00		A = 0.0085	
1	0.17409	3	2.834	-0.6580	0.18152	3	2.816	-0.6496	0.18882	3	2.799	-0.6415
2	0.11441	3	2.850	-1.4994	0.11902	3	2.833	-1.4866	0.12353	3	2.817	-1.4742
3	0.09055	3	2.857	-2.3777	0.09411	3	2.840	-2.3614	0.09759	3	2.824	-2.3458
4	0.07700	3	2.861	-3.2750	0.07999	3	2.844	-3.2559	0.08290	3	2.829	-3.2375
5	0.06803	3	2.864	-4.1845	0.07065	3	2.847	-4.1629	0.07319	3	2.832	-4.1420
6	0.06155	3	2.866	-5.1027	0.06390	3	2.849	-5.0788	0.06618	3	2.834	-5.0557
7	0.05659	3	2.867	-6.0275	0.05874	3	2.851	-6.0015	0.06083	3	2.835	-5.9764
8	0.05264	3	2.869	-6.9575	0.05463	3	2.852	-6.9295	0.05656	3	2.837	-6.9025
9	0.04940	3	2.870	-7.8917	0.05126	3	2.853	-7.8619	0.05307	3	2.838	-7.8331
10	0.04669	3	2.871	-8.8295	0.04844	3	2.854	-8.7979	0.05014	3	2.839	-8.7675
15	0.03763	3	2.873	-13.5570	0.03902	3	2.857	-13.5179	0.04038	3	2.842	-13.4801
20	0.03233	3	2.875	-18.3273	0.03353	3	2.859	-18.2818	0.03469	3	2.844	-18.2378
25	0.02877	3	2.876	-23.1249	0.02983	3	2.860	-23.0737	0.03086	3	2.845	-23.0243
30	0.02616	3	2.877	-27.9420	0.02712	3	2.861	-27.8857	0.02805	3	2.846	-27.8313
35	0.02415	3	2.878	-32.7737	0.02503	3	2.862	-32.7127	0.02589	3	2.847	-32.6538
40	0.02254	3	2.878	-37.6171	0.02336	3	2.862	-37.5517	0.02416	3	2.847	-37.4886
45	0.02120	3	2.879	-42.4700	0.02198	3	2.863	-42.4005	0.02273	3	2.848	-42.3334
50	0.02008	3	2.879	-47.3309	0.02081	3	2.863	-47.2575	0.02152	3	2.848	-47.1867
60	0.01828	3	2.880	-57.0721	0.01895	3	2.864	-56.9915	0.01959	3	2.849	-56.9137
70	0.01689	3	2.880	-66.8342	0.01750	3	2.864	-66.7469	0.01810	3	2.849	-66.6627
80	0.01577	3	2.881	-76.6127	0.01635	3	2.865	-76.5193	0.01690	3	2.849	-76.4290
90	0.01485	3	2.881	-86.4046	0.01539	3	2.865	-86.3054	0.01591	3	2.850	-86.2096
100	0.01407	3	2.881	-96.2079	0.01458	3	2.865	-96.1032	0.01508	3	2.850	-96.0020
150	0.01144	3	2.882	-145.3462	0.01186	3	2.866	-145.2174	0.01226	3	2.851	-145.0930
200	0.00989	3	2.883	-194.6197	0.01024	3	2.867	-194.4707	0.01059	3	2.852	-194.3267
250	0.00883	3	2.883	-243.9797	0.00915	3	2.867	-243.8128	0.00945	3	2.852	-243.6515
300	0.00805	3	2.883	-293.4011	0.00834	3	2.867	-293.2180	0.00862	3	2.852	-293.0411
350	0.00745	3	2.883	-342.8690	0.00771	3	2.867	-342.6711	0.00797	3	2.852	-342.4798
400	0.00696	3	2.884	-392.3737	0.00721	3	2.868	-392.1620	0.00745	3	2.853	-391.9574
450	0.00656	3	2.884	-441.9085	0.00679	3	2.868	-441.6838	0.00702	3	2.853	-441.4667
500	0.00622	3	2.884	-491.4686	0.00644	3	2.868	-491.2316	0.00666	3	2.853	-491.0026
600	0.00567	3	2.884	-590.6503	0.00587	3	2.868	-590.3904	0.00607	3	2.853	-590.1393
700	0.00525	3	2.884	-689.8977	0.00544	3	2.868	-689.6169	0.00562	3	2.853	-689.3455
800	0.00491	3	2.884	-789.1973	0.00508	3	2.868	-788.8970	0.00525	3	2.853	-788.6067
900	0.00462	3	2.884	-888.5395	0.00479	3	2.868	-888.2208	0.00495	3	2.853	-887.9127
1000	0.00438	3	2.884	-987.9173	0.00454	3	2.869	-987.5812	0.00469	3	2.854	-987.2563

B	Delta = 2.00 Y	A = 0.0090 N	C	M	Delta = 2.00 Y	A = 0.0095 N	C	M	Delta = 2.00 Y	A = 0.0100 N	C	M
1	0.19601	3	2.783	-0.6337	0.20309	3	2.768	-0.6262	0.21007	3	2.754	-0.6189
2	0.12795	3	2.802	-1.4623	0.13228	3	2.787	-1.4508	0.13654	3	2.773	-1.4396
3	0.10099	3	2.809	-2.3307	0.10432	3	2.795	-2.3160	0.10759	3	2.782	-2.3019
4	0.08575	3	2.814	-3.2197	0.08853	3	2.800	-3.2025	0.09126	3	2.786	-3.1858
5	0.07568	3	2.817	-4.1219	0.07811	3	2.803	-4.1024	0.08050	3	2.790	-4.0834
6	0.06842	3	2.819	-5.0334	0.07060	3	2.805	-5.0119	0.07274	3	2.792	-4.9909
7	0.06287	3	2.821	-5.9521	0.06486	3	2.807	-5.9286	0.06681	3	2.794	-5.9058
8	0.05845	3	2.822	-6.8764	0.06030	3	2.808	-6.8512	0.06211	3	2.795	-6.8266
9	0.05484	3	2.823	-7.8053	0.05656	3	2.809	-7.7784	0.05825	3	2.796	-7.7523
10	0.05181	3	2.824	-8.7381	0.05343	3	2.810	-8.7096	0.05502	3	2.797	-8.6819
15	0.04171	3	2.827	-13.4435	0.04300	3	2.814	-13.4081	0.04426	3	2.801	-13.3738
20	0.03582	3	2.829	-18.1952	0.03692	3	2.816	-18.1540	0.03800	3	2.803	-18.1139
25	0.03186	3	2.831	-22.9765	0.03283	3	2.817	-22.9301	0.03379	3	2.804	-22.8851
30	0.02896	3	2.831	-27.7787	0.02985	3	2.818	-27.7277	0.03071	3	2.805	-27.6781
35	0.02673	3	2.832	-32.5968	0.02754	3	2.819	-32.5415	0.02834	3	2.806	-32.4878
40	0.02494	3	2.833	-37.4275	0.02569	3	2.819	-37.3682	0.02644	3	2.806	-37.3107
45	0.02346	3	2.833	-42.2685	0.02417	3	2.820	-42.2055	0.02487	3	2.807	-42.1443
50	0.02222	3	2.834	-47.1181	0.02289	3	2.820	-47.0516	0.02355	3	2.807	-46.9870
60	0.02022	3	2.834	-56.8383	0.02083	3	2.821	-56.7653	0.02143	3	2.808	-56.6943
70	0.01868	3	2.835	-66.5811	0.01924	3	2.821	-66.5020	0.01979	3	2.808	-66.4251
80	0.01744	3	2.835	-76.3417	0.01797	3	2.822	-76.2569	0.01848	3	2.809	-76.1746
90	0.01642	3	2.836	-86.1168	0.01691	3	2.822	-86.0268	0.01740	3	2.809	-85.9393
100	0.01556	3	2.836	-95.9041	0.01602	3	2.822	-95.8091	0.01648	3	2.809	-95.7168
150	0.01265	3	2.837	-144.9726	0.01303	3	2.823	-144.8557	0.01340	3	2.810	-144.7422
200	0.01092	3	2.837	-194.1872	0.01125	3	2.824	-194.0520	0.01157	3	2.811	-193.9205
250	0.00975	3	2.838	-243.4954	0.01005	3	2.824	-243.3438	0.01033	3	2.811	-243.1966
300	0.00889	3	2.838	-292.8698	0.00916	3	2.825	-292.7036	0.00942	3	2.812	-292.5422
350	0.00823	3	2.838	-342.2946	0.00847	3	2.825	-342.1149	0.00871	3	2.812	-341.9403
400	0.00769	3	2.838	-391.7592	0.00792	3	2.825	-391.5670	0.00814	3	2.812	-391.3801
450	0.00724	3	2.839	-441.2564	0.00746	3	2.825	-441.0523	0.00767	3	2.812	-440.8540
500	0.00687	3	2.839	-490.7807	0.00707	3	2.825	-490.5655	0.00727	3	2.812	-490.3564
600	0.00626	3	2.839	-589.8961	0.00645	3	2.825	-589.6602	0.00663	3	2.813	-589.4309
700	0.00579	3	2.839	-689.0827	0.00597	3	2.826	-688.8276	0.00614	3	2.813	-688.5797
800	0.00542	3	2.839	-788.3255	0.00558	3	2.826	-788.0527	0.00574	3	2.813	-787.7875
900	0.00511	3	2.839	-887.6143	0.00526	3	2.826	-887.3248	0.00541	3	2.813	-887.0435
1000	0.00484	3	2.839	-986.9417	0.00499	3	2.826	-986.6364	0.00513	3	2.813	-986.3397

	Delta = 2.00		A = 0.0150		Delta = 2.00		A = 0.0200		Delta = 2.00		A = 0.0250	
B	Y	N	C	M	Y	N	C	M	Y	N	C	M
1	0.21225	2	2.536	-0.5628	0.26087	2	2.444	-0.5204	0.30735	2	2.371	-0.4852
2	0.13456	2	2.562	-1.3499	0.16288	2	2.475	-1.2825	0.18925	2	2.406	-1.2257
3	0.10494	2	2.573	-2.1862	0.12627	2	2.488	-2.0996	0.14593	2	2.420	-2.0261
4	0.08849	2	2.580	-3.0481	0.10611	2	2.495	-2.9453	0.12227	2	2.428	-2.8576
5	0.07774	2	2.584	-3.9265	0.09302	2	2.500	-3.8092	0.10697	2	2.434	-3.7091
6	0.07005	2	2.587	-4.8164	0.08367	2	2.504	-4.6862	0.09609	2	2.438	-4.5748
7	0.06420	2	2.589	-5.7152	0.07660	2	2.506	-5.5730	0.08786	2	2.441	-5.4513
8	0.05957	2	2.591	-6.6210	0.07100	2	2.508	-6.4677	0.08138	2	2.443	-6.3364
9	0.05579	2	2.593	-7.5325	0.06645	2	2.510	-7.3687	0.07610	2	2.445	-7.2283
10	0.05263	2	2.594	-8.4488	0.06264	2	2.512	-8.2751	0.07170	2	2.447	-8.1262
15	0.04217	2	2.598	-13.0821	0.05008	2	2.517	-12.8652	0.05721	2	2.453	-12.6787
20	0.03612	2	2.601	-17.7730	0.04283	2	2.520	-17.5195	0.04888	2	2.456	-17.3013
25	0.03206	2	2.603	-22.5006	0.03799	2	2.522	-22.2149	0.04332	2	2.458	-21.9689
30	0.02911	2	2.604	-27.2544	0.03447	2	2.523	-26.9396	0.03928	2	2.460	-26.6683
35	0.02683	2	2.605	-32.0279	0.03176	2	2.524	-31.6863	0.03618	2	2.461	-31.3918
40	0.02501	2	2.606	-36.8171	0.02959	2	2.525	-36.4506	0.03370	2	2.462	-36.1345
45	0.02351	2	2.607	-41.6191	0.02781	2	2.526	-41.2292	0.03166	2	2.463	-40.8928
50	0.02225	2	2.607	-46.4319	0.02631	2	2.527	-46.0198	0.02995	2	2.464	-45.6642
60	0.02024	2	2.608	-56.0836	0.02392	2	2.528	-55.6303	0.02721	2	2.465	-55.2391
70	0.01868	2	2.609	-65.7633	0.02207	2	2.529	-65.2722	0.02510	2	2.466	-64.8481
80	0.01743	2	2.609	-75.4651	0.02059	2	2.529	-74.9388	0.02341	2	2.466	-74.4841
90	0.01640	2	2.610	-85.1851	0.01937	2	2.530	-84.6257	0.02202	2	2.467	-84.1423
100	0.01553	2	2.610	-94.9203	0.01834	2	2.530	-94.3295	0.02085	2	2.467	-93.8190
150	0.01261	2	2.611	-143.7604	0.01488	2	2.532	-143.0325	0.01691	2	2.469	-142.4031
200	0.01088	2	2.612	-192.7825	0.01284	2	2.533	-191.9390	0.01458	2	2.470	-191.2094
250	0.00971	2	2.613	-241.9210	0.01145	2	2.533	-240.9756	0.01300	2	2.471	-240.1577
300	0.00885	2	2.613	-291.1421	0.01044	2	2.534	-290.1046	0.01185	2	2.471	-289.2069
350	0.00818	2	2.613	-340.4259	0.00965	2	2.534	-339.3037	0.01095	2	2.472	-338.3325
400	0.00765	2	2.614	-389.7592	0.00901	2	2.534	-388.5582	0.01023	2	2.472	-387.5187
450	0.00720	2	2.614	-439.1330	0.00849	2	2.534	-437.8580	0.00964	2	2.472	-436.7543
500	0.00683	2	2.614	-488.5408	0.00805	2	2.535	-487.1957	0.00913	2	2.472	-486.0313
600	0.00623	2	2.614	-587.4393	0.00734	2	2.535	-585.9640	0.00832	2	2.473	-584.6866
700	0.00576	2	2.615	-686.4264	0.00679	2	2.535	-684.8313	0.00770	2	2.473	-683.4501
800	0.00538	2	2.615	-785.4835	0.00634	2	2.535	-783.7770	0.00720	2	2.473	-782.2991
900	0.00507	2	2.615	-884.5980	0.00597	2	2.536	-882.7867	0.00678	2	2.473	-881.2181
1000	0.00481	2	2.615	-983.7605	0.00566	2	2.536	-981.8501	0.00643	2	2.473	-980.1957

B	Delta = 2.00 Y	N	C	A = 0.0300 M	Delta = 2.00 Y	N	C	A = 0.0350 M	Delta = 2.00 Y	N	C	A = 0.0400 M
1	0.35254	2	2.309	-0.4548	0.39695	2	2.255	-0.4281	0.44093	2	2.208	-0.4042
2	0.21427	2	2.348	-1.1761	0.23831	2	2.298	-1.1319	0.26159	2	2.254	-1.0918
3	0.16440	2	2.364	-1.9616	0.18200	2	2.315	-1.9038	0.19890	2	2.273	-1.8513
4	0.13737	2	2.373	-2.7805	0.15168	2	2.325	-2.7113	0.16537	2	2.283	-2.6482
5	0.11997	2	2.379	-3.6210	0.13224	2	2.332	-3.5416	0.14395	2	2.290	-3.4692
6	0.10762	2	2.383	-4.4766	0.11850	2	2.336	-4.3881	0.12885	2	2.295	-4.3073
7	0.09832	2	2.387	-5.3439	0.10815	2	2.340	-5.2470	0.11750	2	2.299	-5.1583
8	0.09099	2	2.389	-6.2203	0.10002	2	2.343	-6.1155	0.10859	2	2.302	-6.0196
9	0.08504	2	2.391	-7.1042	0.09342	2	2.345	-6.9921	0.10137	2	2.305	-6.8894
10	0.08008	2	2.393	-7.9944	0.08793	2	2.347	-7.8753	0.09537	2	2.307	-7.7662
15	0.06378	2	2.399	-12.5133	0.06993	2	2.354	-12.3637	0.07573	2	2.314	-12.2264
20	0.05444	2	2.403	-17.1077	0.05963	2	2.358	-16.9323	0.06452	2	2.318	-16.7712
25	0.04821	2	2.405	-21.7503	0.05278	2	2.360	-21.5522	0.05707	2	2.321	-21.3701
30	0.04370	2	2.407	-26.4272	0.04781	2	2.362	-26.2086	0.05168	2	2.323	-26.0075
35	0.04023	2	2.409	-31.1300	0.04400	2	2.364	-30.8925	0.04755	2	2.325	-30.6740
40	0.03746	2	2.410	-35.8534	0.04096	2	2.365	-35.5983	0.04425	2	2.326	-35.3636
45	0.03519	2	2.411	-40.5936	0.03847	2	2.366	-40.3220	0.04155	2	2.327	-40.0720
50	0.03328	2	2.411	-45.3478	0.03637	2	2.367	-45.0607	0.03928	2	2.328	-44.7963
60	0.03023	2	2.413	-54.8908	0.03303	2	2.368	-54.5746	0.03566	2	2.329	-54.2833
70	0.02788	2	2.413	-64.4705	0.03045	2	2.369	-64.1275	0.03287	2	2.330	-63.8117
80	0.02599	2	2.414	-74.0793	0.02839	2	2.370	-73.7115	0.03064	2	2.331	-73.3726
90	0.02444	2	2.415	-83.7118	0.02669	2	2.371	-83.3206	0.02880	2	2.332	-82.9602
100	0.02314	2	2.415	-93.3643	0.02526	2	2.371	-92.9510	0.02726	2	2.333	-92.5702
150	0.01875	2	2.417	-141.8421	0.02047	2	2.373	-141.3321	0.02207	2	2.335	-140.8620
200	0.01617	2	2.418	-190.5589	0.01764	2	2.374	-189.9673	0.01902	2	2.336	-189.4218
250	0.01442	2	2.419	-239.4283	0.01573	2	2.375	-238.7649	0.01696	2	2.337	-238.1530
300	0.01313	2	2.420	-288.4062	0.01433	2	2.376	-287.6778	0.01544	2	2.337	-287.0059
350	0.01214	2	2.420	-337.4662	0.01324	2	2.376	-336.6781	0.01427	2	2.338	-335.9510
400	0.01134	2	2.420	-386.5913	0.01237	2	2.376	-385.7476	0.01333	2	2.338	-384.9692
450	0.01068	2	2.421	-435.7696	0.01165	2	2.377	-434.8737	0.01255	2	2.338	-434.0470
500	0.01012	2	2.421	-484.9924	0.01104	2	2.377	-484.0471	0.01189	2	2.339	-483.1748
600	0.00923	2	2.421	-583.5469	0.01006	2	2.377	-582.5097	0.01084	2	2.339	-581.5525
700	0.00853	2	2.422	-682.2176	0.00930	2	2.378	-681.0959	0.01002	2	2.339	-680.0607
800	0.00797	2	2.422	-780.9803	0.00869	2	2.378	-779.7800	0.00936	2	2.340	-778.6721
900	0.00751	2	2.422	-879.8182	0.00819	2	2.378	-878.5440	0.00882	2	2.340	-877.3679
1000	0.00712	2	2.422	-978.7191	0.00776	2	2.378	-977.3750	0.00836	2	2.340	-976.1344

	Delta = 2.00		A = 0.0450		Delta = 2.00		A = 0.0500		Delta = 2.00		A = 0.0550	
B	Y	N	C	M	Y	N	C	M	Y	N	C	M
1	0.32457	1	2.057	-0.3838	0.35461	1	2.015	-0.3690	0.38450	1	1.976	-0.3555
2	0.28428	2	2.215	-1.0552	0.30651	2	2.179	-1.0213	0.21641	1	2.040	-0.9959
3	0.21525	2	2.235	-1.8030	0.23114	2	2.200	-1.7582	0.16098	1	2.065	-1.7173
4	0.17855	2	2.246	-2.5900	0.19131	2	2.212	-2.5360	0.20372	2	2.181	-2.4853
5	0.15519	2	2.253	-3.4023	0.16605	2	2.220	-3.3400	0.17658	2	2.190	-3.2817
6	0.13876	2	2.259	-4.2325	0.14832	2	2.226	-4.1628	0.15757	2	2.196	-4.0974
7	0.12644	2	2.263	-5.0763	0.13504	2	2.230	-4.9998	0.14336	2	2.200	-4.9280
8	0.11678	2	2.266	-5.9309	0.12465	2	2.234	-5.8480	0.13226	2	2.204	-5.7702
9	0.10896	2	2.269	-6.7943	0.11625	2	2.236	-6.7055	0.12328	2	2.207	-6.6220
10	0.10247	2	2.271	-7.6651	0.10928	2	2.239	-7.5706	0.11584	2	2.209	-7.4817
15	0.08125	2	2.279	-12.0989	0.08653	2	2.247	-11.9797	0.09161	2	2.218	-11.8675
20	0.06917	2	2.283	-16.6216	0.07361	2	2.251	-16.4815	0.07787	2	2.223	-16.3494
25	0.06115	2	2.286	-21.2009	0.06504	2	2.255	-21.0424	0.06878	2	2.226	-20.8930
30	0.05535	2	2.288	-25.8206	0.05885	2	2.257	-25.6455	0.06221	2	2.228	-25.4803
35	0.05091	2	2.290	-30.4709	0.05412	2	2.259	-30.2804	0.05719	2	2.230	-30.1007
40	0.04737	2	2.291	-35.1453	0.05034	2	2.260	-34.9406	0.05319	2	2.232	-34.7474
45	0.04447	2	2.292	-39.8395	0.04725	2	2.261	-39.6214	0.04991	2	2.233	-39.4156
50	0.04203	2	2.293	-44.5503	0.04465	2	2.262	-44.3195	0.04716	2	2.234	-44.1017
60	0.03814	2	2.295	-54.0123	0.04051	2	2.264	-53.7580	0.04278	2	2.235	-53.5179
70	0.03515	2	2.296	-63.5176	0.03733	2	2.265	-63.2417	0.03941	2	2.237	-62.9810
80	0.03276	2	2.297	-73.0571	0.03479	2	2.266	-72.7610	0.03672	2	2.238	-72.4813
90	0.03080	2	2.298	-82.6246	0.03269	2	2.267	-82.3096	0.03451	2	2.239	-82.0120
100	0.02914	2	2.298	-92.2155	0.03093	2	2.267	-91.8826	0.03265	2	2.239	-91.5680
150	0.02359	2	2.300	-140.4239	0.02503	2	2.270	-140.0126	0.02641	2	2.242	-139.6237
200	0.02032	2	2.302	-188.9135	0.02156	2	2.271	-188.4360	0.02274	2	2.243	-187.9846
250	0.01812	2	2.303	-237.5827	0.01922	2	2.272	-237.0470	0.02027	2	2.244	-236.5404
300	0.01650	2	2.303	-286.3796	0.01749	2	2.273	-285.7912	0.01845	2	2.245	-285.2348
350	0.01524	2	2.304	-335.2733	0.01616	2	2.273	-334.6364	0.01704	2	2.245	-334.0341
400	0.01423	2	2.304	-384.2435	0.01509	2	2.274	-383.5615	0.01592	2	2.246	-382.9166
450	0.01340	2	2.304	-433.2763	0.01421	2	2.274	-432.5520	0.01498	2	2.246	-431.8669
500	0.01270	2	2.305	-482.3615	0.01347	2	2.274	-481.5971	0.01420	2	2.246	-480.8742
600	0.01157	2	2.305	-580.6600	0.01227	2	2.275	-579.8212	0.01294	2	2.247	-579.0277
700	0.01070	2	2.306	-679.0954	0.01134	2	2.275	-678.1880	0.01196	2	2.247	-677.3297
800	0.01000	2	2.306	-777.6390	0.01060	2	2.275	-776.6679	0.01117	2	2.248	-775.7492
900	0.00942	2	2.306	-876.2712	0.00998	2	2.276	-875.2401	0.01052	2	2.248	-874.2647
1000	0.00893	2	2.306	-974.9774	0.00946	2	2.276	-973.8898	0.00997	2	2.248	-972.8607

	Delta = 2.00		A = 0.0600		Delta = 2.00		A = 0.0650		Delta = 2.00		A = 0.0700	
B	Y	N	C	M	Y	N	C	M	Y	N	C	M
1	0.41430	1	1.940	-0.3430	0.44407	1	1.907	-0.3313	0.47384	1	1.875	-0.3204
2	0.23128	1	2.007	-0.9735	0.24593	1	1.977	-0.9526	0.26039	1	1.948	-0.9328
3	0.17151	1	2.034	-1.6872	0.18184	1	2.004	-1.6589	0.19198	1	1.977	-1.6322
4	0.14056	1	2.049	-2.4450	0.14879	1	2.020	-2.4104	0.15685	1	1.993	-2.3777
5	0.12119	1	2.059	-3.2312	0.12815	1	2.030	-3.1910	0.13496	1	2.003	-3.1530
6	0.10773	1	2.066	-4.0376	0.11383	1	2.037	-3.9924	0.11979	1	2.011	-3.9496
7	0.15143	2	2.173	-4.8601	0.10319	1	2.043	-4.8096	0.10854	1	2.017	-4.7624
8	0.13962	2	2.177	-5.6966	0.09493	1	2.047	-5.6394	0.09980	1	2.021	-5.5880
9	0.13009	2	2.180	-6.5430	0.08828	1	2.051	-6.4794	0.09278	1	2.025	-6.4242
10	0.12220	2	2.182	-7.3977	0.08278	1	2.054	-7.3280	0.08698	1	2.028	-7.2691
15	0.09652	2	2.191	-11.7611	0.06503	1	2.064	-11.6646	0.06826	1	2.039	-11.5896
20	0.08199	2	2.196	-16.2243	0.08597	2	2.172	-16.1052	0.05776	1	2.045	-16.0163
25	0.07238	2	2.199	-20.7513	0.07586	2	2.175	-20.6164	0.05086	1	2.049	-20.5109
30	0.06545	2	2.202	-25.3236	0.06857	2	2.178	-25.1743	0.04590	1	2.052	-25.0540
35	0.06015	2	2.204	-29.9302	0.06300	2	2.180	-29.7678	0.04212	1	2.055	-29.6337
40	0.05593	2	2.205	-34.5641	0.05857	2	2.181	-34.3894	0.03912	1	2.056	-34.2425
45	0.05247	2	2.207	-39.2202	0.05494	2	2.183	-39.0340	0.03667	1	2.058	-38.8750
50	0.04958	2	2.208	-43.8950	0.05190	2	2.184	-43.6979	0.03462	1	2.059	-43.5273
60	0.04496	2	2.209	-53.2900	0.04706	2	2.186	-53.0726	0.03135	1	2.061	-52.8808
70	0.04141	2	2.211	-62.7336	0.04334	2	2.187	-62.4976	0.02885	1	2.063	-62.2861
80	0.03858	2	2.212	-72.2157	0.04037	2	2.188	-71.9624	0.02685	1	2.064	-71.7326
90	0.03625	2	2.213	-81.7293	0.03793	2	2.189	-81.4596	0.02521	1	2.065	-81.2127
100	0.03429	2	2.213	-91.2692	0.03587	2	2.190	-90.9842	0.02384	1	2.066	-90.7209
150	0.02773	2	2.216	-139.2543	0.02900	2	2.192	-138.9017	0.01924	1	2.069	-138.5671
200	0.02388	2	2.217	-187.5555	0.02497	2	2.194	-187.1461	0.02602	2	2.172	-186.7538
250	0.02127	2	2.218	-236.0589	0.02224	2	2.195	-235.5993	0.02318	2	2.173	-235.1589
300	0.01936	2	2.219	-284.7058	0.02024	2	2.196	-284.2009	0.02109	2	2.174	-283.7170
350	0.01789	2	2.220	-333.4615	0.01870	2	2.196	-332.9149	0.01948	2	2.174	-332.3911
400	0.01670	2	2.220	-382.3034	0.01746	2	2.197	-381.7179	0.01819	2	2.175	-381.1569
450	0.01572	2	2.221	-431.2156	0.01644	2	2.197	-430.5937	0.01712	2	2.175	-429.9977
500	0.01490	2	2.221	-480.1868	0.01557	2	2.197	-479.5304	0.01622	2	2.176	-478.9013
600	0.01357	2	2.221	-578.2732	0.01419	2	2.198	-577.5527	0.01478	2	2.176	-576.8621
700	0.01255	2	2.222	-676.5134	0.01311	2	2.198	-675.7340	0.01366	2	2.177	-674.9869
800	0.01172	2	2.222	-774.8755	0.01225	2	2.199	-774.0412	0.01276	2	2.177	-773.2414
900	0.01104	2	2.222	-873.3372	0.01154	2	2.199	-872.4513	0.01202	2	2.177	-871.6021
1000	0.01046	2	2.223	-971.8821	0.01093	2	2.199	-970.9475	0.01139	2	2.177	-970.0515

B	Delta = 2.00 Y	N	C	A = 0.0750 M	Delta = 2.00 Y	N	C	A = 0.0800 M	Delta = 2.00 Y	N	C	A = 0.0850 M
1	0.50366	1	1.845	-0.3102	0.53355	1	1.816	-0.3005	0.56354	1	1.789	-0.2914
2	0.27468	1	1.921	-0.9141	0.28884	1	1.895	-0.8964	0.30287	1	1.871	-0.8795
3	0.20196	1	1.951	-1.6068	0.21180	1	1.926	-1.5826	0.22151	1	1.903	-1.5595
4	0.16476	1	1.967	-2.3466	0.17253	1	1.943	-2.3170	0.18019	1	1.921	-2.2886
5	0.14163	1	1.978	-3.1169	0.14817	1	1.955	-3.0824	0.15461	1	1.933	-3.0493
6	0.12562	1	1.986	-3.9089	0.13134	1	1.963	-3.8700	0.13695	1	1.941	-3.8327
7	0.11377	1	1.992	-4.7174	0.11889	1	1.969	-4.6744	0.12391	1	1.947	-4.6332
8	0.10456	1	1.997	-5.5391	0.10923	1	1.974	-5.4923	0.11380	1	1.952	-5.4475
9	0.09717	1	2.001	-6.3715	0.10147	1	1.978	-6.3212	0.10569	1	1.957	-6.2729
10	0.09108	1	2.004	-7.2130	0.09508	1	1.982	-7.1592	0.09901	1	1.960	-7.1077
15	0.07141	1	2.015	-11.5180	0.07449	1	1.993	-11.4494	0.07750	1	1.972	-11.3836
20	0.06040	1	2.021	-15.9316	0.06297	1	1.999	-15.8506	0.06548	1	1.978	-15.7727
25	0.05316	1	2.026	-20.4148	0.05541	1	2.004	-20.3227	0.05760	1	1.983	-20.2342
30	0.04797	1	2.029	-24.9475	0.04998	1	2.007	-24.8454	0.05195	1	1.986	-24.7472
35	0.04401	1	2.031	-29.5176	0.04585	1	2.009	-29.4063	0.04764	1	1.988	-29.2993
40	0.04087	1	2.033	-34.1174	0.04257	1	2.011	-33.9976	0.04423	1	1.990	-33.8824
45	0.03830	1	2.035	-38.7416	0.03989	1	2.013	-38.6137	0.04144	1	1.992	-38.4907
50	0.03615	1	2.036	-43.3860	0.03765	1	2.014	-43.2505	0.03911	1	1.994	-43.1203
60	0.03274	1	2.038	-52.7247	0.03409	1	2.016	-52.5751	0.03540	1	1.996	-52.4311
70	0.03012	1	2.040	-62.1165	0.03136	1	2.018	-61.9538	0.03256	1	1.998	-61.7974
80	0.02803	1	2.041	-71.5504	0.02918	1	2.019	-71.3756	0.03030	1	1.999	-71.2075
90	0.02632	1	2.042	-81.0186	0.02740	1	2.021	-80.8324	0.02844	1	2.000	-80.6533
100	0.02488	1	2.043	-90.5156	0.02590	1	2.021	-90.3187	0.02689	1	2.001	-90.1292
150	0.02008	1	2.046	-138.3127	0.02089	1	2.025	-138.0686	0.02168	1	2.004	-137.8337
200	0.01726	1	2.048	-186.4554	0.01796	1	2.027	-186.1715	0.01864	1	2.006	-185.8983
250	0.01537	1	2.049	-234.8190	0.01599	1	2.028	-234.5001	0.01659	1	2.008	-234.1931
300	0.01398	1	2.050	-283.3395	0.01454	1	2.029	-282.9889	0.01509	1	2.008	-282.6515
350	0.01291	1	2.051	-331.9790	0.01343	1	2.029	-331.5993	0.01393	1	2.009	-331.2337
400	0.01205	1	2.051	-380.7127	0.01253	1	2.030	-380.3058	0.01300	1	2.010	-379.9141
450	0.01134	1	2.052	-429.5233	0.01179	1	2.031	-429.0909	0.01224	1	2.010	-428.6747
500	0.01074	1	2.052	-478.3983	0.01117	1	2.031	-477.9419	0.01159	1	2.011	-477.5025
600	0.00978	1	2.053	-576.3059	0.01017	1	2.032	-575.8047	0.01055	1	2.011	-575.3221
700	0.00904	1	2.053	-674.3818	0.00940	1	2.032	-673.8393	0.00975	1	2.012	-673.3171
800	0.00844	1	2.054	-772.5908	0.00878	1	2.033	-772.0100	0.00911	1	2.012	-771.4508
900	0.00795	1	2.054	-870.9087	0.00826	1	2.033	-870.2918	0.00857	1	2.013	-869.6979
1000	0.00753	1	2.054	-969.3177	0.00783	1	2.033	-968.6667	0.00812	1	2.013	-968.0400

B	Delta = 2.00 Y	N	C	A = 0.0900 M	Delta = 2.00 Y	N	C	A = 0.0950 M	Delta = 2.00 Y	N	C	A = 0.1000 M
1	0.59365	1	1.763	-0.2828	0.62392	1	1.738	-0.2746	0.65435	1	1.715	-0.2667
2	0.31679	1	1.848	-0.8633	0.33061	1	1.826	-0.8479	0.34435	1	1.805	-0.8331
3	0.23110	1	1.881	-1.5374	0.24059	1	1.860	-1.5162	0.24997	1	1.840	-1.4959
4	0.18773	1	1.899	-2.2614	0.19517	1	1.879	-2.2353	0.20252	1	1.859	-2.2102
5	0.16094	1	1.911	-3.0176	0.16717	1	1.891	-2.9872	0.17332	1	1.872	-2.9578
6	0.14247	1	1.920	-3.7969	0.14790	1	1.900	-3.7625	0.15325	1	1.881	-3.7292
7	0.12884	1	1.927	-4.5937	0.13369	1	1.907	-4.5556	0.13847	1	1.888	-4.5188
8	0.11829	1	1.932	-5.4044	0.12270	1	1.912	-5.3629	0.12703	1	1.893	-5.3228
9	0.10982	1	1.936	-6.2265	0.11388	1	1.916	-6.1818	0.11788	1	1.898	-6.1386
10	0.10285	1	1.940	-7.0582	0.10663	1	1.920	-7.0104	0.11034	1	1.902	-6.9643
15	0.08044	1	1.951	-11.3203	0.08333	1	1.932	-11.2593	0.08617	1	1.914	-11.2003
20	0.06794	1	1.958	-15.6977	0.07034	1	1.939	-15.6254	0.07271	1	1.921	-15.5555
25	0.05974	1	1.963	-20.1490	0.06184	1	1.944	-20.0667	0.06390	1	1.926	-19.9872
30	0.05387	1	1.966	-24.6527	0.05575	1	1.947	-24.5615	0.05759	1	1.930	-24.4733
35	0.04939	1	1.969	-29.1963	0.05111	1	1.950	-29.0968	0.05279	1	1.932	-29.0005
40	0.04585	1	1.971	-33.7714	0.04744	1	1.952	-33.6642	0.04899	1	1.934	-33.5605
45	0.04296	1	1.973	-38.3722	0.04444	1	1.954	-38.2578	0.04589	1	1.936	-38.1471
50	0.04053	1	1.974	-42.9947	0.04193	1	1.955	-42.8734	0.04329	1	1.938	-42.7561
60	0.03669	1	1.976	-52.2924	0.03794	1	1.958	-52.1584	0.03917	1	1.940	-52.0287
70	0.03374	1	1.978	-61.6466	0.03489	1	1.960	-61.5009	0.03602	1	1.942	-61.3598
80	0.03139	1	1.980	-71.0454	0.03246	1	1.961	-70.8888	0.03351	1	1.943	-70.7372
90	0.02947	1	1.981	-80.4807	0.03047	1	1.962	-80.3138	0.03145	1	1.945	-80.1523
100	0.02785	1	1.982	-89.9465	0.02880	1	1.963	-89.7700	0.02972	1	1.946	-89.5991
150	0.02246	1	1.985	-137.6071	0.02321	1	1.967	-137.3882	0.02395	1	1.949	-137.1762
200	0.01931	1	1.987	-185.6348	0.01995	1	1.969	-185.3801	0.02059	1	1.951	-185.1334
250	0.01718	1	1.988	-233.8970	0.01776	1	1.970	-233.6108	0.01832	1	1.953	-233.3335
300	0.01563	1	1.989	-282.3259	0.01615	1	1.971	-282.0112	0.01666	1	1.954	-281.7063
350	0.01442	1	1.990	-330.8811	0.01491	1	1.972	-330.5401	0.01538	1	1.955	-330.2099
400	0.01346	1	1.991	-379.5363	0.01391	1	1.973	-379.1709	0.01435	1	1.955	-378.8170
450	0.01267	1	1.991	-428.2732	0.01309	1	1.973	-427.8849	0.01350	1	1.956	-427.5088
500	0.01200	1	1.992	-477.0785	0.01240	1	1.973	-476.6686	0.01279	1	1.956	-476.2715
600	0.01092	1	1.992	-574.8565	0.01129	1	1.974	-574.4062	0.01164	1	1.957	-573.9701
700	0.01009	1	1.993	-672.8131	0.01043	1	1.975	-672.3258	0.01076	1	1.957	-671.8537
800	0.00943	1	1.993	-770.9112	0.00974	1	1.975	-770.3893	0.01004	1	1.958	-769.8838
900	0.00887	1	1.994	-869.1248	0.00917	1	1.976	-868.5706	0.00946	1	1.958	-868.0337
1000	0.00841	1	1.994	-967.4352	0.00869	1	1.976	-966.8503	0.00896	1	1.959	-966.2837

	Delta = 2.00		A = 0.2000		Delta = 2.00		A = 0.3000		Delta = 2.00		A = 0.4000	
B	Y	N	C	M	Y	N	C	M	Y	N	C	M
1	2.41421	0	0.000	-0.1716	2.41421	0	0.000	-0.1716	2.41421	0	0.000	-0.1716
2	0.61183	1	1.498	-0.6184	1.36603	0	0.000	-0.5359	1.36603	0	0.000	-0.5359
3	0.42559	1	1.550	-1.1942	1.00000	0	0.000	-1.0000	1.00000	0	0.000	-1.0000
4	0.33718	1	1.579	-1.8338	0.46062	1	1.399	-1.5814	0.80902	0	0.000	-1.5279
5	0.28452	1	1.598	-2.5150	0.38419	1	1.423	-2.2142	0.68990	0	0.000	-2.1010
6	0.24911	1	1.611	-3.2261	0.33369	1	1.439	-2.8812	0.60763	0	0.000	-2.7085
7	0.22343	1	1.621	-3.9600	0.29753	1	1.452	-3.5743	0.54692	0	0.000	-3.3431
8	0.20381	1	1.629	-4.7120	0.27016	1	1.462	-4.2883	0.50000	0	0.000	-4.0000
9	0.18824	1	1.635	-5.4789	0.24861	1	1.470	-5.0193	0.46248	0	0.000	-4.6754
10	0.17554	1	1.640	-6.2582	0.23114	1	1.476	-5.7646	0.28186	1	1.354	-5.3739
15	0.13538	1	1.658	-10.2904	0.17654	1	1.498	-9.6474	0.21349	1	1.379	-9.1337
20	0.11343	1	1.668	-14.4735	0.14712	1	1.510	-13.7039	0.17708	1	1.394	-13.0861
25	0.09922	1	1.674	-18.7532	0.12824	1	1.518	-17.8719	0.15390	1	1.403	-17.1622
30	0.08912	1	1.679	-23.1017	0.11490	1	1.524	-22.1193	0.13759	1	1.410	-21.3263
35	0.08149	1	1.683	-27.5024	0.10485	1	1.529	-26.4270	0.12536	1	1.415	-25.5573
40	0.07547	1	1.686	-31.9445	0.09696	1	1.532	-30.7824	0.11577	1	1.419	-29.8413
45	0.07057	1	1.688	-36.4204	0.09055	1	1.535	-35.1769	0.10800	1	1.423	-34.1686
50	0.06649	1	1.690	-40.9247	0.08522	1	1.538	-39.6040	0.10156	1	1.426	-38.5323
60	0.06002	1	1.694	-50.0024	0.07681	1	1.542	-48.5384	0.09141	1	1.430	-47.3485
70	0.05510	1	1.696	-59.1542	0.07041	1	1.545	-57.5583	0.08371	1	1.434	-56.2596
80	0.05118	1	1.698	-68.3646	0.06535	1	1.547	-66.6458	0.07762	1	1.437	-65.2459
90	0.04798	1	1.700	-77.6230	0.06121	1	1.549	-75.7888	0.07266	1	1.439	-74.2938
100	0.04531	1	1.701	-86.9215	0.05775	1	1.551	-84.9781	0.06851	1	1.441	-83.3931
150	0.03640	1	1.706	-133.8488	0.04629	1	1.557	-131.4271	0.05481	1	1.448	-129.4478
200	0.03122	1	1.709	-181.2580	0.03966	1	1.560	-178.4331	0.04690	1	1.451	-176.1212
250	0.02775	1	1.711	-228.9753	0.03521	1	1.563	-225.7950	0.04161	1	1.454	-223.1901
300	0.02521	1	1.712	-276.9116	0.03197	1	1.564	-273.4099	0.03776	1	1.456	-270.5400
350	0.02325	1	1.713	-325.0137	0.02947	1	1.566	-321.2164	0.03479	1	1.457	-318.1029
400	0.02169	1	1.714	-373.2472	0.02747	1	1.567	-369.1748	0.03243	1	1.459	-365.8344
450	0.02040	1	1.715	-421.5879	0.02583	1	1.567	-417.2572	0.03048	1	1.460	-413.7037
500	0.01931	1	1.715	-470.0186	0.02445	1	1.568	-465.4435	0.02884	1	1.460	-461.6885
600	0.01757	1	1.716	-567.0997	0.02223	1	1.569	-562.0700	0.02622	1	1.462	-557.9402
700	0.01622	1	1.717	-664.4155	0.02052	1	1.570	-658.9677	0.02419	1	1.463	-654.4932
800	0.01514	1	1.718	-761.9171	0.01915	1	1.571	-756.0801	0.02257	1	1.464	-751.2847
900	0.01425	1	1.718	-859.5704	0.01802	1	1.572	-853.3681	0.02123	1	1.464	-848.2713
1000	0.01350	1	1.719	-957.3509	0.01707	1	1.572	-950.8029	0.02011	1	1.465	-945.4210

Anhang B

Tabelle der kostenoptimalen np-Karten

P1 = p_I = Ausschußanteil bei Produktion im Zustand I (Sollzustand)

P2 = p_{II} = Ausschußanteil bei Produktion im Zustand II

A = a = $\frac{\text{Prüfkosten pro Stück}}{\text{Kosten für einen Fehlalarm}}$

B = b_1 = $\frac{\text{Durchschnittlicher Gewinn pro Reparatur}}{\text{Kosten für einen Fehlalarm}}$

Y = y = Anteil des Kontrollabstandes an der mittleren Lebensdauer des Sollzustandes (Zustand I)

N = n = Stichprobenumfang

C = c = Annahmezahl

M = m = Minimalwert des standardisierten Verlustes

		A = 0.0001			B = 1	A = 0.0001			B = 5	A = 0.0001			B = 10
P1	P2	Y	N	C	M	Y	N	C	M	Y	N	C	M
0.01	0.05	0.09557	96	4	-0.7207	0.03824	95	4	-4.3409	0.02648	95	4	-9.0562
0.01	0.06	0.09028	86	4	-0.7555	0.03662	85	4	-4.4288	0.02543	85	4	-9.1839
0.01	0.07	0.08447	77	4	-0.7798	0.03521	77	4	-4.4887	0.02450	77	4	-9.2705
0.01	0.08	0.06255	47	3	-0.8003	0.02627	47	3	-4.5369	0.01770	46	3	-9.3394
0.01	0.09	0.05916	43	3	-0.8162	0.02499	43	3	-4.5757	0.01744	43	3	-9.3953
0.01	0.10	0.05710	40	3	-0.8290	0.02422	40	3	-4.6062	0.01692	40	3	-9.4393
0.01	0.15	0.03265	16	2	-0.8672	0.02157	30	3	-4.6968	0.01511	30	3	-9.5691
0.01	0.20	0.03277	14	2	-0.8916	0.01281	13	2	-4.7530	0.00899	13	2	-9.6492
0.02	0.08	0.09411	90	6	-0.7456	0.03791	89	6	-4.4037	0.02631	89	6	-9.1474
0.02	0.09	0.09085	84	6	-0.7687	0.03695	83	6	-4.4612	0.02569	83	6	-9.2308
0.02	0.10	0.07421	61	5	-0.7877	0.03103	61	5	-4.5069	0.02160	61	5	-9.2963
0.02	0.15	0.05504	35	4	-0.8443	0.02347	35	4	-4.6424	0.01570	34	4	-9.4912
0.02	0.20	0.03861	19	3	-0.8728	0.01662	19	3	-4.7092	0.01165	19	3	-9.5866
0.03	0.10	0.09872	95	8	-0.7462	0.03976	94	8	-4.4055	0.02759	94	8	-9.1501
0.03	0.12	0.08211	71	7	-0.7842	0.03428	71	7	-4.4988	0.02386	71	7	-9.2849
0.03	0.15	0.06884	51	6	-0.8210	0.02912	51	6	-4.5874	0.02033	51	6	-9.4124
0.03	0.20	0.05382	33	5	-0.8575	0.02305	33	5	-4.6739	0.01614	33	5	-9.5363
0.03	0.25	0.04179	21	4	-0.8804	0.01803	21	4	-4.7271	0.01265	21	4	-9.6123
0.04	0.15	0.07903	65	8	-0.7977	0.03316	65	8	-4.5316	0.02310	65	8	-9.3321
0.04	0.17	0.06928	51	7	-0.8192	0.02929	51	7	-4.5829	0.02044	51	7	-9.4058
0.04	0.20	0.05660	37	6	-0.8427	0.02413	37	6	-4.6389	0.01687	37	6	-9.4862
0.04	0.25	0.04535	25	5	-0.8692	0.01950	25	5	-4.7011	0.01366	25	5	-9.5751
0.05	0.15	0.08845	78	10	-0.7728	0.03574	77	10	-4.4707	0.02485	77	10	-9.2444
0.05	0.20	0.06255	42	7	-0.8270	0.02838	49	8	-4.6017	0.01982	49	8	-9.4329
0.05	0.25	0.05210	30	6	-0.8582	0.02232	30	6	-4.6752	0.01563	30	6	-9.5381
0.06	0.20	0.07075	53	9	-0.8111	0.02983	53	9	-4.5634	0.02081	53	9	-9.3777
0.06	0.25	0.05609	34	7	-0.8470	0.02255	33	7	-4.6487	0.01578	33	7	-9.5001
0.06	0.30	0.04779	25	6	-0.8701	0.01905	24	6	-4.7031	0.01335	24	6	-9.5779
0.07	0.20	0.08015	64	11	-0.7937	0.03235	63	11	-4.5215	0.02470	71	12	-9.3176
0.07	0.25	0.06539	44	9	-0.8356	0.02656	43	9	-4.6221	0.01856	43	9	-9.4620
0.07	0.30	0.04933	28	7	-0.8617	0.02116	28	7	-4.6836	0.01482	28	7	-9.5500
0.08	0.25	0.06726	47	10	-0.8235	0.02848	47	10	-4.5929	0.02138	53	11	-9.4202
0.08	0.30	0.05467	32	8	-0.8530	0.02530	37	9	-4.6630	0.01770	37	9	-9.5207
0.09	0.30	0.06146	40	10	-0.8441	0.02621	40	10	-4.6422	0.01833	40	10	-9.4909
0.09	0.40	0.04204	21	7	-0.8827	0.01816	21	7	-4.7326	0.01274	21	7	-9.6201
0.10	0.30	0.06403	43	11	-0.8347	0.02722	43	11	-4.6198	0.01902	43	11	-9.4587
0.10	0.40	0.04566	24	8	-0.8772	0.01968	24	8	-4.7199	0.01380	24	8	-9.6021

		A = 0.0001		B = 20		A = 0.0001		B = 30		A = 0.0001		B = 40	
P1	P2	Y	N	C	M	Y	N	C	M	Y	N	C	M
0.01	0.05	0.01845	95	4	-18.6534	0.01497	95	4	-28.3443	0.01291	95	4	-38.0838
0.01	0.06	0.01776	85	4	-18.8375	0.01442	85	4	-28.5717	0.01244	85	4	-38.3476
0.01	0.07	0.01682	76	4	-18.9619	0.01366	76	4	-28.7251	0.01180	76	4	-38.5255
0.01	0.08	0.01239	46	3	-19.0602	0.01007	46	3	-28.8460	0.00870	46	3	-38.6653
0.01	0.09	0.01222	43	3	-19.1403	0.00994	43	3	-28.9446	0.00858	43	3	-38.7796
0.01	0.10	0.01186	40	3	-19.2032	0.00965	40	3	-29.0220	0.00834	40	3	-38.8693
0.01	0.15	0.01062	30	3	-19.3886	0.00864	30	3	-29.2500	0.00747	30	3	-39.1332
0.01	0.20	0.00632	13	2	-19.5024	0.00515	13	2	-29.3897	0.00446	13	2	-39.2948
0.02	0.08	0.01836	89	6	-18.7848	0.01490	89	6	-28.5066	0.01286	89	6	-38.2721
0.02	0.09	0.01795	83	6	-18.9048	0.01458	83	6	-28.6548	0.01259	83	6	-38.4439
0.02	0.10	0.01511	61	5	-18.9986	0.01228	61	5	-28.7701	0.01060	61	5	-38.5775
0.02	0.15	0.01102	34	4	-19.2773	0.00896	34	4	-29.1132	0.00775	34	4	-38.9748
0.02	0.20	0.00819	19	3	-19.4132	0.00667	19	3	-29.2802	0.00576	19	3	-39.1680
0.03	0.10	0.01925	94	8	-18.7888	0.01563	94	8	-28.5116	0.01349	94	8	-38.2779
0.03	0.12	0.01669	71	7	-18.9824	0.01356	71	7	-28.7503	0.01171	71	7	-38.5546
0.03	0.15	0.01425	51	6	-19.1648	0.01159	51	6	-28.9748	0.01001	51	6	-38.8147
0.03	0.20	0.01133	33	5	-19.3418	0.00922	33	5	-29.1925	0.00797	33	5	-39.0666
0.03	0.25	0.00889	21	4	-19.4499	0.00724	21	4	-29.3253	0.00626	21	4	-39.2203
0.04	0.15	0.01617	65	8	-19.0499	0.01314	65	8	-28.8335	0.01135	65	8	-38.6509
0.04	0.17	0.01382	50	7	-19.1554	0.01124	50	7	-28.9632	0.00971	50	7	-38.8013
0.04	0.20	0.01184	37	6	-19.2702	0.00963	37	6	-29.1044	0.00832	37	6	-38.9647
0.04	0.25	0.00960	25	5	-19.3969	0.00782	25	5	-29.2602	0.00676	25	5	-39.1450
0.05	0.15	0.01737	77	10	-18.9242	0.01411	77	10	-28.6785	0.01218	77	10	-38.4714
0.05	0.20	0.01390	49	8	-19.1942	0.01130	49	8	-29.0110	0.00977	49	8	-38.8566
0.05	0.25	0.01032	29	6	-19.3442	0.00840	29	6	-29.1954	0.00726	29	6	-39.0699
0.06	0.20	0.01457	53	9	-19.1152	0.01185	53	9	-28.9137	0.01024	53	9	-38.7438
0.06	0.25	0.01278	40	8	-19.2900	0.01040	40	8	-29.1288	0.00899	40	8	-38.9929
0.06	0.30	0.00938	24	6	-19.4010	0.00763	24	6	-29.2652	0.00660	24	6	-39.1507
0.07	0.20	0.01728	71	12	-19.0293	0.01404	71	12	-28.8080	0.01213	71	12	-38.6215
0.07	0.25	0.01302	43	9	-19.2357	0.01059	43	9	-29.0621	0.00915	43	9	-38.9157
0.07	0.30	0.01041	28	7	-19.3612	0.00847	28	7	-29.2162	0.00732	28	7	-39.0941
0.08	0.25	0.01499	53	11	-19.1760	0.01219	53	11	-28.9886	0.01053	53	11	-38.8306
0.08	0.30	0.01243	37	9	-19.3195	0.01012	37	9	-29.1650	0.00874	37	9	-39.0349
0.09	0.30	0.01286	40	10	-19.2769	0.01047	40	10	-29.1127	0.00905	40	10	-38.9743
0.09	0.40	0.00895	21	7	-19.4610	0.00729	21	7	-29.3389	0.00631	21	7	-39.2360
0.10	0.30	0.01334	43	11	-19.2309	0.01085	43	11	-29.0561	0.00938	43	11	-38.9087
0.10	0.40	0.00970	24	8	-19.4354	0.00790	24	8	-29.3075	0.00683	24	8	-39.1996

		A = 0.0001		B = 50		A = 0.0001		B = 100		A = 0.0001		B = 200	
P1	P2	Y	N	C	M	Y	N	C	M	Y	N	C	M
0.01	0.05	0.01152	95	4	-47.8542	0.00809	95	4	-96.9535	0.00570	95	4	-195.6796
0.01	0.06	0.01111	85	4	-48.1502	0.00781	85	4	-97.3756	0.00550	85	4	-196.2801
0.01	0.07	0.01053	76	4	-48.3496	0.00741	76	4	-97.6596	0.00522	76	4	-196.6838
0.01	0.08	0.00777	46	3	-48.5062	0.00547	46	3	-97.8818	0.00385	46	3	-196.9988
0.01	0.09	0.00766	43	3	-48.6342	0.00540	43	3	-98.0639	0.00381	43	3	-197.2574
0.01	0.10	0.00745	40	3	-48.7347	0.00525	40	3	-98.2068	0.00370	40	3	-197.4602
0.01	0.15	0.00668	30	3	-49.0303	0.00471	30	3	-98.6266	0.00332	30	3	-198.0556
0.01	0.20	0.00398	13	2	-49.2111	0.00281	13	2	-98.8828	0.00198	13	2	-198.4185
0.02	0.08	0.01148	89	6	-48.0655	0.00807	89	6	-97.2548	0.00568	89	6	-196.1083
0.02	0.09	0.01124	83	6	-48.2582	0.00790	83	6	-97.5294	0.00557	83	6	-196.4987
0.02	0.10	0.00947	61	5	-48.4078	0.00666	61	5	-97.7419	0.00470	61	5	-196.8003
0.02	0.15	0.00692	34	4	-48.8529	0.00488	34	4	-98.3747	0.00344	34	4	-197.6983
0.02	0.20	0.00515	19	3	-49.0692	0.00363	19	3	-98.6814	0.00256	19	3	-198.1331
0.03	0.10	0.01204	94	8	-48.0720	0.00846	94	8	-97.2641	0.00596	94	8	-196.1216
0.03	0.12	0.01045	71	7	-48.3822	0.00736	71	7	-97.7057	0.00518	71	7	-196.7490
0.03	0.15	0.00894	51	6	-48.6736	0.00609	50	6	-98.1200	0.00430	50	6	-197.3372
0.03	0.20	0.00712	33	5	-48.9557	0.00502	33	5	-98.5206	0.00354	33	5	-197.9053
0.03	0.25	0.00559	21	4	-49.1277	0.00395	21	4	-98.7646	0.00278	21	4	-198.2511
0.04	0.15	0.01014	65	8	-48.4901	0.00713	65	8	-97.8593	0.00503	65	8	-196.9671
0.04	0.17	0.00867	50	7	-48.6586	0.00611	50	7	-98.0986	0.00431	50	7	-197.3068
0.04	0.20	0.00744	37	6	-48.8416	0.00524	37	6	-98.3585	0.00370	37	6	-197.6754
0.04	0.25	0.00604	25	5	-49.0434	0.00426	25	5	-98.6450	0.00300	25	5	-198.0816
0.05	0.15	0.01087	77	10	-48.2890	0.00765	77	10	-97.5731	0.00539	77	10	-196.5606
0.05	0.20	0.00872	49	8	-48.7205	0.00614	49	8	-98.1867	0.00433	49	8	-197.4317
0.05	0.25	0.00649	29	6	-48.9594	0.00457	29	6	-98.5258	0.00323	29	6	-197.9126
0.06	0.20	0.00914	53	9	-48.5942	0.00644	53	9	-98.0070	0.00454	53	9	-197.1766
0.06	0.25	0.00803	40	8	-48.8732	0.00566	40	8	-98.4035	0.00399	40	8	-197.7393
0.06	0.30	0.00590	24	6	-49.0499	0.00416	24	6	-98.6542	0.00293	24	6	-198.0945
0.07	0.20	0.01083	71	12	-48.4571	0.00762	71	12	-97.8124	0.00537	71	12	-196.9005
0.07	0.25	0.00817	43	9	-48.7867	0.00576	43	9	-98.2807	0.00406	43	9	-197.5651
0.07	0.30	0.00654	28	7	-48.9864	0.00461	28	7	-98.5641	0.00325	28	7	-197.9669
0.08	0.25	0.00940	53	11	-48.6914	0.00662	53	11	-98.1454	0.00467	53	11	-197.3731
0.08	0.30	0.00781	37	9	-48.9202	0.00551	37	9	-98.4701	0.00388	37	9	-197.8337
0.09	0.30	0.00808	40	10	-48.8523	0.00569	40	10	-98.3738	0.00402	40	10	-197.6971
0.09	0.40	0.00563	21	7	-49.1454	0.00397	21	7	-98.7896	0.00281	21	7	-198.2866
0.10	0.30	0.00838	43	11	-48.7789	0.00590	43	11	-98.2695	0.00416	43	11	-197.5491
0.10	0.40	0.00610	24	8	-49.1046	0.00430	24	8	-98.7319	0.00304	24	8	-198.2047

		A = 0.0001		B = 300		A = 0.0001		B = 400		A = 0.0001		B = 500	
P1	P2	Y	N	C	M	Y	N	C	M	Y	N	C	M
0.01	0.05	0.00464	95	4	-294.7021	0.00394	94	4	-393.8781	0.00352	94	4	-493.1521
0.01	0.06	0.00440	84	4	-295.4395	0.00381	84	4	-394.7308	0.00340	84	4	-494.1065
0.01	0.07	0.00426	76	4	-295.9350	0.00368	76	4	-395.3037	0.00329	76	4	-494.7476
0.01	0.08	0.00314	46	3	-296.3212	0.00272	46	3	-395.7500	0.00243	46	3	-495.2467
0.01	0.09	0.00310	43	3	-296.6385	0.00269	43	3	-396.1168	0.00240	43	3	-495.6571
0.01	0.10	0.00302	40	3	-296.8873	0.00261	40	3	-396.4043	0.00233	40	3	-495.9788
0.01	0.15	0.00271	30	3	-297.6174	0.00235	30	3	-397.2481	0.00210	30	3	-496.9226
0.01	0.20	0.00162	13	2	-298.0622	0.00140	13	2	-397.7619	0.00125	13	2	-497.4973
0.02	0.08	0.00463	89	6	-295.2285	0.00401	89	6	-394.4868	0.00358	89	6	-493.8334
0.02	0.09	0.00454	83	6	-295.7078	0.00393	83	6	-395.0410	0.00351	83	6	-494.4536
0.02	0.10	0.00383	61	5	-296.0778	0.00331	61	5	-395.4686	0.00296	61	5	-494.9320
0.02	0.15	0.00281	34	4	-297.1793	0.00243	34	4	-396.7418	0.00217	34	4	-496.3563
0.02	0.20	0.00209	19	3	-297.7123	0.00181	19	3	-397.3576	0.00162	19	3	-497.0451
0.03	0.10	0.00486	94	8	-295.2449	0.00420	94	8	-394.5059	0.00376	94	8	-493.8547
0.03	0.12	0.00423	71	7	-296.0149	0.00366	71	7	-395.3960	0.00327	71	7	-494.8507
0.03	0.15	0.00350	50	6	-296.7365	0.00303	50	6	-396.2300	0.00271	50	6	-495.7839
0.03	0.20	0.00289	33	5	-297.4331	0.00250	33	5	-397.0351	0.00224	33	5	-496.6844
0.03	0.25	0.00227	21	4	-297.8571	0.00197	21	4	-397.5249	0.00176	21	4	-497.2323
0.04	0.15	0.00410	65	8	-296.2824	0.00355	65	8	-395.7053	0.00317	65	8	-495.1968
0.04	0.17	0.00351	50	7	-296.6991	0.00304	50	7	-396.1869	0.00272	50	7	-495.7356
0.04	0.20	0.00301	37	6	-297.1512	0.00261	37	6	-396.7094	0.00233	37	6	-496.3200
0.04	0.25	0.00245	25	5	-297.6493	0.00212	25	5	-397.2849	0.00190	25	5	-496.9638
0.05	0.15	0.00439	77	10	-295.7837	0.00380	77	10	-395.1287	0.00340	77	10	-494.5517
0.05	0.20	0.00353	49	8	-296.8524	0.00306	49	8	-396.3641	0.00273	49	8	-495.9338
0.05	0.25	0.00263	29	6	-297.4421	0.00228	29	6	-397.0454	0.00204	29	6	-496.6960
0.06	0.20	0.00370	53	9	-296.5394	0.00320	53	9	-396.0023	0.00286	53	9	-495.5290
0.06	0.25	0.00326	40	8	-297.2296	0.00282	40	8	-396.7999	0.00252	40	8	-496.4214
0.06	0.30	0.00239	24	6	-297.6651	0.00207	24	6	-397.3031	0.00185	24	6	-496.9842
0.07	0.20	0.00438	71	12	-296.2008	0.00379	71	12	-395.6109	0.00339	71	12	-495.0912
0.07	0.25	0.00331	43	9	-297.0159	0.00287	43	9	-396.5530	0.00256	43	9	-496.1452
0.07	0.30	0.00265	28	7	-297.5086	0.00230	28	7	-397.1223	0.00205	28	7	-496.7819
0.08	0.25	0.00381	53	11	-296.7805	0.00330	53	11	-396.2809	0.00295	53	11	-495.8407
0.08	0.30	0.00317	37	9	-297.3454	0.00274	37	9	-396.9337	0.00245	37	9	-496.5710
0.09	0.30	0.00328	40	10	-297.1778	0.00283	40	10	-396.7400	0.00253	40	10	-496.3543
0.09	0.40	0.00229	21	7	-297.9006	0.00198	21	7	-397.5751	0.00177	21	7	-497.2884
0.10	0.30	0.00339	43	11	-296.9963	0.00294	43	11	-396.5303	0.00263	43	11	-496.1197
0.10	0.40	0.00248	24	8	-297.8002	0.00215	24	8	-397.4592	0.00192	24	8	-497.1588

P1	P2	Y (A = 0.0002, B = 1)	N	C	M	Y (A = 0.0002, B = 5)	N	C	M	Y (A = 0.0002, B = 10)	N	C	M
0.01	0.05	0.12157	71	3	-0.6427	0.04678	70	3	-4.1392	0.03215	70	3	-8.7614
0.01	0.06	0.11212	63	3	-0.6849	0.04390	62	3	-4.2507	0.03030	62	3	-8.9251
0.01	0.07	0.10573	57	3	-0.7154	0.04189	56	3	-4.3292	0.02899	56	3	-9.0397
0.01	0.08	0.09763	51	3	-0.7386	0.04006	51	3	-4.3876	0.02778	51	3	-9.1245
0.01	0.09	0.09354	47	3	-0.7568	0.03865	47	3	-4.4329	0.02684	47	3	-9.1901
0.01	0.10	0.06064	24	2	-0.7736	0.02522	24	2	-4.4713	0.01754	24	2	-9.2446
0.01	0.15	0.05219	18	2	-0.8272	0.02213	18	2	-4.6017	0.01545	18	2	-9.4328
0.01	0.20	0.04902	15	2	-0.8557	0.02098	15	2	-4.6695	0.01469	15	2	-9.5299
0.02	0.08	0.12890	76	5	-0.6719	0.05023	75	5	-4.2179	0.03463	75	5	-8.8775
0.02	0.09	0.10154	52	4	-0.6996	0.04892	70	5	-4.2897	0.03381	70	5	-8.9824
0.02	0.10	0.09843	49	4	-0.7234	0.03874	48	4	-4.3480	0.02683	48	4	-9.0665
0.02	0.15	0.06553	25	3	-0.7938	0.02746	25	3	-4.5211	0.01913	25	3	-9.3166
0.02	0.20	0.05704	20	3	-0.8319	0.02422	20	3	-4.6134	0.01693	20	3	-9.4497
0.03	0.10	0.12201	69	6	-0.6722	0.05460	84	7	-4.2187	0.03763	84	7	-8.8790
0.03	0.12	0.11412	62	6	-0.7184	0.04645	62	6	-4.3370	0.03124	61	6	-9.0511
0.03	0.15	0.08945	42	5	-0.7648	0.03708	42	5	-4.4517	0.02577	42	5	-9.2171
0.03	0.20	0.06831	26	4	-0.8117	0.02881	26	4	-4.5651	0.02010	26	4	-9.3802
0.03	0.25	0.04969	15	3	-0.8396	0.02116	15	3	-4.6307	0.01479	15	3	-9.4742
0.04	0.15	0.09616	47	6	-0.7356	0.03941	47	6	-4.3785	0.02732	47	6	-9.1108
0.04	0.17	0.09380	44	6	-0.7622	0.03884	44	6	-4.4452	0.02699	44	6	-9.2076
0.04	0.20	0.07565	31	5	-0.7923	0.03168	31	5	-4.5181	0.02207	31	5	-9.3126
0.04	0.25	0.05927	20	4	-0.8259	0.02512	20	4	-4.5984	0.01754	20	4	-9.4279
0.05	0.15	0.11632	62	8	-0.7046	0.04542	61	8	-4.3008	0.03461	71	9	-8.9983
0.05	0.20	0.08360	36	6	-0.7725	0.03475	36	6	-4.4696	0.02417	36	6	-9.2425
0.05	0.25	0.06898	25	5	-0.8118	0.02701	24	5	-4.5650	0.01884	24	5	-9.3800
0.06	0.20	0.09951	48	8	-0.7521	0.04105	48	8	-4.4202	0.02850	48	8	-9.1714
0.06	0.25	0.07414	29	6	-0.7977	0.03111	29	6	-4.5308	0.02168	29	6	-9.3308
0.06	0.30	0.05861	20	5	-0.8270	0.02485	20	5	-4.6013	0.01736	20	5	-9.4321
0.07	0.20	0.10553	52	9	-0.7303	0.04610	59	10	-4.3661	0.03194	59	10	-9.0932
0.07	0.25	0.07985	33	7	-0.7829	0.03667	39	8	-4.4953	0.02552	39	8	-9.2799
0.07	0.30	0.06581	24	6	-0.8164	0.02780	24	6	-4.5761	0.01940	24	6	-9.3959
0.08	0.25	0.09443	43	9	-0.7676	0.03918	43	9	-4.4584	0.02724	43	9	-9.2266
0.08	0.30	0.07329	28	7	-0.8053	0.03084	28	7	-4.5495	0.02150	28	7	-9.3577
0.09	0.30	0.07585	31	8	-0.7937	0.03178	31	8	-4.5215	0.02214	31	8	-9.3175
0.09	0.40	0.05597	18	6	-0.8434	0.02386	18	6	-4.6404	0.01669	18	6	-9.4882
0.10	0.30	0.08430	35	9	-0.7816	0.03817	40	10	-4.4923	0.02657	40	10	-9.2755
0.10	0.40	0.06118	21	7	-0.8362	0.02602	21	7	-4.6236	0.01819	21	7	-9.4643

		A = 0.0002			B = 20	A = 0.0002			B = 30	A = 0.0002			B = 40
P1	P2	Y	N	C	M	Y	N	C	M	Y	N	C	M
0.01	0.05	0.02176	69	3	-18.2268	0.02280	103	4	-27.8167	0.01965	103	4	-37.4715
0.01	0.06	0.02106	62	3	-18.4645	0.01707	62	3	-28.1110	0.01472	62	3	-37.8130
0.01	0.07	0.02019	56	3	-18.6301	0.01638	56	3	-28.3158	0.01413	56	3	-38.0509
0.01	0.08	0.01938	51	3	-18.7525	0.01573	51	3	-28.4669	0.01357	51	3	-38.2262
0.01	0.09	0.01822	46	3	-18.8468	0.01480	46	3	-28.5834	0.01277	46	3	-38.3613
0.01	0.10	0.01226	24	2	-18.9239	0.00996	24	2	-28.6779	0.00860	24	2	-38.4705
0.01	0.15	0.01083	18	2	-19.1939	0.00881	18	2	-29.0105	0.00761	18	2	-38.8559
0.01	0.20	0.01031	15	2	-19.3326	0.00839	15	2	-29.1812	0.00726	15	2	-39.0535
0.02	0.08	0.02405	75	5	-18.3959	0.01949	75	5	-28.0263	0.01680	75	5	-37.7147
0.02	0.09	0.02353	70	5	-18.5478	0.01863	69	5	-28.2143	0.01606	69	5	-37.9331
0.02	0.10	0.01870	48	4	-18.6683	0.01517	48	4	-28.3628	0.01309	48	4	-38.1052
0.02	0.15	0.01339	25	3	-19.0274	0.01088	25	3	-28.8055	0.00940	25	3	-38.6184
0.02	0.20	0.01187	20	3	-19.2181	0.00966	20	3	-29.0404	0.00834	20	3	-38.8906
0.03	0.10	0.02614	84	7	-18.3983	0.02118	84	7	-28.0295	0.01826	84	7	-37.7186
0.03	0.12	0.02177	61	6	-18.6467	0.01766	61	6	-28.3364	0.01523	61	6	-38.0748
0.03	0.15	0.01800	42	5	-18.8852	0.01462	42	5	-28.6305	0.01262	42	5	-38.4158
0.03	0.20	0.01408	26	4	-19.1187	0.01145	26	4	-28.9181	0.00989	26	4	-38.7490
0.03	0.25	0.01301	22	4	-19.2530	0.01059	22	4	-29.0834	0.00915	22	4	-38.9404
0.04	0.15	0.02125	57	7	-18.7326	0.01725	57	7	-28.4424	0.01488	57	7	-38.1978
0.04	0.17	0.01885	44	6	-18.8716	0.01531	44	6	-28.6137	0.01269	43	6	-38.3963
0.04	0.20	0.01544	31	5	-19.0220	0.01255	31	5	-28.7990	0.01084	31	5	-38.6110
0.04	0.25	0.01230	20	4	-19.1867	0.01000	20	4	-29.0017	0.00864	20	4	-38.8457
0.05	0.15	0.02409	71	9	-18.5708	0.01954	71	9	-28.2427	0.01685	71	9	-37.9660
0.05	0.20	0.01689	36	6	-18.9214	0.01372	36	6	-28.6750	0.01185	36	6	-38.4672
0.05	0.25	0.01320	24	5	-19.1184	0.01073	24	5	-28.9177	0.00927	24	5	-38.7485
0.06	0.20	0.01989	48	8	-18.8196	0.01615	48	8	-28.5495	0.01394	48	8	-38.3219
0.06	0.25	0.01517	29	6	-19.0480	0.01233	29	6	-28.8309	0.01065	29	6	-38.6479
0.06	0.30	0.01217	20	5	-19.1929	0.00990	20	5	-29.0093	0.00855	20	5	-38.8545
0.07	0.20	0.02227	59	10	-18.7072	0.01807	59	10	-28.4110	0.01559	59	10	-38.1613
0.07	0.25	0.01785	39	8	-18.9754	0.01450	39	8	-28.7416	0.01252	39	8	-38.5446
0.07	0.30	0.01359	24	6	-19.1412	0.01105	24	6	-28.9457	0.00955	24	6	-38.7809
0.08	0.25	0.01903	43	9	-18.8987	0.01546	43	9	-28.6471	0.01335	43	9	-38.4350
0.08	0.30	0.01506	28	7	-19.0864	0.01224	28	7	-28.8783	0.01057	28	7	-38.7028
0.09	0.30	0.01549	31	8	-19.0290	0.01259	31	8	-28.8076	0.01087	31	8	-38.6210
0.09	0.40	0.01171	18	6	-19.2731	0.00953	18	6	-29.1079	0.00823	18	6	-38.9687
0.10	0.30	0.01858	40	10	-18.9689	0.01509	40	10	-28.7336	0.01303	40	10	-38.5353
0.10	0.40	0.01276	21	7	-19.2390	0.01038	21	7	-29.0661	0.00897	21	7	-38.9203

P1	P2	A = 0.0002 Y	N	C	B = 50 M	A = 0.0002 Y	N	C	B = 100 M	A = 0.0002 Y	N	C	B = 200 M
0.01	0.05	0.01751	103	4	-47.1675	0.01228	103	4	-95.9744	0.00863	103	4	-194.2871
0.01	0.06	0.01313	62	3	-47.5505	0.00898	61	3	-96.5204	0.00632	61	3	-195.0636
0.01	0.07	0.01260	56	3	-47.8175	0.00862	55	3	-96.9016	0.00607	55	3	-195.6064
0.01	0.08	0.01211	51	3	-48.0141	0.00851	51	3	-97.1820	0.00599	51	3	-196.0053
0.01	0.09	0.01140	46	3	-48.1656	0.00802	46	3	-97.3979	0.00565	46	3	-196.3121
0.01	0.10	0.00768	24	2	-48.2877	0.00540	24	2	-97.5706	0.00554	43	3	-196.5566
0.01	0.15	0.00680	18	2	-48.7197	0.00479	18	2	-98.1854	0.00338	18	2	-197.4298
0.01	0.20	0.00648	15	2	-48.9411	0.00457	15	2	-98.4998	0.00322	15	2	-197.8758
0.02	0.08	0.01498	75	5	-47.4402	0.01051	75	5	-96.3630	0.00721	74	5	-194.8398
0.02	0.09	0.01433	69	5	-47.6854	0.01006	69	5	-96.7135	0.00708	69	5	-195.3390
0.02	0.10	0.01168	48	4	-47.8782	0.00820	48	4	-96.9878	0.00577	48	4	-195.7285
0.02	0.15	0.00839	25	3	-48.4536	0.00590	25	3	-97.8069	0.00416	25	3	-196.8924
0.02	0.20	0.00745	20	3	-48.7586	0.00525	20	3	-98.2407	0.00370	20	3	-197.5084
0.03	0.10	0.01628	84	7	-47.4446	0.01116	83	7	-96.3698	0.00785	83	7	-194.8498
0.03	0.12	0.01359	61	6	-47.8444	0.00955	61	6	-96.9401	0.00672	61	6	-195.6612
0.03	0.15	0.01126	42	5	-48.2267	0.00792	42	5	-97.4845	0.00558	42	5	-196.4349
0.03	0.20	0.00883	26	4	-48.6000	0.00622	26	4	-98.0153	0.00438	26	4	-197.1884
0.03	0.25	0.00817	22	4	-48.8144	0.00576	22	4	-98.3201	0.00406	22	4	-197.6210
0.04	0.15	0.01328	57	7	-47.9823	0.00933	57	7	-97.1367	0.00657	57	7	-195.9408
0.04	0.17	0.01132	43	6	-48.2048	0.00796	43	6	-97.4534	0.00561	43	6	-196.3908
0.04	0.20	0.00967	31	5	-48.4453	0.00681	31	5	-97.7954	0.00480	31	5	-196.8763
0.04	0.25	0.00772	20	4	-48.7083	0.00544	20	4	-98.1691	0.00383	20	4	-197.4065
0.05	0.15	0.01503	71	9	-47.7223	0.01055	71	9	-96.7661	0.00743	71	9	-195.4138
0.05	0.20	0.01057	36	6	-48.2842	0.00704	35	6	-97.5661	0.00496	35	6	-196.5507
0.05	0.25	0.00828	24	5	-48.5994	0.00583	24	5	-98.0144	0.00411	24	5	-197.1871
0.06	0.20	0.01244	48	8	-48.1213	0.00875	48	8	-97.3345	0.00616	48	8	-196.2216
0.06	0.25	0.00951	29	6	-48.4867	0.00669	29	6	-97.8541	0.00472	29	6	-196.9595
0.06	0.30	0.00764	20	5	-48.7182	0.00538	20	5	-98.1831	0.00379	20	5	-197.4265
0.07	0.20	0.01391	59	10	-47.9413	0.00978	59	10	-97.0781	0.00688	59	10	-195.8573
0.07	0.25	0.01118	39	8	-48.3710	0.00787	39	8	-97.6899	0.00554	39	8	-196.7267
0.07	0.30	0.00853	24	6	-48.6357	0.00600	24	6	-98.0660	0.00423	24	6	-197.2603
0.08	0.25	0.01191	43	9	-48.2481	0.00797	42	9	-97.5150	0.00562	42	9	-196.4782
0.08	0.30	0.00944	28	7	-48.5482	0.00665	28	7	-97.9417	0.00469	28	7	-197.0839
0.09	0.30	0.00971	31	8	-48.4565	0.00683	31	8	-97.8114	0.00482	31	8	-196.8990
0.09	0.40	0.00735	18	6	-48.8461	0.00518	18	6	-98.3650	0.00366	18	6	-197.6845
0.10	0.30	0.01163	40	10	-48.3605	0.00776	39	10	-97.6749	0.00547	39	10	-196.7055
0.10	0.40	0.00801	21	7	-48.7919	0.00564	21	7	-98.2880	0.00398	21	7	-197.5754

P1	P2	A = 0.0002 Y	N	B = 300 C	M	A = 0.0002 Y	N	B = 400 C	M	A = 0.0002 Y	N	B = 500 C	M
0.01	0.05	0.00703	103	4	-292.9924	0.00607	103	4	-391.9009	0.00543	103	4	-490.9393
0.01	0.06	0.00515	61	3	-293.9458	0.00445	61	3	-393.0034	0.00398	61	3	-492.1732
0.01	0.07	0.00495	55	3	-294.6125	0.00428	55	3	-393.7747	0.00382	55	3	-493.0365
0.01	0.08	0.00488	51	3	-295.1023	0.00423	51	3	-394.3410	0.00378	51	3	-493.6704
0.01	0.09	0.00460	46	3	-295.4790	0.00398	46	3	-394.7766	0.00356	46	3	-494.1579
0.01	0.10	0.00452	43	3	-295.7791	0.00391	43	3	-395.1236	0.00349	43	3	-494.5461
0.01	0.15	0.00275	18	2	-296.8500	0.00238	18	2	-396.3612	0.00213	18	2	-495.9305
0.01	0.20	0.00263	15	2	-297.3969	0.00228	15	2	-396.9932	0.00203	15	2	-496.6376
0.02	0.08	0.00588	74	5	-293.6710	0.00508	74	5	-392.6857	0.00454	74	5	-491.8175
0.02	0.09	0.00577	69	5	-294.2843	0.00499	69	5	-393.3952	0.00446	69	5	-492.6119
0.02	0.10	0.00471	48	4	-294.7622	0.00407	48	4	-393.9476	0.00364	48	4	-493.2299
0.02	0.15	0.00339	25	3	-296.1906	0.00294	25	3	-395.5990	0.00262	25	3	-495.0777
0.02	0.20	0.00302	20	3	-296.9464	0.00261	20	3	-396.4727	0.00234	20	3	-496.0553
0.03	0.10	0.00640	83	7	-293.6835	0.00553	83	7	-392.7002	0.00494	83	7	-491.8339
0.03	0.12	0.00548	61	6	-294.6799	0.00474	61	6	-393.8527	0.00423	61	6	-493.1238
0.03	0.15	0.00455	42	5	-295.6295	0.00394	42	5	-394.9505	0.00352	42	5	-494.3523
0.03	0.20	0.00357	26	4	-296.5540	0.00309	26	4	-396.0191	0.00276	26	4	-495.5479
0.03	0.25	0.00331	22	4	-297.0846	0.00287	22	4	-396.6324	0.00256	22	4	-496.2340
0.04	0.15	0.00536	57	7	-295.0232	0.00463	57	7	-394.2496	0.00414	57	7	-493.5681
0.04	0.17	0.00457	43	6	-295.5754	0.00396	43	6	-394.8880	0.00354	43	6	-494.2823
0.04	0.20	0.00391	31	5	-296.1710	0.00339	31	5	-395.5765	0.00303	31	5	-495.0526
0.04	0.25	0.00313	20	4	-296.8214	0.00271	20	4	-396.3281	0.00242	20	4	-495.8935
0.05	0.15	0.00605	71	9	-294.3762	0.00523	71	9	-393.5014	0.00468	71	9	-492.7307
0.05	0.20	0.00404	35	6	-295.7715	0.00350	35	6	-395.1146	0.00313	35	6	-494.5359
0.05	0.25	0.00335	24	5	-296.5524	0.00290	24	5	-396.0172	0.00259	24	5	-495.5457
0.06	0.20	0.00502	48	8	-295.3677	0.00434	48	8	-394.6478	0.00388	48	8	-494.0136
0.06	0.25	0.00385	29	6	-296.2731	0.00333	29	6	-395.6944	0.00298	29	6	-495.1846
0.06	0.30	0.00309	20	5	-296.8459	0.00268	20	5	-396.3565	0.00288	26	6	-495.9253
0.07	0.20	0.00561	59	10	-294.9206	0.00485	59	10	-394.1309	0.00434	59	10	-493.4352
0.07	0.25	0.00452	39	8	-295.9876	0.00391	39	8	-395.3645	0.00350	39	8	-494.8155
0.07	0.30	0.00345	24	6	-296.6421	0.00299	24	6	-396.1209	0.00267	24	6	-495.6618
0.08	0.25	0.00458	42	9	-295.6826	0.00396	42	9	-395.0120	0.00354	42	9	-494.4211
0.08	0.30	0.00382	28	7	-296.4256	0.00331	28	7	-395.8707	0.00296	28	7	-495.3818
0.09	0.30	0.00393	31	8	-296.1989	0.00340	31	8	-395.6086	0.00304	31	8	-495.0886
0.09	0.40	0.00298	18	6	-297.1624	0.00258	18	6	-396.7222	0.00231	18	6	-496.3344
0.10	0.30	0.00446	39	10	-295.9616	0.00386	39	10	-395.3344	0.00345	39	10	-494.7819
0.10	0.40	0.00325	21	7	-297.0286	0.00281	21	7	-396.5677	0.00251	21	7	-496.1615

		A = 0.0003			B = 1	A = 0.0003			B = 5	A = 0.0003			B = 10
P1	P2	Y	N	C	M	Y	N	C	M	Y	N	C	M
0.01	0.05	0.16424	76	3	-0.5911	0.06182	75	3	-4.0049	0.04140	74	3	-8.5649
0.01	0.06	0.14990	67	3	-0.6350	0.05756	66	3	-4.1240	0.03867	65	3	-8.7407
0.01	0.07	0.09776	34	2	-0.6704	0.03725	33	2	-4.2101	0.03735	59	3	-8.8654
0.01	0.08	0.09198	31	2	-0.6981	0.03536	30	2	-4.2825	0.02443	30	2	-8.9708
0.01	0.09	0.08495	28	2	-0.7203	0.03461	28	2	-4.3396	0.02396	28	2	-9.0541
0.01	0.10	0.08137	26	2	-0.7385	0.03339	26	2	-4.3857	0.02315	26	2	-9.1212
0.01	0.15	0.06783	19	2	-0.7964	0.02845	19	2	-4.5286	0.01982	19	2	-9.3279
0.01	0.20	0.05978	15	2	-0.8281	0.02535	15	2	-4.6047	0.01771	15	2	-9.4373
0.02	0.08	0.14152	59	4	-0.6230	0.05356	58	4	-4.0880	0.03674	58	4	-8.6865
0.02	0.09	0.13504	55	4	-0.6542	0.05184	54	4	-4.1720	0.03567	54	4	-8.8103
0.02	0.10	0.12748	51	4	-0.6790	0.05103	51	4	-4.2371	0.03410	50	4	-8.9057
0.02	0.15	0.08372	26	3	-0.7596	0.03463	26	3	-4.4386	0.02406	26	3	-9.1979
0.02	0.20	0.07434	21	3	-0.8009	0.03122	21	3	-4.5397	0.02176	21	3	-9.3440
0.03	0.10	0.14108	57	5	-0.6228	0.06289	72	6	-4.0897	0.04201	71	6	-8.6900
0.03	0.12	0.12979	51	5	-0.6744	0.05004	50	5	-4.2246	0.03450	50	5	-8.8873
0.03	0.15	0.09959	33	4	-0.7262	0.03856	32	4	-4.3551	0.02671	32	4	-9.0769
0.03	0.20	0.06781	18	3	-0.7778	0.03663	27	4	-4.4837	0.02549	27	4	-9.2633
0.03	0.25	0.06576	16	3	-0.8124	0.02774	16	3	-4.5662	0.01935	16	3	-9.3818
0.04	0.15	0.12630	49	6	-0.6925	0.05085	49	6	-4.2716	0.03512	49	6	-8.9560
0.04	0.17	0.10548	36	5	-0.7231	0.04302	36	5	-4.3477	0.02830	35	5	-9.0663
0.04	0.20	0.08238	24	4	-0.7560	0.04006	32	5	-4.4302	0.02782	32	5	-9.1861
0.04	0.25	0.07731	21	4	-0.7956	0.03241	21	4	-4.5262	0.02258	21	4	-9.3243
0.05	0.15	0.13645	54	7	-0.6584	0.05198	53	7	-4.1820	0.04000	63	8	-8.8249
0.05	0.20	0.10659	37	6	-0.7341	0.04366	37	6	-4.3761	0.03026	37	6	-9.1077
0.05	0.25	0.08901	26	5	-0.7790	0.03475	25	5	-4.4864	0.02418	25	5	-9.2672
0.06	0.20	0.11738	42	7	-0.7114	0.04764	42	7	-4.3185	0.03139	41	7	-9.0241
0.06	0.25	0.09550	30	6	-0.7627	0.03955	30	6	-4.4466	0.02748	30	6	-9.2097
0.06	0.30	0.07721	21	5	-0.7970	0.03238	21	5	-4.5297	0.02257	21	5	-9.3294
0.07	0.20	0.12392	46	8	-0.6870	0.05368	53	9	-4.2562	0.03705	53	9	-8.9336
0.07	0.25	0.10257	34	7	-0.7461	0.04221	34	7	-4.4057	0.02929	34	7	-9.1505
0.07	0.30	0.08593	25	6	-0.7842	0.03588	25	6	-4.4990	0.02497	25	6	-9.2852
0.08	0.25	0.11038	38	8	-0.7288	0.04512	38	8	-4.3625	0.03126	38	8	-9.0879
0.08	0.30	0.09499	29	7	-0.7713	0.03947	29	7	-4.4675	0.02744	29	7	-9.2398
0.09	0.30	0.08853	27	7	-0.7582	0.04069	32	8	-4.4352	0.02826	32	8	-9.1933
0.09	0.40	0.07489	19	6	-0.8153	0.03162	19	6	-4.5738	0.02206	19	6	-9.3928
0.10	0.30	0.09901	31	8	-0.7445	0.04463	36	9	-4.4015	0.03097	36	9	-9.1444
0.10	0.40	0.07138	18	6	-0.8072	0.03005	18	6	-4.5540	0.02096	18	6	-9.3641

		A = 0.0003		B = 20		A = 0.0003		B = 30		A = 0.0003		B = 40	
P1	P2	Y	N	C	M	Y	N	C	M	Y	N	C	M
0.01	0.05	0.02860	74	3	-17.9424	0.02312	74	3	-27.4646	0.01990	74	3	-37.0618
0.01	0.06	0.02680	65	3	-18.1985	0.02169	65	3	-27.7824	0.01869	65	3	-37.4317
0.01	0.07	0.02534	58	3	-18.3794	0.02053	58	3	-28.0064	0.01770	58	3	-37.6920
0.01	0.08	0.01700	30	2	-18.5299	0.01378	30	2	-28.1915	0.01188	30	2	-37.9063
0.01	0.09	0.01669	28	2	-18.6502	0.01354	28	2	-28.3402	0.01168	28	2	-38.0790
0.01	0.10	0.01615	26	2	-18.7470	0.01311	26	2	-28.4599	0.01131	26	2	-38.2178
0.01	0.15	0.01387	19	2	-19.0441	0.01128	19	2	-28.8263	0.00974	19	2	-38.6426
0.01	0.20	0.01241	15	2	-19.2006	0.01010	15	2	-29.0189	0.00873	15	2	-38.8658
0.02	0.08	0.02544	58	4	-18.1185	0.02058	58	4	-27.6826	0.01773	58	4	-37.3151
0.02	0.09	0.02475	54	4	-18.2986	0.02004	54	4	-27.9059	0.01727	54	4	-37.5749
0.02	0.10	0.02370	50	4	-18.4371	0.01921	50	4	-28.0774	0.01656	50	4	-37.7743
0.02	0.15	0.01680	26	3	-18.8575	0.01364	26	3	-28.5963	0.01178	26	3	-38.3761
0.02	0.20	0.01524	21	3	-19.0672	0.01238	21	3	-28.8549	0.01070	21	3	-38.6758
0.03	0.10	0.02909	71	6	-18.1246	0.02354	71	6	-27.6907	0.02027	71	6	-37.3249
0.03	0.12	0.02397	50	5	-18.4103	0.01942	50	5	-28.0441	0.01674	50	5	-37.7355
0.03	0.15	0.01862	32	4	-18.6834	0.01510	32	4	-28.3815	0.01303	32	4	-38.1270
0.03	0.20	0.01782	27	4	-18.9517	0.01448	27	4	-28.7125	0.01250	27	4	-38.5109
0.03	0.25	0.01355	16	3	-19.1208	0.01102	16	3	-28.9206	0.00952	16	3	-38.7518
0.04	0.15	0.02443	49	6	-18.5096	0.01980	49	6	-28.1670	0.01708	49	6	-37.8782
0.04	0.17	0.01972	35	5	-18.6683	0.01600	35	5	-28.3629	0.01380	35	5	-38.1055
0.04	0.20	0.01943	32	5	-18.8409	0.01577	32	5	-28.5760	0.01362	32	5	-38.3527
0.04	0.25	0.01580	21	4	-19.0388	0.01284	21	4	-28.8197	0.01109	21	4	-38.6349
0.05	0.15	0.02776	63	8	-18.3203	0.02248	63	8	-27.9332	0.01938	63	8	-37.6067
0.05	0.20	0.02110	37	6	-18.7281	0.01713	37	6	-28.4368	0.01478	37	6	-38.1912
0.05	0.25	0.01690	25	5	-18.9571	0.01373	25	5	-28.7191	0.01186	25	5	-38.5185
0.06	0.20	0.02186	41	7	-18.6077	0.01773	41	7	-28.2881	0.01529	41	7	-38.0187
0.06	0.25	0.01920	30	6	-18.8746	0.01559	30	6	-28.6174	0.01346	30	6	-38.4006
0.06	0.30	0.01579	21	5	-19.0461	0.01284	21	5	-28.8287	0.01109	21	5	-38.6454
0.07	0.20	0.02576	53	9	-18.4773	0.02088	53	9	-28.1272	0.01800	53	9	-37.8320
0.07	0.25	0.02044	34	7	-18.7895	0.01659	34	7	-28.5126	0.01432	34	7	-38.2791
0.07	0.30	0.01747	25	6	-18.9829	0.01419	25	6	-28.7509	0.01226	25	6	-38.5553
0.08	0.25	0.02179	38	8	-18.6994	0.01768	38	8	-28.4014	0.01526	38	8	-38.1500
0.08	0.30	0.01918	29	7	-18.9178	0.01558	29	7	-28.6707	0.01345	29	7	-38.4623
0.09	0.30	0.01973	32	8	-18.8512	0.01603	32	8	-28.5886	0.01383	32	8	-38.3673
0.09	0.40	0.01546	19	6	-19.1368	0.01257	19	6	-28.9403	0.01086	19	6	-38.7747
0.10	0.30	0.02161	36	9	-18.7808	0.01754	36	9	-28.5018	0.01514	36	9	-38.2666
0.10	0.40	0.01467	18	6	-19.0957	0.01193	18	6	-28.8897	0.01031	18	6	-38.7160

P1	P2	A = 0.0003 Y	N	C	B = 50 M	A = 0.0003 Y	N	C	B = 100 M	A = 0.0003 Y	N	C	B = 200 M
0.01	0.05	0.01773	74	3	-46.7069	0.01241	74	3	-95.3144	0.00871	74	3	-193.3450
0.01	0.06	0.01666	65	3	-47.1226	0.01168	65	3	-95.9101	0.00820	65	3	-194.1952
0.01	0.07	0.01578	58	3	-47.4150	0.01107	58	3	-96.3281	0.00779	58	3	-194.7910
0.01	0.08	0.01060	30	2	-47.6549	0.00744	30	2	-96.6688	0.00524	30	2	-195.2742
0.01	0.09	0.01042	28	2	-47.8487	0.00732	28	2	-96.9455	0.00515	28	2	-195.6681
0.01	0.10	0.01009	26	2	-48.0046	0.00709	26	2	-97.1678	0.00499	26	2	-195.9844
0.01	0.15	0.00869	19	2	-48.4809	0.00612	19	2	-97.8461	0.00431	19	2	-196.9485
0.01	0.20	0.00779	15	2	-48.7309	0.00549	15	2	-98.2015	0.00387	15	2	-197.4529
0.02	0.08	0.01580	58	4	-46.9913	0.01107	58	4	-95.7207	0.00778	58	4	-193.9238
0.02	0.09	0.01540	54	4	-47.2832	0.01080	54	4	-96.1388	0.00759	54	4	-194.5203
0.02	0.10	0.01477	50	4	-47.5071	0.01036	50	4	-96.4591	0.00729	50	4	-194.9768
0.02	0.15	0.01051	26	3	-48.1821	0.00739	26	3	-97.4208	0.00521	26	3	-196.3443
0.02	0.20	0.00955	21	3	-48.5181	0.00672	21	3	-97.8991	0.00474	21	3	-197.0238
0.03	0.10	0.01806	71	6	-47.0026	0.01266	71	6	-95.7380	0.00889	71	6	-193.9495
0.03	0.12	0.01493	50	5	-47.4635	0.01048	50	5	-96.3965	0.00737	50	5	-194.8875
0.03	0.15	0.01163	32	4	-47.9027	0.00817	32	4	-97.0227	0.00575	32	4	-195.7783
0.03	0.20	0.01116	27	4	-48.3333	0.00785	27	4	-97.6363	0.00553	27	4	-196.6507
0.03	0.25	0.00850	16	3	-48.6031	0.00599	16	3	-98.0196	0.00422	16	3	-197.1945
0.04	0.15	0.01523	49	6	-47.6237	0.01069	49	6	-96.6253	0.00752	49	6	-195.2134
0.04	0.17	0.01231	35	5	-47.8786	0.00865	35	5	-96.9886	0.00609	35	5	-195.7299
0.04	0.20	0.01215	32	5	-48.1559	0.00854	32	5	-97.3840	0.00602	32	5	-196.2922
0.04	0.25	0.00990	21	4	-48.4722	0.00697	21	4	-97.8337	0.00491	21	4	-196.9306
0.05	0.15	0.01727	63	8	-47.3191	0.01212	63	8	-96.1908	0.00852	63	8	-194.5950
0.05	0.20	0.01318	37	6	-47.9748	0.00927	37	6	-97.1259	0.00652	37	6	-195.9254
0.05	0.25	0.01059	25	5	-48.3418	0.00745	25	5	-97.6483	0.00525	25	5	-196.6676
0.06	0.20	0.01364	41	7	-47.7814	0.00958	41	7	-96.8501	0.00674	41	7	-195.5330
0.06	0.25	0.01201	30	6	-48.2096	0.00845	30	6	-97.4602	0.00595	30	6	-196.4004
0.06	0.30	0.00990	21	5	-48.4840	0.00697	21	5	-97.8504	0.00491	21	5	-196.9545
0.07	0.20	0.01606	53	9	-47.5719	0.01127	53	9	-96.5515	0.00793	53	9	-195.1084
0.07	0.25	0.01278	34	7	-48.0733	0.00898	34	7	-97.2662	0.00633	34	7	-196.1246
0.07	0.30	0.01094	25	6	-48.3830	0.00770	25	6	-97.7069	0.00543	25	6	-196.7508
0.08	0.25	0.01361	38	8	-47.9286	0.00957	38	8	-97.0599	0.00673	38	8	-195.8314
0.08	0.30	0.01201	29	7	-48.2788	0.00845	29	7	-97.5587	0.00595	29	7	-196.5403
0.09	0.30	0.01235	32	8	-48.1723	0.00868	32	8	-97.4072	0.00612	32	8	-196.3252
0.09	0.40	0.00970	19	6	-48.6288	0.00683	19	6	-98.0564	0.00481	19	6	-197.2468
0.10	0.30	0.01351	36	9	-48.0593	0.00950	36	9	-97.2462	0.00669	36	9	-196.0962
0.10	0.40	0.00920	18	6	-48.5630	0.00648	18	6	-97.9626	0.00457	18	6	-197.1136

		A = 0.0003		B = 300		A = 0.0003		B = 400		A = 0.0003		B = 500	
P1	P2	Y	N	C	M	Y	N	C	M	Y	N	C	M
0.01	0.05	0.00709	74	3	-291.8338	0.00613	74	3	-390.5597	0.00548	74	3	-489.4373
0.01	0.06	0.00668	65	3	-292.8793	0.00578	65	3	-391.7700	0.00516	65	3	-490.7926
0.01	0.07	0.00634	58	3	-293.6115	0.00548	58	3	-392.6172	0.00490	58	3	-491.7411
0.01	0.08	0.00427	30	2	-294.2040	0.00369	30	2	-393.3018	0.00330	30	2	-492.5070
0.01	0.09	0.00420	28	2	-294.6879	0.00363	28	2	-393.8615	0.00325	28	2	-493.1335
0.01	0.10	0.00407	26	2	-295.0764	0.00352	26	2	-394.3108	0.00315	26	2	-493.6364
0.01	0.15	0.00352	19	2	-296.2597	0.00304	19	2	-395.6790	0.00272	19	2	-495.1675
0.01	0.20	0.00316	15	2	-296.8785	0.00273	15	2	-396.3942	0.00244	15	2	-495.9675
0.02	0.08	0.00633	58	4	-292.5450	0.00547	58	4	-391.3826	0.00489	58	4	-490.3585
0.02	0.09	0.00618	54	4	-293.2783	0.00535	54	4	-392.2313	0.00478	54	4	-491.3089
0.02	0.10	0.00594	50	4	-293.8394	0.00513	50	4	-392.8806	0.00459	50	4	-492.0358
0.02	0.15	0.00424	26	3	-295.5183	0.00367	26	3	-394.8219	0.00328	26	3	-494.2083
0.02	0.20	0.00386	21	3	-296.3522	0.00334	21	3	-395.7859	0.00299	21	3	-495.2871
0.03	0.10	0.00724	71	6	-292.5772	0.00626	71	6	-391.4202	0.00559	71	6	-490.4009
0.03	0.12	0.00600	50	5	-293.7296	0.00519	50	5	-392.7534	0.00464	50	5	-491.8934
0.03	0.15	0.00469	32	4	-294.8234	0.00405	32	4	-394.0184	0.00362	32	4	-493.3091
0.03	0.20	0.00451	27	4	-295.8944	0.00390	27	4	-395.2568	0.00349	27	4	-494.6950
0.03	0.25	0.00344	16	3	-296.5613	0.00298	16	3	-396.0275	0.00266	16	3	-495.5573
0.04	0.15	0.00613	49	6	-294.1299	0.00530	49	6	-393.2166	0.00474	49	6	-492.4119
0.04	0.17	0.00496	35	5	-294.7641	0.00429	35	5	-393.9499	0.00384	35	5	-493.2325
0.04	0.20	0.00491	32	5	-295.4545	0.00424	32	5	-394.7483	0.00379	32	5	-494.1260
0.04	0.25	0.00401	21	4	-296.2377	0.00347	21	4	-395.6536	0.00310	21	4	-495.1389
0.05	0.15	0.00694	63	8	-293.3705	0.00600	63	8	-392.3382	0.00536	63	8	-491.4287
0.05	0.20	0.00532	37	6	-295.0042	0.00460	37	6	-394.2276	0.00411	37	6	-493.5434
0.05	0.25	0.00428	25	5	-295.9151	0.00370	25	5	-395.2807	0.00331	25	5	-494.7218
0.06	0.20	0.00549	41	7	-294.5224	0.00475	41	7	-393.6705	0.00425	41	7	-492.9198
0.06	0.25	0.00485	30	6	-295.5871	0.00420	30	6	-394.9016	0.00375	30	6	-494.2975
0.06	0.30	0.00400	21	5	-296.2669	0.00346	21	5	-395.6874	0.00310	21	5	-495.1767
0.07	0.20	0.00646	53	9	-294.0010	0.00559	53	9	-393.0675	0.00499	53	9	-492.2450
0.07	0.25	0.00516	34	7	-295.2487	0.00446	34	7	-394.5103	0.00399	34	7	-493.8597
0.07	0.30	0.00442	25	6	-296.0171	0.00383	25	6	-395.3986	0.00342	25	6	-494.8537
0.08	0.25	0.00549	38	8	-294.8886	0.00475	38	8	-394.0939	0.00424	38	8	-493.3937
0.08	0.30	0.00485	29	7	-295.7588	0.00420	29	7	-395.1000	0.00375	29	7	-494.5196
0.09	0.30	0.00498	32	8	-295.4949	0.00431	32	8	-394.7950	0.00385	32	8	-494.1783
0.09	0.40	0.00393	19	6	-296.6256	0.00340	19	6	-396.1019	0.00304	19	6	-495.6405
0.10	0.30	0.00545	36	9	-295.2138	0.00471	36	9	-394.4699	0.00421	36	9	-493.8145
0.10	0.40	0.00372	18	6	-296.4622	0.00322	18	6	-395.9130	0.00288	18	6	-495.4291

		A = 0.0004			B = 1	A = 0.0004			B = 5	A = 0.0004			B = 10
P1	P2	Y	N	C	M	Y	N	C	M	Y	N	C	M
0.01	0.05	0.14684	46	2	-0.5540	0.05348	45	2	-3.8929	0.04973	77	3	-8.3993
0.01	0.06	0.13009	40	2	-0.6019	0.04837	39	2	-4.0287	0.03311	39	2	-8.5982
0.01	0.07	0.12079	36	2	-0.6383	0.04557	35	2	-4.1280	0.03131	35	2	-8.7451
0.01	0.08	0.11454	33	2	-0.6669	0.04367	32	2	-4.2041	0.03009	32	2	-8.8568
0.01	0.09	0.10687	30	2	-0.6900	0.04102	29	2	-4.2642	0.02833	29	2	-8.9449
0.01	0.10	0.09812	27	2	-0.7091	0.03978	27	2	-4.3132	0.02752	27	2	-9.0164
0.01	0.15	0.08339	20	2	-0.7706	0.03463	20	2	-4.4666	0.02408	20	2	-9.2388
0.01	0.20	0.07458	16	2	-0.8049	0.03137	16	2	-4.5497	0.02187	16	2	-9.3585
0.02	0.08	0.17728	62	4	-0.5850	0.06604	61	4	-3.9883	0.04387	60	4	-8.5404
0.02	0.09	0.13271	39	3	-0.6182	0.06245	56	4	-4.0758	0.04282	56	4	-8.6699
0.02	0.10	0.12353	36	3	-0.6460	0.04648	35	3	-4.1480	0.03196	35	3	-8.7744
0.02	0.15	0.10165	27	3	-0.7311	0.04158	27	3	-4.3689	0.02882	27	3	-9.0973
0.02	0.20	0.06776	13	2	-0.7780	0.02499	12	2	-4.4819	0.01739	12	2	-9.2601
0.03	0.10	0.17278	59	5	-0.5859	0.06407	58	5	-3.9892	0.04379	58	5	-8.5413
0.03	0.12	0.13110	39	4	-0.6401	0.06089	52	5	-4.1329	0.04184	52	5	-8.7537
0.03	0.15	0.11987	34	4	-0.6956	0.04833	34	4	-4.2789	0.03180	33	4	-8.9665
0.03	0.20	0.08413	19	3	-0.7534	0.03473	19	3	-4.4224	0.02411	19	3	-9.1742
0.03	0.25	0.07519	16	3	-0.7897	0.03146	16	3	-4.5122	0.02191	16	3	-9.3042
0.04	0.15	0.13397	40	5	-0.6601	0.05320	40	5	-4.1869	0.03492	39	5	-8.8319
0.04	0.17	0.12709	37	5	-0.6917	0.05115	37	5	-4.2695	0.03533	37	5	-8.9529
0.04	0.20	0.10077	25	4	-0.7291	0.04120	25	4	-4.3623	0.02659	24	4	-9.0873
0.04	0.25	0.08887	21	4	-0.7703	0.03691	21	4	-4.4656	0.02566	21	4	-9.2373
0.05	0.15	0.15078	46	6	-0.6227	0.06362	55	7	-4.0890	0.04364	55	7	-8.6889
0.05	0.20	0.11142	30	5	-0.7047	0.04510	30	5	-4.3013	0.03118	30	5	-8.9988
0.05	0.25	0.08261	19	4	-0.7530	0.03409	19	4	-4.4218	0.02367	19	4	-9.1735
0.06	0.20	0.12339	35	6	-0.6796	0.04942	35	6	-4.2370	0.03409	35	6	-8.9049
0.06	0.25	0.09730	24	5	-0.7357	0.03988	24	5	-4.3790	0.02765	24	5	-9.1115
0.06	0.30	0.07709	16	4	-0.7720	0.03979	22	5	-4.4691	0.02567	21	5	-9.2423
0.07	0.20	0.13722	40	7	-0.6531	0.05904	47	8	-4.1697	0.04063	47	8	-8.8072
0.07	0.25	0.11267	29	6	-0.7174	0.04273	28	6	-4.3332	0.02957	28	6	-9.0454
0.07	0.30	0.08740	20	5	-0.7590	0.03615	20	5	-4.4367	0.02511	20	5	-9.1951
0.08	0.25	0.12137	33	7	-0.6985	0.04900	33	7	-4.2854	0.03386	33	7	-8.9756
0.08	0.30	0.09816	24	6	-0.7451	0.04038	24	6	-4.4027	0.02802	24	6	-9.1461
0.09	0.30	0.10943	28	7	-0.7306	0.04476	28	7	-4.3669	0.03102	28	7	-9.0942
0.09	0.40	0.07411	15	5	-0.7930	0.03104	15	5	-4.5197	0.02162	15	5	-9.3149
0.10	0.30	0.12148	32	8	-0.7155	0.04610	31	8	-4.3292	0.03190	31	8	-9.0397
0.10	0.40	0.09059	19	6	-0.7838	0.03413	18	6	-4.4979	0.02375	18	6	-9.2836

		A = 0.0004		B =	20	A = 0.0004		B =	30	A = 0.0004		B =	40
P1	P2	Y	N	C	M	Y	N	C	M	Y	N	C	M
0.01	0.05	0.03425	77	3	-17.7019	0.02765	77	3	-27.1667	0.02378	77	3	-36.7154
0.01	0.06	0.02289	39	2	-17.9891	0.01851	39	2	-27.5216	0.01593	39	2	-37.1274
0.01	0.07	0.02170	35	2	-18.2033	0.01756	35	2	-27.7876	0.01513	35	2	-37.4370
0.01	0.08	0.02089	32	2	-18.3656	0.01692	32	2	-27.9887	0.01459	32	2	-37.6708
0.01	0.09	0.01970	29	2	-18.4933	0.01597	29	2	-28.1467	0.01377	29	2	-37.8545
0.01	0.10	0.01916	27	2	-18.5965	0.01554	27	2	-28.2743	0.01340	27	2	-38.0027
0.01	0.15	0.01683	20	2	-18.9166	0.01367	20	2	-28.6694	0.01180	20	2	-38.4609
0.01	0.20	0.01532	16	2	-19.0880	0.01245	16	2	-28.8805	0.01076	16	2	-38.7056
0.02	0.08	0.03030	60	4	-17.9067	0.02448	60	4	-27.4204	0.02107	60	4	-37.0104
0.02	0.09	0.02964	56	4	-18.0957	0.02398	56	4	-27.6550	0.02065	56	4	-37.2835
0.02	0.10	0.02216	35	3	-18.2458	0.01794	35	3	-27.8401	0.01546	35	3	-37.4981
0.02	0.15	0.02009	27	3	-18.7133	0.01630	27	3	-28.4186	0.01407	27	3	-38.1701
0.02	0.20	0.01215	12	2	-18.9463	0.00987	12	2	-28.7056	0.00853	12	2	-38.5026
0.03	0.10	0.03024	58	5	-17.9075	0.02444	58	5	-27.4211	0.02103	58	5	-37.0110
0.03	0.12	0.02900	52	5	-18.2173	0.02347	52	5	-27.8056	0.02022	52	5	-37.4586
0.03	0.15	0.02212	33	4	-18.5247	0.01793	33	4	-28.1856	0.01547	33	4	-37.8998
0.03	0.20	0.01683	19	3	-18.8232	0.01367	19	3	-28.5538	0.01180	19	3	-38.3267
0.03	0.25	0.01532	16	3	-19.0100	0.01245	16	3	-28.7843	0.01076	16	3	-38.5940
0.04	0.15	0.02424	39	5	-18.3300	0.01963	39	5	-27.9447	0.01692	39	5	-37.6199
0.04	0.17	0.02457	37	5	-18.5051	0.01900	36	5	-28.1616	0.01639	36	5	-37.8720
0.04	0.20	0.01854	24	4	-18.6986	0.01504	24	4	-28.4002	0.01298	24	4	-38.1487
0.04	0.25	0.01793	21	4	-18.9143	0.01457	21	4	-28.6664	0.01258	21	4	-38.4575
0.05	0.15	0.03022	55	7	-18.1230	0.02445	55	7	-27.6886	0.02106	55	7	-37.3224
0.05	0.20	0.02171	30	5	-18.5709	0.01760	30	5	-28.2425	0.01518	30	5	-37.9656
0.05	0.25	0.01652	19	4	-18.8222	0.01342	19	4	-28.5527	0.01158	19	4	-38.3255
0.06	0.20	0.02595	42	7	-18.4354	0.02103	42	7	-28.0755	0.01813	42	7	-37.7721
0.06	0.25	0.01928	24	5	-18.7332	0.01565	24	5	-28.4430	0.01350	24	5	-38.1982
0.06	0.30	0.01794	21	5	-18.9216	0.01457	21	5	-28.6755	0.01258	21	5	-38.4680
0.07	0.20	0.02819	47	8	-18.2943	0.02283	47	8	-27.9007	0.01967	47	8	-37.5689
0.07	0.25	0.02060	28	6	-18.6382	0.01671	28	6	-28.3258	0.01442	28	6	-38.0623
0.07	0.30	0.01754	20	5	-18.8534	0.01424	20	5	-28.5911	0.01229	20	5	-38.3701
0.08	0.25	0.02204	32	7	-18.5374	0.01787	32	7	-28.2013	0.01541	32	7	-37.9179
0.08	0.30	0.01955	24	6	-18.7831	0.01587	24	6	-28.5046	0.01370	24	6	-38.2697
0.09	0.30	0.02163	28	7	-18.7085	0.01755	28	7	-28.4125	0.01514	28	7	-38.1629
0.09	0.40	0.01513	15	5	-19.0252	0.01230	15	5	-28.8029	0.01062	15	5	-38.6155
0.10	0.30	0.02222	31	8	-18.6302	0.01803	31	8	-28.3159	0.01555	31	8	-38.0510
0.10	0.40	0.01661	18	6	-18.9806	0.01350	18	6	-28.7481	0.01166	18	6	-38.5521

		A = 0.0004			B = 50	A = 0.0004			B = 100	A = 0.0004			B = 200
P1	P2	Y	N	C	M	Y	N	C	M	Y	N	C	M
0.01	0.05	0.02118	77	3	-46.3178	0.01481	77	3	-94.7578	0.01039	77	3	-192.5514
0.01	0.06	0.01419	39	2	-46.7801	0.00994	39	2	-95.4174	0.00670	38	2	-193.4902
0.01	0.07	0.01349	35	2	-47.1282	0.00945	35	2	-95.9164	0.00664	35	2	-194.2026
0.01	0.08	0.01301	32	2	-47.3908	0.00912	32	2	-96.2922	0.00642	32	2	-194.7385
0.01	0.09	0.01228	29	2	-47.5971	0.00862	29	2	-96.5870	0.00606	29	2	-195.1585
0.01	0.10	0.01195	27	2	-47.7634	0.00840	27	2	-96.8244	0.00591	27	2	-195.4964
0.01	0.15	0.01053	20	2	-48.2773	0.00741	20	2	-97.5568	0.00522	20	2	-196.5378
0.01	0.20	0.00960	16	2	-48.5514	0.00676	16	2	-97.9467	0.00477	16	2	-197.0915
0.02	0.08	0.01877	60	4	-46.6492	0.01314	60	4	-95.2318	0.00922	60	4	-193.2273
0.02	0.09	0.01840	56	4	-46.9562	0.01289	56	4	-95.6719	0.00906	56	4	-193.8557
0.02	0.10	0.01378	35	3	-47.1968	0.00966	35	3	-96.0145	0.00679	35	3	-194.3425
0.02	0.15	0.01255	27	3	-47.9513	0.00882	27	3	-97.0924	0.00621	27	3	-195.8778
0.02	0.20	0.00761	12	2	-48.3238	0.00535	12	2	-97.6221	0.00377	12	2	-196.6298
0.03	0.10	0.01874	58	5	-46.6497	0.01311	58	5	-95.2320	0.00921	58	5	-193.2269
0.03	0.12	0.01803	52	5	-47.1528	0.01264	52	5	-95.9531	0.00888	52	5	-194.2565
0.03	0.15	0.01379	33	4	-47.6480	0.00968	33	4	-96.6600	0.00681	33	4	-195.2627
0.03	0.20	0.01053	19	3	-48.1266	0.00740	19	3	-97.3416	0.00521	19	3	-196.2314
0.03	0.25	0.00960	16	3	-48.4263	0.00676	16	3	-97.7685	0.00476	16	3	-196.8383
0.04	0.15	0.01508	39	5	-47.3338	0.01058	39	5	-96.2111	0.00744	39	5	-194.6232
0.04	0.17	0.01461	36	5	-47.6168	0.01026	36	5	-96.6156	0.00722	36	5	-195.1997
0.04	0.20	0.01158	24	4	-47.9271	0.00814	24	4	-97.0577	0.00573	24	4	-195.8281
0.04	0.25	0.01123	21	4	-48.2734	0.00790	21	4	-97.5512	0.00556	21	4	-196.5298
0.05	0.15	0.01876	55	7	-46.9998	0.01315	55	7	-95.7339	0.00924	55	7	-193.9436
0.05	0.20	0.01354	30	5	-47.7217	0.00951	30	5	-96.7646	0.00669	30	5	-195.4111
0.05	0.25	0.01033	19	4	-48.1253	0.00727	19	4	-97.3398	0.00512	19	4	-196.2289
0.06	0.20	0.01617	42	7	-47.5047	0.01135	42	7	-96.4559	0.00798	42	7	-194.9725
0.06	0.25	0.01205	24	5	-47.9826	0.00847	24	5	-97.1367	0.00596	24	5	-195.9403
0.06	0.30	0.01123	21	5	-48.2852	0.00790	21	5	-97.5679	0.00557	21	5	-196.5536
0.07	0.20	0.01753	47	8	-47.2766	0.01230	47	8	-96.1295	0.00864	47	8	-194.5073
0.07	0.25	0.01286	28	6	-47.8303	0.00903	28	6	-96.9197	0.00636	28	6	-195.6319
0.07	0.30	0.01097	20	5	-48.1753	0.00771	20	5	-97.4111	0.00543	20	5	-196.3303
0.08	0.25	0.01375	32	7	-47.6682	0.00965	32	7	-96.6886	0.00679	32	7	-195.3033
0.08	0.30	0.01222	24	6	-48.0628	0.00859	24	6	-97.2511	0.00605	24	6	-196.1031
0.09	0.30	0.01351	28	7	-47.9431	0.00949	28	7	-97.0805	0.00668	28	7	-195.8606
0.09	0.40	0.00948	15	5	-48.4504	0.00667	15	5	-97.8026	0.00470	15	5	-196.8865
0.10	0.30	0.01387	31	8	-47.8176	0.00974	31	8	-96.9018	0.00686	31	8	-195.6066
0.10	0.40	0.01041	18	6	-48.3794	0.00732	18	6	-97.7018	0.00516	18	6	-196.7436

P1	P2	A = 0.0004 Y	N	C	B = 300 M	A = 0.0004 Y	N	C	B = 400 M	A = 0.0004 Y	N	C	B = 500 M
0.01	0.05	0.00845	77	3	-290.8584	0.00730	77	3	-389.4311	0.00652	77	3	-488.1736
0.01	0.06	0.00546	38	2	-292.0114	0.00472	38	2	-390.7648	0.00421	38	2	-489.6664
0.01	0.07	0.00541	35	2	-292.8875	0.00468	35	2	-391.7788	0.00418	35	2	-490.8020
0.01	0.08	0.00523	32	2	-293.5462	0.00452	32	2	-392.5411	0.00404	32	2	-491.6556
0.01	0.09	0.00494	29	2	-294.0623	0.00427	29	2	-393.1382	0.00382	29	2	-492.3241
0.01	0.10	0.00481	27	2	-294.4775	0.00416	27	2	-393.6184	0.00372	27	2	-492.8616
0.01	0.15	0.00426	20	2	-295.7559	0.00368	20	2	-395.0967	0.00329	20	2	-494.5160
0.01	0.20	0.00389	16	2	-296.4352	0.00336	16	2	-395.8820	0.00301	16	2	-495.3945
0.02	0.08	0.00751	60	4	-291.6891	0.00649	60	4	-390.3923	0.00580	60	4	-489.2498
0.02	0.09	0.00737	56	4	-292.4619	0.00637	56	4	-391.2870	0.00569	56	4	-490.2518
0.02	0.10	0.00553	35	3	-293.0594	0.00478	35	3	-391.9778	0.00427	35	3	-491.0248
0.02	0.15	0.00506	27	3	-294.9458	0.00438	27	3	-394.1601	0.00391	27	3	-493.4679
0.02	0.20	0.00308	12	2	-295.8683	0.00266	12	2	-395.2264	0.00238	12	2	-494.6609
0.03	0.10	0.00749	58	5	-291.6883	0.00648	58	5	-390.3912	0.00579	58	5	-489.2484
0.03	0.12	0.00723	52	5	-292.9546	0.00625	52	5	-391.8570	0.00559	52	5	-490.8901
0.03	0.15	0.00555	33	4	-294.1905	0.00480	33	4	-393.2866	0.00429	33	4	-492.4902
0.03	0.20	0.00425	19	3	-295.3795	0.00368	19	3	-394.6613	0.00329	19	3	-494.0286
0.03	0.25	0.00388	16	3	-296.1244	0.00336	16	3	-395.5226	0.00300	16	3	-494.9924
0.04	0.15	0.00606	39	5	-293.4049	0.00524	39	5	-392.3777	0.00468	39	5	-491.4728
0.04	0.17	0.00588	36	5	-294.1133	0.00509	36	5	-393.1973	0.00454	36	5	-492.3904
0.04	0.20	0.00467	24	4	-294.8846	0.00404	24	4	-394.0891	0.00361	24	4	-493.3884
0.04	0.25	0.00454	21	4	-295.7460	0.00392	21	4	-395.0853	0.00351	21	4	-494.5031
0.05	0.15	0.00752	55	7	-292.5699	0.00650	55	7	-391.4117	0.00581	55	7	-490.3914
0.05	0.20	0.00545	30	5	-294.3725	0.00472	30	5	-393.4970	0.00421	30	5	-492.7256
0.05	0.25	0.00517	26	5	-295.3767	0.00447	26	5	-394.6584	0.00400	26	5	-494.0255
0.06	0.20	0.00650	42	7	-293.8343	0.00562	42	7	-392.8747	0.00502	42	7	-492.0293
0.06	0.25	0.00486	24	5	-295.0223	0.00420	24	5	-394.2484	0.00376	24	5	-493.5665
0.06	0.30	0.00454	21	5	-295.7752	0.00393	21	5	-395.1191	0.00351	21	5	-494.5410
0.07	0.20	0.00704	47	8	-293.2625	0.00609	47	8	-392.2131	0.00544	47	8	-491.2885
0.07	0.25	0.00518	28	6	-294.6438	0.00448	28	6	-393.8107	0.00401	28	6	-493.0768
0.07	0.30	0.00443	20	5	-295.5011	0.00383	20	5	-394.8019	0.00343	20	5	-494.1860
0.08	0.25	0.00553	32	7	-294.2402	0.00479	32	7	-393.3440	0.00428	32	7	-492.5545
0.08	0.30	0.00493	24	6	-295.2222	0.00427	24	6	-394.4796	0.00381	24	6	-493.8253
0.09	0.30	0.00545	28	7	-294.9245	0.00471	28	7	-394.1353	0.00421	28	7	-493.4401
0.09	0.40	0.00383	15	5	-296.1835	0.00332	15	5	-395.5909	0.00297	15	5	-495.0688
0.10	0.30	0.00559	31	8	-294.6128	0.00483	31	8	-393.7750	0.00432	31	8	-493.0368
0.10	0.40	0.00421	18	6	-296.0083	0.00364	18	6	-395.3884	0.00325	18	6	-494.8423

		A = 0.0005		B = 1		A = 0.0005		B = 5		A = 0.0005		B = 10	
P1	P2	Y	N	C	M	Y	N	C	M	Y	N	C	M
0.01	0.05	0.17879	49	2	-0.5247	0.06222	47	2	-3.8130	0.04085	46	2	-8.2776
0.01	0.06	0.15499	42	2	-0.5731	0.05696	41	2	-3.9527	0.03887	41	2	-8.4866
0.01	0.07	0.13954	37	2	-0.6103	0.05413	37	2	-4.0555	0.03567	36	2	-8.6392
0.01	0.08	0.13278	34	2	-0.6397	0.05013	33	2	-4.1347	0.03445	33	2	-8.7559
0.01	0.09	0.12449	31	2	-0.6635	0.04738	30	2	-4.1976	0.03264	30	2	-8.8483
0.01	0.10	0.11500	28	2	-0.6834	0.04612	28	2	-4.2491	0.03182	28	2	-8.9235
0.01	0.15	0.09357	20	2	-0.7480	0.03853	20	2	-4.4120	0.02674	20	2	-9.1601
0.01	0.20	0.04414	6	1	-0.7892	0.01847	6	1	-4.5082	0.01286	6	1	-9.2975
0.02	0.08	0.16866	44	3	-0.5562	0.05865	42	3	-3.9022	0.05097	62	4	-8.4121
0.02	0.09	0.15320	40	3	-0.5906	0.05640	39	3	-3.9999	0.03856	39	3	-8.5565
0.02	0.10	0.14331	37	3	-0.6187	0.05582	37	3	-4.0775	0.03662	36	3	-8.6713
0.02	0.15	0.08513	16	2	-0.7072	0.04844	28	3	-4.3074	0.03350	28	3	-9.0084
0.02	0.20	0.07453	13	2	-0.7597	0.03084	13	2	-4.4377	0.02142	13	2	-9.1963
0.03	0.10	0.17610	46	4	-0.5559	0.07512	60	5	-3.9045	0.05116	60	5	-8.4165
0.03	0.12	0.15917	41	4	-0.6124	0.05917	40	4	-4.0610	0.04055	40	4	-8.6470
0.03	0.15	0.11317	24	3	-0.6696	0.05339	34	4	-4.2120	0.03679	34	4	-8.8695
0.03	0.20	0.09327	19	3	-0.7320	0.03817	19	3	-4.3703	0.02646	19	3	-9.0991
0.03	0.25	0.09126	17	3	-0.7697	0.03790	17	3	-4.4639	0.02422	16	3	-9.2348
0.04	0.15	0.15621	41	5	-0.6322	0.06123	41	5	-4.1154	0.04022	40	5	-8.7277
0.04	0.17	0.12170	28	4	-0.6670	0.04847	28	4	-4.2038	0.03340	28	4	-8.8563
0.04	0.20	0.11201	25	4	-0.7056	0.04535	25	4	-4.3045	0.03136	25	4	-9.0038
0.04	0.25	0.08450	15	3	-0.7506	0.03484	15	3	-4.4150	0.02419	15	3	-9.1633
0.05	0.15	0.17516	47	6	-0.5940	0.06446	46	6	-4.0114	0.04409	46	6	-8.5742
0.05	0.20	0.13162	31	5	-0.6797	0.05271	31	5	-4.2383	0.03636	31	5	-8.9073
0.05	0.25	0.10025	20	4	-0.7321	0.04103	20	4	-4.3700	0.02844	20	4	-9.0986
0.06	0.20	0.14525	36	6	-0.6533	0.05749	36	6	-4.1699	0.03956	36	6	-8.8073
0.06	0.25	0.11652	25	5	-0.7127	0.04732	25	5	-4.3220	0.03274	25	5	-9.0290
0.06	0.30	0.08526	16	4	-0.7523	0.03517	16	4	-4.4202	0.02442	16	4	-9.1713
0.07	0.20	0.16094	41	7	-0.6258	0.05959	40	7	-4.0969	0.04089	40	7	-8.7002
0.07	0.25	0.12533	29	6	-0.6930	0.05047	29	6	-4.2729	0.03486	29	6	-8.9578
0.07	0.30	0.10616	21	5	-0.7377	0.04355	21	5	-4.3843	0.03020	21	5	-9.1193
0.08	0.25	0.14364	34	7	-0.6729	0.05396	33	7	-4.2213	0.03720	33	7	-8.8827
0.08	0.30	0.11806	25	6	-0.7224	0.04813	25	6	-4.3465	0.03333	25	6	-9.0647
0.09	0.30	0.10792	23	6	-0.7070	0.04944	28	7	-4.3075	0.03419	28	7	-9.0083
0.09	0.40	0.09274	16	5	-0.7741	0.03858	16	5	-4.4738	0.02383	15	5	-9.2489
0.10	0.30	0.12162	27	7	-0.6914	0.04895	27	7	-4.2674	0.03761	32	8	-8.9495
0.10	0.40	0.08727	15	5	-0.7640	0.04173	19	6	-4.4496	0.02900	19	6	-9.2140

		A = 0.0005		B = 20		A = 0.0005		B = 30		A = 0.0005		B = 40	
P1	P2	Y	N	C	M	Y	N	C	M	Y	N	C	M
0.01	0.05	0.02808	46	2	-17.5200	0.02264	46	2	-26.9384	0.01947	46	2	-36.4480
0.01	0.06	0.02586	40	2	-17.8271	0.02089	40	2	-27.3210	0.01797	40	2	-36.8943
0.01	0.07	0.02468	36	2	-18.0502	0.01996	36	2	-27.5982	0.01719	36	2	-37.2171
0.01	0.08	0.02388	33	2	-18.2200	0.01933	33	2	-27.8087	0.01666	33	2	-37.4620
0.01	0.09	0.02266	30	2	-18.3541	0.01835	30	2	-27.9748	0.01582	30	2	-37.6551
0.01	0.10	0.02212	28	2	-18.4629	0.01793	28	2	-28.1095	0.01546	28	2	-37.8115
0.01	0.15	0.01866	20	2	-18.8039	0.01515	20	2	-28.5306	0.01308	20	2	-38.3001
0.01	0.20	0.00899	6	1	-18.9995	0.00731	6	1	-28.7709	0.00631	6	1	-38.5781
0.02	0.08	0.03512	62	4	-17.7204	0.02835	62	4	-27.1894	0.02439	62	4	-36.7418
0.02	0.09	0.02664	39	3	-17.9290	0.02153	39	3	-27.4474	0.01853	39	3	-37.0414
0.02	0.10	0.02535	36	3	-18.0968	0.02050	36	3	-27.6559	0.01766	36	3	-37.2841
0.02	0.15	0.02219	27	3	-18.5856	0.01800	27	3	-28.2612	0.01552	27	3	-37.9877
0.02	0.20	0.01496	13	2	-18.8549	0.01215	13	2	-28.5929	0.01049	13	2	-38.3720
0.03	0.10	0.03418	59	5	-17.7261	0.02760	59	5	-27.1963	0.02374	59	5	-36.7497
0.03	0.12	0.02682	39	4	-18.0614	0.02169	39	4	-27.6120	0.01868	39	4	-37.2332
0.03	0.15	0.02556	34	4	-18.3850	0.02070	34	4	-28.0131	0.01785	34	4	-37.6997
0.03	0.20	0.01845	19	3	-18.7155	0.01497	19	3	-28.4211	0.01292	19	3	-38.1729
0.03	0.25	0.01692	16	3	-18.9108	0.01375	16	3	-28.6622	0.01187	16	3	-38.4525
0.04	0.15	0.02787	40	5	-18.1793	0.02255	40	5	-27.7585	0.01943	40	5	-37.4038
0.04	0.17	0.02319	28	4	-18.3647	0.01879	28	4	-27.9875	0.01619	28	4	-37.6694
0.04	0.20	0.02183	25	4	-18.5784	0.01770	25	4	-28.2520	0.01527	25	4	-37.9767
0.04	0.25	0.01688	15	3	-18.8073	0.01371	15	3	-28.5342	0.01183	15	3	-38.3039
0.05	0.15	0.03047	46	6	-17.9555	0.02463	46	6	-27.4807	0.02120	46	6	-37.0803
0.05	0.20	0.02382	30	5	-18.4391	0.01931	30	5	-28.0799	0.01665	30	5	-37.7771
0.05	0.25	0.01983	20	4	-18.7146	0.01609	20	4	-28.4200	0.01388	20	4	-38.1716
0.06	0.20	0.02596	35	6	-18.2942	0.02102	35	6	-27.9007	0.01812	35	6	-37.5689
0.06	0.25	0.02280	25	5	-18.6146	0.01718	24	5	-28.2967	0.01482	24	5	-38.0288
0.06	0.30	0.01705	16	4	-18.8191	0.01384	16	4	-28.5489	0.01195	16	4	-38.3211
0.07	0.20	0.02832	40	7	-18.1390	0.02291	40	7	-27.7083	0.01974	40	7	-37.3452
0.07	0.25	0.02425	29	6	-18.5121	0.01966	29	6	-28.1701	0.01695	29	6	-37.8817
0.07	0.30	0.01928	20	5	-18.7447	0.01564	20	5	-28.4573	0.01350	20	5	-38.2150
0.08	0.25	0.02584	33	7	-18.4037	0.02094	33	7	-28.0361	0.01805	33	7	-37.7262
0.08	0.30	0.02152	24	6	-18.6662	0.01746	24	6	-28.3605	0.01506	24	6	-38.1028
0.09	0.30	0.02380	28	7	-18.5852	0.01930	28	7	-28.2605	0.01665	28	7	-37.9868
0.09	0.40	0.01665	15	5	-18.9308	0.01353	15	5	-28.6868	0.01168	15	5	-38.4810
0.10	0.30	0.02616	32	8	-18.5003	0.02120	32	8	-28.1556	0.01828	32	8	-37.8650
0.10	0.40	0.02026	19	6	-18.8808	0.01645	19	6	-28.6251	0.01420	19	6	-38.4095

		A = 0.0005			B = 50	A = 0.0005			B = 100	A = 0.0005			B = 200
P1	P2	Y	N	C	M	Y	N	C	M	Y	N	C	M
0.01	0.05	0.01732	46	2	-46.0159	0.01210	46	2	-94.3205	0.00848	46	2	-191.9226
0.01	0.06	0.01601	40	2	-46.5183	0.01120	40	2	-95.0432	0.00786	40	2	-192.9569
0.01	0.07	0.01531	36	2	-46.8813	0.01072	36	2	-95.5638	0.00753	36	2	-193.7006
0.01	0.08	0.01485	33	2	-47.1565	0.01041	33	2	-95.9579	0.00731	33	2	-194.2628
0.01	0.09	0.01410	30	2	-47.3734	0.00989	30	2	-96.2681	0.00696	30	2	-194.7049
0.01	0.10	0.01379	28	2	-47.5490	0.00968	28	2	-96.5189	0.00681	28	2	-195.0622
0.01	0.15	0.01167	20	2	-48.0971	0.00820	20	2	-97.3006	0.00578	20	2	-196.1741
0.01	0.20	0.00564	6	1	-48.4082	0.00397	6	1	-97.7418	0.00279	6	1	-196.7994
0.02	0.08	0.02171	62	4	-46.3474	0.01518	62	4	-94.8000	0.01065	62	4	-192.6115
0.02	0.09	0.01651	39	3	-46.6836	0.01156	39	3	-95.2799	0.00811	39	3	-193.2946
0.02	0.10	0.01574	36	3	-46.9566	0.01102	36	3	-95.6715	0.00774	36	3	-193.8541
0.02	0.15	0.01385	27	3	-47.7467	0.00972	27	3	-96.8012	0.00684	27	3	-195.4642
0.02	0.20	0.00936	13	2	-48.1773	0.00658	13	2	-97.4137	0.00464	13	2	-196.3338
0.03	0.10	0.02114	59	5	-46.3562	0.01478	59	5	-94.8121	0.01037	59	5	-192.6282
0.03	0.12	0.01664	39	4	-46.8994	0.01166	39	4	-95.5899	0.00819	39	4	-193.7377
0.03	0.15	0.01591	34	4	-47.4235	0.01116	34	4	-96.3399	0.00785	34	4	-194.8075
0.03	0.20	0.01152	19	3	-47.9543	0.00810	19	3	-97.0964	0.00570	19	3	-195.8832
0.03	0.25	0.01059	16	3	-48.2679	0.00745	16	3	-97.5433	0.00525	16	3	-196.5186
0.04	0.15	0.01731	40	5	-47.0912	0.01214	40	5	-95.8648	0.00853	40	5	-194.1303
0.04	0.17	0.01444	28	4	-47.3892	0.01013	28	4	-96.2897	0.00712	28	4	-194.7347
0.04	0.20	0.01362	25	4	-47.7343	0.00956	25	4	-96.7830	0.00673	25	4	-195.4376
0.04	0.25	0.01056	15	3	-48.1010	0.00742	15	3	-97.3049	0.00523	15	3	-196.1791
0.05	0.15	0.01889	46	6	-46.7276	0.01322	46	6	-95.3436	0.00928	46	6	-193.3863
0.05	0.20	0.01484	30	5	-47.5103	0.01042	30	5	-96.4635	0.00733	30	5	-194.9831
0.05	0.25	0.01239	20	4	-47.9527	0.00871	20	4	-97.0941	0.00613	20	4	-195.8797
0.06	0.20	0.01615	35	6	-47.2766	0.01133	35	6	-96.1298	0.00796	35	6	-194.5078
0.06	0.25	0.01322	24	5	-47.7926	0.00928	24	5	-96.8663	0.00653	24	5	-195.5562
0.06	0.30	0.01066	16	4	-48.1204	0.00750	16	4	-97.3330	0.00528	16	4	-196.2194
0.07	0.20	0.01759	40	7	-47.0253	0.01233	40	7	-95.7700	0.00866	40	7	-193.9947
0.07	0.25	0.01512	29	6	-47.6277	0.01061	29	6	-96.6309	0.00747	29	6	-195.2213
0.07	0.30	0.01205	20	5	-48.0015	0.00847	20	5	-97.1639	0.00596	20	5	-195.9793
0.08	0.25	0.01609	33	7	-47.4532	0.01129	33	7	-96.3819	0.00794	33	7	-194.8669
0.08	0.30	0.01344	24	6	-47.8758	0.00944	24	6	-96.9849	0.00665	24	6	-195.7250
0.09	0.30	0.01485	28	7	-47.7456	0.01043	28	7	-96.7994	0.00734	28	7	-195.4612
0.09	0.40	0.01043	15	5	-48.2997	0.00734	15	5	-97.5885	0.00517	15	5	-196.5826
0.10	0.30	0.01631	32	8	-47.6089	0.01145	32	8	-96.6043	0.00805	32	8	-195.1836
0.10	0.40	0.01268	19	6	-48.2196	0.00892	19	6	-97.4745	0.00628	19	6	-196.4207

		A = 0.0005			B = 300	A = 0.0005			B = 400	A = 0.0005			B = 500
P1	P2	Y	N	C	M	Y	N	C	M	Y	N	C	M
0.01	0.05	0.00690	46	2	-290.0825	0.00596	46	2	-388.5313	0.00532	46	2	-487.1646
0.01	0.06	0.00640	40	2	-291.3559	0.00553	40	2	-390.0063	0.00494	40	2	-488.8172
0.01	0.07	0.00613	36	2	-292.2708	0.00530	36	2	-391.0655	0.00474	36	2	-490.0036
0.01	0.08	0.00596	33	2	-292.9621	0.00515	33	2	-391.8655	0.00460	33	2	-490.8994
0.01	0.09	0.00567	30	2	-293.5055	0.00490	30	2	-392.4943	0.00438	30	2	-491.6034
0.01	0.10	0.00554	28	2	-293.9444	0.00480	28	2	-393.0020	0.00429	28	2	-492.1718
0.01	0.15	0.00471	20	2	-295.3097	0.00407	20	2	-394.5810	0.00364	20	2	-493.9390
0.01	0.20	0.00228	6	1	-296.0762	0.00197	6	1	-395.4666	0.00176	6	1	-494.9295
0.02	0.08	0.00867	62	4	-290.9321	0.00749	62	4	-389.5164	0.00669	62	4	-488.2691
0.02	0.09	0.00660	39	3	-291.7712	0.00571	39	3	-390.4868	0.00510	39	3	-489.3553
0.02	0.10	0.00631	36	3	-292.4595	0.00545	36	3	-391.2838	0.00487	36	3	-490.2480
0.02	0.15	0.00558	27	3	-294.4382	0.00482	27	3	-393.5732	0.00431	27	3	-492.8112
0.02	0.20	0.00378	13	2	-295.5052	0.00327	13	2	-394.8066	0.00292	13	2	-494.1912
0.03	0.10	0.00844	59	5	-290.9525	0.00729	59	5	-389.5398	0.00651	59	5	-488.2951
0.03	0.12	0.00667	39	4	-292.3165	0.00576	39	4	-391.1184	0.00515	39	4	-490.0628
0.03	0.15	0.00639	34	4	-293.6316	0.00553	34	4	-392.6403	0.00494	34	4	-491.7669
0.03	0.20	0.00465	19	3	-294.9523	0.00402	19	3	-394.1675	0.00359	19	3	-493.4761
0.03	0.25	0.00428	16	3	-295.7324	0.00370	16	3	-395.0695	0.00331	16	3	-494.4855
0.04	0.15	0.00694	40	5	-292.7994	0.00600	40	5	-391.6774	0.00536	40	5	-490.6889
0.04	0.17	0.00580	28	4	-293.5414	0.00502	28	4	-392.5355	0.00448	28	4	-491.6493
0.04	0.20	0.00548	25	4	-294.4052	0.00474	25	4	-393.5349	0.00424	25	4	-492.7681
0.04	0.25	0.00426	15	3	-295.3152	0.00369	15	3	-394.5869	0.00329	15	3	-493.9453
0.05	0.15	0.00756	46	6	-291.8844	0.00653	46	6	-390.6182	0.00584	46	6	-489.5027
0.05	0.20	0.00597	30	5	-293.8471	0.00516	30	5	-392.8895	0.00461	30	5	-492.0457
0.05	0.25	0.00499	20	4	-294.9479	0.00432	20	4	-394.1623	0.00386	20	4	-493.4702
0.06	0.20	0.00648	35	6	-293.2632	0.00561	35	6	-392.2139	0.00501	35	6	-491.2895
0.06	0.25	0.00532	24	5	-294.5509	0.00461	24	5	-393.7034	0.00412	24	5	-492.9568
0.06	0.30	0.00430	16	4	-295.3649	0.00372	16	4	-394.6445	0.00333	16	4	-494.0098
0.07	0.20	0.00705	40	7	-292.6325	0.00610	40	7	-391.4841	0.00545	40	7	-490.4723
0.07	0.25	0.00608	29	6	-294.1396	0.00526	29	6	-393.2277	0.00470	29	6	-492.4243
0.07	0.30	0.00486	20	5	-295.0704	0.00420	20	5	-394.3041	0.00376	20	5	-493.6290
0.08	0.25	0.00647	33	7	-293.7044	0.00559	33	7	-392.7243	0.00500	33	7	-491.8609
0.08	0.30	0.00542	24	6	-294.7583	0.00468	24	6	-393.9433	0.00419	24	6	-493.2253
0.09	0.30	0.00598	28	7	-294.4344	0.00517	28	7	-393.5687	0.00462	28	7	-492.8061
0.09	0.40	0.00421	15	5	-295.8108	0.00365	15	5	-395.1601	0.00326	15	5	-494.5868
0.10	0.30	0.00656	32	8	-294.0934	0.00567	32	8	-393.1743	0.00507	32	8	-492.3646
0.10	0.40	0.00512	19	6	-295.6121	0.00443	19	6	-394.9304	0.00396	19	6	-494.3298

		A = 0.0006		B = 1		A = 0.0006		B = 5		A = 0.0006		B = 10	
P1	P2	Y	N	C	M	Y	N	C	M	Y	N	C	M
0.01	0.05	0.20094	50	2	-0.4986	0.07119	49	2	-3.7406	0.04671	48	2	-8.1705
0.01	0.06	0.18108	44	2	-0.5475	0.06363	42	2	-3.8839	0.04330	42	2	-8.3855
0.01	0.07	0.16434	39	2	-0.5852	0.06074	38	2	-3.9900	0.04001	37	2	-8.5431
0.01	0.08	0.15130	35	2	-0.6153	0.05659	34	2	-4.0719	0.03880	34	2	-8.6643
0.01	0.09	0.14236	32	2	-0.6398	0.05374	31	2	-4.1374	0.03693	31	2	-8.7606
0.01	0.10	0.13215	29	2	-0.6603	0.05245	29	2	-4.1911	0.03612	29	2	-8.8392
0.01	0.15	0.05919	8	1	-0.7329	0.02425	8	1	-4.3681	0.01680	8	1	-9.0945
0.01	0.20	0.05829	7	1	-0.7763	0.01974	6	1	-4.4768	0.01373	6	1	-9.2524
0.02	0.08	0.19068	45	3	-0.5314	0.06832	44	3	-3.8347	0.04641	44	3	-8.3109
0.02	0.09	0.18100	42	3	-0.5659	0.06342	40	3	-3.9343	0.04325	40	3	-8.4601
0.02	0.10	0.16344	38	3	-0.5944	0.06289	38	3	-4.0139	0.04127	37	3	-8.5782
0.02	0.15	0.10090	17	2	-0.6892	0.03699	16	2	-4.2597	0.02553	16	2	-8.9375
0.02	0.20	0.08094	13	2	-0.7430	0.03327	13	2	-4.3972	0.02308	13	2	-9.1379
0.03	0.10	0.19957	47	4	-0.5311	0.07133	46	4	-3.8339	0.04845	46	4	-8.3096
0.03	0.12	0.18127	42	4	-0.5878	0.06673	41	4	-3.9963	0.04562	41	4	-8.5522
0.03	0.15	0.12263	24	3	-0.6493	0.04846	24	3	-4.1571	0.03333	24	3	-8.7877
0.03	0.20	0.11004	20	3	-0.7130	0.04469	20	3	-4.3231	0.03092	20	3	-9.0308
0.03	0.25	0.09994	17	3	-0.7519	0.04122	17	3	-4.4209	0.02861	17	3	-9.1729
0.04	0.15	0.14655	31	4	-0.6099	0.05685	31	4	-4.0525	0.03895	31	4	-8.6339
0.04	0.17	0.14113	29	4	-0.6454	0.05566	29	4	-4.1483	0.03598	28	4	-8.7756
0.04	0.20	0.13057	26	4	-0.6847	0.05240	26	4	-4.2521	0.03616	26	4	-8.9277
0.04	0.25	0.09170	15	3	-0.7336	0.03755	15	3	-4.3735	0.02603	15	3	-9.1036
0.05	0.15	0.17438	38	5	-0.5696	0.07281	47	6	-3.9439	0.04967	47	6	-8.4749
0.05	0.20	0.12930	24	4	-0.6582	0.05715	31	5	-4.1819	0.03934	31	5	-8.8254
0.05	0.25	0.10937	20	4	-0.7130	0.04441	20	4	-4.3232	0.03073	20	4	-9.0310
0.06	0.20	0.14313	29	5	-0.6310	0.06228	36	6	-4.1098	0.04276	36	6	-8.7198
0.06	0.25	0.12737	25	5	-0.6922	0.05128	25	5	-4.2713	0.03541	25	5	-8.9557
0.06	0.30	0.10323	17	4	-0.7351	0.04230	17	4	-4.3775	0.02932	17	4	-9.1094
0.07	0.20	0.15937	34	6	-0.6022	0.06798	41	7	-4.0338	0.04654	41	7	-8.6078
0.07	0.25	0.13001	24	5	-0.6725	0.04762	23	5	-4.2182	0.04019	30	6	-8.8779
0.07	0.30	0.11589	21	5	-0.7188	0.04717	21	5	-4.3380	0.03266	21	5	-9.0525
0.08	0.25	0.13998	28	6	-0.6517	0.05538	28	6	-4.1645	0.03810	28	6	-8.7988
0.08	0.30	0.11449	20	5	-0.7034	0.04632	20	5	-4.2973	0.03202	20	5	-8.9926
0.09	0.30	0.12854	24	6	-0.6874	0.05165	24	6	-4.2572	0.03565	24	6	-8.9345
0.09	0.40	0.10102	16	5	-0.7576	0.04176	16	5	-4.4340	0.02900	16	5	-9.1913
0.10	0.30	0.14355	28	7	-0.6705	0.05295	27	7	-4.2144	0.03649	27	7	-8.8725
0.10	0.40	0.09477	15	5	-0.7475	0.03902	15	5	-4.4084	0.02708	15	5	-9.1541

		A = 0.0006		B = 20		A = 0.0006		B = 30		A = 0.0006		B = 40	
P1	P2	Y	N	C	M	Y	N	C	M	Y	N	C	M
0.01	0.05	0.03204	48	2	-17.3635	0.02582	48	2	-26.7439	0.02218	48	2	-36.2215
0.01	0.06	0.02982	42	2	-17.6801	0.02407	42	2	-27.1387	0.02070	42	2	-36.6823
0.01	0.07	0.02763	37	2	-17.9110	0.02233	37	2	-27.4258	0.01922	37	2	-37.0168
0.01	0.08	0.02685	34	2	-18.0876	0.02172	34	2	-27.6450	0.01871	34	2	-37.2719
0.01	0.09	0.02560	31	2	-18.2276	0.02072	31	2	-27.8185	0.01786	31	2	-37.4737
0.01	0.10	0.02398	28	2	-18.3415	0.01943	28	2	-27.9596	0.01674	28	2	-37.6376
0.01	0.15	0.01172	8	1	-18.7074	0.00951	8	1	-28.4103	0.00820	8	1	-38.1598
0.01	0.20	0.00960	6	1	-18.9350	0.00780	6	1	-28.6914	0.00673	6	1	-38.4861
0.02	0.08	0.03069	43	3	-17.5698	0.02475	43	3	-27.0009	0.02128	43	3	-36.5213
0.02	0.09	0.02982	40	3	-17.7891	0.02409	40	3	-27.2740	0.02072	40	3	-36.8398
0.02	0.10	0.02852	37	3	-17.9620	0.02305	37	3	-27.4890	0.01985	37	3	-37.0902
0.02	0.15	0.01776	16	2	-18.4817	0.01439	16	2	-28.1319	0.01241	16	2	-37.8370
0.02	0.20	0.01610	13	2	-18.7712	0.01307	13	2	-28.4898	0.01128	13	2	-38.2525
0.03	0.10	0.03196	45	4	-17.5680	0.02578	45	4	-26.9987	0.02217	45	4	-36.5188
0.03	0.12	0.03020	40	4	-17.9240	0.02441	40	4	-27.4420	0.02101	40	4	-37.0356
0.03	0.15	0.02312	24	3	-18.2650	0.01872	24	3	-27.8639	0.01613	24	3	-37.5258
0.03	0.20	0.02153	20	3	-18.6172	0.01747	20	3	-28.2999	0.01507	20	3	-38.0324
0.03	0.25	0.01998	17	3	-18.8220	0.01622	17	3	-28.5527	0.01400	17	3	-38.3257
0.04	0.15	0.03146	41	5	-18.0435	0.02544	41	5	-27.5905	0.02191	41	5	-37.2086
0.04	0.17	0.02495	28	4	-18.2484	0.02020	28	4	-27.8438	0.01740	28	4	-37.5027
0.04	0.20	0.02514	26	4	-18.4688	0.02038	26	4	-28.1166	0.01757	26	4	-37.8197
0.04	0.25	0.01815	15	3	-18.7217	0.01473	15	3	-28.4287	0.01271	15	3	-38.1816
0.05	0.15	0.03426	47	6	-17.8112	0.02767	47	6	-27.3019	0.02381	47	6	-36.8725
0.05	0.20	0.02730	31	5	-18.3211	0.02211	31	5	-27.9341	0.01906	31	5	-37.6079
0.05	0.25	0.02140	20	4	-18.6176	0.01736	20	4	-28.3004	0.01497	20	4	-38.0330
0.06	0.20	0.02962	36	6	-18.1681	0.02397	36	6	-27.7446	0.02065	36	6	-37.3877
0.06	0.25	0.02463	25	5	-18.5092	0.01997	25	5	-28.1666	0.01722	25	5	-37.8778
0.06	0.30	0.02045	17	4	-18.7301	0.01660	17	4	-28.4391	0.01432	17	4	-38.1938
0.07	0.20	0.03218	41	7	-18.0049	0.02602	41	7	-27.5423	0.02240	41	7	-37.1523
0.07	0.25	0.02624	29	6	-18.3972	0.02126	29	6	-28.0283	0.01832	29	6	-37.7173
0.07	0.30	0.02275	21	5	-18.6487	0.01846	21	5	-28.3388	0.01592	21	5	-38.0776
0.08	0.25	0.02965	34	7	-18.2822	0.02401	34	7	-27.8860	0.02069	34	7	-37.5519
0.08	0.30	0.02512	25	6	-18.5626	0.02037	25	6	-28.2326	0.01757	25	6	-37.9544
0.09	0.30	0.02479	24	6	-18.4779	0.02009	24	6	-28.1276	0.01733	24	6	-37.8323
0.09	0.40	0.02025	16	5	-18.8481	0.01645	16	5	-28.5848	0.01420	16	5	-38.3628
0.10	0.30	0.02535	27	7	-18.3889	0.02054	27	7	-28.0178	0.01770	27	7	-37.7049
0.10	0.40	0.01890	15	5	-18.7945	0.01534	15	5	-28.5185	0.01324	15	5	-38.2859

P1	P2	A = 0.0006 Y	N	C	B = 50 M	A = 0.0006 Y	N	C	B = 100 M	A = 0.0006 Y	N	C	B = 200 M
0.01	0.05	0.01974	48	2	-45.7613	0.01335	47	2	-93.9552	0.00935	47	2	-191.4011
0.01	0.06	0.01843	42	2	-46.2801	0.01289	42	2	-94.7020	0.00904	42	2	-192.4702
0.01	0.07	0.01712	37	2	-46.6565	0.01198	37	2	-95.2426	0.00841	37	2	-193.2429
0.01	0.08	0.01667	34	2	-46.9431	0.01168	34	2	-95.6533	0.00820	34	2	-193.8291
0.01	0.09	0.01592	31	2	-47.1698	0.01116	31	2	-95.9777	0.00784	31	2	-194.2917
0.01	0.10	0.01493	28	2	-47.3539	0.01047	28	2	-96.2409	0.00736	28	2	-194.6669
0.01	0.15	0.00732	8	1	-47.9391	0.00514	8	1	-97.0733	0.00362	8	1	-195.8488
0.01	0.20	0.00601	6	1	-48.3052	0.00423	6	1	-97.5954	0.00298	6	1	-196.5915
0.02	0.08	0.01894	43	3	-46.0987	0.01324	43	3	-94.4405	0.00928	43	3	-192.0953
0.02	0.09	0.01846	40	3	-46.4572	0.01291	40	3	-94.9559	0.00906	40	3	-192.8328
0.02	0.10	0.01768	37	3	-46.7389	0.01238	37	3	-95.3604	0.00869	37	3	-193.4109
0.02	0.15	0.01107	16	2	-47.5772	0.00777	16	2	-96.5578	0.00546	16	2	-195.1161
0.02	0.20	0.01007	13	2	-48.0435	0.00708	13	2	-97.2234	0.00498	13	2	-196.0635
0.03	0.10	0.01973	45	4	-46.0959	0.01379	45	4	-94.4366	0.00967	45	4	-192.0898
0.03	0.12	0.01872	40	4	-46.6775	0.01310	40	4	-95.2725	0.00920	40	4	-193.2856
0.03	0.15	0.01438	24	3	-47.2278	0.01008	24	3	-96.0588	0.00709	24	3	-194.4056
0.03	0.20	0.01344	20	3	-47.7967	0.00944	20	3	-96.8719	0.00664	20	3	-195.5641
0.03	0.25	0.01249	17	3	-48.1257	0.00878	17	3	-97.3411	0.00619	17	3	-196.2314
0.04	0.15	0.01952	41	5	-46.8721	0.01367	41	5	-95.5517	0.00960	41	5	-193.6844
0.04	0.17	0.01551	28	4	-47.2022	0.01088	28	4	-96.0231	0.00765	28	4	-194.3554
0.04	0.20	0.01567	26	4	-47.5582	0.01100	26	4	-96.5319	0.00774	26	4	-195.0804
0.04	0.25	0.01134	15	3	-47.9640	0.00797	15	3	-97.1100	0.00561	15	3	-195.9023
0.05	0.15	0.02120	47	6	-46.4941	0.01483	47	6	-95.0096	0.01041	47	6	-192.9100
0.05	0.20	0.01699	31	5	-47.3204	0.01192	31	5	-96.1926	0.00838	31	5	-194.5976
0.05	0.25	0.01336	20	4	-47.7973	0.00938	20	4	-96.8729	0.00660	20	4	-195.5655
0.06	0.20	0.01840	36	6	-47.0732	0.01290	36	6	-95.8392	0.00906	36	6	-194.0940
0.06	0.25	0.01536	25	5	-47.6233	0.01078	25	5	-96.6248	0.00758	25	5	-195.2128
0.06	0.30	0.01278	17	4	-47.9776	0.00898	17	4	-97.1295	0.00632	17	4	-195.9301
0.07	0.20	0.01996	41	7	-46.8086	0.01397	41	7	-95.4603	0.00981	41	7	-193.5533
0.07	0.25	0.01634	29	6	-47.4433	0.01146	29	6	-96.3682	0.00806	29	6	-194.8478
0.07	0.30	0.01420	21	5	-47.8474	0.00998	21	5	-96.9443	0.00702	21	5	-195.6671
0.08	0.25	0.01844	34	7	-47.2575	0.01293	34	7	-96.1026	0.00909	34	7	-194.4693
0.08	0.30	0.01567	25	6	-47.7093	0.01100	25	6	-96.7477	0.00774	25	6	-195.3877
0.09	0.30	0.01545	24	6	-47.5720	0.00993	23	6	-96.5511	0.00699	23	6	-195.1077
0.09	0.40	0.01267	16	5	-48.1672	0.00891	16	5	-97.3997	0.00628	16	5	-196.3144
0.10	0.30	0.01578	27	7	-47.4292	0.01107	27	7	-96.3476	0.00779	27	7	-194.8180
0.10	0.40	0.01182	15	5	-48.0809	0.00831	15	5	-97.2766	0.00585	15	5	-196.1392

P1	P2	A = 0.0006 Y	N	C	B = 300 M	A = 0.0006 Y	N	C	B = 400 M	A = 0.0006 Y	N	C	B = 500 M
0.01	0.05	0.00760	47	2	-289.4411	0.00657	47	2	-387.7888	0.00587	47	2	-486.3330
0.01	0.06	0.00735	42	2	-290.7576	0.00636	42	2	-389.3138	0.00568	42	2	-488.0417
0.01	0.07	0.00685	37	2	-291.7084	0.00592	37	2	-390.4148	0.00529	37	2	-489.2752
0.01	0.08	0.00668	34	2	-292.4293	0.00577	34	2	-391.2492	0.00516	34	2	-490.2096
0.01	0.09	0.00639	31	2	-292.9980	0.00552	31	2	-391.9074	0.00493	31	2	-490.9465
0.01	0.10	0.00600	28	2	-293.4591	0.00519	28	2	-392.4409	0.00463	28	2	-491.5438
0.01	0.15	0.00295	8	1	-294.9092	0.00255	8	1	-394.1171	0.00228	8	1	-493.4193
0.01	0.20	0.00243	6	1	-295.8213	0.00210	6	1	-395.1719	0.00188	6	1	-494.5998
0.02	0.08	0.00755	43	3	-290.2957	0.00652	43	3	-388.7785	0.00583	43	3	-487.4419
0.02	0.09	0.00737	40	3	-291.2036	0.00637	40	3	-389.8301	0.00569	40	3	-488.6200
0.02	0.10	0.00707	37	3	-291.9149	0.00611	37	3	-390.6538	0.00546	37	3	-489.5427
0.02	0.15	0.00445	16	2	-294.0098	0.00385	16	2	-393.0771	0.00344	16	2	-492.2554
0.02	0.20	0.00406	13	2	-295.1736	0.00351	13	2	-394.4233	0.00314	13	2	-493.7623
0.03	0.10	0.00786	45	4	-290.2889	0.00679	45	4	-388.7707	0.00607	45	4	-487.4332
0.03	0.12	0.00749	40	4	-291.7609	0.00647	40	4	-390.4755	0.00578	40	4	-489.3430
0.03	0.15	0.00577	24	3	-293.1369	0.00499	24	3	-392.0674	0.00446	24	3	-491.1252
0.03	0.20	0.00541	20	3	-294.5606	0.00468	20	3	-393.7145	0.00418	20	3	-492.9692
0.03	0.25	0.00504	17	3	-295.3799	0.00436	17	3	-394.6621	0.00390	17	3	-494.0297
0.04	0.15	0.00782	41	5	-292.2516	0.00676	41	5	-391.0437	0.00604	41	5	-489.9794
0.04	0.17	0.00623	28	4	-293.0758	0.00538	28	4	-391.9970	0.00481	28	4	-491.0466
0.04	0.20	0.00592	25	4	-293.9667	0.00512	25	4	-393.0279	0.00457	25	4	-492.2007
0.04	0.25	0.00457	15	3	-294.9756	0.00396	15	3	-394.1943	0.00354	15	3	-493.5060
0.05	0.15	0.00847	47	6	-291.2989	0.00732	47	6	-389.9407	0.00654	47	6	-488.7441
0.05	0.20	0.00682	31	5	-293.3737	0.00590	31	5	-392.3419	0.00527	31	5	-491.4328
0.05	0.25	0.00538	20	4	-294.5623	0.00465	20	4	-393.7166	0.00416	20	4	-492.9715
0.06	0.20	0.00738	36	6	-292.7549	0.00638	36	6	-391.6259	0.00570	36	6	-490.6313
0.06	0.25	0.00618	25	5	-294.1292	0.00534	25	5	-393.2158	0.00478	25	5	-492.4110
0.06	0.30	0.00515	17	4	-295.0098	0.00446	17	4	-394.2339	0.00398	17	4	-493.5504
0.07	0.20	0.00799	41	7	-292.0900	0.00691	41	7	-390.8564	0.00617	41	7	-489.7696
0.07	0.25	0.00657	29	6	-293.6811	0.00568	29	6	-392.6976	0.00507	29	6	-491.8310
0.07	0.30	0.00572	21	5	-294.6871	0.00495	21	5	-393.8609	0.00442	21	5	-493.1330
0.08	0.25	0.00740	34	7	-293.2160	0.00640	34	7	-392.1595	0.00572	34	7	-491.2286
0.08	0.30	0.00631	25	6	-294.3441	0.00546	25	6	-393.4643	0.00488	25	6	-492.6892
0.09	0.30	0.00569	23	6	-294.0000	0.00492	23	6	-393.0663	0.00440	23	6	-492.2436
0.09	0.40	0.00512	16	5	-295.4816	0.00443	16	5	-394.7795	0.00396	16	5	-494.1610
0.10	0.30	0.00634	27	7	-293.6443	0.00549	27	7	-392.6548	0.00490	27	7	-491.7830
0.10	0.40	0.00477	15	5	-295.2665	0.00413	15	5	-394.5307	0.00369	15	5	-493.8825

P1	P2	A = 0.0007 Y	N	C	B = 1 M	A = 0.0007 Y	N	C	B = 5 M	A = 0.0007 Y	N	C	B = 10 M
0.01	0.05	0.14059	21	1	-0.4756	0.07813	50	2	-3.6742	0.05271	50	2	-8.0717
0.01	0.06	0.20219	45	2	-0.5242	0.07260	44	2	-3.8206	0.04772	43	2	-8.2922
0.01	0.07	0.10063	15	1	-0.5628	0.06737	39	2	-3.9296	0.04435	38	2	-8.4545
0.01	0.08	0.09740	14	1	-0.5947	0.06307	35	2	-4.0142	0.04314	35	2	-8.5798
0.01	0.09	0.09309	13	1	-0.6211	0.06012	32	2	-4.0820	0.04123	32	2	-8.6797
0.01	0.10	0.08787	12	1	-0.6436	0.05642	29	2	-4.1378	0.03877	29	2	-8.7617
0.01	0.15	0.06284	8	1	-0.7198	0.02560	8	1	-4.3360	0.01772	8	1	-9.0481
0.01	0.20	0.06194	7	1	-0.7646	0.02568	7	1	-4.4486	0.01785	7	1	-9.2117
0.02	0.08	0.21325	46	3	-0.5089	0.07554	45	3	-3.7728	0.05118	45	3	-8.2192
0.02	0.09	0.20279	43	3	-0.5436	0.07048	41	3	-3.8742	0.04794	41	3	-8.3716
0.02	0.10	0.13755	23	2	-0.5737	0.06729	38	3	-3.9556	0.04592	38	3	-8.4927
0.02	0.15	0.10789	17	2	-0.6729	0.04309	17	2	-4.2183	0.02970	17	2	-8.8771
0.02	0.20	0.09645	14	2	-0.7279	0.03941	14	2	-4.3597	0.02730	14	2	-9.0836
0.03	0.10	0.22362	48	4	-0.5087	0.07903	47	4	-3.7718	0.05354	47	4	-8.2177
0.03	0.12	0.15903	29	3	-0.5682	0.07432	42	4	-3.9370	0.04870	41	4	-8.4653
0.03	0.15	0.14093	25	3	-0.6308	0.05163	24	3	-4.1091	0.03544	24	3	-8.7179
0.03	0.20	0.11877	20	3	-0.6955	0.04788	20	3	-4.2799	0.03307	20	3	-8.9683
0.03	0.25	0.07919	10	2	-0.7386	0.03251	10	2	-4.3844	0.02254	10	2	-9.1188
0.04	0.15	0.16711	32	4	-0.5900	0.06056	31	4	-3.9997	0.04140	31	4	-8.5567
0.04	0.17	0.16115	30	4	-0.6256	0.05945	29	4	-4.0979	0.04080	29	4	-8.7020
0.04	0.20	0.11464	18	3	-0.6679	0.04569	18	3	-4.2048	0.03871	26	4	-8.8582
0.04	0.25	0.10911	16	3	-0.7179	0.04012	15	3	-4.3349	0.02777	15	3	-9.0478
0.05	0.15	0.19765	39	5	-0.5488	0.07044	38	5	-3.8847	0.04795	38	5	-8.3857
0.05	0.20	0.13861	24	4	-0.6403	0.05455	24	4	-4.1339	0.03749	24	4	-8.7538
0.05	0.25	0.12771	21	4	-0.6958	0.05149	21	4	-4.2800	0.03557	21	4	-8.9681
0.06	0.20	0.16460	30	5	-0.6116	0.05974	29	5	-4.0585	0.04093	29	5	-8.6434
0.06	0.25	0.11848	19	4	-0.6756	0.04737	19	4	-4.2261	0.03267	19	4	-8.8888
0.06	0.30	0.11107	17	4	-0.7192	0.04522	17	4	-4.3386	0.03131	17	4	-9.0533
0.07	0.20	0.18256	35	6	-0.5821	0.06559	34	6	-3.9780	0.04480	34	6	-8.5246
0.07	0.25	0.13958	24	5	-0.6547	0.05529	24	5	-4.1725	0.03805	24	5	-8.8107
0.07	0.30	0.10841	16	4	-0.7027	0.05059	21	5	-4.2951	0.03497	21	5	-8.9904
0.08	0.25	0.16202	29	6	-0.6326	0.05910	28	6	-4.1156	0.04058	28	6	-8.7277
0.08	0.30	0.12300	20	5	-0.6866	0.04941	20	5	-4.2555	0.03410	20	5	-8.9321
0.09	0.30	0.13841	24	6	-0.6694	0.05518	24	6	-4.2122	0.03803	24	6	-8.8693
0.09	0.40	0.09173	12	4	-0.7426	0.04475	16	5	-4.3970	0.03104	16	5	-9.1380
0.10	0.30	0.13706	23	6	-0.6521	0.06118	28	7	-4.1665	0.04209	28	7	-8.8026
0.10	0.40	0.10194	15	5	-0.7323	0.04172	15	5	-4.3712	0.02892	15	5	-9.1005

P1	P2	Y (A = 0.0007, B = 20)	N	C	M	Y (A = 0.0007, B = 30)	N	C	M	Y (A = 0.0007, B = 40)	N	C	M
0.01	0.05	0.03504	49	2	-17.2189	0.02821	49	2	-26.5643	0.02423	49	2	-36.0123
0.01	0.06	0.03281	43	2	-17.5443	0.02646	43	2	-26.9702	0.02275	43	2	-36.4862
0.01	0.07	0.03058	38	2	-17.7825	0.02470	38	2	-27.2667	0.02125	38	2	-36.8318
0.01	0.08	0.02981	35	2	-17.9653	0.02320	34	2	-27.4936	0.01998	34	2	-37.0961
0.01	0.09	0.02854	32	2	-18.1106	0.02218	31	2	-27.6740	0.01910	31	2	-37.3059
0.01	0.10	0.02688	29	2	-18.2297	0.02176	29	2	-27.8215	0.01875	29	2	-37.4773
0.01	0.15	0.01235	8	1	-18.6409	0.01002	8	1	-28.3283	0.00864	8	1	-38.0648
0.01	0.20	0.01247	7	1	-18.8765	0.01012	7	1	-28.6193	0.00874	7	1	-38.4025
0.02	0.08	0.03385	44	3	-17.4357	0.02729	44	3	-26.8344	0.02345	44	3	-36.3275
0.02	0.09	0.03301	41	3	-17.6602	0.02664	41	3	-27.1143	0.02291	41	3	-36.6540
0.02	0.10	0.03169	38	3	-17.8379	0.02560	38	3	-27.3353	0.02203	38	3	-36.9116
0.02	0.15	0.02063	17	2	-18.3945	0.01672	17	2	-28.0241	0.01316	16	2	-37.7119
0.02	0.20	0.01903	14	2	-18.6931	0.01394	13	2	-28.3935	0.01203	13	2	-38.1410
0.03	0.10	0.03534	46	4	-17.4336	0.02849	46	4	-26.8319	0.02448	46	4	-36.3245
0.03	0.12	0.03358	41	4	-17.7979	0.02712	41	4	-27.2857	0.02334	41	4	-36.8538
0.03	0.15	0.02456	24	3	-18.1644	0.01987	24	3	-27.7395	0.01712	24	3	-37.3814
0.03	0.20	0.02301	20	3	-18.5274	0.01866	20	3	-28.1892	0.01609	20	3	-37.9040
0.03	0.25	0.01572	10	2	-18.7430	0.01276	10	2	-28.4546	0.01101	10	2	-38.2115
0.04	0.15	0.02860	31	4	-17.9299	0.02312	31	4	-27.4489	0.01990	31	4	-37.0433
0.04	0.17	0.02826	29	4	-18.1418	0.02286	29	4	-27.7120	0.01969	29	4	-37.3495
0.04	0.20	0.02688	26	4	-18.3688	0.02178	26	4	-27.9933	0.01877	26	4	-37.6766
0.04	0.25	0.01934	15	3	-18.6417	0.01569	15	3	-28.3301	0.01354	15	3	-38.0673
0.05	0.15	0.03302	38	5	-17.6794	0.03070	48	6	-27.1377	0.02641	48	6	-36.6814
0.05	0.20	0.02599	24	4	-18.2161	0.01943	23	4	-27.8034	0.01674	23	4	-37.4557
0.05	0.25	0.02288	20	4	-18.5273	0.01855	20	4	-28.1890	0.01600	20	4	-37.9038
0.06	0.20	0.02832	29	5	-18.0562	0.02290	29	5	-27.6055	0.01972	29	5	-37.2255
0.06	0.25	0.02270	19	4	-18.4117	0.02135	25	5	-28.0456	0.01841	25	5	-37.7374
0.06	0.30	0.02181	17	4	-18.6497	0.01769	17	4	-28.3400	0.01526	17	4	-38.0789
0.07	0.20	0.03093	34	6	-17.8830	0.02499	34	6	-27.3906	0.02151	34	6	-36.9755
0.07	0.25	0.02640	24	5	-18.2989	0.02138	24	5	-27.9061	0.01842	24	5	-37.5749
0.07	0.30	0.02434	21	5	-18.5595	0.01973	21	5	-28.2288	0.01702	21	5	-37.9500
0.08	0.25	0.02812	28	6	-18.1789	0.02276	28	6	-27.7578	0.01960	28	6	-37.4027
0.08	0.30	0.02371	20	5	-18.4748	0.01922	20	5	-28.1238	0.01657	20	5	-37.8278
0.09	0.30	0.02641	24	6	-18.3842	0.02140	24	6	-28.0119	0.01844	24	6	-37.6981
0.09	0.40	0.02166	16	5	-18.7718	0.01758	16	5	-28.4907	0.01517	16	5	-38.2538
0.10	0.30	0.02920	28	7	-18.2877	0.02365	28	7	-27.8925	0.02038	28	7	-37.5594
0.10	0.40	0.02016	15	5	-18.7177	0.01636	15	5	-28.4239	0.01412	15	5	-38.1762

		A = 0.0007		B = 50		A = 0.0007		B = 100		A = 0.0007		B = 200	
P1	P2	Y	N	C	M	Y	N	C	M	Y	N	C	M
0.01	0.05	0.02155	49	2	-45.5260	0.01503	49	2	-93.6176	0.01052	49	2	-190.9184
0.01	0.06	0.02025	43	2	-46.0598	0.01415	43	2	-94.3866	0.00992	43	2	-192.0201
0.01	0.07	0.01892	38	2	-46.4487	0.01323	38	2	-94.9454	0.00929	38	2	-192.8193
0.01	0.08	0.01780	34	2	-46.7458	0.01246	34	2	-95.3715	0.00875	34	2	-193.4279
0.01	0.09	0.01702	31	2	-46.9816	0.01193	31	2	-95.7091	0.00838	31	2	-193.9095
0.01	0.10	0.01671	29	2	-47.1741	0.01171	29	2	-95.9844	0.00823	29	2	-194.3019
0.01	0.15	0.00771	8	1	-47.8327	0.00542	8	1	-96.9218	0.00381	8	1	-195.6336
0.01	0.20	0.00780	7	1	-48.2114	0.00549	7	1	-97.4619	0.00386	7	1	-196.4018
0.02	0.08	0.02087	44	3	-45.8808	0.01457	44	3	-94.1282	0.01021	44	3	-191.6493
0.02	0.09	0.02040	41	3	-46.2484	0.01426	41	3	-94.6570	0.01000	41	3	-192.4064
0.02	0.10	0.01962	38	3	-46.5383	0.01373	38	3	-95.0735	0.00963	38	3	-193.0019
0.02	0.15	0.01173	16	2	-47.4369	0.00823	16	2	-96.3578	0.00579	16	2	-194.8317
0.02	0.20	0.01073	13	2	-47.9185	0.00754	13	2	-97.0455	0.00531	13	2	-195.8109
0.03	0.10	0.02178	46	4	-45.8775	0.01521	46	4	-94.1234	0.01066	46	4	-191.6425
0.03	0.12	0.02078	41	4	-46.4733	0.01454	41	4	-94.9805	0.01020	41	4	-192.8691
0.03	0.15	0.01525	24	3	-47.0659	0.01069	24	3	-95.8278	0.00751	24	3	-194.0768
0.03	0.20	0.01435	20	3	-47.6528	0.01007	20	3	-96.6670	0.00709	20	3	-195.2728
0.03	0.25	0.00982	10	2	-47.9973	0.00691	10	2	-97.1569	0.00486	10	2	-195.9684
0.04	0.15	0.01773	31	4	-46.6860	0.01241	31	4	-95.2839	0.00871	31	4	-193.3010
0.04	0.17	0.01755	29	4	-47.0302	0.01230	29	4	-95.7774	0.00864	29	4	-194.0055
0.04	0.20	0.01674	26	4	-47.3977	0.01174	26	4	-96.3032	0.00826	26	4	-194.7553
0.04	0.25	0.01208	15	3	-47.8359	0.00848	15	3	-96.9277	0.00597	15	3	-195.6433
0.05	0.15	0.02258	47	6	-46.2794	0.01578	47	6	-94.7025	0.01107	47	6	-192.4724
0.05	0.20	0.01492	23	4	-47.1493	0.01046	23	4	-95.9471	0.00735	23	4	-194.2470
0.05	0.25	0.01427	20	4	-47.6525	0.01002	20	4	-96.6667	0.00705	20	4	-195.2725
0.06	0.20	0.01757	29	5	-46.8907	0.01231	29	5	-95.5770	0.00865	29	5	-193.7191
0.06	0.25	0.01641	25	5	-47.4659	0.01152	25	5	-96.4006	0.00810	25	5	-194.8940
0.06	0.30	0.01362	17	4	-47.8488	0.00957	17	4	-96.9462	0.00673	17	4	-195.6697
0.07	0.20	0.01916	34	6	-46.6097	0.01488	41	7	-95.1761	0.01045	41	7	-193.1485
0.07	0.25	0.01642	24	5	-47.2832	0.01152	24	5	-96.1384	0.00810	24	5	-194.5194
0.07	0.30	0.01518	21	5	-47.7044	0.01066	21	5	-96.7408	0.00750	21	5	-195.3780
0.08	0.25	0.01747	28	6	-47.0899	0.01224	28	6	-95.8625	0.00860	28	6	-194.1267
0.08	0.30	0.01478	20	5	-47.5671	0.01037	20	5	-96.5442	0.00730	20	5	-195.0975
0.09	0.30	0.01644	24	6	-47.4216	0.01154	24	6	-96.3366	0.00811	24	6	-194.8022
0.09	0.40	0.01354	16	5	-48.0451	0.00952	16	5	-97.2261	0.00670	16	5	-196.0678
0.10	0.30	0.01816	28	7	-47.2659	0.01274	28	7	-96.1143	0.00895	28	7	-194.4857
0.10	0.40	0.01260	15	5	-47.9580	0.00885	15	5	-97.1018	0.00623	15	5	-195.8909

		A = 0.0007		B = 300		A = 0.0007		B = 400		A = 0.0007		B = 500	
P1	P2	Y	N	C	M	Y	N	C	M	Y	N	C	M
0.01	0.05	0.00856	49	2	-288.8472	0.00739	49	2	-387.1011	0.00660	49	2	-485.5627
0.01	0.06	0.00807	43	2	-290.2042	0.00697	43	2	-388.6733	0.00623	43	2	-487.3245
0.01	0.07	0.00756	38	2	-291.1879	0.00653	38	2	-389.8125	0.00583	38	2	-488.6008
0.01	0.08	0.00712	34	2	-291.9365	0.00616	34	2	-390.6792	0.00550	34	2	-489.5715
0.01	0.09	0.00682	31	2	-292.5286	0.00590	31	2	-391.3644	0.00527	31	2	-490.3388
0.01	0.10	0.00670	29	2	-293.0108	0.00580	29	2	-391.9224	0.00518	29	2	-490.9635
0.01	0.15	0.00311	8	1	-294.6451	0.00269	8	1	-393.8117	0.00240	8	1	-493.0775
0.01	0.20	0.00315	7	1	-295.5884	0.00273	7	1	-394.9026	0.00244	7	1	-494.2985
0.02	0.08	0.00830	44	3	-289.7472	0.00717	44	3	-388.1436	0.00641	44	3	-486.7307
0.02	0.09	0.00814	41	3	-290.6793	0.00703	41	3	-389.2233	0.00628	41	3	-487.9406
0.02	0.10	0.00784	38	3	-291.4122	0.00678	38	3	-390.0721	0.00605	38	3	-488.8914
0.02	0.15	0.00472	16	2	-293.6607	0.00408	16	2	-392.6735	0.00364	16	2	-491.8037
0.02	0.20	0.00433	13	2	-294.8635	0.00374	13	2	-394.0649	0.00334	13	2	-493.3613
0.03	0.10	0.00867	46	4	-289.7388	0.00749	46	4	-388.1339	0.00669	46	4	-486.7199
0.03	0.12	0.00830	41	4	-291.2490	0.00718	41	4	-389.8832	0.00641	41	4	-488.6798
0.03	0.15	0.00612	24	3	-292.7332	0.00529	24	3	-391.6004	0.00472	24	3	-490.6025
0.03	0.20	0.00577	20	3	-294.2030	0.00499	20	3	-393.3012	0.00446	20	3	-492.5066
0.03	0.25	0.00396	10	2	-295.0564	0.00343	10	2	-394.2876	0.00306	10	2	-493.6102
0.04	0.15	0.00709	31	4	-291.7794	0.00613	31	4	-390.4966	0.00547	31	4	-489.3665
0.04	0.17	0.00704	29	4	-292.6458	0.00608	29	4	-391.4996	0.00543	29	4	-490.4897
0.04	0.20	0.00672	26	4	-293.5675	0.00582	26	4	-392.5662	0.00520	26	4	-491.6840
0.04	0.25	0.00487	15	3	-294.6577	0.00421	15	3	-393.8268	0.00376	15	3	-493.0948
0.05	0.15	0.00901	47	6	-290.7611	0.00778	47	6	-389.3184	0.00695	47	6	-488.0473
0.05	0.20	0.00599	23	4	-292.9424	0.00518	23	4	-391.8426	0.00463	23	4	-490.8736
0.05	0.25	0.00574	20	4	-294.2027	0.00497	20	4	-393.3008	0.00444	20	4	-492.5062
0.06	0.20	0.00704	29	5	-292.2935	0.00609	29	5	-391.0916	0.00544	29	5	-490.0328
0.06	0.25	0.00660	25	5	-293.7379	0.00571	25	5	-392.7633	0.00510	25	5	-491.9046
0.06	0.30	0.00549	17	4	-294.6903	0.00475	17	4	-393.8645	0.00424	17	4	-493.1370
0.07	0.20	0.00850	41	7	-291.5927	0.00735	41	7	-390.2811	0.00656	41	7	-489.1256
0.07	0.25	0.00659	24	5	-293.2770	0.00570	24	5	-392.2297	0.00509	24	5	-491.3070
0.07	0.30	0.00611	21	5	-294.3322	0.00529	21	5	-393.4506	0.00472	21	5	-492.6739
0.08	0.25	0.00701	28	6	-292.7947	0.00606	28	6	-391.6718	0.00541	28	6	-490.6825
0.08	0.30	0.00594	20	5	-293.9874	0.00514	20	5	-393.0515	0.00459	20	5	-492.2270
0.09	0.30	0.00661	24	6	-293.6249	0.00572	24	6	-392.6323	0.00511	24	6	-491.7578
0.09	0.40	0.00546	16	5	-295.1791	0.00472	16	5	-394.4298	0.00422	16	5	-493.7697
0.10	0.30	0.00729	28	7	-293.2360	0.00631	28	7	-392.1824	0.00563	28	7	-491.2542
0.10	0.40	0.00508	15	5	-294.9618	0.00439	15	5	-394.1785	0.00393	15	5	-493.4885

P1	P2	A = 0.0008 Y	N	C	B = 1 M	A = 0.0008 Y	N	C	B = 5 M	A = 0.0008 Y	N	C	B = 10 M
0.01	0.05	0.14724	21	1	-0.4610	0.08511	51	2	-3.6124	0.05726	51	2	-7.9796
0.01	0.06	0.12755	18	1	-0.5096	0.07703	44	2	-3.7618	0.05216	44	2	-8.2052
0.01	0.07	0.11576	16	1	-0.5486	0.07161	39	2	-3.8735	0.04871	39	2	-8.3720
0.01	0.08	0.10229	14	1	-0.5806	0.03916	14	1	-3.9627	0.04583	35	2	-8.5011
0.01	0.09	0.09780	13	1	-0.6075	0.03794	13	1	-4.0379	0.02324	12	1	-8.6099
0.01	0.10	0.09238	12	1	-0.6303	0.03622	12	1	-4.1008	0.02205	11	1	-8.7028
0.01	0.15	0.07758	9	1	-0.7078	0.03145	9	1	-4.3057	0.01860	8	1	-9.0041
0.01	0.20	0.06547	7	1	-0.7536	0.02703	7	1	-4.4221	0.01876	7	1	-9.1734
0.02	0.08	0.17929	28	2	-0.4915	0.08281	46	3	-3.7153	0.05597	46	3	-8.1338
0.02	0.09	0.15756	25	2	-0.5272	0.07760	42	3	-3.8185	0.05267	42	3	-8.2892
0.02	0.10	0.14545	23	2	-0.5575	0.05497	23	2	-3.9033	0.05061	39	3	-8.4131
0.02	0.15	0.11468	17	2	-0.6576	0.04549	17	2	-4.1799	0.03131	17	2	-8.8214
0.02	0.20	0.10280	14	2	-0.7138	0.04176	14	2	-4.3252	0.02890	14	2	-9.0338
0.03	0.10	0.20337	34	3	-0.4912	0.08681	48	4	-3.7143	0.05651	47	4	-8.1323
0.03	0.12	0.17926	30	3	-0.5507	0.06359	29	3	-3.8882	0.04329	29	3	-8.3902
0.03	0.15	0.15024	25	3	-0.6136	0.05837	25	3	-4.0649	0.04001	25	3	-8.6531
0.03	0.20	0.09686	12	2	-0.6800	0.05091	20	3	-4.2394	0.03512	20	3	-8.9096
0.03	0.25	0.08385	10	2	-0.7264	0.03425	10	2	-4.3545	0.02372	10	2	-9.0755
0.04	0.15	0.18837	33	4	-0.5717	0.06785	32	4	-3.9512	0.04630	32	4	-8.4853
0.04	0.17	0.14373	21	3	-0.6085	0.06672	30	4	-4.0507	0.04321	29	4	-8.6329
0.04	0.20	0.12176	18	3	-0.6526	0.04819	18	3	-4.1664	0.03315	18	3	-8.8015
0.04	0.25	0.11618	16	3	-0.7037	0.04700	16	3	-4.2992	0.03249	16	3	-8.9959
0.05	0.15	0.22169	40	5	-0.5297	0.07839	39	5	-3.8325	0.05055	38	5	-8.3085
0.05	0.20	0.14767	24	4	-0.6235	0.05765	24	4	-4.0911	0.03955	24	4	-8.6915
0.05	0.25	0.10396	14	3	-0.6809	0.05468	21	4	-4.2404	0.03772	21	4	-8.9108
0.06	0.20	0.17547	30	5	-0.5940	0.06752	30	5	-4.0118	0.04618	30	5	-8.5746
0.06	0.25	0.13847	20	4	-0.6602	0.05008	19	4	-4.1871	0.03448	19	4	-8.8322
0.06	0.30	0.11862	17	4	-0.7044	0.04800	17	4	-4.3022	0.03319	17	4	-9.0006
0.07	0.20	0.19480	35	6	-0.5635	0.07378	35	6	-3.9285	0.05030	35	6	-8.4515
0.07	0.25	0.14887	24	5	-0.6380	0.05851	24	5	-4.1303	0.04020	24	5	-8.7494
0.07	0.30	0.11522	16	4	-0.6884	0.04632	16	4	-4.2594	0.03198	16	4	-8.9376
0.08	0.25	0.15112	23	5	-0.6154	0.06721	29	6	-4.0699	0.04607	29	6	-8.6606
0.08	0.30	0.14378	21	5	-0.6709	0.05235	20	5	-4.2162	0.03608	20	5	-8.8752
0.09	0.30	0.12799	19	5	-0.6533	0.05854	24	6	-4.1700	0.04028	24	6	-8.8080
0.09	0.40	0.09738	12	4	-0.7299	0.03983	12	4	-4.3642	0.02760	12	4	-9.0900
0.10	0.30	0.14592	23	6	-0.6358	0.05730	23	6	-4.1234	0.03936	23	6	-8.7388
0.10	0.40	0.12263	16	5	-0.7184	0.04428	15	5	-4.3363	0.03065	15	5	-9.0502

P1	P2	A = 0.0008 Y	N	C	B = 20 M	A = 0.0008 Y	N	C	B = 30 M	A = 0.0008 Y	N	C	B = 40 M
0.01	0.05	0.03914	51	2	-17.0838	0.03061	50	2	-26.3962	0.02628	50	2	-35.8165
0.01	0.06	0.03580	44	2	-17.4174	0.02885	44	2	-26.8127	0.02480	44	2	-36.3029
0.01	0.07	0.03353	39	2	-17.6626	0.02706	39	2	-27.1180	0.02328	39	2	-36.6590
0.01	0.08	0.03162	35	2	-17.8513	0.02555	35	2	-27.3526	0.02199	35	2	-36.9322
0.01	0.09	0.01607	12	1	-18.0044	0.01299	12	1	-27.5396	0.02110	32	2	-37.1496
0.01	0.10	0.01527	11	1	-18.1402	0.01236	11	1	-27.7083	0.01064	11	1	-37.3441
0.01	0.15	0.01295	8	1	-18.5776	0.01050	8	1	-28.2503	0.00906	8	1	-37.9744
0.01	0.20	0.01310	7	1	-18.8217	0.01064	7	1	-28.5519	0.00918	7	1	-38.3243
0.02	0.08	0.03703	45	3	-17.3109	0.02982	45	3	-26.6794	0.02562	45	3	-36.1469
0.02	0.09	0.03620	42	3	-17.5402	0.02920	42	3	-26.9653	0.02510	42	3	-36.4806
0.02	0.10	0.03487	39	3	-17.7222	0.02815	39	3	-27.1919	0.02422	39	3	-36.7448
0.02	0.15	0.02173	17	2	-18.3142	0.01760	17	2	-27.9250	0.01517	17	2	-37.5969
0.02	0.20	0.02013	14	2	-18.6216	0.01633	14	2	-28.3053	0.01408	14	2	-38.0386
0.03	0.10	0.03873	47	4	-17.3089	0.03120	47	4	-26.6768	0.02680	47	4	-36.1439
0.03	0.12	0.02982	29	3	-17.6853	0.02407	29	3	-27.1442	0.02070	29	3	-36.6880
0.03	0.15	0.02768	25	3	-18.0704	0.02239	25	3	-27.6232	0.01928	25	3	-37.2462
0.03	0.20	0.02441	20	3	-18.4431	0.01978	20	3	-28.0851	0.01705	20	3	-37.7833
0.03	0.25	0.01653	10	2	-18.6810	0.01341	10	2	-28.3782	0.01157	10	2	-38.1230
0.04	0.15	0.03194	32	4	-17.8260	0.02580	32	4	-27.3200	0.02221	32	4	-36.8934
0.04	0.17	0.02989	29	4	-18.0421	0.02417	29	4	-27.5886	0.02081	29	4	-37.2063
0.04	0.20	0.02300	18	3	-18.2853	0.01863	18	3	-27.8891	0.01605	18	3	-37.5551
0.04	0.25	0.02262	16	3	-18.5669	0.01834	16	3	-28.2377	0.01582	16	3	-37.9602
0.05	0.15	0.03477	38	5	-17.5672	0.02804	38	5	-26.9983	0.02411	38	5	-36.5185
0.05	0.20	0.02739	24	4	-18.1261	0.02216	24	4	-27.6923	0.01909	24	4	-37.3265
0.05	0.25	0.02622	21	4	-18.4446	0.02125	21	4	-28.0869	0.01832	21	4	-37.7852
0.06	0.20	0.02989	29	5	-17.9565	0.02416	29	5	-27.4822	0.02080	29	5	-37.0823
0.06	0.25	0.02393	19	4	-18.3302	0.01938	19	4	-27.9449	0.01671	19	4	-37.6201
0.06	0.30	0.02310	17	4	-18.5740	0.01873	17	4	-28.2466	0.01616	17	4	-37.9706
0.07	0.20	0.03468	35	6	-17.7764	0.02801	35	6	-27.2583	0.02267	34	6	-36.8216
0.07	0.25	0.02787	24	5	-18.2104	0.02255	24	5	-27.7968	0.01943	24	5	-37.4481
0.07	0.30	0.02224	16	4	-18.4825	0.01802	16	4	-28.1332	0.01554	16	4	-37.8387
0.08	0.25	0.02972	28	6	-18.0821	0.02404	28	6	-27.6381	0.02070	28	6	-37.2638
0.08	0.30	0.02507	20	5	-18.3928	0.02031	20	5	-28.0226	0.01751	20	5	-37.7104
0.09	0.30	0.02795	24	6	-18.2959	0.02263	24	6	-27.9029	0.01950	24	6	-37.5716
0.09	0.40	0.01924	12	4	-18.7021	0.01561	12	4	-28.4044	0.01347	12	4	-38.1535
0.10	0.30	0.02728	23	6	-18.1948	0.02501	28	7	-27.7774	0.02155	28	7	-37.4258
0.10	0.40	0.02136	15	5	-18.6454	0.01732	15	5	-28.3348	0.01495	15	5	-38.0730

P1	P2	A = 0.0008 Y	N	C	B = 50 M	A = 0.0008 Y	N	C	B = 100 M	A = 0.0008 Y	N	C	B = 200 M
0.01	0.05	0.02336	50	2	-45.3057	0.01628	50	2	-93.3013	0.01139	50	2	-190.4664
0.01	0.06	0.02206	44	2	-45.8537	0.01540	44	2	-94.0912	0.01079	44	2	-191.5985
0.01	0.07	0.02072	39	2	-46.2545	0.01448	39	2	-94.6674	0.01016	39	2	-192.4229
0.01	0.08	0.01958	35	2	-46.5618	0.01370	35	2	-95.1084	0.00962	35	2	-193.0530
0.01	0.09	0.01880	32	2	-46.8062	0.01317	32	2	-95.4585	0.00925	32	2	-193.5526
0.01	0.10	0.00949	11	1	-47.0233	0.00665	11	1	-95.7645	0.00467	11	1	-193.9841
0.01	0.15	0.00808	8	1	-47.7313	0.00567	8	1	-96.7775	0.00399	8	1	-195.4286
0.01	0.20	0.00819	7	1	-48.1239	0.00576	7	1	-97.3374	0.00406	7	1	-196.2251
0.02	0.08	0.02279	45	3	-45.6778	0.01590	45	3	-93.8368	0.01114	45	3	-191.2330
0.02	0.09	0.02234	42	3	-46.0535	0.01561	42	3	-94.3778	0.01094	42	3	-192.0078
0.02	0.10	0.02156	39	3	-46.3509	0.01508	39	3	-94.8053	0.01058	39	3	-192.6194
0.02	0.15	0.01352	17	2	-47.3078	0.00948	17	2	-96.1735	0.00667	17	2	-194.5694
0.02	0.20	0.01256	14	2	-47.8037	0.00882	14	2	-96.8819	0.00621	14	2	-195.5783
0.03	0.10	0.02384	47	4	-45.6743	0.01664	47	4	-93.8318	0.01165	47	4	-191.2258
0.03	0.12	0.01843	29	3	-46.2861	0.01211	28	3	-94.7095	0.01121	42	4	-192.4801
0.03	0.15	0.01718	25	3	-46.9140	0.01204	25	3	-95.6107	0.00845	25	3	-193.7674
0.03	0.20	0.01521	20	3	-47.5174	0.01067	20	3	-96.4742	0.00751	20	3	-194.9987
0.03	0.25	0.01033	10	2	-47.8981	0.00726	10	2	-97.0157	0.00511	10	2	-195.7678
0.04	0.15	0.01978	32	4	-46.5175	0.01383	32	4	-95.0426	0.00971	32	4	-192.9568
0.04	0.17	0.01854	29	4	-46.8695	0.01299	29	4	-95.5480	0.00912	29	4	-193.6789
0.04	0.20	0.01431	18	3	-47.2608	0.01003	18	3	-96.1061	0.00705	18	3	-194.4731
0.04	0.25	0.01411	16	3	-47.7156	0.00991	16	3	-96.7562	0.00697	16	3	-195.3993
0.05	0.15	0.02146	38	5	-46.0959	0.01499	38	5	-94.4374	0.01051	38	5	-192.0917
0.05	0.20	0.01701	24	4	-47.0042	0.01192	24	4	-95.7396	0.00837	24	4	-193.9512
0.05	0.25	0.01633	21	4	-47.5195	0.01146	21	4	-96.4769	0.00806	21	4	-195.0024
0.06	0.20	0.01853	29	5	-46.7300	0.01297	29	5	-95.3476	0.00911	29	5	-193.3924
0.06	0.25	0.01489	19	4	-47.3339	0.01045	19	4	-96.2111	0.00735	19	4	-194.6232
0.06	0.30	0.01441	17	4	-47.7275	0.01012	17	4	-96.7735	0.00712	17	4	-195.4243
0.07	0.20	0.02019	34	6	-46.4369	0.01412	34	6	-94.9275	0.00991	34	6	-192.7928
0.07	0.25	0.01732	24	5	-47.1409	0.01214	24	5	-95.9355	0.00853	24	5	-194.2307
0.07	0.30	0.01386	16	4	-47.5793	0.00973	16	4	-96.5613	0.00684	16	4	-195.1216
0.08	0.25	0.01845	28	6	-46.9340	0.01292	28	6	-95.6400	0.00908	28	6	-193.8100
0.08	0.30	0.01561	20	5	-47.4355	0.01095	20	5	-96.3566	0.00770	20	5	-194.8308
0.09	0.30	0.01739	24	6	-47.2797	0.01219	24	6	-96.1343	0.00857	24	6	-194.5146
0.09	0.40	0.01202	12	4	-47.9324	0.00844	12	4	-97.0649	0.00595	12	4	-195.8382
0.10	0.30	0.01920	28	7	-47.1160	0.01346	28	7	-95.9005	0.00946	28	7	-194.1815
0.10	0.40	0.01333	15	5	-47.8423	0.00937	15	5	-96.9371	0.00659	15	5	-195.6570

P1	P2	A = 0.0008 Y	N	C	B = 300 M	A = 0.0008 Y	N	C	B = 400 M	A = 0.0008 Y	N	C	B = 500 M
0.01	0.05	0.00926	50	2	-288.2910	0.00800	50	2	-386.4570	0.00714	50	2	-484.8412
0.01	0.06	0.00878	44	2	-289.6858	0.00758	44	2	-388.0732	0.00677	44	2	-486.6525
0.01	0.07	0.00827	39	2	-290.7005	0.00714	39	2	-389.2485	0.00638	39	2	-487.9693
0.01	0.08	0.00783	35	2	-291.4757	0.00676	35	2	-390.1461	0.00604	35	2	-488.9746
0.01	0.09	0.00753	32	2	-292.0901	0.00651	32	2	-390.8572	0.00581	32	2	-489.7709
0.01	0.10	0.00380	11	1	-292.6179	0.00329	11	1	-391.4662	0.00294	11	1	-490.4515
0.01	0.15	0.00325	8	1	-294.3935	0.00281	8	1	-393.5208	0.00251	8	1	-492.7520
0.01	0.20	0.00331	7	1	-295.3716	0.00286	7	1	-394.6520	0.00256	7	1	-494.0181
0.02	0.08	0.00906	45	3	-289.2350	0.00783	45	3	-387.5506	0.00699	45	3	-486.0666
0.02	0.09	0.00890	42	3	-290.1892	0.00769	42	3	-388.6561	0.00687	42	3	-487.3053
0.02	0.10	0.00861	39	3	-290.9420	0.00744	39	3	-389.5279	0.00664	39	3	-488.2821
0.02	0.15	0.00543	17	2	-293.3384	0.00470	17	2	-392.3007	0.00420	17	2	-491.3864
0.02	0.20	0.00506	14	2	-294.5780	0.00438	14	2	-393.7347	0.00391	14	2	-492.9917
0.03	0.10	0.00948	47	4	-289.2261	0.00819	47	4	-387.5402	0.00731	47	4	-486.0549
0.03	0.12	0.00912	42	4	-290.7708	0.00788	42	4	-389.3297	0.00704	42	4	-488.0601
0.03	0.15	0.00688	25	3	-292.3530	0.00595	25	3	-391.1606	0.00532	25	3	-490.1100
0.03	0.20	0.00611	20	3	-293.8666	0.00529	20	3	-392.9122	0.00473	20	3	-492.0713
0.03	0.25	0.00416	10	2	-294.8103	0.00360	10	2	-394.0030	0.00322	10	2	-493.2918
0.04	0.15	0.00790	32	4	-291.3562	0.00683	32	4	-390.0069	0.00610	32	4	-488.8181
0.04	0.17	0.00743	29	4	-292.2448	0.00642	29	4	-391.0357	0.00574	29	4	-489.9705
0.04	0.20	0.00574	18	3	-293.2201	0.00497	18	3	-392.1637	0.00444	18	3	-491.2330
0.04	0.25	0.00568	16	3	-294.3581	0.00491	16	3	-393.4803	0.00397	15	3	-492.7070
0.05	0.15	0.00855	38	5	-290.2918	0.00739	38	5	-388.7743	0.00660	38	5	-487.4374
0.05	0.20	0.00682	24	4	-292.5788	0.00589	24	4	-391.4219	0.00527	24	4	-490.4026
0.05	0.25	0.00657	21	4	-293.8710	0.00568	21	4	-392.9172	0.00508	21	4	-492.0768
0.06	0.20	0.00741	29	5	-291.8922	0.00641	29	5	-390.6274	0.00572	29	5	-489.5131
0.06	0.25	0.00598	19	4	-293.4047	0.00517	19	4	-392.3774	0.00462	19	4	-491.4724
0.06	0.30	0.00580	17	4	-294.3891	0.00502	17	4	-393.5163	0.00449	17	4	-492.7474
0.07	0.20	0.00806	34	6	-291.1547	0.00697	34	6	-389.7738	0.00622	34	6	-488.5571
0.07	0.25	0.00695	24	5	-292.9226	0.00601	24	5	-391.8198	0.00537	24	5	-490.8482
0.07	0.30	0.00558	16	4	-294.0169	0.00482	16	4	-393.0856	0.00431	16	4	-492.2651
0.08	0.25	0.00739	28	6	-292.4058	0.00639	28	6	-391.2219	0.00571	28	6	-490.1789
0.08	0.30	0.00627	20	5	-293.6599	0.00542	20	5	-392.6729	0.00485	20	5	-491.8033
0.09	0.30	0.00698	24	6	-293.2716	0.00604	24	6	-392.2238	0.00539	24	6	-491.3007
0.09	0.40	0.00484	12	4	-294.8968	0.00419	12	4	-394.1032	0.00375	12	4	-493.4041
0.10	0.30	0.00770	28	7	-292.8625	0.00666	28	7	-391.7505	0.00595	28	7	-490.7708
0.10	0.40	0.00537	15	5	-294.6748	0.00465	15	5	-393.8467	0.00415	15	5	-493.1171

		A = 0.0009		B = 1		A = 0.0009		B = 5		A = 0.0009		B = 10	
P1	P2	Y	N	C	M	Y	N	C	M	Y	N	C	M
0.01	0.05	0.16436	22	1	-0.4473	0.05453	21	1	-3.5611	0.06183	52	2	-7.8930
0.01	0.06	0.14386	19	1	-0.4960	0.04873	18	1	-3.7154	0.03295	18	1	-8.1265
0.01	0.07	0.13169	17	1	-0.5352	0.04524	16	1	-3.8337	0.03074	16	1	-8.3052
0.01	0.08	0.11776	15	1	-0.5675	0.04071	14	1	-3.9276	0.02776	14	1	-8.4464
0.01	0.09	0.10244	13	1	-0.5945	0.03947	13	1	-4.0043	0.02700	13	1	-8.5606
0.01	0.10	0.09681	12	1	-0.6176	0.03772	12	1	-4.0683	0.02586	12	1	-8.6555
0.01	0.15	0.08145	9	1	-0.6965	0.03286	9	1	-4.2778	0.02270	9	1	-8.9636
0.01	0.20	0.06888	7	1	-0.7432	0.02832	7	1	-4.3968	0.01965	7	1	-9.1370
0.02	0.08	0.19951	29	2	-0.4763	0.06393	27	2	-3.6623	0.06079	47	3	-8.0537
0.02	0.09	0.17662	26	2	-0.5121	0.06108	25	2	-3.7724	0.04139	25	2	-8.2156
0.02	0.10	0.16386	24	2	-0.5424	0.05742	23	2	-3.8623	0.03905	23	2	-8.3510
0.02	0.15	0.13159	18	2	-0.6434	0.04779	17	2	-4.1434	0.03285	17	2	-8.7684
0.02	0.20	0.10896	14	2	-0.7006	0.04402	14	2	-4.2925	0.03042	14	2	-8.9866
0.03	0.10	0.22597	35	3	-0.4751	0.07309	33	3	-3.6639	0.04930	33	3	-8.0530
0.03	0.12	0.18942	30	3	-0.5345	0.06664	29	3	-3.8437	0.04528	29	3	-8.3247
0.03	0.15	0.16937	26	3	-0.5977	0.06141	25	3	-4.0232	0.04202	25	3	-8.5921
0.03	0.20	0.10172	12	2	-0.6679	0.04054	12	2	-4.2037	0.02793	12	2	-8.8553
0.03	0.25	0.08837	10	2	-0.7148	0.03592	10	2	-4.3260	0.02486	10	2	-9.0344
0.04	0.15	0.16539	23	3	-0.5557	0.07531	33	4	-3.9054	0.04863	32	4	-8.4178
0.04	0.17	0.15128	21	3	-0.5942	0.05339	20	3	-4.0080	0.04809	30	4	-8.5688
0.04	0.20	0.14076	19	3	-0.6387	0.05060	18	3	-4.1300	0.03476	18	3	-8.7485
0.04	0.25	0.12304	16	3	-0.6903	0.04949	16	3	-4.2661	0.03417	16	3	-8.9479
0.05	0.15	0.19862	30	4	-0.5139	0.08235	39	5	-3.7839	0.05582	39	5	-8.2367
0.05	0.20	0.16810	25	4	-0.6082	0.06064	24	4	-4.0505	0.04154	24	4	-8.6323
0.05	0.25	0.12366	15	3	-0.6682	0.04369	14	3	-4.2059	0.03010	14	3	-8.8593
0.06	0.20	0.16421	23	4	-0.5782	0.07100	30	5	-3.9685	0.04848	30	5	-8.5113
0.06	0.25	0.14630	20	4	-0.6461	0.05772	20	4	-4.1504	0.03622	19	4	-8.7785
0.06	0.30	0.10542	12	3	-0.6915	0.05066	17	4	-4.2677	0.03498	17	4	-8.9507
0.07	0.20	0.19766	29	5	-0.5478	0.07759	35	6	-3.8823	0.05280	35	6	-8.3836
0.07	0.25	0.17024	25	5	-0.6228	0.06161	24	5	-4.0904	0.04227	24	5	-8.6911
0.07	0.30	0.13592	17	4	-0.6749	0.04869	16	4	-4.2257	0.03357	16	4	-8.8888
0.08	0.25	0.15948	23	5	-0.6006	0.07075	29	6	-4.0279	0.04842	29	6	-8.5992
0.08	0.30	0.15217	21	5	-0.6567	0.06032	21	5	-4.1792	0.03798	20	5	-8.8211
0.09	0.30	0.15041	20	5	-0.6395	0.05322	19	5	-4.1317	0.03657	19	5	-8.7511
0.09	0.40	0.10287	12	4	-0.7179	0.04186	12	4	-4.3348	0.02898	12	4	-9.0475
0.10	0.30	0.16913	24	6	-0.6211	0.06025	23	6	-4.0843	0.04132	23	6	-8.6818
0.10	0.40	0.12973	16	5	-0.7057	0.05253	16	5	-4.3047	0.03632	16	5	-9.0040

		A = 0.0009			B = 20	A = 0.0009			B = 30	A = 0.0009			B = 40
P1	P2	Y	N	C	M	Y	N	C	M	Y	N	C	M
0.01	0.05	0.04218	52	2	-16.9567	0.03300	51	2	-26.2379	0.02832	51	2	-35.6319
0.01	0.06	0.03879	45	2	-17.2979	0.03125	45	2	-26.6643	0.02684	45	2	-36.1301
0.01	0.07	0.01931	15	1	-17.5572	0.01558	15	1	-26.9830	0.01340	15	1	-36.4989
0.01	0.08	0.01914	14	1	-17.7651	0.01546	14	1	-27.2422	0.01330	14	1	-36.8012
0.01	0.09	0.01865	13	1	-17.9327	0.01508	13	1	-27.4506	0.01298	13	1	-37.0442
0.01	0.10	0.01790	12	1	-18.0714	0.01448	12	1	-27.6231	0.01247	12	1	-37.2451
0.01	0.15	0.01580	9	1	-18.5191	0.01281	9	1	-28.1780	0.01104	9	1	-37.8905
0.01	0.20	0.01371	7	1	-18.7695	0.01113	7	1	-28.4875	0.00960	7	1	-38.2498
0.02	0.08	0.04022	46	3	-17.1937	0.03238	46	3	-26.5337	0.02780	46	3	-35.9771
0.02	0.09	0.03942	43	3	-17.4272	0.03066	42	3	-26.8250	0.02635	42	3	-36.3173
0.02	0.10	0.02688	23	2	-17.6272	0.02169	23	2	-27.0716	0.01865	23	2	-36.6032
0.02	0.15	0.02278	17	2	-18.2379	0.01844	17	2	-27.8307	0.01589	17	2	-37.4874
0.02	0.20	0.02117	14	2	-18.5538	0.01717	14	2	-28.2217	0.01481	14	2	-37.9417
0.03	0.10	0.04215	48	4	-17.1918	0.03393	48	4	-26.5312	0.02914	48	4	-35.9741
0.03	0.12	0.03115	29	3	-17.5902	0.02513	29	3	-27.0263	0.02161	29	3	-36.5510
0.03	0.15	0.02905	25	3	-17.9823	0.02348	25	3	-27.5142	0.02022	25	3	-37.1196
0.03	0.20	0.02754	21	3	-18.3636	0.02231	21	3	-27.9869	0.01923	21	3	-37.6693
0.03	0.25	0.01731	10	2	-18.6219	0.01404	10	2	-28.3054	0.01211	10	2	-38.0385
0.04	0.15	0.03351	32	4	-17.7282	0.02705	32	4	-27.1989	0.02327	32	4	-36.7526
0.04	0.17	0.03323	30	4	-17.9489	0.02686	30	4	-27.4732	0.02312	30	4	-37.0721
0.04	0.20	0.02410	18	3	-18.2088	0.01950	18	3	-27.7947	0.01680	18	3	-37.4455
0.04	0.25	0.02377	16	3	-18.4979	0.01927	16	3	-28.1526	0.01661	16	3	-37.8615
0.05	0.15	0.03834	39	5	-17.4621	0.03091	39	5	-26.8675	0.02656	39	5	-36.3662
0.05	0.20	0.02873	24	4	-18.0406	0.02324	24	4	-27.5865	0.02001	24	4	-37.2037
0.05	0.25	0.02091	14	3	-18.3691	0.01694	14	3	-27.9928	0.01460	14	3	-37.6756
0.06	0.20	0.03346	30	5	-17.8643	0.02704	30	5	-27.3678	0.02327	30	5	-36.9492
0.06	0.25	0.02512	19	4	-18.2527	0.02034	19	4	-27.8492	0.01752	19	4	-37.5091
0.06	0.30	0.02433	17	4	-18.5023	0.01972	17	4	-28.1582	0.01701	17	4	-37.8681
0.07	0.20	0.03636	35	6	-17.6779	0.02935	35	6	-27.1363	0.02524	35	6	-36.6796
0.07	0.25	0.02927	24	5	-18.1264	0.02368	24	5	-27.6930	0.02040	24	5	-37.3276
0.07	0.30	0.02333	16	4	-18.4122	0.01890	16	4	-28.0465	0.01629	16	4	-37.7382
0.08	0.25	0.03348	29	6	-17.9928	0.02706	29	6	-27.5274	0.02330	29	6	-37.1350
0.08	0.30	0.02636	20	5	-18.3150	0.02134	20	5	-27.9265	0.01840	20	5	-37.5990
0.09	0.30	0.02535	19	5	-18.2127	0.02381	24	6	-27.7995	0.02051	24	6	-37.4516
0.09	0.40	0.02019	12	4	-18.6412	0.01637	12	4	-28.3294	0.01413	12	4	-38.0665
0.10	0.30	0.02861	23	6	-18.1125	0.02315	23	6	-27.6755	0.01994	23	6	-37.3071
0.10	0.40	0.02528	16	5	-18.5787	0.02050	16	5	-28.2523	0.01768	16	5	-37.9772

		A = 0.0009			B = 50	A = 0.0009			B = 100	A = 0.0009			B = 200
P1	P2	Y	N	C	M	Y	N	C	M	Y	N	C	M
0.01	0.05	0.02517	51	2	-45.0980	0.01753	51	2	-93.0029	0.01226	51	2	-190.0395
0.01	0.06	0.02388	45	2	-45.6594	0.01666	45	2	-93.8125	0.01132	44	2	-191.2006
0.01	0.07	0.01192	15	1	-46.0724	0.01523	39	2	-94.4049	0.01068	39	2	-192.0485
0.01	0.08	0.01184	14	1	-46.4127	0.00828	14	1	-94.8882	0.00581	14	1	-192.7321
0.01	0.09	0.01156	13	1	-46.6861	0.00809	13	1	-95.2811	0.00568	13	1	-193.2938
0.01	0.10	0.01111	12	1	-46.9120	0.00778	12	1	-95.6052	0.00547	12	1	-193.7570
0.01	0.15	0.00985	9	1	-47.6371	0.00691	9	1	-96.6430	0.00486	9	1	-195.2371
0.01	0.20	0.00857	7	1	-48.0404	0.00602	7	1	-97.2186	0.00424	7	1	-196.0564
0.02	0.08	0.02473	46	3	-45.4867	0.01724	46	3	-93.5625	0.01207	46	3	-190.8409
0.02	0.09	0.02345	42	3	-45.8701	0.01637	42	3	-94.1151	0.01147	42	3	-191.6331
0.02	0.10	0.01660	23	2	-46.1904	0.01160	23	2	-94.5708	0.00814	23	2	-192.2801
0.02	0.15	0.01416	17	2	-47.1850	0.00993	17	2	-95.9984	0.00698	17	2	-194.3202
0.02	0.20	0.01321	14	2	-47.6950	0.00927	14	2	-96.7272	0.00652	14	2	-195.3584
0.03	0.10	0.02591	48	4	-45.4833	0.01807	48	4	-93.5574	0.01265	48	4	-190.8335
0.03	0.12	0.01924	29	3	-46.1321	0.01344	29	3	-94.4886	0.00943	29	3	-192.1642
0.03	0.15	0.01801	25	3	-46.7720	0.01261	25	3	-95.4078	0.00886	25	3	-193.4785
0.03	0.20	0.01714	21	3	-47.3894	0.01124	20	3	-96.2916	0.00790	20	3	-194.7392
0.03	0.25	0.01081	10	2	-47.8034	0.00759	10	2	-96.8810	0.00534	10	2	-195.5764
0.04	0.15	0.02072	32	4	-46.3594	0.01449	32	4	-94.8167	0.01017	32	4	-192.6348
0.04	0.17	0.02059	30	4	-46.7187	0.01442	30	4	-95.3323	0.01012	30	4	-193.3714
0.04	0.20	0.01498	18	3	-47.1379	0.01050	18	3	-95.9308	0.00738	18	3	-194.2237
0.04	0.25	0.01482	16	3	-47.6050	0.01040	16	3	-96.5986	0.00732	16	3	-195.1753
0.05	0.15	0.02364	39	5	-45.9245	0.01651	39	5	-94.1914	0.01157	39	5	-191.7402
0.05	0.20	0.01783	24	4	-46.8664	0.01249	24	4	-95.5429	0.00877	24	4	-193.6712
0.05	0.25	0.01302	14	3	-47.3962	0.00913	14	3	-96.2997	0.00642	14	3	-194.7490
0.06	0.20	0.02072	30	5	-46.5804	0.01450	30	5	-95.1333	0.01018	30	5	-193.0866
0.06	0.25	0.01562	19	4	-47.2094	0.01095	19	4	-96.0335	0.00770	19	4	-194.3706
0.06	0.30	0.01517	17	4	-47.6125	0.01065	17	4	-96.6098	0.00749	17	4	-195.1917
0.07	0.20	0.02247	35	6	-46.2773	0.01571	35	6	-94.6985	0.01102	35	6	-192.4658
0.07	0.25	0.01818	24	5	-47.0057	0.01273	24	5	-95.7425	0.00895	24	5	-193.9561
0.07	0.30	0.01453	16	4	-47.4665	0.01019	16	4	-96.4007	0.00717	16	4	-194.8933
0.08	0.25	0.02076	29	6	-46.7893	0.01454	29	6	-95.4328	0.01021	29	6	-193.5145
0.08	0.30	0.01640	20	5	-47.3105	0.01150	20	5	-96.1784	0.00809	20	5	-194.5774
0.09	0.30	0.01828	24	6	-47.1451	0.01282	24	6	-95.9424	0.00901	24	6	-194.2415
0.09	0.40	0.01260	12	4	-47.8349	0.00885	12	4	-96.9262	0.00623	12	4	-195.6411
0.10	0.30	0.01776	23	6	-46.9826	0.01245	23	6	-95.7091	0.00874	23	6	-193.9081
0.10	0.40	0.01577	16	5	-47.7348	0.01108	16	5	-96.7836	0.00780	16	5	-195.4384

P1	P2	A = 0.0009 Y	N	C	B = 300 M	A = 0.0009 Y	N	C	B = 400 M	A = 0.0009 Y	N	C	B = 500 M
0.01	0.05	0.00996	51	2	-287.7656	0.00861	51	2	-385.8485	0.00768	51	2	-484.1596
0.01	0.06	0.00921	44	2	-289.1964	0.00795	44	2	-387.5068	0.00710	44	2	-486.0181
0.01	0.07	0.00868	39	2	-290.2404	0.00750	39	2	-388.7160	0.00670	39	2	-487.3730
0.01	0.08	0.00473	14	1	-291.0775	0.00409	14	1	-389.6827	0.00365	14	1	-488.4538
0.01	0.09	0.00462	13	1	-291.7689	0.00400	13	1	-390.4833	0.00357	13	1	-489.3507
0.01	0.10	0.00445	12	1	-292.3388	0.00385	12	1	-391.1432	0.00344	12	1	-490.0898
0.01	0.15	0.00396	9	1	-294.1583	0.00343	9	1	-393.2489	0.00306	9	1	-492.4476
0.01	0.20	0.00346	7	1	-295.1646	0.00299	7	1	-394.4128	0.00267	7	1	-493.7504
0.02	0.08	0.00981	46	3	-288.7525	0.00848	46	3	-386.9919	0.00757	46	3	-485.4407
0.02	0.09	0.00933	42	3	-289.7285	0.00806	42	3	-388.1228	0.00720	42	3	-486.7082
0.02	0.10	0.00662	23	2	-290.5224	0.00572	23	2	-389.0405	0.00511	23	2	-487.7349
0.02	0.15	0.00568	17	2	-293.0325	0.00491	17	2	-391.9469	0.00439	17	2	-490.9904
0.02	0.20	0.00532	14	2	-294.3081	0.00460	14	2	-393.4227	0.00411	14	2	-492.6426
0.03	0.10	0.01028	48	4	-288.7433	0.00888	48	4	-386.9812	0.00793	48	4	-485.4287
0.03	0.12	0.00767	29	3	-290.3805	0.00663	29	3	-388.8767	0.00592	29	3	-487.5519
0.03	0.15	0.00721	25	3	-291.9981	0.00623	25	3	-390.7501	0.00557	25	3	-489.6505
0.03	0.20	0.00644	20	3	-293.5479	0.00557	20	3	-392.5437	0.00497	20	3	-491.6589
0.03	0.25	0.00435	10	2	-294.5754	0.00377	10	2	-393.7315	0.00336	10	2	-492.9880
0.04	0.15	0.00827	32	4	-290.9605	0.00715	32	4	-389.5490	0.00638	32	4	-488.3054
0.04	0.17	0.00824	30	4	-291.8667	0.00712	30	4	-390.5982	0.00636	30	4	-489.4807
0.04	0.20	0.00601	18	3	-292.9137	0.00519	18	3	-391.8094	0.00464	18	3	-490.8365
0.04	0.25	0.00596	16	3	-294.0832	0.00516	16	3	-393.1625	0.00461	16	3	-492.3514
0.05	0.15	0.00941	39	5	-289.8593	0.00813	39	5	-388.2736	0.00726	39	5	-486.8765
0.05	0.20	0.00714	24	4	-292.2349	0.00617	24	4	-391.0241	0.00551	24	4	-489.9573
0.05	0.25	0.00691	21	4	-293.5593	0.00597	21	4	-392.5568	0.00534	21	4	-491.6735
0.06	0.20	0.00828	30	5	-291.5161	0.00716	30	5	-390.1922	0.00640	30	5	-489.0257
0.06	0.25	0.00627	19	4	-293.0945	0.00542	19	4	-392.0187	0.00484	19	4	-491.0709
0.06	0.30	0.00610	17	4	-294.1035	0.00528	17	4	-393.1861	0.00472	17	4	-492.3779
0.07	0.20	0.00897	35	6	-290.7524	0.00775	35	6	-389.3080	0.00692	35	6	-488.0355
0.07	0.25	0.00728	24	5	-292.5854	0.00630	24	5	-391.4297	0.00563	24	5	-490.4116
0.07	0.30	0.00584	16	4	-293.7366	0.00505	16	4	-392.7615	0.00451	16	4	-491.9024
0.08	0.25	0.00831	29	6	-292.0424	0.00718	29	6	-390.8014	0.00642	29	6	-489.7080
0.08	0.30	0.00659	20	5	-293.3489	0.00569	20	5	-392.3132	0.00509	20	5	-491.4007
0.09	0.30	0.00733	24	6	-292.9363	0.00634	24	6	-391.8360	0.00567	24	6	-490.8666
0.09	0.40	0.00508	12	4	-294.6549	0.00439	12	4	-393.8236	0.00392	12	4	-493.0912
0.10	0.30	0.00712	23	6	-292.5261	0.00615	23	6	-391.3610	0.00550	23	6	-490.3345
0.10	0.40	0.00635	16	5	-294.4062	0.00549	16	5	-393.5360	0.00491	16	5	-492.7694

		A = 0.0010		B = 1		A = 0.0010		B = 5		A = 0.0010		B = 10	
P1	P2	Y	N	C	M	Y	N	C	M	Y	N	C	M
0.01	0.05	0.18227	23	1	-0.4344	0.05634	21	1	-3.5232	0.03778	21	1	-7.8342
0.01	0.06	0.16096	20	1	-0.4831	0.05041	18	1	-3.6791	0.03403	18	1	-8.0727
0.01	0.07	0.13731	17	1	-0.5225	0.04686	16	1	-3.7989	0.03179	16	1	-8.2540
0.01	0.08	0.12288	15	1	-0.5550	0.04639	15	1	-3.8941	0.02876	14	1	-8.3968
0.01	0.09	0.11820	14	1	-0.5824	0.04097	13	1	-3.9720	0.02798	13	1	-8.5134
0.01	0.10	0.11251	13	1	-0.6057	0.03918	12	1	-4.0371	0.02683	12	1	-8.6100
0.01	0.15	0.08523	9	1	-0.6857	0.03423	9	1	-4.2509	0.02362	9	1	-8.9247
0.01	0.20	0.07220	7	1	-0.7333	0.02957	7	1	-4.3726	0.02049	7	1	-9.1021
0.02	0.08	0.20885	29	2	-0.4621	0.07047	28	2	-3.6215	0.04745	28	2	-7.9875
0.02	0.09	0.19649	27	2	-0.4978	0.06761	26	2	-3.7324	0.04297	25	2	-8.1563
0.02	0.10	0.18307	25	2	-0.5282	0.06390	24	2	-3.8235	0.04339	24	2	-8.2933
0.02	0.15	0.13845	18	2	-0.6301	0.05422	18	2	-4.1091	0.03722	18	2	-8.7181
0.02	0.20	0.11494	14	2	-0.6881	0.04618	14	2	-4.2615	0.03188	14	2	-8.9416
0.03	0.10	0.23729	35	3	-0.4600	0.08031	34	3	-3.6205	0.05407	34	3	-7.9879
0.03	0.12	0.21066	31	3	-0.5193	0.07371	30	3	-3.8021	0.05000	30	3	-8.2629
0.03	0.15	0.12861	15	2	-0.5831	0.06834	26	3	-3.9839	0.04669	26	3	-8.5343
0.03	0.20	0.10647	12	2	-0.6564	0.04222	12	2	-4.1747	0.02906	12	2	-8.8132
0.03	0.25	0.10672	11	2	-0.7040	0.03753	10	2	-4.2987	0.02595	10	2	-8.9950
0.04	0.15	0.17318	23	3	-0.5422	0.07884	33	4	-3.8626	0.05361	33	4	-8.3547
0.04	0.17	0.15871	21	3	-0.5807	0.06068	21	3	-3.9726	0.04145	21	3	-8.5156
0.04	0.20	0.14794	19	3	-0.6255	0.05781	19	3	-4.0960	0.03967	19	3	-8.6986
0.04	0.25	0.12972	16	3	-0.6776	0.05189	16	3	-4.2345	0.03579	16	3	-8.9022
0.05	0.15	0.22257	31	4	-0.4994	0.07618	30	4	-3.7389	0.05831	39	5	-8.1683
0.05	0.20	0.14001	17	3	-0.5938	0.06814	25	4	-4.0128	0.04661	25	4	-8.5767
0.05	0.25	0.12961	15	3	-0.6563	0.05139	15	3	-4.1756	0.03537	15	3	-8.8147
0.06	0.20	0.17220	23	4	-0.5645	0.07437	30	5	-3.9272	0.05070	30	5	-8.4508
0.06	0.25	0.15396	20	4	-0.6328	0.06036	20	4	-4.1165	0.04145	20	4	-8.7291
0.06	0.30	0.11041	12	3	-0.6803	0.04424	12	3	-4.2376	0.03052	12	3	-8.9054
0.07	0.20	0.20745	29	5	-0.5335	0.07177	28	5	-3.8403	0.04876	28	5	-8.3195
0.07	0.25	0.15527	19	4	-0.6101	0.06955	25	5	-4.0530	0.04764	25	5	-8.6362
0.07	0.30	0.14276	17	4	-0.6627	0.05098	16	4	-4.1936	0.03511	16	4	-8.8422
0.08	0.25	0.18300	24	5	-0.5868	0.06430	23	5	-3.9912	0.04394	23	5	-8.5440
0.08	0.30	0.13938	16	4	-0.6444	0.06318	21	5	-4.1452	0.04343	21	5	-8.7715
0.09	0.30	0.15797	20	5	-0.6266	0.06177	20	5	-4.0983	0.04239	20	5	-8.7017
0.09	0.40	0.12511	13	4	-0.7066	0.04382	12	4	-4.3068	0.03030	12	4	-9.0070
0.10	0.30	0.17797	24	6	-0.6072	0.06893	24	6	-4.0480	0.04721	24	6	-8.6282
0.10	0.40	0.11493	12	4	-0.6945	0.05504	16	5	-4.2750	0.03802	16	5	-8.9610

		A = 0.0010			B = 20	A = 0.0010			B = 30	A = 0.0010			B = 40
P1	P2	Y	N	C	M	Y	N	C	M	Y	N	C	M
0.01	0.05	0.02576	21	1	-16.8577	0.02070	21	1	-26.1076	0.01775	21	1	-35.4750
0.01	0.06	0.02331	18	1	-17.2138	0.01877	18	1	-26.5543	0.01612	18	1	-35.9981
0.01	0.07	0.02185	16	1	-17.4825	0.01761	16	1	-26.8902	0.01514	16	1	-36.3908
0.01	0.08	0.01981	14	1	-17.6932	0.01599	14	1	-27.1531	0.01376	14	1	-36.6977
0.01	0.09	0.01932	13	1	-17.8642	0.01561	13	1	-27.3659	0.01343	13	1	-36.9458
0.01	0.10	0.01855	12	1	-18.0056	0.01500	12	1	-27.5417	0.01292	12	1	-37.1505
0.01	0.15	0.01642	9	1	-18.4632	0.01331	9	1	-28.1091	0.01148	9	1	-37.8105
0.01	0.20	0.01429	7	1	-18.7195	0.01160	7	1	-28.4259	0.01001	7	1	-38.1784
0.02	0.08	0.03056	27	2	-17.0898	0.02459	27	2	-26.4007	0.02111	27	2	-35.8196
0.02	0.09	0.02947	25	2	-17.3408	0.02374	25	2	-26.7147	0.02040	25	2	-36.1868
0.02	0.10	0.02792	23	2	-17.5433	0.02252	23	2	-26.9676	0.01936	23	2	-36.4822
0.02	0.15	0.02579	18	2	-18.1650	0.02087	18	2	-27.7405	0.01658	17	2	-37.3827
0.02	0.20	0.02217	14	2	-18.4892	0.01797	14	2	-28.1420	0.01550	14	2	-37.8493
0.03	0.10	0.03696	34	3	-17.0920	0.02818	33	3	-26.4044	0.02419	33	3	-35.8247
0.03	0.12	0.03436	30	3	-17.4997	0.02770	30	3	-26.9139	0.02381	30	3	-36.4199
0.03	0.15	0.03224	26	3	-17.8981	0.02453	25	3	-27.4101	0.02111	25	3	-36.9986
0.03	0.20	0.02016	12	2	-18.3018	0.01633	12	2	-27.9093	0.01407	12	2	-37.5784
0.03	0.25	0.01806	10	2	-18.5654	0.01464	10	2	-28.2357	0.01263	10	2	-37.9577
0.04	0.15	0.03690	33	4	-17.6360	0.02977	33	4	-27.0844	0.02561	33	4	-36.6193
0.04	0.17	0.02861	21	3	-17.8690	0.02312	21	3	-27.3727	0.01990	21	3	-36.9543
0.04	0.20	0.02747	19	3	-18.1363	0.02223	19	3	-27.7048	0.01915	19	3	-37.3410
0.04	0.25	0.02487	16	3	-18.4322	0.02015	16	3	-28.0714	0.01738	16	3	-37.7673
0.05	0.15	0.04000	39	5	-17.3625	0.03223	39	5	-26.7440	0.02769	39	5	-36.2225
0.05	0.20	0.03221	25	4	-17.9597	0.02604	25	4	-27.4862	0.02242	25	4	-37.0869
0.05	0.25	0.02454	15	3	-18.3043	0.01988	15	3	-27.9126	0.01713	15	3	-37.5823
0.06	0.20	0.03496	30	5	-17.7766	0.02823	30	5	-27.2593	0.02429	30	5	-36.8231
0.06	0.25	0.02872	20	4	-18.1809	0.02325	20	4	-27.7603	0.02003	20	4	-37.4056
0.06	0.30	0.02121	12	3	-18.4354	0.01719	12	3	-28.0747	0.01482	12	3	-37.7707
0.07	0.20	0.03797	35	6	-17.5837	0.03063	35	6	-27.0196	0.02634	35	6	-36.5439
0.07	0.25	0.03296	25	5	-18.0464	0.02476	24	5	-27.5939	0.02132	24	5	-37.2125
0.07	0.30	0.02437	16	4	-18.3452	0.01974	16	4	-27.9637	0.01702	16	4	-37.6421
0.08	0.25	0.03035	23	5	-17.9112	0.02453	23	5	-27.4256	0.02111	23	5	-37.0162
0.08	0.30	0.03012	21	5	-18.2429	0.02438	21	5	-27.8372	0.02101	21	5	-37.4952
0.09	0.30	0.02936	20	5	-18.1407	0.02375	20	5	-27.7101	0.02046	20	5	-37.3471
0.09	0.40	0.02110	12	4	-18.5831	0.01711	12	4	-28.2577	0.01476	12	4	-37.9834
0.10	0.30	0.03266	24	6	-18.0343	0.02641	24	6	-27.5784	0.02081	23	6	-37.1943
0.10	0.40	0.02645	16	5	-18.5169	0.02144	16	5	-28.1760	0.01849	16	5	-37.8887

P1	P2	A = 0.0010 Y	N	C	B = 50 M	A = 0.0010 Y	N	C	B = 100 M	A = 0.0010 Y	N	C	B = 200 M
0.01	0.05	0.01578	21	1	-44.9176	0.01025	20	1	-92.7301	0.00717	20	1	-189.6363
0.01	0.06	0.01433	18	1	-45.5081	0.01000	18	1	-93.5850	0.00700	18	1	-190.8648
0.01	0.07	0.01347	16	1	-45.9507	0.00941	16	1	-94.2239	0.00660	16	1	-191.7814
0.01	0.08	0.01225	14	1	-46.2965	0.00856	14	1	-94.7220	0.00601	14	1	-192.4951
0.01	0.09	0.01196	13	1	-46.5756	0.00837	13	1	-95.1231	0.00588	13	1	-193.0689
0.01	0.10	0.01151	12	1	-46.8059	0.00806	12	1	-95.4537	0.00566	12	1	-193.5413
0.01	0.15	0.01023	9	1	-47.5475	0.00718	9	1	-96.5153	0.00505	9	1	-195.0556
0.01	0.20	0.00893	7	1	-47.9603	0.00627	7	1	-97.1047	0.00442	7	1	-195.8947
0.02	0.08	0.01877	27	2	-45.3075	0.01859	47	3	-93.3022	0.01301	47	3	-190.4686
0.02	0.09	0.01815	25	2	-45.7216	0.01266	25	2	-93.8963	0.00887	25	2	-191.3147
0.02	0.10	0.01723	23	2	-46.0545	0.01204	23	2	-94.3762	0.00844	23	2	-192.0026
0.02	0.15	0.01478	17	2	-47.0675	0.01036	17	2	-95.8308	0.00728	17	2	-194.0817
0.02	0.20	0.01382	14	2	-47.5914	0.00970	14	2	-96.5796	0.00682	14	2	-195.1487
0.03	0.10	0.02151	33	3	-45.3139	0.01499	33	3	-93.3094	0.01049	33	3	-190.4743
0.03	0.12	0.02119	30	3	-45.9847	0.01398	29	3	-94.2771	0.00980	29	3	-191.8624
0.03	0.15	0.01881	25	3	-46.6361	0.01316	25	3	-95.2138	0.00924	25	3	-193.2022
0.03	0.20	0.01254	12	2	-47.2868	0.00880	12	2	-96.1428	0.00618	12	2	-194.5250
0.03	0.25	0.01127	10	2	-47.7128	0.00791	10	2	-96.7520	0.00557	10	2	-195.3931
0.04	0.15	0.02279	33	4	-46.2095	0.01593	33	4	-94.6017	0.01117	33	4	-192.3278
0.04	0.17	0.01772	21	3	-46.5856	0.01240	21	3	-95.1390	0.00870	21	3	-193.0931
0.04	0.20	0.01706	19	3	-47.0205	0.01094	18	3	-95.7629	0.00769	18	3	-193.9848
0.04	0.25	0.01549	16	3	-47.4994	0.01087	16	3	-96.4482	0.00765	16	3	-194.9615
0.05	0.15	0.02464	39	5	-45.7630	0.01719	39	5	-93.9600	0.01205	39	5	-191.4099
0.05	0.20	0.01997	25	4	-46.7352	0.01398	25	4	-95.3550	0.00915	24	4	-193.4033
0.05	0.25	0.01527	15	3	-47.2913	0.01071	15	3	-96.1496	0.00669	14	3	-194.5353
0.06	0.20	0.02163	30	5	-46.4387	0.01513	30	5	-94.9308	0.01061	30	5	-192.7981
0.06	0.25	0.01785	20	4	-47.0932	0.01251	20	4	-95.8672	0.00879	20	4	-194.1333
0.06	0.30	0.01589	17	4	-47.5031	0.01115	17	4	-96.4538	0.00784	17	4	-194.9699
0.07	0.20	0.02345	35	6	-46.1248	0.01638	35	6	-94.4804	0.01149	35	6	-192.1547
0.07	0.25	0.01900	24	5	-46.8765	0.01330	24	5	-95.5582	0.00934	24	5	-193.6937
0.07	0.30	0.01517	16	4	-47.3588	0.01064	16	4	-96.2471	0.00748	16	4	-194.6749
0.08	0.25	0.01881	23	5	-46.6554	0.01316	23	5	-95.2400	0.00924	23	5	-193.2381
0.08	0.30	0.01872	21	5	-47.1938	0.01313	21	5	-96.0115	0.00923	21	5	-194.3395
0.09	0.30	0.01823	20	5	-47.0273	0.01278	20	5	-95.7724	0.00898	20	5	-193.9976
0.09	0.40	0.01316	12	4	-47.7418	0.00924	12	4	-96.7936	0.00650	12	4	-195.4526
0.10	0.30	0.01854	23	6	-46.8559	0.01299	23	6	-95.5282	0.00912	23	6	-193.6506
0.10	0.40	0.01649	16	5	-47.6356	0.01158	16	5	-96.6423	0.00814	16	5	-195.2377

		A = 0.0010		B = 300		A = 0.0010		B = 400		A = 0.0010		B = 500	
P1	P2	Y	N	C	M	Y	N	C	M	Y	N	C	M
0.01	0.05	0.01067	52	2	-287.2663	0.00921	52	2	-385.2702	0.00822	52	2	-483.5116
0.01	0.06	0.00569	18	1	-288.7775	0.00492	18	1	-387.0177	0.00439	18	1	-485.4673
0.01	0.07	0.00536	16	1	-289.9071	0.00464	16	1	-388.3270	0.00414	16	1	-486.9349
0.01	0.08	0.00489	14	1	-290.7863	0.00422	14	1	-389.3457	0.00377	14	1	-488.0765
0.01	0.09	0.00478	13	1	-291.4925	0.00413	13	1	-390.1636	0.00369	13	1	-488.9927
0.01	0.10	0.00461	12	1	-292.0738	0.00398	12	1	-390.8366	0.00356	12	1	-489.7467
0.01	0.15	0.00412	9	1	-293.9356	0.00356	9	1	-392.9913	0.00318	9	1	-492.1593
0.01	0.20	0.00360	7	1	-294.9662	0.00311	7	1	-394.1834	0.00278	7	1	-493.4938
0.02	0.08	0.01057	47	3	-288.2943	0.00913	47	3	-386.4613	0.00815	47	3	-484.8463
0.02	0.09	0.00721	25	2	-289.3336	0.00623	25	2	-387.6635	0.00556	25	2	-486.1920
0.02	0.10	0.00686	23	2	-290.1812	0.00593	23	2	-388.6457	0.00530	23	2	-487.2929
0.02	0.15	0.00593	17	2	-292.7396	0.00512	17	2	-391.6081	0.00458	17	2	-490.6113
0.02	0.20	0.00556	14	2	-294.0507	0.00481	14	2	-393.1250	0.00430	14	2	-492.3095
0.03	0.10	0.00853	33	3	-288.2987	0.00737	33	3	-386.4646	0.00658	33	3	-484.8487
0.03	0.12	0.00797	29	3	-290.0096	0.00689	29	3	-388.4475	0.00615	29	3	-487.0713
0.03	0.15	0.00752	25	3	-291.6587	0.00650	25	3	-390.3574	0.00581	25	3	-489.2109
0.03	0.20	0.00504	12	2	-293.2835	0.00436	12	2	-392.2369	0.00389	12	2	-491.3148
0.03	0.25	0.00454	10	2	-294.3504	0.00392	10	2	-393.4713	0.00351	10	2	-492.6969
0.04	0.15	0.00909	33	4	-290.5829	0.00786	33	4	-389.1118	0.00702	33	4	-487.8158
0.04	0.17	0.00650	20	3	-291.5234	0.00562	20	3	-390.2002	0.00502	20	3	-489.0344
0.04	0.20	0.00626	18	3	-292.6203	0.00541	18	3	-391.4701	0.00484	18	3	-490.4566
0.04	0.25	0.00623	16	3	-293.8207	0.00539	16	3	-392.8590	0.00481	16	3	-492.0117
0.05	0.15	0.00980	39	5	-289.4532	0.00846	39	5	-387.8035	0.00756	39	5	-486.3501
0.05	0.20	0.00745	24	4	-291.9058	0.00644	24	4	-390.6434	0.00575	24	4	-489.5312
0.05	0.25	0.00545	14	3	-293.2968	0.00471	14	3	-392.2526	0.00421	14	3	-491.3326
0.06	0.20	0.00864	30	5	-291.1616	0.00747	30	5	-389.7819	0.00667	30	5	-488.5664
0.06	0.25	0.00716	20	4	-292.8029	0.00619	20	4	-391.6813	0.00553	20	4	-490.6931
0.06	0.30	0.00639	17	4	-293.8313	0.00552	17	4	-392.8714	0.00494	17	4	-492.0256
0.07	0.20	0.00934	35	6	-290.3701	0.00807	35	6	-388.8656	0.00721	35	6	-487.5401
0.07	0.25	0.00761	24	5	-292.2630	0.00658	24	5	-391.0569	0.00588	24	5	-489.9943
0.07	0.30	0.00609	16	4	-293.4685	0.00527	16	4	-392.4514	0.00471	16	4	-491.5554
0.08	0.25	0.00752	23	5	-291.7020	0.00650	23	5	-390.4070	0.00581	23	5	-489.2660
0.08	0.30	0.00751	21	5	-293.0564	0.00650	21	5	-391.9748	0.00580	21	5	-491.0218
0.09	0.30	0.00731	20	5	-292.6357	0.00570	19	5	-391.4877	0.00509	19	5	-490.4764
0.09	0.40	0.00530	12	4	-294.4237	0.00458	12	4	-393.5562	0.00410	12	4	-492.7920
0.10	0.30	0.00743	23	6	-292.2098	0.00642	23	6	-390.9952	0.00574	23	6	-489.9250
0.10	0.40	0.00664	16	5	-294.1598	0.00574	16	5	-393.2511	0.00513	16	5	-492.4506

		A = 0.0020			B = 1	A = 0.0020			B = 5	A = 0.0020			B = 10
P1	P2	Y	N	C	M	Y	N	C	M	Y	N	C	M
0.01	0.05	0.04045	1	0	-0.3667	0.09660	26	1	-3.2111	0.06066	25	1	-7.3625
0.01	0.06	0.04240	1	0	-0.4006	0.08538	22	1	-3.3808	0.05685	22	1	-7.6257
0.01	0.07	0.04425	1	0	-0.4290	0.07670	19	1	-3.5129	0.05138	19	1	-7.8283
0.01	0.08	0.21622	18	1	-0.4557	0.07149	17	1	-3.6194	0.04812	17	1	-7.9900
0.01	0.09	0.19489	16	1	-0.4848	0.07048	16	1	-3.7071	0.04398	15	1	-8.1223
0.01	0.10	0.18719	15	1	-0.5100	0.06323	14	1	-3.7813	0.04285	14	1	-8.2337
0.01	0.15	0.13588	10	1	-0.5989	0.05238	10	1	-4.0297	0.03585	10	1	-8.6025
0.01	0.20	0.11914	8	1	-0.6540	0.04715	8	1	-4.1751	0.03245	8	1	-8.8159
0.02	0.08	0.22086	14	1	-0.3751	0.06675	13	1	-3.3203	0.04435	13	1	-7.5193
0.02	0.09	0.20660	13	1	-0.4084	0.06357	12	1	-3.4365	0.04247	12	1	-7.7001
0.02	0.10	0.19156	12	1	-0.4378	0.05962	11	1	-3.5347	0.04000	11	1	-7.8517
0.02	0.15	0.12879	8	1	-0.5443	0.04834	8	1	-3.8637	0.03288	8	1	-8.3513
0.02	0.20	0.12300	7	1	-0.6115	0.03878	6	1	-4.0530	0.02657	6	1	-8.6339
0.03	0.10	0.19697	10	1	-0.3708	0.09712	23	2	-3.3111	0.06448	23	2	-7.5130
0.03	0.12	0.17925	9	1	-0.4240	0.08716	20	2	-3.5085	0.05839	20	2	-7.8186
0.03	0.15	0.23445	18	2	-0.4896	0.07824	17	2	-3.7178	0.05289	17	2	-8.1370
0.03	0.20	0.18640	14	2	-0.5666	0.07068	14	2	-3.9401	0.04821	14	2	-8.4697
0.03	0.25	0.10462	5	1	-0.6197	0.05859	11	2	-4.0817	0.04018	11	2	-8.6794
0.04	0.15	0.23472	16	2	-0.4478	0.07461	15	2	-3.5760	0.05014	15	2	-7.9180
0.04	0.17	0.19959	14	2	-0.4874	0.07243	14	2	-3.7006	0.04893	14	2	-8.1076
0.04	0.20	0.19181	13	2	-0.5356	0.06315	12	2	-3.8458	0.04292	12	2	-8.3273
0.04	0.25	0.16645	11	2	-0.5956	0.05565	10	2	-4.0157	0.03807	10	2	-8.5807
0.05	0.15	0.25461	15	2	-0.4042	0.09809	23	3	-3.4359	0.06550	23	3	-7.7071
0.05	0.20	0.19597	12	2	-0.5010	0.08636	19	3	-3.7437	0.05843	19	3	-8.1766
0.05	0.25	0.16206	10	2	-0.5691	0.05172	9	2	-3.9355	0.03527	9	2	-8.4603
0.06	0.20	0.24443	18	3	-0.4687	0.07896	17	3	-3.6477	0.05322	17	3	-8.0301
0.06	0.25	0.20038	15	3	-0.5415	0.07498	15	3	-3.8677	0.05099	15	3	-8.3614
0.06	0.30	0.13889	8	2	-0.5953	0.06794	13	3	-4.0138	0.04647	13	3	-8.5790
0.07	0.20	0.25162	17	3	-0.4371	0.09607	23	4	-3.5440	0.06445	23	4	-7.8748
0.07	0.25	0.19617	14	3	-0.5174	0.07245	14	3	-3.7932	0.04913	14	3	-8.2482
0.07	0.30	0.19111	13	3	-0.5755	0.06356	12	3	-3.9606	0.04339	12	3	-8.4994
0.08	0.25	0.21928	14	3	-0.4913	0.08705	19	4	-3.7180	0.05884	19	4	-8.1374
0.08	0.30	0.18137	12	3	-0.5556	0.06845	12	3	-3.9005	0.04662	12	3	-8.4079
0.09	0.30	0.21077	16	4	-0.5332	0.07849	16	4	-3.8447	0.05333	16	4	-8.3271
0.09	0.40	0.13993	9	3	-0.6264	0.05470	9	3	-4.0986	0.03754	9	3	-8.7024
0.10	0.30	0.22903	16	4	-0.5139	0.07397	15	4	-3.7830	0.05014	15	4	-8.2340
0.10	0.40	0.14918	9	3	-0.6122	0.07194	13	4	-4.0574	0.04929	13	4	-8.6428

		A = 0.0020		B =	20	A = 0.0020		B =	30	A = 0.0020		B =	40
P1	P2	Y	N	C	M	Y	N	C	M	Y	N	C	M
0.01	0.05	0.04095	25	1	-16.1598	0.03277	25	1	-25.2359	0.02804	25	1	-34.4567
0.01	0.06	0.03858	22	1	-16.5558	0.02917	21	1	-25.7344	0.02499	21	1	-35.0419
0.01	0.07	0.03501	19	1	-16.8589	0.02813	19	1	-26.1146	0.02413	19	1	-35.4869
0.01	0.08	0.03289	17	1	-17.0990	0.02646	17	1	-26.4150	0.02272	17	1	-35.8383
0.01	0.09	0.03014	15	1	-17.2948	0.02428	15	1	-26.6596	0.02086	15	1	-36.1240
0.01	0.10	0.02943	14	1	-17.4587	0.02372	14	1	-26.8639	0.02039	14	1	-36.3624
0.01	0.15	0.02479	10	1	-17.9981	0.02004	10	1	-27.5344	0.01725	10	1	-37.1434
0.01	0.20	0.02252	8	1	-18.3078	0.01823	8	1	-27.9179	0.01571	8	1	-37.5892
0.02	0.08	0.03005	13	1	-16.3827	0.02408	13	1	-25.5092	0.02063	13	1	-34.7725
0.02	0.09	0.02888	12	1	-16.6558	0.02318	12	1	-25.8535	0.01987	12	1	-35.1769
0.02	0.10	0.02728	11	1	-16.8837	0.02192	11	1	-26.1402	0.01881	11	1	-35.5131
0.02	0.15	0.02263	8	1	-17.6260	0.01826	8	1	-27.0692	0.01571	8	1	-36.5997
0.02	0.20	0.01838	6	1	-18.0407	0.01487	6	1	-27.5855	0.01280	6	1	-37.2017
0.03	0.10	0.04366	23	2	-16.3813	0.03255	22	2	-25.5127	0.02788	22	2	-34.7801
0.03	0.12	0.03978	20	2	-16.8413	0.03196	20	2	-26.0908	0.02742	20	2	-35.4580
0.03	0.15	0.03626	17	2	-17.3148	0.02921	17	2	-26.6837	0.02509	17	2	-36.1515
0.03	0.20	0.03325	14	2	-17.8041	0.02423	13	2	-27.2935	0.02085	13	2	-36.8631
0.03	0.25	0.02781	11	2	-18.1104	0.02250	11	2	-27.6737	0.01938	11	2	-37.3056
0.04	0.15	0.03423	15	2	-16.9859	0.02753	15	2	-26.2701	0.03141	25	3	-35.6692
0.04	0.17	0.02968	13	2	-17.2682	0.02390	13	2	-26.6243	0.02053	13	2	-36.0813
0.04	0.20	0.02953	12	2	-17.5933	0.02382	12	2	-27.0299	0.02048	12	2	-36.5548
0.04	0.25	0.02631	10	2	-17.9652	0.02127	10	2	-27.4928	0.01831	10	2	-37.0945
0.05	0.15	0.04453	23	3	-16.6745	0.03574	23	3	-25.8815	0.03064	23	3	-35.2127
0.05	0.20	0.04009	19	3	-17.3740	0.03230	19	3	-26.7579	0.02776	19	3	-36.2385
0.05	0.25	0.02433	9	2	-17.7877	0.02917	16	3	-27.2721	0.02510	16	3	-36.8383
0.06	0.20	0.03641	17	3	-17.1554	0.02930	17	3	-26.4839	0.02516	17	3	-35.9177
0.06	0.25	0.03510	15	3	-17.6448	0.02833	15	3	-27.0948	0.02436	15	3	-36.6311
0.06	0.30	0.03211	13	3	-17.9638	0.02596	13	3	-27.4916	0.02235	13	3	-37.0936
0.07	0.20	0.04396	23	4	-16.9272	0.03533	23	4	-26.1996	0.03032	23	4	-35.5860
0.07	0.25	0.03375	14	3	-17.4767	0.02721	14	3	-26.8844	0.02339	14	3	-36.3850
0.07	0.30	0.02994	12	3	-17.8468	0.02419	12	3	-27.3459	0.02082	12	3	-36.9236
0.08	0.25	0.04034	19	4	-17.3156	0.03249	19	4	-26.6848	0.02792	19	4	-36.1529
0.08	0.30	0.03850	17	4	-17.7132	0.03108	17	4	-27.1806	0.02674	17	4	-36.7315
0.09	0.30	0.03669	16	4	-17.5947	0.02960	16	4	-27.0325	0.02545	16	4	-36.5585
0.09	0.40	0.02600	9	3	-18.1418	0.02104	9	3	-27.7117	0.01812	9	3	-37.3490
0.10	0.30	0.03443	15	4	-17.4568	0.02776	15	4	-26.8602	0.02868	20	5	-36.3577
0.10	0.40	0.03410	13	4	-18.0562	0.02758	13	4	-27.6060	0.02375	13	4	-37.2265

		A = 0.0020		B = 50		A = 0.0020		B = 100		A = 0.0020		B = 200	
P1	P2	Y	N	C	M	Y	N	C	M	Y	N	C	M
0.01	0.05	0.02488	25	1	-43.7701	0.01725	25	1	-91.0753	0.01203	25	1	-187.2634
0.01	0.06	0.02220	21	1	-44.4316	0.01542	21	1	-92.0367	0.01077	21	1	-188.6492
0.01	0.07	0.02145	19	1	-44.9339	0.01493	19	1	-92.7637	0.01044	19	1	-189.6941
0.01	0.08	0.02020	17	1	-45.3301	0.01408	17	1	-93.3360	0.00985	17	1	-190.5157
0.01	0.09	0.01855	15	1	-45.6521	0.01294	15	1	-93.8004	0.00907	15	1	-191.1815
0.01	0.10	0.01815	14	1	-45.9205	0.01267	14	1	-94.1866	0.00888	14	1	-191.7344
0.01	0.15	0.01537	10	1	-46.7989	0.01076	10	1	-95.4472	0.00756	10	1	-193.5356
0.01	0.20	0.01401	8	1	-47.2996	0.00983	8	1	-96.1633	0.00691	8	1	-194.5563
0.02	0.08	0.01831	13	1	-44.1232	0.01271	13	1	-91.5747	0.01442	31	2	-187.9792
0.02	0.09	0.01556	11	1	-44.5807	0.01082	11	1	-92.2417	0.01354	28	2	-188.9398
0.02	0.10	0.01672	11	1	-44.9606	0.01164	11	1	-92.7920	0.00814	11	1	-189.7246
0.02	0.15	0.01398	8	1	-46.1860	0.00977	8	1	-94.5627	0.00685	8	1	-192.2667
0.02	0.20	0.01140	6	1	-46.8635	0.00799	6	1	-95.5366	0.00561	6	1	-193.6600
0.03	0.10	0.02475	22	2	-44.1345	0.01718	22	2	-91.6009	0.01199	22	2	-188.0169
0.03	0.12	0.02436	20	2	-44.9003	0.01564	19	2	-92.7128	0.01094	19	2	-189.6190
0.03	0.15	0.02232	17	2	-45.6826	0.01557	17	2	-93.8427	0.01091	17	2	-191.2405
0.03	0.20	0.01857	13	2	-46.4839	0.01299	13	2	-94.9959	0.00912	13	2	-192.8915
0.03	0.25	0.01727	11	2	-46.9812	0.01210	11	2	-95.7085	0.00850	11	2	-193.9087
0.04	0.15	0.02792	25	3	-45.1399	0.01944	25	3	-93.0629	0.01360	25	3	-190.1251
0.04	0.17	0.01826	13	2	-45.6029	0.01274	13	2	-93.7256	0.00892	13	2	-191.0703
0.04	0.20	0.01823	12	2	-46.1363	0.01274	12	2	-94.4939	0.00893	12	2	-192.1710
0.04	0.25	0.01631	10	2	-46.7436	0.01142	10	2	-95.3667	0.00802	10	2	-193.4195
0.05	0.15	0.02722	23	3	-44.6234	0.01745	22	3	-92.3119	0.01220	22	3	-189.0427
0.05	0.20	0.02470	19	3	-45.7808	0.01578	18	3	-93.9852	0.01105	18	3	-191.4463
0.05	0.25	0.02235	16	3	-46.4561	0.01563	16	3	-94.9564	0.01097	16	3	-192.8355
0.06	0.20	0.02238	17	3	-45.4188	0.01560	17	3	-93.4611	0.01092	17	3	-190.6921
0.06	0.25	0.02169	15	3	-46.2225	0.01516	15	3	-94.6194	0.01063	15	3	-192.3520
0.06	0.30	0.01991	13	3	-46.7429	0.01394	13	3	-95.3669	0.00979	13	3	-193.4208
0.07	0.20	0.02695	23	4	-45.0454	0.01876	23	4	-92.9241	0.01312	23	4	-189.9236
0.07	0.25	0.02082	14	3	-45.9450	0.01454	14	3	-94.2185	0.01244	20	4	-191.7785
0.07	0.30	0.01854	12	3	-46.5516	0.01297	12	3	-95.0917	0.00910	12	3	-193.0270
0.08	0.25	0.02483	19	4	-45.6842	0.01733	19	4	-93.8452	0.01214	19	4	-191.2441
0.08	0.30	0.02380	17	4	-46.3358	0.01664	17	4	-94.7832	0.01168	17	4	-192.5875
0.09	0.30	0.02266	16	4	-46.1409	0.01583	16	4	-94.5022	0.01110	16	4	-192.1846
0.09	0.40	0.01615	9	3	-47.0295	0.01132	9	3	-95.7757	0.00795	9	3	-194.0026
0.10	0.30	0.02552	20	5	-45.9154	0.01782	20	5	-94.1797	0.01249	20	5	-191.7249
0.10	0.40	0.02116	13	4	-46.8921	0.01482	13	4	-95.5800	0.01041	13	4	-193.7245

		A = 0.0020		B = 300		A = 0.0020		B = 400		A = 0.0020		B = 500	
P1	P2	Y	N	C	M	Y	N	C	M	Y	N	C	M
0.01	0.05	0.00976	25	1	-284.3381	0.00842	25	1	-381.8718	0.00752	25	1	-479.6989
0.01	0.06	0.00875	21	1	-286.0496	0.00755	21	1	-383.8581	0.00674	21	1	-481.9272
0.01	0.07	0.00848	19	1	-287.3386	0.00732	19	1	-385.3528	0.00654	19	1	-483.6033
0.01	0.08	0.00801	17	1	-288.3515	0.00692	17	1	-386.5269	0.00618	17	1	-484.9194
0.01	0.09	0.00737	15	1	-289.1719	0.00637	15	1	-387.4777	0.00569	15	1	-485.9851
0.01	0.10	0.00722	14	1	-289.8526	0.00624	14	1	-388.2662	0.00557	14	1	-486.8686
0.01	0.15	0.00615	10	1	-292.0687	0.00532	10	1	-390.8321	0.00475	10	1	-489.7426
0.01	0.20	0.00563	8	1	-293.3232	0.00486	8	1	-392.2836	0.00435	8	1	-491.3678
0.02	0.08	0.01171	31	2	-285.2243	0.01010	31	2	-382.9018	0.00902	31	2	-480.8555
0.02	0.09	0.01099	28	2	-286.4103	0.00949	28	2	-384.2777	0.00847	28	2	-482.3989
0.02	0.10	0.01066	26	2	-287.3736	0.00921	26	2	-385.3947	0.00822	26	2	-483.6513
0.02	0.15	0.00557	8	1	-290.5049	0.00482	8	1	-389.0196	0.00430	8	1	-487.7110
0.02	0.20	0.00457	6	1	-292.2200	0.00395	6	1	-391.0060	0.00353	6	1	-489.9365
0.03	0.10	0.00974	22	2	-285.2665	0.00840	22	2	-382.9477	0.00750	22	2	-480.9047
0.03	0.12	0.00889	19	2	-287.2448	0.00767	19	2	-385.2433	0.00685	19	2	-483.4799
0.03	0.15	0.00887	17	2	-289.2437	0.00766	17	2	-387.5602	0.00684	17	2	-486.0771
0.03	0.20	0.00742	13	2	-291.2767	0.00641	13	2	-389.9153	0.00573	13	2	-488.7160
0.03	0.25	0.00692	11	2	-292.5276	0.00598	11	2	-391.3633	0.00535	11	2	-490.3375
0.04	0.15	0.01106	25	3	-287.8708	0.00955	25	3	-385.9704	0.00852	25	3	-484.2960
0.04	0.17	0.00725	13	2	-289.0327	0.00627	13	2	-387.3149	0.00560	13	2	-485.8014
0.04	0.20	0.00727	12	2	-290.3886	0.00628	12	2	-388.8859	0.00561	12	2	-487.5620
0.04	0.25	0.00653	10	2	-291.9253	0.00564	10	2	-390.6656	0.00504	10	2	-489.5558
0.05	0.15	0.00991	22	3	-286.5339	0.00855	22	3	-384.4189	0.00763	22	3	-482.5555
0.05	0.20	0.00899	18	3	-289.4981	0.00777	18	3	-387.8556	0.00693	18	3	-486.4086
0.05	0.25	0.00893	16	3	-291.2080	0.00772	16	3	-389.8360	0.00689	16	3	-488.6272
0.06	0.20	0.00888	17	3	-288.5673	0.00767	17	3	-386.7759	0.00685	17	3	-485.1977
0.06	0.25	0.00865	15	3	-290.6121	0.00747	15	3	-389.1453	0.00668	15	3	-487.8531
0.06	0.30	0.00797	13	3	-291.9275	0.00689	13	3	-390.6686	0.00615	13	3	-489.5595
0.07	0.20	0.01066	23	4	-287.6211	0.00921	23	4	-385.6800	0.00822	23	4	-483.9698
0.07	0.25	0.01012	20	4	-289.9073	0.00874	20	4	-388.3298	0.00781	20	4	-486.9400
0.07	0.30	0.00741	12	3	-291.4426	0.00640	12	3	-390.1069	0.00572	12	3	-488.9302
0.08	0.25	0.00987	19	4	-289.2482	0.00853	19	4	-387.5655	0.00761	19	4	-486.0831
0.08	0.30	0.00950	17	4	-290.9026	0.00821	17	4	-389.4822	0.00733	17	4	-488.2307
0.09	0.30	0.00903	16	4	-290.4062	0.00780	16	4	-388.9069	0.00697	16	4	-487.5860
0.09	0.40	0.00647	9	3	-292.6420	0.00560	9	3	-391.4950	0.00500	9	3	-490.4844
0.10	0.30	0.01016	20	5	-289.8412	0.00878	20	5	-388.2532	0.00784	20	5	-486.8541
0.10	0.40	0.00848	13	4	-292.3006	0.00733	13	4	-391.1003	0.00655	13	4	-490.0427

		A = 0.0030			B = 1	A = 0.0030			B = 5	A = 0.0030			B = 10
P1	P2	Y	N	C	M	Y	N	C	M	Y	N	C	M
0.01	0.05	0.04354	1	0	-0.3429	0.01440	1	0	-3.1345	0.00950	1	0	-7.2030
0.01	0.06	0.04544	1	0	-0.3778	0.01545	1	0	-3.2673	0.01026	1	0	-7.4150
0.01	0.07	0.04728	1	0	-0.4072	0.01642	1	0	-3.3740	0.01095	1	0	-7.5836
0.01	0.08	0.04904	1	0	-0.4324	0.01733	1	0	-3.4623	0.01161	1	0	-7.7221
0.01	0.09	0.05075	1	0	-0.4543	0.01819	1	0	-3.5371	0.01222	1	0	-7.8385
0.01	0.10	0.05239	1	0	-0.4737	0.01900	1	0	-3.6015	0.05571	15	1	-7.9389
0.01	0.15	0.05980	1	0	-0.5452	0.07089	11	1	-3.8579	0.04819	11	1	-8.3503
0.01	0.20	0.14936	8	1	-0.5943	0.05741	8	1	-4.0219	0.03928	8	1	-8.5927
0.02	0.08	0.07372	1	0	-0.3385	0.09324	15	1	-3.1445	0.06140	15	1	-7.2509
0.02	0.09	0.07583	1	0	-0.3600	0.08156	13	1	-3.2643	0.05402	13	1	-7.4400
0.02	0.10	0.25586	13	1	-0.3815	0.07738	12	1	-3.3666	0.05150	12	1	-7.5990
0.02	0.15	0.18114	9	1	-0.4897	0.06578	9	1	-3.7130	0.04446	9	1	-8.1281
0.02	0.20	0.14773	7	1	-0.5597	0.05584	7	1	-3.9169	0.03806	7	1	-8.4339
0.03	0.10	0.29769	12	1	-0.3257	0.08471	11	1	-3.1356	0.04853	10	1	-7.2279
0.03	0.12	0.24149	10	1	-0.3780	0.06991	9	1	-3.3305	0.04648	9	1	-7.5351
0.03	0.15	0.18971	8	1	-0.4414	0.06694	8	1	-3.5454	0.03704	7	1	-7.8691
0.03	0.20	0.14217	6	1	-0.5193	0.05262	6	1	-3.7903	0.03569	6	1	-8.2410
0.03	0.25	0.12237	5	1	-0.5755	0.04669	5	1	-3.9537	0.03187	5	1	-8.4861
0.04	0.15	0.18999	7	1	-0.3956	0.09661	16	2	-3.3950	0.06438	16	2	-7.6461
0.04	0.17	0.19903	7	1	-0.4319	0.09448	15	2	-3.5245	0.06333	15	2	-7.8447
0.04	0.20	0.16871	6	1	-0.4789	0.08439	13	2	-3.6766	0.05694	13	2	-8.0763
0.04	0.25	0.14218	5	1	-0.5405	0.07636	11	2	-3.8579	0.05191	11	2	-8.3485
0.05	0.15	0.22872	7	1	-0.3542	0.09940	15	2	-3.2525	0.06582	15	2	-7.4188
0.05	0.20	0.26659	13	2	-0.4453	0.08283	12	2	-3.5768	0.05566	12	2	-7.9218
0.05	0.25	0.22630	11	2	-0.5131	0.07212	10	2	-3.7858	0.04889	10	2	-8.2388
0.06	0.20	0.26825	12	2	-0.4147	0.07984	11	2	-3.4668	0.05340	11	2	-7.7503
0.06	0.25	0.21782	10	2	-0.4883	0.06633	9	2	-3.7024	0.04481	9	2	-8.1117
0.06	0.30	0.20081	9	2	-0.5434	0.06241	8	2	-3.8690	0.04245	8	2	-8.3624
0.07	0.20	0.26411	11	2	-0.3838	0.10257	17	3	-3.3594	0.06823	17	3	-7.5907
0.07	0.25	0.20357	9	2	-0.4617	0.09647	15	3	-3.6200	0.06493	15	3	-7.9903
0.07	0.30	0.18231	8	2	-0.5219	0.06756	8	2	-3.8008	0.04583	8	2	-8.2577
0.08	0.25	0.22834	9	2	-0.4350	0.09252	14	3	-3.5427	0.06207	14	3	-7.8709
0.08	0.30	0.20137	8	2	-0.4985	0.08072	12	3	-3.7395	0.05461	12	3	-8.1706
0.09	0.30	0.23942	12	3	-0.4780	0.08631	12	3	-3.6780	0.05825	12	3	-8.0752
0.09	0.40	0.15402	6	2	-0.5731	0.07789	10	3	-3.9543	0.05315	10	3	-8.4903
0.10	0.30	0.26146	12	3	-0.4576	0.07840	11	3	-3.6087	0.06698	16	4	-7.9716
0.10	0.40	0.21763	10	3	-0.5581	0.06834	9	3	-3.9139	0.04657	9	3	-8.4303

		A = 0.0030			B = 20	A = 0.0030			B = 30	A = 0.0030			B = 40
P1	P2	Y	N	C	M	Y	N	C	M	Y	N	C	M
0.01	0.05	0.00640	1	0	-15.8766	0.00511	1	0	-24.8557	0.00437	1	0	-33.9941
0.01	0.06	0.00694	1	0	-16.2027	0.00556	1	0	-25.2702	0.00476	1	0	-34.4832
0.01	0.07	0.00744	1	0	-16.4603	0.00596	1	0	-25.5966	0.00511	1	0	-34.8678
0.01	0.08	0.00790	1	0	-16.6707	0.00634	1	0	-25.8624	0.00544	1	0	-35.1805
0.01	0.09	0.00833	1	0	-16.8468	0.03112	16	1	-26.1007	0.02669	16	1	-35.4728
0.01	0.10	0.03804	15	1	-17.0277	0.03059	15	1	-26.3284	0.02626	15	1	-35.7387
0.01	0.15	0.03316	11	1	-17.6323	0.02676	11	1	-27.0812	0.02301	11	1	-36.6166
0.01	0.20	0.02715	8	1	-17.9855	0.02195	8	1	-27.5196	0.01890	8	1	-37.1267
0.02	0.08	0.03763	14	1	-15.9833	0.03009	14	1	-25.0096	0.02573	14	1	-34.1882
0.02	0.09	0.03653	13	1	-16.2709	0.02925	13	1	-25.3727	0.02505	13	1	-34.6152
0.02	0.10	0.03494	12	1	-16.5110	0.02802	12	1	-25.6752	0.02401	12	1	-34.9703
0.02	0.15	0.03047	9	1	-17.2999	0.02455	9	1	-26.6642	0.02109	9	1	-36.1281
0.02	0.20	0.02623	7	1	-17.7503	0.02118	7	1	-27.2256	0.01822	7	1	-36.7833
0.03	0.10	0.03268	10	1	-15.9387	0.02612	10	1	-24.9475	0.02234	10	1	-34.1112
0.03	0.12	0.03150	9	1	-16.4063	0.02525	9	1	-25.5389	0.02163	9	1	-34.8073
0.03	0.15	0.02527	7	1	-16.9107	0.02031	7	1	-26.1746	0.01743	7	1	-35.5539
0.03	0.20	0.02452	6	1	-17.4632	0.01977	6	1	-26.8661	0.01699	6	1	-36.3626
0.03	0.25	0.02199	5	1	-17.8243	0.01776	5	1	-27.3163	0.01529	5	1	-36.8880
0.04	0.15	0.04371	16	2	-16.5850	0.03507	16	2	-25.7701	0.03005	16	2	-35.0829
0.04	0.17	0.04317	15	2	-16.8818	0.03469	15	2	-26.1425	0.02679	14	2	-35.5192
0.04	0.20	0.03899	13	2	-17.2265	0.03139	13	2	-26.5742	0.02696	13	2	-36.0242
0.04	0.25	0.03572	11	2	-17.6277	0.02882	11	2	-27.0745	0.02479	11	2	-36.6080
0.05	0.15	0.04449	15	2	-16.2360	0.03165	14	2	-25.3274	0.02709	14	2	-34.5617
0.05	0.20	0.03800	12	2	-16.9940	0.03056	12	2	-26.2816	0.02623	12	2	-35.6809
0.05	0.25	0.03358	10	2	-17.4646	0.02707	10	2	-26.8703	0.02327	10	2	-36.3693
0.06	0.20	0.04701	18	3	-16.7382	0.03774	18	3	-25.9640	0.03236	18	3	-35.3113
0.06	0.25	0.03071	9	2	-17.2754	0.02473	9	2	-26.6334	0.02125	9	2	-36.0920
0.06	0.30	0.02922	8	2	-17.6455	0.02358	8	2	-27.0951	0.02028	8	2	-36.6311
0.07	0.20	0.04628	17	3	-16.5014	0.03711	17	3	-25.6647	0.03180	17	3	-34.9591
0.07	0.25	0.04439	15	3	-17.0988	0.03571	15	3	-26.4144	0.03066	15	3	-35.8373
0.07	0.30	0.04040	13	3	-17.4932	0.03257	13	3	-26.9072	0.02800	13	3	-36.4131
0.08	0.25	0.04234	14	3	-16.9193	0.03403	14	3	-26.1886	0.02920	14	3	-35.5725
0.08	0.30	0.03746	12	3	-17.3655	0.03018	12	3	-26.7475	0.02593	12	3	-36.2265
0.09	0.30	0.03989	12	3	-17.2218	0.03212	12	3	-26.5666	0.02758	12	3	-36.0141
0.09	0.40	0.03668	10	3	-17.8338	0.02963	10	3	-27.3299	0.02550	10	3	-36.9051
0.10	0.30	0.04577	16	4	-17.0721	0.03682	16	4	-26.3815	0.03160	16	4	-35.7992
0.10	0.40	0.03209	9	3	-17.7461	0.02591	9	3	-27.2210	0.02229	9	3	-36.7783

		A = 0.0030		B = 50		A = 0.0030		B = 100		A = 0.0030		B = 200	
P1	P2	Y	N	C	M	Y	N	C	M	Y	N	C	M
0.01	0.05	0.00388	1	0	-43.2345	0.00268	1	0	-90.2518	0.00187	1	0	-186.0306
0.01	0.06	0.00422	1	0	-43.7896	0.00293	1	0	-91.0661	0.00204	1	0	-187.2122
0.01	0.07	0.00454	1	0	-44.2254	0.00315	1	0	-91.7035	0.00220	1	0	-188.1352
0.01	0.08	0.00483	1	0	-44.5795	0.01773	18	1	-92.2326	0.01239	18	1	-188.9373
0.01	0.09	0.02372	16	1	-44.9195	0.01651	16	1	-92.7486	0.01154	16	1	-189.6781
0.01	0.10	0.02334	15	1	-45.2192	0.01626	15	1	-93.1807	0.01138	15	1	-190.2975
0.01	0.15	0.02048	11	1	-46.2072	0.01432	11	1	-94.6011	0.01004	11	1	-192.3297
0.01	0.20	0.01683	8	1	-46.7807	0.01179	8	1	-95.4228	0.00828	8	1	-193.5024
0.02	0.08	0.02282	14	1	-43.4643	0.01580	14	1	-90.6229	0.01101	14	1	-186.6031
0.02	0.09	0.02223	13	1	-43.9476	0.01542	13	1	-91.3274	0.01076	13	1	-187.6208
0.02	0.10	0.02132	12	1	-44.3492	0.01481	12	1	-91.9115	0.01034	12	1	-188.4633
0.02	0.15	0.01876	9	1	-45.6558	0.01309	9	1	-93.8024	0.00917	9	1	-191.1809
0.02	0.20	0.01623	7	1	-46.3935	0.01135	7	1	-94.8643	0.00796	7	1	-192.7014
0.03	0.10	0.01981	10	1	-43.3741	0.01372	10	1	-90.4807	0.00956	10	1	-186.3868
0.03	0.12	0.01920	9	1	-44.1625	0.01333	9	1	-91.6317	0.01474	21	2	-188.0643
0.03	0.15	0.01549	7	1	-45.0069	0.01078	7	1	-92.8602	0.00754	7	1	-189.8237
0.03	0.20	0.01512	6	1	-45.9189	0.01056	6	1	-94.1780	0.00740	6	1	-191.7157
0.03	0.25	0.01361	5	1	-46.5106	0.00952	5	1	-95.0298	0.00668	5	1	-192.9354
0.04	0.15	0.02669	16	2	-44.4773	0.01855	16	2	-92.1009	0.01296	16	2	-188.7394
0.04	0.17	0.02381	14	2	-44.9703	0.01657	14	2	-92.8164	0.01159	14	2	-189.7699
0.04	0.20	0.02398	13	2	-45.5395	0.01672	13	2	-93.6379	0.01171	13	2	-190.9484
0.04	0.25	0.02207	11	2	-46.1970	0.01542	11	2	-94.5845	0.01082	11	2	-192.3040
0.05	0.15	0.02404	14	2	-43.8869	0.01667	14	2	-91.2386	0.01163	14	2	-187.4921
0.05	0.20	0.02331	12	2	-45.1516	0.01624	12	2	-93.0744	0.01136	12	2	-190.1363
0.05	0.25	0.02071	10	2	-45.9278	0.01446	10	2	-94.1954	0.01013	10	2	-191.7453
0.06	0.20	0.02875	18	3	-44.7361	0.02000	18	3	-92.4791	0.01398	18	3	-189.2867
0.06	0.25	0.01890	9	2	-45.6149	0.01318	9	2	-93.7431	0.00923	9	2	-191.0955
0.06	0.30	0.01806	8	2	-46.2223	0.01262	8	2	-94.6182	0.00885	8	2	-192.3494
0.07	0.20	0.02823	17	3	-44.3374	0.01961	17	3	-91.8973	0.01369	17	3	-188.4459
0.07	0.25	0.02726	15	3	-45.3288	0.01900	15	3	-93.3335	0.01330	15	3	-190.5113
0.07	0.30	0.02492	13	3	-45.9778	0.01740	13	3	-94.2697	0.01220	13	3	-191.8539
0.08	0.25	0.02595	14	3	-45.0296	0.01807	14	3	-92.8991	0.01264	14	3	-189.8857
0.08	0.30	0.02307	12	3	-45.7674	0.01610	12	3	-93.9659	0.01128	12	3	-191.4180
0.09	0.30	0.02453	12	3	-45.5273	0.01711	12	3	-93.6171	0.01198	12	3	-190.9153
0.09	0.40	0.02271	10	3	-46.5308	0.01589	10	3	-95.0622	0.01115	10	3	-192.9852
0.10	0.30	0.02810	16	4	-45.2861	0.01958	16	4	-93.2729	0.01370	16	4	-190.4254
0.10	0.40	0.01985	9	3	-46.3882	0.01388	9	3	-94.8576	0.00974	9	3	-192.6929

P1	P2	A = 0.0030 Y	N	C	B = 300 M	A = 0.0030 Y	N	C	B = 400 M	A = 0.0030 Y	N	C	B = 500 M
0.01	0.05	0.00152	1	0	-282.7906	0.00131	1	0	-380.0588	0.00117	1	0	-477.6519
0.01	0.06	0.00166	1	0	-284.2543	0.00143	1	0	-381.7605	0.00128	1	0	-479.5632
0.01	0.07	0.00179	1	0	-285.3966	0.00154	1	0	-383.0877	0.00138	1	0	-481.0533
0.01	0.08	0.01006	18	1	-286.4086	0.00869	18	1	-384.2767	0.00775	18	1	-482.3985
0.01	0.09	0.00938	16	1	-287.3220	0.00810	16	1	-385.3357	0.00723	16	1	-483.5857
0.01	0.10	0.00925	15	1	-288.0851	0.00799	15	1	-386.2199	0.00713	15	1	-484.5767
0.01	0.15	0.00817	11	1	-290.5867	0.00706	11	1	-389.1173	0.00630	11	1	-487.8228
0.01	0.20	0.00674	8	1	-292.0289	0.00582	8	1	-390.7866	0.00520	8	1	-489.6922
0.02	0.08	0.00894	14	1	-283.5181	0.00771	14	1	-380.9173	0.00688	14	1	-478.6258
0.02	0.09	0.00873	13	1	-284.7762	0.00754	13	1	-382.3781	0.00672	13	1	-480.2652
0.02	0.10	0.00840	12	1	-285.8171	0.00725	12	1	-383.5862	0.00647	12	1	-481.6206
0.02	0.15	0.00745	9	1	-289.1693	0.00644	9	1	-387.4734	0.00575	9	1	-485.9792
0.02	0.20	0.00648	7	1	-291.0417	0.00560	7	1	-389.6425	0.00500	7	1	-488.4098
0.03	0.10	0.00775	10	1	-283.2448	0.00669	10	1	-380.5958	0.00597	10	1	-478.2619
0.03	0.12	0.01197	21	2	-285.3293	0.01033	21	2	-383.0236	0.00922	21	2	-480.9922
0.03	0.15	0.00613	7	1	-287.4935	0.00529	7	1	-385.5290	0.00472	7	1	-483.7982
0.03	0.20	0.00602	6	1	-289.8261	0.00520	6	1	-388.2331	0.00464	6	1	-486.8297
0.03	0.25	0.00544	5	1	-291.3283	0.00470	5	1	-389.9734	0.00420	5	1	-488.7798
0.04	0.15	0.01052	16	2	-286.1599	0.00908	16	2	-383.9851	0.00811	16	2	-482.0691
0.04	0.17	0.00942	14	2	-287.4321	0.00813	14	2	-385.4612	0.00726	14	2	-483.7247
0.04	0.20	0.00952	13	2	-288.8845	0.00822	13	2	-387.1446	0.00734	13	2	-485.6117
0.04	0.25	0.00880	11	2	-290.5540	0.00760	11	2	-389.0787	0.00679	11	2	-487.7789
0.05	0.15	0.00944	14	2	-284.6169	0.00815	14	2	-382.1929	0.00727	14	2	-480.0573
0.05	0.20	0.00923	12	2	-287.8817	0.00797	12	2	-385.9810	0.00712	12	2	-484.3064
0.05	0.25	0.00824	10	2	-289.8652	0.00712	10	2	-388.2802	0.00636	10	2	-486.8838
0.06	0.20	0.01135	18	3	-286.8369	0.00980	18	3	-384.7716	0.00875	18	3	-482.9520
0.06	0.25	0.00751	9	2	-289.0639	0.00649	9	2	-387.3511	0.00579	9	2	-485.8421
0.06	0.30	0.00720	8	2	-290.6085	0.00622	8	2	-389.1408	0.00556	8	2	-487.8477
0.07	0.20	0.01112	17	3	-285.7972	0.00960	17	3	-383.5642	0.00857	17	3	-481.5969
0.07	0.25	0.01081	15	3	-288.3457	0.00934	15	3	-386.5200	0.00833	15	3	-484.9115
0.07	0.30	0.00992	13	3	-290.0002	0.00857	13	3	-388.4374	0.00766	13	3	-487.0606
0.08	0.25	0.01027	14	3	-287.5732	0.00887	14	3	-385.6237	0.00792	14	3	-483.9061
0.08	0.30	0.00917	12	3	-289.4629	0.00793	12	3	-387.8146	0.00708	12	3	-486.3624
0.09	0.30	0.00974	12	3	-288.8420	0.00841	12	3	-387.0941	0.00751	12	3	-485.5541
0.09	0.40	0.00907	10	3	-291.3914	0.00784	10	3	-390.0477	0.00700	10	3	-488.8639
0.10	0.30	0.01114	16	4	-288.2404	0.00962	16	4	-386.3983	0.00859	16	4	-484.7753
0.10	0.40	0.00793	9	3	-291.0318	0.00685	9	3	-389.6315	0.00612	9	3	-488.3977

		A = 0.0040			B = 1	A = 0.0040			B = 5	A = 0.0040			B = 10
P1	P2	Y	N	C	M	Y	N	C	M	Y	N	C	M
0.01	0.05	0.04672	1	0	-0.3207	0.01511	1	0	-3.0667	0.00993	1	0	-7.1001
0.01	0.06	0.04854	1	0	-0.3565	0.01619	1	0	-3.2040	0.01071	1	0	-7.3196
0.01	0.07	0.05034	1	0	-0.3867	0.01720	1	0	-3.3145	0.01144	1	0	-7.4943
0.01	0.08	0.05210	1	0	-0.4126	0.01813	1	0	-3.4059	0.01211	1	0	-7.6378
0.01	0.09	0.05381	1	0	-0.4352	0.01902	1	0	-3.4833	0.01274	1	0	-7.7584
0.01	0.10	0.05546	1	0	-0.4551	0.01986	1	0	-3.5500	0.01334	1	0	-7.8618
0.01	0.15	0.06301	1	0	-0.5290	0.02356	1	0	-3.7847	0.01598	1	0	-8.2214
0.01	0.20	0.06961	1	0	-0.5778	0.02669	1	0	-3.9309	0.01821	1	0	-8.4425
0.02	0.08	0.07683	1	0	-0.3253	0.02513	1	0	-3.0400	0.01651	1	0	-7.0429
0.02	0.09	0.07889	1	0	-0.3471	0.02628	1	0	-3.1287	0.06619	14	1	-7.2159
0.02	0.10	0.08090	1	0	-0.3667	0.09631	13	1	-3.2231	0.06364	13	1	-7.3815
0.02	0.15	0.24007	10	1	-0.4442	0.07408	9	1	-3.5842	0.04978	9	1	-7.9370
0.02	0.20	0.20185	8	1	-0.5161	0.06320	7	1	-3.7992	0.04286	7	1	-8.2608
0.03	0.10	0.10467	1	0	-0.3103	0.09261	11	1	-3.0115	0.06059	11	1	-7.0371
0.03	0.12	0.10905	1	0	-0.3431	0.08906	10	1	-3.2098	0.05885	10	1	-7.3510
0.03	0.15	0.25271	9	1	-0.4024	0.07368	8	1	-3.4316	0.04919	8	1	-7.6975
0.03	0.20	0.19919	7	1	-0.4811	0.05841	6	1	-3.6822	0.03943	6	1	-8.0812
0.03	0.25	0.17768	6	1	-0.5382	0.05209	5	1	-3.8524	0.03541	5	1	-8.3374
0.04	0.15	0.25767	8	1	-0.3622	0.07049	7	1	-3.2731	0.04674	7	1	-7.4456
0.04	0.17	0.22112	7	1	-0.3985	0.07569	7	1	-3.4013	0.04020	6	1	-7.6454
0.04	0.20	0.18779	6	1	-0.4452	0.06642	6	1	-3.5587	0.04461	6	1	-7.8882
0.04	0.25	0.15862	5	1	-0.5073	0.05831	5	1	-3.7534	0.03949	5	1	-8.1851
0.05	0.15	0.25123	7	1	-0.3250	0.08113	7	1	-3.1168	0.08069	16	2	-7.2036
0.05	0.20	0.21836	6	1	-0.4104	0.10525	13	2	-3.4418	0.07028	13	2	-7.7185
0.05	0.25	0.18132	5	1	-0.4757	0.09393	11	2	-3.6579	0.06332	11	2	-8.0483
0.06	0.20	0.18995	5	1	-0.3777	0.10258	12	2	-3.3399	0.06819	12	2	-7.5576
0.06	0.25	0.25030	10	2	-0.4455	0.08827	10	2	-3.5825	0.05932	10	2	-7.9320
0.06	0.30	0.23091	9	2	-0.5017	0.08442	9	2	-3.7533	0.05715	9	2	-8.1903
0.07	0.20	0.21713	5	1	-0.3482	0.09792	11	2	-3.2311	0.06477	11	2	-7.3846
0.07	0.25	0.27706	10	2	-0.4224	0.08061	9	2	-3.4977	0.05397	9	2	-7.8010
0.07	0.30	0.25202	9	2	-0.4813	0.07533	8	2	-3.6887	0.05086	8	2	-8.0922
0.08	0.25	0.25699	9	2	-0.3978	0.08777	9	2	-3.4106	0.05855	9	2	-7.6626
0.08	0.30	0.22719	8	2	-0.4611	0.08110	8	2	-3.6190	0.05460	8	2	-7.9836
0.09	0.30	0.24911	8	2	-0.4398	0.09717	12	3	-3.5471	0.06519	12	3	-7.8808
0.09	0.40	0.17446	6	2	-0.5365	0.06515	6	2	-3.8472	0.04428	6	2	-8.3287
0.10	0.30	0.27430	8	2	-0.4176	0.10357	12	3	-3.4835	0.06930	12	3	-7.7804
0.10	0.40	0.18676	6	2	-0.5206	0.09269	10	3	-3.7961	0.06285	10	3	-8.2553

		A = 0.0040			B = 20	A = 0.0040			B = 30	A = 0.0040			B = 40
P1	P2	Y	N	C	M	Y	N	C	M	Y	N	C	M
0.01	0.05	0.00667	1	0	-15.7235	0.00533	1	0	-24.6642	0.00455	1	0	-33.7700
0.01	0.06	0.00723	1	0	-16.0615	0.00579	1	0	-25.0938	0.00495	1	0	-34.2772
0.01	0.07	0.00775	1	0	-16.3286	0.00621	1	0	-25.4322	0.00532	1	0	-34.6759
0.01	0.08	0.00823	1	0	-16.5467	0.00660	1	0	-25.7079	0.00566	1	0	-35.0002
0.01	0.09	0.00868	1	0	-16.7292	0.00697	1	0	-25.9382	0.00598	1	0	-35.2709
0.01	0.10	0.00911	1	0	-16.8850	0.00732	1	0	-26.1344	0.00628	1	0	-35.5012
0.01	0.15	0.01098	1	0	-17.4229	0.00885	1	0	-26.8096	0.00761	1	0	-36.2924
0.01	0.20	0.01256	1	0	-17.7506	0.01014	1	0	-27.2193	0.00873	1	0	-36.7713
0.02	0.08	0.04958	16	1	-15.6377	0.03633	15	1	-24.5756	0.03104	15	1	-33.6799
0.02	0.09	0.04454	14	1	-15.9374	0.03559	14	1	-24.9551	0.03043	14	1	-34.1266
0.02	0.10	0.04297	13	1	-16.1883	0.03439	13	1	-25.2717	0.02944	13	1	-34.4987
0.02	0.15	0.03400	9	1	-17.0207	0.02734	9	1	-26.3172	0.02347	9	1	-35.7241
0.02	0.20	0.02945	7	1	-17.4988	0.02375	7	1	-26.9140	0.02041	7	1	-36.4209
0.03	0.10	0.04062	11	1	-15.6526	0.03241	11	1	-24.5881	0.02769	11	1	-33.6899
0.03	0.12	0.03426	9	1	-16.1325	0.02741	9	1	-25.1971	0.02346	9	1	-34.4080
0.03	0.15	0.03344	8	1	-16.6568	0.02684	8	1	-25.8576	0.02301	8	1	-35.1835
0.03	0.20	0.02700	6	1	-17.2303	0.02174	6	1	-26.5770	0.01867	6	1	-36.0261
0.03	0.25	0.02437	5	1	-17.6085	0.01966	5	1	-27.0490	0.01691	5	1	-36.5773
0.04	0.15	0.03161	7	1	-16.2712	0.02532	7	1	-25.3686	0.02168	7	1	-34.6072
0.04	0.17	0.02730	6	1	-16.5749	0.02191	6	1	-25.7525	0.01877	6	1	-35.0589
0.04	0.20	0.03044	6	1	-16.9379	0.02448	6	1	-26.2080	0.02100	6	1	-35.5924
0.04	0.25	0.02710	5	1	-17.3802	0.02184	5	1	-26.7623	0.01877	5	1	-36.2412
0.05	0.15	0.04891	15	2	-15.9148	0.03908	15	2	-24.9256	0.03342	15	2	-34.0912
0.05	0.20	0.04228	12	2	-16.6950	0.03394	12	2	-25.9094	0.02910	12	2	-35.2470
0.05	0.25	0.04333	11	2	-17.1853	0.03488	11	2	-26.5229	0.02996	11	2	-35.9643
0.06	0.20	0.04622	12	2	-16.4484	0.03705	12	2	-25.5964	0.03174	12	2	-34.8778
0.06	0.25	0.04051	10	2	-17.0107	0.03258	10	2	-26.3033	0.02796	10	2	-35.7069
0.06	0.30	0.03922	9	2	-17.3934	0.03160	9	2	-26.7817	0.02716	9	2	-36.2659
0.07	0.20	0.04375	11	2	-16.1835	0.03502	11	2	-25.2605	0.02998	11	2	-34.4819
0.07	0.25	0.03676	9	2	-16.8138	0.02953	9	2	-26.0557	0.02533	9	2	-35.4165
0.07	0.30	0.03484	8	2	-17.2476	0.02805	8	2	-26.5992	0.02410	8	2	-36.0525
0.08	0.25	0.05322	15	3	-16.6074	0.03788	14	3	-25.7992	0.03247	14	3	-35.1184
0.08	0.30	0.03733	8	2	-17.0834	0.03003	8	2	-26.3922	0.02578	8	2	-35.8093
0.09	0.30	0.04447	12	3	-16.9372	0.03574	12	3	-26.2129	0.03067	12	3	-35.6021
0.09	0.40	0.03046	6	2	-17.5948	0.02458	6	2	-27.0313	0.02113	6	2	-36.5563
0.10	0.30	0.04719	12	3	-16.7842	0.03790	12	3	-26.0193	0.03250	12	3	-35.3742
0.10	0.40	0.04318	10	3	-17.4900	0.03482	10	3	-26.9026	0.02993	10	3	-36.4073

P1	P2	A = 0.0040 Y	N	C	B = 50 M	A = 0.0040 Y	N	C	B = 100 M	A = 0.0040 Y	N	C	B = 200 M
0.01	0.05	0.00404	1	0	-42.9817	0.00279	1	0	-89.8864	0.00194	1	0	-185.5059
0.01	0.06	0.00439	1	0	-43.5573	0.00304	1	0	-90.7310	0.00212	1	0	-186.7317
0.01	0.07	0.00472	1	0	-44.0093	0.00327	1	0	-91.3922	0.00229	1	0	-187.6892
0.01	0.08	0.00502	1	0	-44.3765	0.00349	1	0	-91.9282	0.00244	1	0	-188.4641
0.01	0.09	0.00531	1	0	-44.6827	0.00369	1	0	-92.3742	0.00258	1	0	-189.1081
0.01	0.10	0.00558	1	0	-44.9432	0.00389	1	0	-92.7529	0.00272	1	0	-189.6543
0.01	0.15	0.00677	1	0	-45.8366	0.00473	1	0	-94.0479	0.00331	1	0	-191.5176
0.01	0.20	0.00777	1	0	-46.3765	0.00543	1	0	-94.8272	0.00381	1	0	-192.6357
0.02	0.08	0.02750	15	1	-42.8905	0.01901	15	1	-89.7921	0.01323	15	1	-185.4086
0.02	0.09	0.02699	14	1	-43.3964	0.01869	14	1	-90.5307	0.01302	14	1	-186.4767
0.02	0.10	0.02612	13	1	-43.8175	0.01811	13	1	-91.1440	0.01263	13	1	-187.3621
0.02	0.15	0.02086	9	1	-45.2014	0.01453	9	1	-93.1506	0.01017	9	1	-190.2499
0.02	0.20	0.01817	7	1	-45.9864	0.01269	7	1	-94.2817	0.00889	7	1	-191.8707
0.03	0.10	0.02454	11	1	-42.8982	0.01696	11	1	-89.7904	0.01180	11	1	-185.3932
0.03	0.12	0.02081	9	1	-43.7126	0.01443	9	1	-90.9831	0.01006	9	1	-187.1218
0.03	0.15	0.02044	8	1	-44.5895	0.01421	8	1	-92.2584	0.00993	8	1	-188.9609
0.03	0.20	0.01661	6	1	-45.5407	0.01158	6	1	-93.6360	0.00811	6	1	-190.9420
0.03	0.25	0.01505	5	1	-46.1617	0.01052	5	1	-94.5307	0.00737	5	1	-192.2241
0.04	0.15	0.01924	7	1	-43.9362	0.01335	7	1	-91.3024	0.00931	7	1	-187.5762
0.04	0.17	0.01667	6	1	-44.4476	0.01159	6	1	-92.0485	0.01432	15	2	-188.6622
0.04	0.20	0.01867	6	1	-45.0500	0.01300	6	1	-92.9213	0.00909	6	1	-189.9101
0.04	0.25	0.01670	5	1	-45.7820	0.01165	5	1	-93.9802	0.00817	5	1	-191.4318
0.05	0.15	0.02963	15	2	-43.3558	0.02051	15	2	-90.4696	0.01429	15	2	-186.3867
0.05	0.20	0.02585	12	2	-44.6633	0.01797	12	2	-92.3728	0.01256	12	2	-189.1330
0.05	0.25	0.02664	11	2	-45.4722	0.01616	10	2	-93.5422	0.01132	10	2	-190.8128
0.06	0.20	0.02438	11	2	-44.2451	0.01693	11	2	-91.7629	0.01182	11	2	-188.2516
0.06	0.25	0.02486	10	2	-45.1813	0.01731	10	2	-93.1189	0.01211	10	2	-190.2019
0.06	0.30	0.02416	9	2	-45.8115	0.01687	9	2	-94.0283	0.01182	9	2	-191.5062
0.07	0.20	0.02660	11	2	-43.7958	0.01844	11	2	-91.1026	0.01286	11	2	-187.2927
0.07	0.25	0.02251	9	2	-44.8531	0.01566	9	2	-92.6425	0.01095	9	2	-189.5156
0.07	0.30	0.02143	8	2	-45.5707	0.01495	8	2	-93.6804	0.01047	8	2	-191.0067
0.08	0.25	0.02884	14	3	-44.5185	0.02004	14	3	-92.1643	0.01400	14	3	-188.8345
0.08	0.30	0.02292	8	2	-45.2956	0.01597	8	2	-93.2801	0.01441	13	3	-190.4365
0.09	0.30	0.02726	12	3	-45.0639	0.01898	12	3	-92.9520	0.01328	12	3	-189.9650
0.09	0.40	0.01881	6	2	-46.1377	0.01315	6	2	-94.4953	0.00922	6	2	-192.1724
0.10	0.30	0.02888	12	3	-44.8058	0.02009	12	3	-92.5752	0.01405	12	3	-189.4201
0.10	0.40	0.02663	10	3	-45.9709	0.01860	10	3	-94.2586	0.01304	10	3	-191.8369

		A = 0.0040		B = 300		A = 0.0040		B = 400		A = 0.0040		B = 500	
P1	P2	Y	N	C	M	Y	N	C	M	Y	N	C	M
0.01	0.05	0.00158	1	0	-282.1436	0.00136	1	0	-379.3087	0.00121	1	0	-476.8109
0.01	0.06	0.00172	1	0	-283.6622	0.00148	1	0	-381.0741	0.00132	1	0	-478.7939
0.01	0.07	0.00185	1	0	-284.8472	0.00160	1	0	-382.4511	0.00143	1	0	-480.3400
0.01	0.08	0.00198	1	0	-285.8056	0.00171	1	0	-383.5642	0.00153	1	0	-481.5894
0.01	0.09	0.00210	1	0	-286.6015	0.00181	1	0	-384.4883	0.00162	1	0	-482.6264
0.01	0.10	0.00221	1	0	-287.2764	0.00191	1	0	-385.2715	0.00170	1	0	-483.5051
0.01	0.15	0.00269	1	0	-289.5758	0.00233	1	0	-387.9388	0.00208	1	0	-486.4965
0.01	0.20	0.00310	1	0	-290.9541	0.00268	1	0	-389.5363	0.00239	1	0	-488.2872
0.02	0.08	0.01072	15	1	-282.0446	0.00925	15	1	-379.2084	0.00825	15	1	-476.7095
0.02	0.09	0.01056	14	1	-283.3655	0.00911	14	1	-380.7426	0.00813	14	1	-478.4316
0.02	0.10	0.01025	13	1	-284.4599	0.00885	13	1	-382.0131	0.00789	13	1	-479.8574
0.02	0.15	0.00826	9	1	-288.0240	0.00714	9	1	-386.1475	0.00637	9	1	-484.4942
0.02	0.20	0.00723	7	1	-290.0207	0.00625	7	1	-388.4610	0.00558	7	1	-487.0868
0.03	0.10	0.00957	11	1	-282.0184	0.00825	11	1	-379.1731	0.00736	11	1	-476.6663
0.03	0.12	0.00816	9	1	-284.1585	0.00704	9	1	-381.6601	0.00628	9	1	-479.4590
0.03	0.15	0.00806	8	1	-286.4303	0.00696	8	1	-384.2969	0.00621	8	1	-482.4173
0.03	0.20	0.00659	6	1	-288.8747	0.00570	6	1	-387.1318	0.00509	6	1	-485.5963
0.03	0.25	0.00600	5	1	-290.4540	0.00518	5	1	-388.9618	0.00463	5	1	-487.6471
0.04	0.15	0.01276	17	2	-284.7242	0.01101	17	2	-382.3212	0.00983	17	2	-480.2040
0.04	0.17	0.01163	15	2	-286.0677	0.01004	15	2	-383.8803	0.00896	15	2	-481.9532
0.04	0.20	0.00739	6	1	-287.5994	0.00920	13	2	-385.6525	0.00822	13	2	-483.9404
0.04	0.25	0.00664	5	1	-289.4762	0.00574	5	1	-387.8275	0.00512	5	1	-486.3749
0.05	0.15	0.01159	15	2	-283.2532	0.01000	15	2	-380.6115	0.00892	15	2	-478.2840
0.05	0.20	0.01020	12	2	-286.6469	0.00881	12	2	-384.5509	0.00786	12	2	-482.7043
0.05	0.25	0.00920	10	2	-288.7185	0.00795	10	2	-386.9528	0.00709	10	2	-485.3972
0.06	0.20	0.00960	11	2	-285.5571	0.00828	11	2	-383.2854	0.00739	11	2	-481.2840
0.06	0.25	0.00985	10	2	-287.9634	0.00850	10	2	-386.0762	0.00759	10	2	-484.4136
0.06	0.30	0.00961	9	2	-289.5709	0.00830	9	2	-387.9394	0.00741	9	2	-486.5019
0.07	0.20	0.01044	11	2	-284.3688	0.01173	18	3	-381.9050	0.01046	18	3	-479.7367
0.07	0.25	0.00890	9	2	-287.1160	0.00768	9	2	-385.0931	0.00686	9	2	-483.3107
0.07	0.30	0.00851	8	2	-288.9550	0.00735	8	2	-387.2253	0.00656	8	2	-485.7014
0.08	0.25	0.01137	14	3	-286.2793	0.00982	14	3	-384.1251	0.00876	14	3	-482.2272
0.08	0.30	0.01171	13	3	-288.2546	0.01012	13	3	-386.4152	0.00903	13	3	-484.7946
0.09	0.30	0.01079	12	3	-287.6729	0.00932	12	3	-385.7404	0.00832	12	3	-484.0379
0.09	0.40	0.00750	6	2	-290.3899	0.00648	6	2	-388.8871	0.00579	6	2	-487.5631
0.10	0.30	0.01141	12	3	-286.9989	0.00985	12	3	-384.9577	0.00879	12	3	-483.1593
0.10	C.40	0.01060	10	3	-289.9786	0.00916	10	3	-388.4119	0.00818	10	3	-487.0317

		A = 0.0050		B = 1		A = 0.0050		B = 5		A = 0.0050		B = 10	
P1	P2	Y	N	C	M	Y	N	C	M	Y	N	C	M
0.01	0.05	0.05000	1	0	-0.3000	0.01581	1	0	-3.0020	0.01035	1	0	-7.0014
0.01	0.06	0.05171	1	0	-0.3365	0.01692	1	0	-3.1436	0.01116	1	0	-7.2281
0.01	0.07	0.05346	1	0	-0.3674	0.01795	1	0	-3.2576	0.01190	1	0	-7.4086
0.01	0.08	0.05519	1	0	-0.3939	0.01892	1	0	-3.3520	0.01260	1	0	-7.5568
0.01	0.09	0.05689	1	0	-0.4171	0.01983	1	0	-3.4319	0.01326	1	0	-7.6815
0.01	0.10	0.05855	1	0	-0.4376	0.02070	1	0	-3.5007	0.01388	1	0	-7.7883
0.01	0.15	0.06620	1	0	-0.5135	0.02452	1	0	-3.7431	0.01661	1	0	-8.1600
0.01	0.20	0.07295	1	0	-0.5638	0.02776	1	0	-3.8941	0.01891	1	0	-8.3886
0.02	0.08	0.08000	1	0	-0.3125	0.02582	1	0	-3.0008	0.01692	1	0	-6.9830
0.02	0.09	0.08200	1	0	-0.3347	0.02698	1	0	-3.0912	0.01776	1	0	-7.1298
0.02	0.10	0.08397	1	0	-0.3546	0.02808	1	0	-3.1696	0.01856	1	0	-7.2563
0.02	0.15	0.09330	1	0	-0.4308	0.09322	10	1	-3.4704	0.06231	10	1	-7.7663
0.02	0.20	0.10170	1	0	-0.4834	0.08225	8	1	-3.6955	0.05553	8	1	-8.1066
0.03	0.10	0.10785	1	0	-0.3009	0.03459	1	0	-2.9260	0.07346	12	1	-6.8659
0.03	0.12	0.11213	1	0	-0.3341	0.09649	10	1	-3.1020	0.06339	10	1	-7.1873
0.03	0.15	0.11832	1	0	-0.3750	0.09383	9	1	-3.3282	0.05323	8	1	-7.5412
0.03	0.20	0.22190	7	1	-0.4478	0.07839	7	1	-3.5882	0.05270	7	1	-7.9402
0.03	0.25	0.19772	6	1	-0.5062	0.07250	6	1	-3.7644	0.04910	6	1	-8.2064
0.04	0.15	0.14221	1	0	-0.3338	0.09178	8	1	-3.1804	0.06057	8	1	-7.3028
0.04	0.17	0.29331	8	1	-0.3685	0.08125	7	1	-3.3121	0.05395	7	1	-7.5104
0.04	0.20	0.25628	7	1	-0.4149	0.07154	6	1	-3.4717	0.04785	6	1	-7.7584
0.04	0.25	0.17489	5	1	-0.4773	0.06306	5	1	-3.6710	0.04255	5	1	-8.0632
0.05	0.15	0.16539	1	0	-0.3016	0.08612	7	1	-3.0331	0.05644	7	1	-7.0634
0.05	0.20	0.23736	6	1	-0.3840	0.08036	6	1	-3.3505	0.05348	6	1	-7.5652
0.05	0.25	0.19722	5	1	-0.4493	0.06995	5	1	-3.5712	0.04701	5	1	-7.9072
0.06	0.20	0.27178	6	1	-0.3542	0.06799	5	1	-3.2320	0.07398	12	2	-7.3887
0.06	0.25	0.22268	5	1	-0.4211	0.09695	10	2	-3.4745	0.06483	10	2	-7.7709
0.06	0.30	0.17095	4	1	-0.4757	0.09300	9	2	-3.6518	0.06268	9	2	-8.0400
0.07	0.20	0.30967	6	1	-0.3264	0.12285	12	2	-3.1254	0.08082	12	2	-7.2213
0.07	0.25	0.25086	5	1	-0.3938	0.10460	10	2	-3.3967	0.06971	10	2	-7.6471
0.07	0.30	0.19002	4	1	-0.4508	0.09932	9	2	-3.5890	0.06677	9	2	-7.9419
0.08	0.25	0.19639	4	1	-0.3693	0.09496	9	2	-3.3121	0.06304	9	2	-7.5146
0.08	0.30	0.30638	9	2	-0.4280	0.08815	8	2	-3.5245	0.05909	8	2	-7.8428
0.09	0.30	0.27469	8	2	-0.4092	0.09455	8	2	-3.4537	0.06320	8	2	-7.7307
0.09	0.40	0.24988	7	2	-0.5048	0.07121	6	2	-3.7592	0.04822	6	2	-8.1990
0.10	0.30	0.29972	8	2	-0.3897	0.07964	7	2	-3.3768	0.07555	12	3	-7.6146
0.10	0.40	0.20648	6	2	-0.4901	0.07502	6	2	-3.7119	0.05071	6	2	-8.1257

		A = 0.0050			B = 20	A = 0.0050			B = 30	A = 0.0050			B = 40
P1	P2	Y	N	C	M	Y	N	C	M	Y	N	C	M
0.01	0.05	0.00694	1	0	-15.5766	0.00554	1	0	-24.4800	0.00473	1	0	-33.5545
0.01	0.06	0.00752	1	0	-15.9259	0.00601	1	0	-24.9242	0.00514	1	0	-34.0789
0.01	0.07	0.00805	1	0	-16.2020	0.00645	1	0	-25.2742	0.00552	1	0	-34.4913
0.01	0.08	0.00855	1	0	-16.4274	0.00685	1	0	-25.5592	0.00587	1	0	-34.8267
0.01	0.09	0.00901	1	0	-16.6162	0.00723	1	0	-25.7974	0.00620	1	0	-35.1066
0.01	0.10	0.00946	1	0	-16.7772	0.00760	1	0	-26.0003	0.00651	1	0	-35.3449
0.01	0.15	0.01139	1	0	-17.3335	0.00918	1	0	-26.6987	0.00789	1	0	-36.1633
0.01	0.20	0.01303	1	0	-17.6725	0.01052	1	0	-27.1225	0.00905	1	0	-36.6587
0.02	0.08	0.01135	1	0	-15.5313	0.00905	1	0	-24.4133	0.00773	1	0	-33.4694
0.02	0.09	0.01195	1	0	-15.7598	0.00954	1	0	-24.7052	0.00816	1	0	-33.8148
0.02	0.10	0.01252	1	0	-15.9556	0.01001	1	0	-24.9545	0.00856	1	0	-34.1097
0.02	0.15	0.04241	10	1	-16.7692	0.03405	10	1	-26.0037	0.02920	10	1	-35.3583
0.02	0.20	0.03804	8	1	-17.2733	0.03064	8	1	-26.6336	0.02632	8	1	-36.0943
0.03	0.10	0.04906	12	1	-15.3946	0.03908	12	1	-24.2632	0.03335	12	1	-33.3086
0.03	0.12	0.04263	10	1	-15.8892	0.03406	10	1	-24.8916	0.02912	10	1	-34.0501
0.03	0.15	0.03607	8	1	-16.4266	0.02891	8	1	-25.5706	0.02476	8	1	-34.8486
0.03	0.20	0.03599	7	1	-17.0225	0.02895	7	1	-26.3179	0.02484	7	1	-35.7238
0.03	0.25	0.03371	6	1	-17.4165	0.02717	6	1	-26.8101	0.02335	6	1	-36.2988
0.04	0.15	0.04085	8	1	-16.0569	0.02696	7	1	-25.1008	0.02307	7	1	-34.2943
0.04	0.17	0.03654	7	1	-16.3732	0.02928	7	1	-25.4995	0.02508	7	1	-34.7625
0.04	0.20	0.03257	6	1	-16.7474	0.02616	6	1	-25.9709	0.02243	6	1	-35.3161
0.04	0.25	0.02913	5	1	-17.2024	0.02345	5	1	-26.5414	0.02014	5	1	-35.9841
0.05	0.15	0.03787	7	1	-15.6846	0.03023	7	1	-24.6241	0.02583	7	1	-33.7293
0.05	0.20	0.02757	5	1	-16.4521	0.02210	5	1	-25.5980	0.01893	5	1	-34.8776
0.05	0.25	0.03209	5	1	-16.9661	0.02581	5	1	-26.2433	0.02215	5	1	-35.6337
0.06	0.20	0.04997	12	2	-16.1989	0.03999	12	2	-25.2849	0.03423	12	2	-34.5140
0.06	0.25	0.04412	10	2	-16.7743	0.03543	10	2	-26.0092	0.03039	10	2	-35.3641
0.06	0.30	0.04288	9	2	-17.1741	0.03452	9	2	-26.5094	0.02964	9	2	-35.9490
0.07	0.20	0.04698	11	2	-15.9410	0.03755	11	2	-24.9573	0.03211	11	2	-34.1275
0.07	0.25	0.04734	10	2	-16.5848	0.03798	10	2	-25.7689	0.03255	10	2	-35.0808
0.07	0.30	0.03795	8	2	-17.0277	0.03052	8	2	-26.3260	0.02619	8	2	-35.7343
0.08	0.25	0.04270	9	2	-16.3838	0.03421	9	2	-25.5151	0.02930	9	2	-34.7825
0.08	0.30	0.04028	8	2	-16.8772	0.03237	8	2	-26.1357	0.02777	8	2	-35.5105
0.09	0.30	0.04299	8	2	-16.7061	0.03451	8	2	-25.9191	0.02959	8	2	-35.2553
0.09	0.40	0.03309	6	2	-17.4059	0.02667	6	2	-26.7972	0.02292	6	2	-36.2839
0.10	0.30	0.05126	12	3	-16.5404	0.04111	12	3	-25.7155	0.03523	12	3	-35.0199
0.10	0.40	0.03476	6	2	-17.2958	0.02800	6	2	-26.6586	0.02405	6	2	-36.1213

P1	P2	A = 0.0050 Y	N	C	B = 50 M	A = 0.0050 Y	N	C	B = 100 M	A = 0.0050 Y	N	C	B = 200 M
0.01	0.05	0.00419	1	0	-42.7386	0.00289	1	0	-89.5346	0.00201	1	0	-185.0003
0.01	0.06	0.00456	1	0	-43.3338	0.00316	1	0	-90.4083	0.00220	1	0	-186.2686
0.01	0.07	0.00490	1	0	-43.8013	0.00340	1	0	-91.0923	0.00237	1	0	-187.2594
0.01	0.08	0.00521	1	0	-44.1811	0.00362	1	0	-91.6468	0.00253	1	0	-188.0612
0.01	0.09	0.00551	1	0	-44.4979	0.00383	1	0	-92.1083	0.00267	1	0	-188.7276
0.01	0.10	0.00579	1	0	-44.7673	0.00403	1	0	-92.5002	0.00282	1	0	-189.2928
0.01	0.15	0.00702	1	0	-45.6916	0.00490	1	0	-93.8400	0.00343	1	0	-191.2209
0.01	0.20	0.00805	1	0	-46.2501	0.00563	1	0	-94.6464	0.00395	1	0	-192.3781
0.02	0.08	0.00685	1	0	-42.6371	0.00473	1	0	-89.3682	0.00329	1	0	-184.7412
0.02	0.09	0.00723	1	0	-43.0299	0.00500	1	0	-89.9474	0.00348	1	0	-185.5846
0.02	0.10	0.00759	1	0	-43.3648	0.01962	13	1	-90.4548	0.01367	13	1	-186.3735
0.02	0.15	0.02595	10	1	-44.7895	0.01586	9	1	-92.5582	0.01109	9	1	-189.4030
0.02	0.20	0.02341	8	1	-45.6191	0.01391	7	1	-93.7553	0.00974	7	1	-191.1195
0.03	0.10	0.02954	12	1	-42.4672	0.02038	12	1	-89.1639	0.01257	11	1	-184.4907
0.03	0.12	0.02582	10	1	-43.3085	0.01787	10	1	-90.3975	0.01245	10	1	-186.2793
0.03	0.15	0.02199	8	1	-44.2124	0.01526	8	1	-91.7155	0.01066	8	1	-188.1836
0.03	0.20	0.02209	7	1	-45.2002	0.01539	7	1	-93.1458	0.01077	7	1	-190.2400
0.03	0.25	0.02077	6	1	-45.8483	0.01450	6	1	-94.0806	0.01016	6	1	-191.5805
0.04	0.15	0.02046	7	1	-43.5835	0.01418	7	1	-90.7937	0.00988	7	1	-186.8467
0.04	0.17	0.02226	7	1	-44.1131	0.01545	7	1	-91.5640	0.01078	7	1	-187.9580
0.04	0.20	0.01993	6	1	-44.7391	0.01386	6	1	-92.4745	0.00969	6	1	-189.2711
0.04	0.25	0.01791	5	1	-45.4931	0.01249	5	1	-93.5661	0.00875	5	1	-190.8405
0.05	0.15	0.02289	7	1	-42.9405	0.01582	7	1	-89.8438	0.01101	7	1	-185.4619
0.05	0.20	0.01681	5	1	-44.2428	0.01167	5	1	-91.7511	0.01539	13	2	-188.2403
0.05	0.25	0.01969	5	1	-45.0966	0.01371	5	1	-92.9885	0.00959	5	1	-190.0067
0.06	0.20	0.03037	12	2	-43.8347	0.02106	12	2	-91.1688	0.01469	12	2	-187.3976
0.06	0.25	0.02700	10	2	-44.7956	0.01878	10	2	-92.5648	0.01313	10	2	-189.4096
0.06	0.30	0.02636	9	2	-45.4552	0.01838	9	2	-93.5175	0.01287	9	2	-190.7770
0.07	0.20	0.02848	11	2	-43.3963	0.01972	11	2	-90.5261	0.01374	11	2	-186.4656
0.07	0.25	0.02891	10	2	-44.4745	0.02009	10	2	-92.0950	0.01403	10	2	-188.7293
0.07	0.30	0.02329	8	2	-45.2129	0.01622	8	2	-93.1670	0.01135	8	2	-190.2734
0.08	0.25	0.02601	9	2	-44.1369	0.01806	9	2	-91.6030	0.01260	9	2	-188.0187
0.08	0.30	0.02468	8	2	-44.9595	0.01718	8	2	-92.7974	0.01201	8	2	-189.7393
0.09	0.30	0.02629	8	2	-44.6704	0.01828	8	2	-92.3750	0.01278	8	2	-189.1281
0.09	0.40	0.02039	6	2	-45.8316	0.01424	6	2	-94.0570	0.00998	6	2	-191.5472
0.10	0.30	0.03128	12	3	-44.4069	0.02173	12	3	-92.0014	0.01518	12	3	-188.5989
0.10	0.40	0.02139	6	2	-45.6479	0.01493	6	2	-93.7902	0.01045	6	2	-191.1627

		A = 0.0050		B = 300		A = 0.0050		B = 400		A = 0.0050		B = 500	
P1	P2	Y	N	C	M	Y	N	C	M	Y	N	C	M
0.01	0.05	0.00163	1	0	-281.5200	0.00141	1	0	-378.5856	0.00126	1	0	-476.0002
0.01	0.06	0.00178	1	0	-283.0913	0.00154	1	0	-380.4125	0.00137	1	0	-478.0523
0.01	0.07	0.00192	1	0	-284.3177	0.00166	1	0	-381.8374	0.00148	1	0	-479.6522
0.01	0.08	0.00205	1	0	-285.3094	0.00177	1	0	-382.9893	0.00158	1	0	-480.9452
0.01	0.09	0.00217	1	0	-286.1330	0.00188	1	0	-383.9456	0.00167	1	0	-482.0183
0.01	0.10	0.00229	1	0	-286.8314	0.00197	1	0	-384.7561	0.00176	1	0	-482.9278
0.01	0.15	0.00279	1	0	-289.2110	0.00241	1	0	-387.5165	0.00215	1	0	-486.0236
0.01	0.20	0.00321	1	0	-290.6374	0.00278	1	0	-389.1699	0.00248	1	0	-487.8769
0.02	0.08	0.00267	1	0	-281.1895	0.00230	1	0	-378.1948	0.00205	1	0	-475.5563
0.02	0.09	0.00282	1	0	-282.2358	0.00244	1	0	-379.4123	0.00217	1	0	-476.9245
0.02	0.10	0.01109	13	1	-283.2414	0.00956	13	1	-380.6009	0.00853	13	1	-478.2745
0.02	0.15	0.00901	9	1	-286.9817	0.00778	9	1	-384.9405	0.00694	9	1	-483.1421
0.02	0.20	0.00792	7	1	-289.0969	0.00684	7	1	-387.3917	0.00611	7	1	-485.8894
0.03	0.10	0.01019	11	1	-280.9050	0.00878	11	1	-377.8819	0.00783	11	1	-475.2183
0.03	0.12	0.01010	10	1	-283.1189	0.00871	10	1	-380.4543	0.00777	10	1	-478.1067
0.03	0.15	0.00865	8	1	-285.4732	0.00747	8	1	-383.1881	0.00666	8	1	-481.1749
0.03	0.20	0.00875	7	1	-288.0102	0.00756	7	1	-386.1303	0.00675	7	1	-484.4740
0.03	0.25	0.00827	6	1	-289.6621	0.00714	6	1	-388.0447	0.00638	6	1	-486.6197
0.04	0.15	0.00802	7	1	-283.8177	0.00692	7	1	-381.2639	0.00617	7	1	-479.0139
0.04	0.17	0.00876	7	1	-285.1906	0.00756	7	1	-382.8575	0.00674	7	1	-480.8020
0.04	0.20	0.00787	6	1	-286.8129	0.00680	6	1	-384.7405	0.00607	6	1	-482.9145
0.04	0.25	0.00711	5	1	-288.7489	0.00614	5	1	-386.9856	0.00548	5	1	-485.4321
0.05	0.15	0.00893	7	1	-282.0988	0.00770	7	1	-379.2633	0.00687	7	1	-476.7651
0.05	0.20	0.01250	13	2	-285.5466	0.01079	13	2	-383.2756	0.00963	13	2	-481.2748
0.05	0.25	0.00779	5	1	-287.7184	0.00996	11	2	-385.7942	0.00889	11	2	-484.0991
0.06	0.20	0.01192	12	2	-284.5035	0.01029	12	2	-382.0636	0.00918	12	2	-479.9140
0.06	0.25	0.01067	10	2	-286.9884	0.00921	10	2	-384.9471	0.00822	10	2	-483.1487
0.06	0.30	0.01046	9	2	-288.6741	0.00903	9	2	-386.9012	0.00807	9	2	-485.3392
0.07	0.20	0.01114	11	2	-283.3494	0.00961	11	2	-380.7222	0.00858	11	2	-478.4075
0.07	0.25	0.01140	10	2	-286.1464	0.00984	10	2	-383.9688	0.00878	10	2	-482.0504
0.07	0.30	0.00923	8	2	-288.0529	0.00797	8	2	-386.1809	0.00711	8	2	-484.5317
0.08	0.25	0.01023	9	2	-285.2680	0.00883	9	2	-382.9490	0.00788	9	2	-480.9059
0.08	0.30	0.00976	8	2	-287.3926	0.00843	8	2	-385.4141	0.00752	8	2	-483.6710
0.09	0.30	0.01038	8	2	-286.6364	0.00896	8	2	-384.5357	0.00800	8	2	-482.6849
0.09	0.40	0.00811	6	2	-289.6212	0.00701	6	2	-387.9975	0.00626	6	2	-486.5670
0.10	0.30	0.01233	12	3	-285.9879	0.01064	12	3	-383.7866	0.00950	12	3	-481.8472
0.10	0.40	0.00850	6	2	-289.1465	0.00734	6	2	-387.4467	0.00656	6	2	-485.9491

P1	P2	A = 0.0100 Y	N	C	B = 1 M	A = 0.0100 Y	N	C	B = 5 M	A = 0.0100 Y	N	C	B = 10 M
0.01	0.05	0.06830	1	0	-0.2144	0.01919	1	0	-2.7156	0.01235	1	0	-6.5602
0.01	0.06	0.06890	1	0	-0.2528	0.02043	1	0	-2.8753	0.01327	1	0	-6.8182
0.01	0.07	0.07000	1	0	-0.2857	0.02159	1	0	-3.0042	0.01412	1	0	-7.0239
0.01	0.08	0.07134	1	0	-0.3143	0.02268	1	0	-3.1112	0.01491	1	0	-7.1930
0.01	0.09	0.07281	1	0	-0.3395	0.02371	1	0	-3.2019	0.01566	1	0	-7.3354
0.01	0.10	0.07434	1	0	-0.3619	0.02469	1	0	-3.2801	0.01638	1	0	-7.4575
0.01	0.15	0.08204	1	0	-0.4458	0.02904	1	0	-3.5562	0.01951	1	0	-7.8829
0.01	0.20	0.08927	1	0	-0.5019	0.03275	1	0	-3.7287	0.02216	1	0	-8.1450
0.02	0.08	0.09688	1	0	-0.2557	0.02918	1	0	-2.8188	0.01892	1	0	-6.7039
0.02	0.09	0.09838	1	0	-0.2790	0.03042	1	0	-2.9168	0.01983	1	0	-6.8637
0.02	0.10	0.10000	1	0	-0.3000	0.03161	1	0	-3.0020	0.02070	1	0	-7.0014
0.02	0.15	0.10866	1	0	-0.3811	0.03689	1	0	-3.3068	0.02452	1	0	-7.4861
0.02	0.20	0.11710	1	0	-0.4376	0.04140	1	0	-3.5007	0.02776	1	0	-7.7883
0.03	0.10	0.12457	1	0	-0.2578	0.03788	1	0	-2.7880	0.02454	1	0	-6.6404
0.03	0.12	0.12814	1	0	-0.2923	0.04042	1	0	-2.9376	0.02640	1	0	-6.8865
0.03	0.15	0.13377	1	0	-0.3353	0.04391	1	0	-3.1115	0.02893	1	0	-7.1682
0.03	0.20	0.14307	1	0	-0.3908	0.04909	1	0	-3.3202	0.03266	1	0	-7.5004
0.03	0.25	0.15191	1	0	-0.4334	0.05368	1	0	-3.4698	0.03596	1	0	-7.7350
0.04	0.15	0.15800	1	0	-0.3004	0.05042	1	0	-2.9501	0.03297	1	0	-6.9002
0.04	0.17	0.16200	1	0	-0.3239	0.05281	1	0	-3.0476	0.03470	1	0	-7.0593
0.04	0.20	0.16794	1	0	-0.3546	0.05617	1	0	-3.1696	0.03712	1	0	-7.2563
0.04	0.25	0.17752	1	0	-0.3967	0.10665	6	1	-3.3419	0.07086	6	1	-7.5695
0.05	0.15	0.18165	1	0	-0.2727	0.05657	1	0	-2.8121	0.03674	1	0	-6.6672
0.05	0.20	0.19208	1	0	-0.3253	0.06283	1	0	-3.0400	0.08275	7	1	-7.0702
0.05	0.25	0.20225	1	0	-0.3667	0.11516	6	1	-3.2601	0.05986	5	1	-7.4385
0.06	0.20	0.21569	1	0	-0.3009	0.11165	6	1	-2.9285	0.07268	6	1	-6.9110
0.06	0.25	0.22636	1	0	-0.3415	0.09723	5	1	-3.1798	0.06413	5	1	-7.3104
0.06	0.30	0.31871	5	1	-0.3803	0.10713	5	1	-3.3656	0.05240	4	1	-7.5986
0.07	0.20	0.23892	1	0	-0.2803	0.12124	6	1	-2.8328	0.07855	6	1	-6.7494
0.07	0.25	0.25000	1	0	-0.3200	0.10472	5	1	-3.0973	0.06880	5	1	-7.1751
0.07	0.30	0.34741	5	1	-0.3615	0.08397	4	1	-3.2959	0.05571	4	1	-7.4895
0.08	0.25	0.27327	1	0	-0.3013	0.11277	5	1	-3.0130	0.07380	5	1	-7.0356
0.08	0.30	0.27476	4	1	-0.3434	0.08966	4	1	-3.2249	0.05929	4	1	-7.3745
0.09	0.30	0.29727	4	1	-0.3270	0.09575	4	1	-3.1521	0.06311	4	1	-7.2558
0.09	0.40	0.21162	3	1	-0.4154	0.07320	3	1	-3.4711	0.04897	3	1	-7.7566
0.10	0.30	0.32151	4	1	-0.3110	0.10219	4	1	-3.0787	0.06712	4	1	-7.1350
0.10	0.40	0.22569	3	1	-0.4008	0.07732	3	1	-3.4146	0.05160	3	1	-7.6669

		A = 0.0100			B = 20	A = 0.0100			B = 30	A = 0.0100			B = 40
P1	P2	Y	N	C	M	Y	N	C	M	Y	N	C	M
0.01	0.05	0.00819	1	0	-14.9149	0.00650	1	0	-23.6487	0.00554	1	0	-32.5800
0.01	0.06	0.00885	1	0	-15.3146	0.00705	1	0	-24.1579	0.00601	1	0	-33.1818
0.01	0.07	0.00946	1	0	-15.6306	0.00755	1	0	-24.5592	0.00645	1	0	-33.6553
0.01	0.08	0.01003	1	0	-15.8889	0.00802	1	0	-24.8864	0.00686	1	0	-34.0406
0.01	0.09	0.01057	1	0	-16.1053	0.00846	1	0	-25.1598	0.00724	1	0	-34.3622
0.01	0.10	0.01108	1	0	-16.2900	0.00887	1	0	-25.3929	0.00760	1	0	-34.6361
0.01	0.15	0.01331	1	0	-16.9286	0.01070	1	0	-26.1956	0.00918	1	0	-35.5774
0.01	0.20	0.01520	1	0	-17.3180	0.01224	1	0	-26.6830	0.01052	1	0	-36.1475
0.02	0.08	0.01260	1	0	-15.1136	0.01002	1	0	-23.8889	0.00855	1	0	-32.8549
0.02	0.09	0.01326	1	0	-15.3630	0.01056	1	0	-24.2076	0.00901	1	0	-33.2323
0.02	0.10	0.01388	1	0	-15.5766	0.01107	1	0	-24.4800	0.00946	1	0	-33.5545
0.02	0.15	0.01661	1	0	-16.3200	0.01330	1	0	-25.4235	0.01139	1	0	-34.6671
0.02	0.20	0.01891	1	0	-16.7772	0.01519	1	0	-26.0003	0.01303	1	0	-35.3449
0.03	0.10	0.01633	1	0	-15.0009	0.01298	1	0	-23.7372	0.01107	1	0	-32.6701
0.03	0.12	0.01766	1	0	-15.3872	0.01407	1	0	-24.2325	0.01201	1	0	-33.2576
0.03	0.15	0.01947	1	0	-15.8248	0.01556	1	0	-24.7910	0.01330	1	0	-33.9184
0.03	0.20	0.02213	1	0	-16.3350	0.01773	1	0	-25.4388	0.01519	1	0	-34.6825
0.03	0.25	0.02448	1	0	-16.6916	0.01965	1	0	-25.8895	0.01685	1	0	-35.2128
0.04	0.15	0.02207	1	0	-15.4017	0.01759	1	0	-24.2474	0.01501	1	0	-33.2727
0.04	0.17	0.02330	1	0	-15.6502	0.01860	1	0	-24.5653	0.01589	1	0	-33.6493
0.04	0.20	0.05133	7	1	-15.9628	0.04103	7	1	-24.9901	0.03509	7	1	-34.1698
0.04	0.25	0.04803	6	1	-16.4754	0.03851	6	1	-25.6354	0.03299	6	1	-34.9269
0.05	0.15	0.02447	1	0	-15.0295	0.01946	1	0	-23.7667	0.01659	1	0	-32.7001
0.05	0.20	0.05551	7	1	-15.7134	0.03600	6	1	-24.6717	0.03076	6	1	-33.7937
0.05	0.25	0.04047	5	1	-16.2762	0.03241	5	1	-25.3835	0.02774	5	1	-34.6307
0.06	0.20	0.04858	6	1	-15.4655	0.03872	6	1	-24.3541	0.03305	6	1	-33.4164
0.06	0.25	0.04324	5	1	-16.0772	0.03459	5	1	-25.1296	0.02959	5	1	-34.3304
0.06	0.30	0.03555	4	1	-16.5143	0.02850	4	1	-25.6816	0.02442	4	1	-34.9793
0.07	0.20	0.05233	6	1	-15.2079	0.04163	6	1	-24.0220	0.03551	6	1	-33.0211
0.07	0.25	0.04627	5	1	-15.8656	0.03696	5	1	-24.8591	0.03160	5	1	-34.0099
0.07	0.30	0.03771	4	1	-16.3459	0.03021	4	1	-25.4674	0.02587	4	1	-34.7265
0.08	0.25	0.04949	5	1	-15.6463	0.03949	5	1	-24.5778	0.03373	5	1	-33.6763
0.08	0.30	0.04004	4	1	-16.1677	0.03205	4	1	-25.2404	0.02743	4	1	-34.4581
0.09	0.30	0.04252	4	1	-15.9828	0.03400	4	1	-25.0042	0.02908	4	1	-34.1786
0.09	0.40	0.03333	3	1	-16.7439	0.02676	3	1	-25.9661	0.02295	3	1	-35.3101
0.10	0.30	0.04512	4	1	-15.7935	0.03603	4	1	-24.7619	0.03080	4	1	-33.8914
0.10	0.40	0.03506	3	1	-16.6064	0.02813	3	1	-25.7918	0.02412	3	1	-35.1047

P1	P2	A = 0.0100 Y	N	C	B = 50 M	A = 0.0100 Y	N	C	B = 100 M	A = 0.0100 Y	N	C	B = 200 M
0.01	0.05	0.00490	1	0	-41.6379	0.00337	1	0	-87.9382	0.00234	1	0	-182.7025
0.01	0.06	0.00532	1	0	-42.3214	0.00367	1	0	-88.9434	0.00255	1	0	-184.1633
0.01	0.07	0.00572	1	0	-42.8585	0.00395	1	0	-89.7305	0.00275	1	0	-185.3046
0.01	0.08	0.00608	1	0	-43.2951	0.00421	1	0	-90.3688	0.00293	1	0	-186.2284
0.01	0.09	0.00642	1	0	-43.6593	0.00445	1	0	-90.9000	0.00310	1	0	-186.9963
0.01	0.10	0.00674	1	0	-43.9691	0.00468	1	0	-91.3513	0.00326	1	0	-187.6477
0.01	0.15	0.00816	1	0	-45.0326	0.00568	1	0	-92.8946	0.00397	1	0	-189.8703
0.01	0.20	0.00936	1	0	-45.6756	0.00653	1	0	-93.8239	0.00457	1	0	-191.2046
0.02	0.08	0.00756	1	0	-41.9431	0.00521	1	0	-88.3623	0.00362	1	0	-183.2937
0.02	0.09	0.00798	1	0	-42.3725	0.00551	1	0	-88.9957	0.00383	1	0	-184.2166
0.02	0.10	0.00838	1	0	-42.7386	0.00579	1	0	-89.5346	0.00403	1	0	-185.0003
0.02	0.15	0.01011	1	0	-44.0004	0.00702	1	0	-91.3831	0.00490	1	0	-187.6800
0.02	0.20	0.01158	1	0	-44.7673	0.00805	1	0	-92.5002	0.00563	1	0	-189.2928
0.03	0.10	0.00979	1	0	-41.7289	0.00674	1	0	-88.0319	0.00468	1	0	-182.7980
0.03	0.12	0.01064	1	0	-42.3980	0.00734	1	0	-89.0219	0.00510	1	0	-184.2432
0.03	0.15	0.01179	1	0	-43.1491	0.00816	1	0	-90.1284	0.00568	1	0	-185.8534
0.03	0.20	0.01348	1	0	-44.0160	0.00936	1	0	-91.3990	0.00653	1	0	-187.6961
0.03	0.25	0.01497	1	0	-44.6164	0.01913	6	1	-92.2954	0.01337	6	1	-189.0293
0.04	0.15	0.01330	1	0	-42.4133	0.00918	1	0	-89.0376	0.00638	1	0	-184.2592
0.04	0.17	0.01409	1	0	-42.8417	0.00974	1	0	-89.6701	0.00678	1	0	-185.1811
0.04	0.20	0.03112	7	1	-43.4469	0.02155	7	1	-90.6099	0.01501	7	1	-186.5968
0.04	0.25	0.02929	6	1	-44.3027	0.02034	6	1	-91.8531	0.01420	6	1	-188.3883
0.05	0.15	0.01468	1	0	-41.7593	0.01011	1	0	-88.0632	0.00702	1	0	-182.8299
0.05	0.20	0.02726	6	1	-43.0199	0.01885	6	1	-89.9826	0.01312	6	1	-185.6859
0.05	0.25	0.02462	5	1	-43.9673	0.01708	5	1	-91.3638	0.01192	5	1	-187.6812
0.06	0.20	0.02928	6	1	-42.5899	0.02021	6	1	-89.3454	0.01406	6	1	-184.7548
0.06	0.25	0.02625	5	1	-43.6261	0.01819	5	1	-90.8618	0.01268	5	1	-186.9512
0.06	0.30	0.02169	4	1	-44.3605	0.01507	4	1	-91.9320	0.01052	4	1	-188.4969
0.07	0.20	0.03143	6	1	-42.1389	0.02167	6	1	-88.6748	0.01505	6	1	-183.7728
0.07	0.25	0.02802	5	1	-43.2616	0.01939	5	1	-90.3239	0.01351	5	1	-186.1678
0.07	0.30	0.02296	4	1	-44.0735	0.01594	4	1	-91.5109	0.01112	4	1	-187.8859
0.08	0.25	0.02989	5	1	-42.8816	0.02066	5	1	-89.7620	0.01438	5	1	-185.3477
0.08	0.30	0.02434	4	1	-43.7687	0.01687	4	1	-91.0627	0.01177	4	1	-187.2346
0.09	0.30	0.02579	4	1	-43.4509	0.01786	4	1	-90.5944	0.01245	4	1	-186.5530
0.09	0.40	0.02039	3	1	-44.7321	0.01418	3	1	-92.4635	0.00991	3	1	-189.2544
0.10	0.30	0.02730	4	1	-43.1241	0.01889	4	1	-90.1118	0.01315	4	1	-185.8494
0.10	0.40	0.02142	3	1	-44.4991	0.01489	3	1	-92.1226	0.01040	3	1	-188.7608

P1	P2	Y (A = 0.0100, B = 300)	N	C	M	Y (A = 0.0100, B = 400)	N	C	M	Y (A = 0.0100, B = 500)	N	C	M
0.01	0.05	0.00189	1	0	-278.6838	0.00163	1	0	-375.2955	0.00146	1	0	-472.3101
0.01	0.06	0.00207	1	0	-280.4944	0.00178	1	0	-377.4012	0.00159	1	0	-474.6758
0.01	0.07	0.00223	1	0	-281.9078	0.00192	1	0	-379.0439	0.00171	1	0	-476.5206
0.01	0.08	0.00238	1	0	-283.0509	0.00205	1	0	-380.3719	0.00183	1	0	-478.0115
0.01	0.09	0.00252	1	0	-284.0004	0.00217	1	0	-381.4745	0.00194	1	0	-479.2491
0.01	0.10	0.00265	1	0	-284.8055	0.00229	1	0	-382.4092	0.00204	1	0	-480.2980
0.01	0.15	0.00323	1	0	-287.5495	0.00279	1	0	-385.5928	0.00249	1	0	-483.8690
0.01	0.20	0.00372	1	0	-289.1946	0.00321	1	0	-387.5001	0.00287	1	0	-486.0072
0.02	0.08	0.00293	1	0	-279.4030	0.00253	1	0	-376.1224	0.00225	1	0	-473.2320
0.02	0.09	0.00310	1	0	-280.5481	0.00267	1	0	-377.4551	0.00238	1	0	-474.7299
0.02	0.10	0.00326	1	0	-281.5200	0.00282	1	0	-378.5856	0.00251	1	0	-476.0002
0.02	0.15	0.00397	1	0	-284.8380	0.00343	1	0	-382.4418	0.00306	1	0	-480.3307
0.02	0.20	0.00457	1	0	-286.8314	0.00395	1	0	-384.7561	0.00352	1	0	-482.9278
0.03	0.10	0.00379	1	0	-278.7801	0.00326	1	0	-375.3923	0.00291	1	0	-472.4072
0.03	0.12	0.00414	1	0	-280.5750	0.00357	1	0	-377.4821	0.00318	1	0	-474.7570
0.03	0.15	0.00461	1	0	-282.5722	0.00397	1	0	-379.8056	0.00355	1	0	-477.3680
0.03	0.20	0.00530	1	0	-284.8542	0.00457	1	0	-382.4581	0.00408	1	0	-480.3470
0.03	0.25	0.01086	6	1	-286.5230	0.00937	6	1	-384.4101	0.00837	6	1	-482.5486
0.04	0.15	0.00517	1	0	-280.5911	0.00446	1	0	-377.4983	0.00397	1	0	-474.7732
0.04	0.17	0.00549	1	0	-281.7353	0.00474	1	0	-378.8300	0.00422	1	0	-476.2701
0.04	0.20	0.01218	7	1	-283.5171	0.01051	7	1	-380.9207	0.00937	7	1	-478.6331
0.04	0.25	0.01153	6	1	-285.7295	0.00996	6	1	-383.4879	0.00888	6	1	-481.5131
0.05	0.15	0.00568	1	0	-278.8123	0.00490	1	0	-375.4246	0.00436	1	0	-472.4396
0.05	0.20	0.01064	6	1	-282.3884	0.00918	6	1	-379.6084	0.00819	6	1	-477.1590
0.05	0.25	0.00967	5	1	-284.8551	0.00835	5	1	-382.4725	0.00745	5	1	-480.3734
0.06	0.20	0.01139	6	1	-281.2317	0.00982	6	1	-378.2613	0.00876	6	1	-475.6442
0.06	0.25	0.01029	5	1	-283.9501	0.00888	5	1	-381.4199	0.00792	5	1	-479.1907
0.06	0.30	0.00854	4	1	-285.8608	0.00738	4	1	-383.6384	0.00658	4	1	-481.6804
0.07	0.20	0.01219	6	1	-280.0104	0.01051	6	1	-376.8382	0.00937	6	1	-474.0433
0.07	0.25	0.01096	5	1	-282.9782	0.00945	5	1	-380.2890	0.00843	5	1	-477.9197
0.07	0.30	0.00903	4	1	-285.1040	0.00779	4	1	-382.7586	0.00695	4	1	-480.6922
0.08	0.25	0.01166	5	1	-281.9599	0.01005	5	1	-379.1035	0.00897	5	1	-476.5868
0.08	0.30	0.00955	4	1	-284.2967	0.00824	4	1	-381.8198	0.00735	4	1	-479.6375
0.09	0.30	0.01010	4	1	-283.4513	0.00871	4	1	-380.8363	0.00777	4	1	-478.5323
0.09	0.40	0.00805	3	1	-286.7918	0.00695	3	1	-384.7157	0.00621	3	1	-482.8865
0.10	0.30	0.01067	4	1	-282.5781	0.00920	4	1	-379.8200	0.01053	8	2	-477.3916
0.10	0.40	0.00845	3	1	-286.1809	0.00729	3	1	-384.0058	0.00651	3	1	-482.0895